Manfred Eigen/Ruthild Winkler

Das Spiel

SERIE PIPER

Zu diesem Buch

Das Spiel ist ein Naturphänomen, das schon von Anbeginn den Lauf der Welt gelenkt hat: von der Gestaltung der Materie über ihre Organisation zu lebenden Strukturen bis hin zum sozialen Verhalten des Menschen. Grundelemente des Spiels – Zufall und Gesetz – bestimmen jegliches Geschehen im Universum. So lassen sich Naturgesetze in Form von Spielregeln abstrahieren. Das setzt dem Würfelspiel des Zufalls, also der Unbestimmtheit der elementaren Ereignisse, enge Grenzen. Auf dem Spielfeld bilden sich Muster, Information entsteht, die Gesetze von Selektion und Entwicklung treten klar hervor. Dies ist die Quintessenz des weltweit erfolgreichen Buches des Göttinger Biochemikers und Nobelpreisträgers Manfred Eigen und seiner Mitarbeiterin Ruthild Winkler.

Manfred Eigen, 1927 in Bochum geboren, Professor und seit 1964 Direktor am Göttinger Max-Planck-Institut für Biophysikalische Chemie. 1967 Nobelpreis für Chemie. Zahlreiche Veröffentlichungen.
Ruthild Winkler-Oswatitsch, geboren 1941, Chemikerin, ist seit 1965 wissenschaftliche Mitarbeiterin von Manfred Eigen.

Manfred Eigen/Ruthild Winkler

Das Spiel

Naturgesetze steuern den Zufall

Mit zahlreichen Abbildungen

Piper München Zürich

Zeichnungen von Jutta Winter nach Entwürfen
von Ruthild Winkler

Von Manfred Eigen liegen in der Serie Piper außerdem vor:
Stufen zum Leben (765)
Jenseits von Ideologien und Wunschdenken (921)
Die Zeit (Mitautor, 1024)

Unveränderte Taschenbuchausgabe
1. Auflage April 1985
4. Auflage Mai 1996

Umschlag: Büro Hamburg
Simone Leitenberger, Susanne Schmitt, Andrea Lühr
Umschlagabbildung: Eric Pearle / photonica
Fotos Umschlagrückseite: P. Goldmann
Gesamtherstellung: Clausen & Bosse, Leck
Printed in Germany ISBN 3-492-20410-4

»Bettelbuben beim Würfelspiel«. Gemälde von Bartholomé Estéban Murillo (1618 bis 1682). (München, Alte Pinakothek. Foto J. Blauel).

Inhalt

Vorwort

Der naturwissenschaftlich interessierte Leser ist einer ständig anschwellenden Flut von Informationen ausgesetzt. Er mag sich daher oftmals in der Rolle eines Richters fühlen, vor dem die verschiedenen Autoren wie streitende, rechterheischende Parteien erscheinen. Tragen diese ihren Fall nur mit genügender Gewandtheit vor, so wird er auch bald gewogen sein, einem jeden von ihnen recht zu geben. Doch dann erscheint der Rezensent auf der Bildfläche und wendet ein, daß unmöglich alle gleichermaßen recht haben können, zumal doch der eine das Gegenteil von dem behauptet, was der andere sagt – und dem Leser bleibt gar nichts anderes übrig, als auch dem Rezensenten recht zu geben.

Diese altbekannte – von uns etwas abgewandelte – Anekdote enthält eine Lehre: Es könnten in der Tat *alle* recht haben, würde nicht ein jeder darauf bestehen, *allein* recht zu haben.

Alles Geschehen in unserer Welt gleicht einem großen Spiel, in dem von vornherein nichts als die Regeln festliegen. Ausschließlich diese sind objektiver Erkenntnis zugänglich. Das Spiel selber ist weder mit dem Satz seiner Regeln noch mit der Kette von Zufällen, die seinen Ablauf individuell gestalten, identisch. Es ist weder das eine noch das andere, weil es beides zugleich ist, und es hat unendlich viele Aspekte – so viele man eben in Form von Fragen hineinprojiziert.

Wir sehen das Spiel als das Naturphänomen, das in seiner Dichotomie von Zufall und Notwendigkeit allem Geschehen zugrunde liegt. Damit gehen wir in unserer Interpretation weit über das hinaus, was Huizinga ihm in seiner auf den Menschen zugeschnittenen Rolle zuerkennt. In der Anwendung auf die Kunst käme unsere Verallgemeinerung des Spielbegriffs eher den Auffassungen Adornos entgegen, der sich hinsichtlich einer Identifizierung von Spiel und Kunst deutlich von Huizinga abgrenzt.

Ausgangspunkt für unsere Überlegungen waren die vor einigen Jahren ausgearbeitete Molekulartheorie der Evolution sowie die im Zusammenhang damit entwickelten Spielmodelle zur Simulation naturgesetzlicher Erscheinungen wie Gleichgewicht, Selektion und Wachstum. Wenngleich wir im vorliegenden Buch des öfteren auf Beispiele aus dem Bereich der Biologie zurückgreifen, so ist doch der Rahmen wesentlich weiter gespannt und schließt allgemein naturwissenschaftliche, philosophische, soziologische und ästhetische Gesichtspunkte ein. Worauf es uns ankommt, ist, das Spiel in seiner Metamorphose und seiner Symbolhaftigkeit darzustellen und im Lichte seiner alternativen Aspekte unser Weltbild und die existierenden Weltanschauungen zu reflektieren. Daß wir hierbei in Widerspruch zu denen geraten, die nur *einen* bestimmten Aspekt gelten lassen wollen, ist uns bewußt.

Der Abfassung des Manuskripts gingen zahllose Gespräche und Diskussionen, zu einem großen Teil mit Freunden und Kollegen, in unseren Engadiner Winter-Seminaren, auf Bergwanderungen und Skitouren (oder auch beim Veltliner) voraus. Zunächst erschien uns der Dialog als die angemessene Darstellungsform unseres Gedankenaustausches. Wir sind jedoch bald davon abgekommen; die klassischen Dialoge sind durchweg erfunden bzw. konstruiert. Simplicio und Salviati, zum Beispiel, bekamen ihre Rollen von Galilei zudiktiert. So entschieden wir uns für eine wechselseitige Bearbeitung durch beide Autoren, punctum contra punctum. Zwar haben wir uns mit unseren Ideen auch auf Gebiete vorgewagt, auf denen wir nur Dilettanten sind. Das mag man unseren Bemühungen zugute halten, Parallelen aufzudecken und damit die Einheit von Natur und Geist hervorzuheben.

Zum Inhalt des Buches möchten wir hier nur insoweit Stellung nehmen, als damit sein Bezug zum Titel erhellt wird. Auch die den einzelnen Kapiteln vorangestellten Einführungen sollen an das Thema heranführen, nicht einfach den Inhalt resümieren.

Zufall und Regel sind die Elemente des Spiels. Der Untertitel des Buches deutet ihre Wechselbeziehung an, wobei – korrekterweise – zu ergänzen ist, daß es die *Konsequenzen* des Zufalls sind, die einer Steuerung anheimfallen. Erst in der großen Zahl der Einzelereignisse verliert sich das Zufällige und gerät unter die Kontrolle des statistischen Gesetzes. Es kommt beispielsweise zum Ausdruck in der Selbstkontrolle der zufälligen Fluktuationen im Gleichgewicht oder ihrer Selbstverstärkung im evolutionären Prozeß. Die Entstehung des genetischen Codes, die Entwicklung der Sprachen, in denen wir unsere Gedanken übermitteln, das Ideenspiel künstlerischer Phantasie, sie alle basieren auf den gleichen fundamentalen Prinzipien der Evolution, wenngleich die Spielergebnisse im einzelnen der Laune und Abwandlungsfreudigkeit des Zufalls unterliegen.

Die Manifestation des Spiels der Materie in Raum und Zeit, seine Auswirkungen auf den Menschen werden vor allem in den zentralen Kapiteln des Buches angesprochen. Sosehr wir in der Darstellung der Molekularbiologie mit Jacques Monod übereinstimmen, so eindeutig grenzen wir uns in den auf den Menschen und die Gesellschaft bezogenen Schlußfolgerungen von ihm ab. In Monods Forderung nach »existentieller Einstellung zum Leben und zur Gesellschaft« sehen wir eine animistische Aufwertung der Rolle des »Zufalls«. Sie läßt den komplementären Aspekt des Gesetzmäßigen weitgehend außer acht. Die – unserer Meinung nach berechtigte – Kritik an der dialektischen Überbewertung der »Notwendigkeit« sollte nicht zur völligen Leugnung ihres ganz offensichtlich vorhandenen Einflusses führen.

Wir stimmen Monod vollkommen zu, wenn er sagt, daß Ethik und Erkenntnis nicht beziehungslos nebeneinander stehen dürfen; doch verstehen wir darunter eher einen Auftrag an die großen Religionen und nicht gleich deren Verdammung. »So wenig die Naturwissenschaften einen Gottesbeweis hergeben, so wenig postulieren sie, daß der Mensch eines Gottesglaubens nicht bedarf« (S. 197).

Die Einheit der Natur äußert sich in den Gesetzmäßigkeiten, das heißt, in den Beziehungen *zwischen* den Strukturen, weniger in den Strukturen selbst. Von diesem »Motto« ausgehend, untersuchen wir im Teil IV eine Reihe von Problemen, die in neuerer Zeit mehr und mehr ins Blickfeld der Naturwissenschaften rücken und noch keineswegs als gelöst gelten können. Die Mechanismen der Erkenntnis stehen im Vordergrund unserer Betrachtungen. Im elementaren Detail laufen diese immer auf ein Falsifizieren im Sinne Karl Poppers hinaus. Dennoch können wir uns nicht vollständig mit der Meinung des großen Erkenntnislogikers identifizieren, vor allem wenn er behauptet: »Es gibt keine Induktion.«

Gut! – *Aber* es gibt *verschiedene* Mechanismen der Falsifikation, die sich im Grad der induktiven Anpassung voneinander unterscheiden.

Eines der Hauptanliegen dieses Buches kommt im Teil III zur Sprache. Hier setzen wir uns vor allem mit der (unbewältigten) Hybris unserer Erkenntnis auseinander. Dürrenmatts »kategorischer Imperativ«: »Was alle angeht, können nur alle lösen« richtet sich ebenso an den Physiker, der auf Grund seines Wissens in der Lage ist, die Kräfte der Natur zu entfesseln, wie an den Biologen, der die Möglichkeit zur Manipulation des Erbmaterials oder zur pharmakologischen Beeinflussung psychischen Verhaltens sieht. Dieser Aufruf ist nicht minder dem Ökonomen und Politiker ins Stammbuch geschrieben, der die Voraussetzungen für ein lebenswertes Leben zu schaffen, zu erhalten und zu sichern hat.

Schwarzmalerei auf Grund einfacher Extrapolationen ist heute weit verbreitet. Durch Sparsamkeit allein ist das Problem der begrenzten Ressourcen nicht zu lösen. Ein Rohstoff, der bei der jetzigen Verbrauchsrate nach ca. fünfzig Jahren erschöpft wäre, würde bei Reduzierung des Verbrauchs (die nicht ohne Gefahren für die Stabilität der Wirtschaft ist) vielleicht hundert Jahre reichen. Oder anders ausgedrückt: Die Katastrophe könnte um fünfzig Jahre hinausgeschoben werden. Sollte man nicht alle Bemühungen viel eher auf die unbegrenzte Sicherung der Ressourcen – etwa durch Regenerierung der Rohstoffe in einer Kreislaufwirtschaft und der Erschließung hinreichend ergiebiger Energiequellen – konzentrieren? Wie immer man dieses Problem lösen wird, die Praktikabilität wird in jedem Fall einen Stop des Bevölkerungswachstums, wenn nicht gar eine Reduzierung der Weltbevölkerung zur Voraussetzung haben.

Wir sollten begreifen: Der Mensch ist weder ein Irrtum der Natur, noch sorgt diese automatisch und selbstverständlich für seine Erhaltung. Der Mensch ist Teilnehmer an einem großen Spiel, dessen Ausgang für ihn offen ist. Er muß seine Fähigkeiten voll entfalten, um sich als Spieler zu behaupten und nicht Spielball des Zufalls zu werden.

Manfred Eigen — Ruthild Winkler-Oswatitsch

Göttingen, September 1975

Teil I
Die Zähmung des Zufalls

»Die physikalische Forschung hat klipp und klar bewiesen, daß zum mindesten für die erdrückende Mehrheit der Erscheinungsabläufe, deren Regelmäßigkeit und Beständigkeit zur Aufstellung des Postulats der allgemeinen Kausalität geführt haben, die gemeinsame Wurzel der beobachteten strengen Gesetzmäßigkeit – der *Zufall* ist.«

Erwin Schrödinger: »Was ist ein Naturgesetz«

(Antrittsrede an der Universität Zürich, Dezember 1922).

1. Vom Ursprung des Spiels

Das Spiel ist ein Naturphänomen, das von Anbeginn den Lauf der Welt gelenkt hat: die Gestaltung der Materie, ihre Organisation zu lebenden Strukturen wie auch das soziale Verhalten der Menschen.

Die Geschichte unseres Spiels reicht bis an den Anfang der Zeiten zurück. Es war die Energie des Urknalls, die alles in Bewegung setzte, die die Materie durcheinanderwirbelte, um sie nie wieder zur Ruhe kommen zu lassen. Ordnende Kräfte suchten das Auseinanderstrebende einzufangen, den Zufall zu zähmen. Doch was sie schufen, ist nicht die starre Ordnung des Kristalls. Es ist die Ordnung des Lebendigen. Der Zufall ist von Anbeginn unabdingbarer Widerpart der regelnden Kräfte.

Zufall und Regel sind die Elemente des Spiels. Einst von Elementarteilchen, Atomen und Molekülen begonnen, wird es nun von unseren Gehirnzellen fortgeführt. Es ist nicht der Mensch, der das Spiel erfand. Wohl aber ist es »das Spiel, und nur das Spiel, das den Menschen vollständig macht«[1].

Entstammen nicht all unsere Fähigkeiten dem Spiel? Zunächst dem Spiel der Muskeln und Gliedmaßen: Aus ziellosem Greifen und Strampeln wird präzis korrelierter Bewegungsablauf. Sodann dem Spiel der Sinne: Aus spielerischer Neugier wird tiefgreifendes Wissen, aus dem Spiel mit Farben, Formen und Klängen unvergängliches Kunstwerk. Das Spiel steht am Anfang der Liebe: das verstohlene, heimliche Spiel der Augen, der Tanz, das Wechselspiel der Gedanken und Gefühle, das Sichhingeben – im Sanskrit heißt die Verschmelzung der Liebenden *kridaratnam*, »das Juwel der Spiele«[2].

Jedes Spiel hat seine Regeln. Dadurch grenzt es sich von der Außenwelt, der Wirklichkeit, ab und setzt eigene Wertmaßstäbe. Will man »mitspielen«, so muß man sich dem geltenden Reglement unterwerfen – sonst ist man ein Spielverderber. Bei den Gesellschaftsspielen sind es im vorhinein getroffene Vereinbarungen, die den Ablauf des Spiels steuern und eine Wertskala definieren. Doch kann auch das bloße Resultat eines zufälligen Ereignisses auf seinen Ursprung zurückwirken und Antrieb für einen selbsttätigen Spielablauf werden. So hat das Leben zu spielen begonnen, so spielen unsere Gedanken und Ideen es fort:

> »Mitten in dem furchtbaren Reich der Kräfte und mitten in dem heiligen Reich der Gesetze baut der ästhetische Bildungstrieb unvermerkt an einem dritten fröhlichen Reich des Spiels und des Scheins, worin er dem Menschen die Fesseln aller Verhältnisse

abnimmt und ihn von allem, was Zwang heißt, sowohl im Physischen als im Moralischen entbindet«[1].

Wir wollen dem aus der Tiefe der Zeiten überkommenen und in der Unerschöpflichkeit unserer Ideen sich vollendenden Wechselspiel von Zufall und Gesetz nachgehen. Es ist das Gleichnis vom Glasperlenspiel, dessen Idee wir in die Wirklichkeit zurückversetzen wollen. Hermann Hesse beschrieb es als ein Spiel mit sämtlichen Inhalten und Werten unserer Kultur:

»Was die Menschheit an Erkenntnissen, hohen Gedanken und Kunstwerken in ihren schöpferischen Zeitaltern hervorgebracht, was die nachfolgenden Perioden gelehrter Betrachtung auf Begriffe gebracht und zum intellektuellen Besitz gemacht haben, dieses ganze ungeheure Material von geistigen Werten wird vom Glasperlenspieler so gespielt wie eine Orgel vom Organisten, und diese Orgel ist von einer kaum auszudenkenden Vollkommenheit, ihre Manuale und Pedale tasten den ganzen geistigen Kosmos ab, ihre Register sind beinahe unzählig, theoretisch ließe mit diesem Instrument der ganze geistige Weltinhalt sich im Spiel reproduzieren«[3].

Glasperlen bergen etwas Geheimnisvolles in sich. Spiegelung und Brechung des Lichtes bringen sie zum Leuchten. In der Reflexion unserer Spielidee werden sie zum Leben erweckt. Ihre symbolhafte Bedeutung ist ständigem Wandel, ständiger Metamorphose unterworfen: vom Atom zum Kristall; vom Molekül zum Gen; von der lebenden Zelle zum intelligenten Wesen; vom Buchstaben zum Logos; von der Note zur Harmonie. Ihr Schicksal ist den Würfeln überantwortet und wird dennoch unsichtbar gesteuert von den Regeln des Spiels – so wie auch in der Natur der Zufall in den Bahnen physikalischer Gesetze gelenkt wird. Würfel und Spielregel – sie sind die Symbole für Zufall und Naturgesetz!

2. Gesellschaftsspiele - Spiele der Gesellschaft

Im Glücksspiel, im strategischen Spiel wie auch in der Kombination dieser beiden Kategorien ist die »historische« Einzigartigkeit jedes Spielverlaufes durch die Vielzahl gleichwertiger Entscheidungsmöglichkeiten garantiert. Die kontinuierliche Abfolge der Spielzüge bedingt komplizierte Verzweigungen im Entscheidungsbaum. Die Zufälligkeit der Wahl der Route hat ihre Ursache in der Unbestimmtheit eines Würfelentscheids sowie in der wechselseitigen Unkenntnis der vom Partner gewählten Strategie. Die Spieltheorie legt die Kriterien für die Optimalstrategie in Anpassung auf die jeweilige Spielsituation fest. Solche Kriterien gelten gleichermaßen für Probleme der Wirtschaft und der Politik.

2.1 Glück und Pech

Der Zufall hat im Reiche des Spiels einen besonderen Namen. Wir bezeichnen ihn als Glück, wenn er uns gewogen ist, und als Pech, wenn er uns nur Nachteile bringt. Damit befreien wir ihn aus seiner ursprünglichen Beziehungslosigkeit.

Die reinste und zugleich klassische Form des Glücksspiels ist die Lotterie. Das Reizvolle an ihr ist der in Aussicht gestellte und vielfach angepriesene Gewinn, zum Beispiel: viel Geld, oder nur eine Tube Zahnpasta. Ja, schon der bescheidenste Gewinn reicht aus, den Enthusiasmus zu entfachen und das Spielfieber hochklettern zu lassen. Ganz ohne Gewinn macht es dagegen kaum Spaß. Da wäre der Zufall eben nichts anderes als bloßer Zufall, weder Glück noch Pech.

Eigenartig ist, daß wir die Lotterie nicht nur als »Glücksspiel« bezeichnen, sondern auch als solches empfinden. Man weiß, daß die Wahrscheinlichkeit zu gewinnen äußerst gering ist. Also stellt man sich von vornherein darauf ein und kann letzten Endes nur noch angenehm überrascht werden – eben Glück haben.

Es gibt aber auch ausgesprochene »Pechspiele«, zum Beispiel »Mensch ärgere dich nicht«. Hier werden mit Absicht Pechsituationen herbeigeführt, und diese dominieren schließlich das Spielgeschehen. Ist es nicht ärgerlich, so kurz vor dem Ziel noch hinausgeworfen zu werden, wo man doch schon die gesamte Route fast unbehelligt bewältigt hatte?

Warum spielen Kinder überhaupt »Mensch ärgere dich nicht« so gern? Nur deshalb, weil ihnen die Eltern einreden, so etwas mache Spaß und helfe ihnen später im Leben, mit unangenehmen Situationen leichter fertig zu werden? Oder überwiegt die Schadenfreude, den anderen hinauszuwerfen, so sehr, daß man dafür den Ärger, gelegentlich selber mal hinausgeworfen zu werden, gern in Kauf nimmt?

Im Grunde genommen ist das Spiel, das nur vom Zufall lebt, genauso langweilig wie ein solches, das aufgrund seiner geringen Variationsmöglichkeiten völlig determiniert abläuft. Nehmen wir etwa das Mühlespiel. Mit etwas Erfahrung kann man hier immer gewinnen, *vorausgesetzt*, daß man den ersten Stein setzen darf und im weiteren Verlauf gut aufpaßt und keinen Fehler macht.

Abb. 1 Das Mündungsgebiet des Colorado-River am Golf von Kalifornien gleicht einem riesigen »Entscheidungsbaum«. Die vielfachen Verästelungen der Wasserläufe im Wattgebiet sind durch den Vor- und Rücklauf des Wassers aufgrund der Gezeiten entstanden (Maßstab 1 : 20 000. – Mit freundlicher Genehmigung der Aero Service Corporation, Philadelphia, Pa., USA).

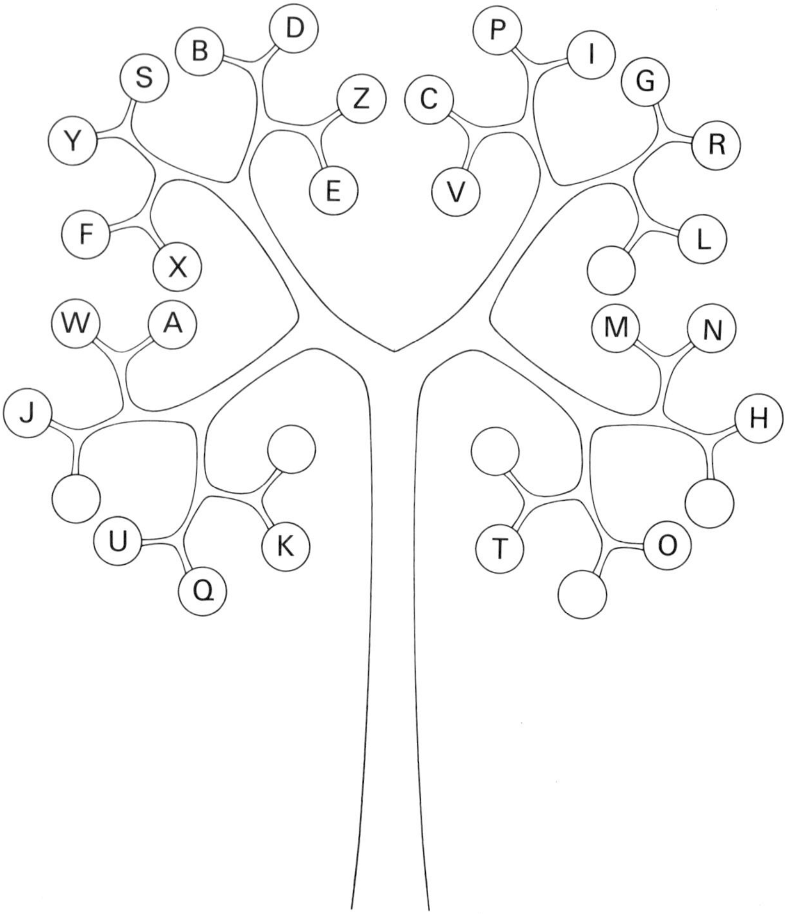

Abb. 2 **»Entscheidungsbaum«.** Das Prinzip des Entscheidungsbaumes ist hier zur Darstellung des Fernschreibcodes verwandt. Man gelangt zu jedem »Blatt« durch fünf binäre Entscheidungen, indem man an jeder Gabelung entweder die rechte (0) oder die linke (1) Alternative wählt. Das »R« zum Beispiel wird durch das Codewort [01010] symbolisiert.

Aber das ist es ja gerade!

Was heißt denn »keinen Fehler machen«? Dazu müßte man eine vollständige Analyse aller denkbaren Züge des Gegners – meist über viele Schritte hinaus – durchführen und dementsprechend »richtig« setzen. Eine solche exakte Fallunterscheidung ist mit einem Entscheidungsbaum, der unübersehbar viele Äste und Zweige hat, zu vergleichen (s. Abb. 1). Selbst wenn es bei jeder Gabelung nur zwei Alternativen (s. Abb. 2) gäbe, müßte man sehr bald schon ein dichtes »Geäst« von möglichen Spielzügen entwirren. Dabei würde mancher die Lust am Spiel verlieren.

Lieber verläßt man sich dann schon auf sein Gefühl. Doch Vorsicht, Gefühle können arg täuschen.

Wenn man die Wahl hätte, für welches der beiden verlockenden Angebote würde man sich wohl entscheiden:

Eine Million DM auf die Hand oder einen anfänglichen Betrag von einem Pfennig einen Monat lang Tag für Tag verdoppelt?

Bei einer schnell zu fällenden Entscheidung würde man gefühlsmäßig wahrscheinlich den Millionenbetrag auf die Hand wählen, denn das ist immerhin ein ansehnliches Kapital. Warum da noch ein Risiko eingehen?

Aber im zweiten Falle würde man besser abschneiden; insbesondere, wenn man sich den richtigen Monat aussucht. Am 31. Tage bekäme man genau 10 737 418 Mark und 24 Pfennige ausgezahlt.

Wirtschaftsfachleute stehen oft vor ganz ähnlichen Alternativen: sofortiges Barvermögen oder laufende Zahlungen. Sie dürfen sich kaum auf ihr Gefühl verlassen. Die Folgen könnten schlimm sein. Hier ist es unbedingt ratsam, sämtliche Verästelungen des Entscheidungsbaumes klar im Kopf (oder auf dem Papier) zu haben.

Betrachten wir einmal ein Spiel mit einem endlichen Entscheidungsbaum etwas eingehender, am besten, indem wir es gleich spielen. Dazu brauchen wir einen Partner, denn es handelt sich um ein Konkurrenzspiel.

Tafel 1: Kugelspiel »Nimm«

Eine beliebige – aber nicht zu kleine – Zahl von Kugeln wird willkürlich in mehrere Untermengen aufgeteilt und in klar abgetrennten Reihen oder Grüppchen auf dem Spielbrett verteilt (siehe Abb. 3). Beide Kontrahenten

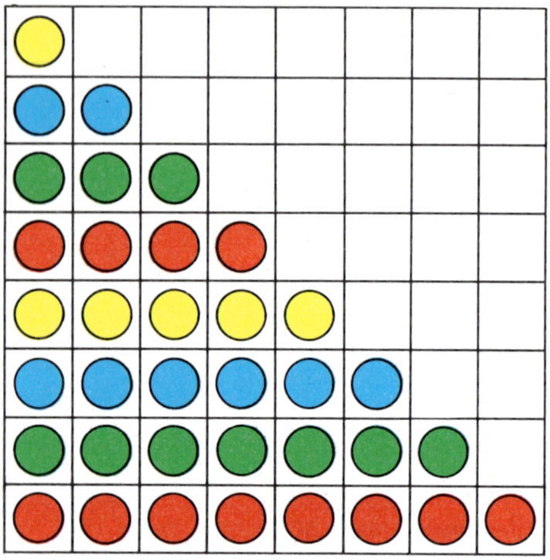

Abb. 3 **»Nimm«.** Acht Untermengen von farbigen Kugeln werden hier in der Ausgangsphase des Spiels durch Aufteilung auf acht verschiedene Horizontalreihen unterschieden. Bei jedem Zug darf ein Spieler eine beliebige Anzahl von Kugeln – jedoch nur aus einer Reihe – entfernen.

verringern nun abwechselnd – Zug um Zug – die einzelnen Teilmengen durch Fortnahme jeweils einer, mehrerer oder gar aller Kugeln. Die in einem Zug entnommenen Kugeln müssen aber aus ein und derselben Teilmenge stammen. Sieger ist, wer die letzte Kugel bekommt. Der Trick ist, den Gegner zu zwingen, die vorletzte Kugel oder Kugelmenge abzuräumen und sich auf diese Weise den letzten Zug zu sichern.

Das vermutlich aus China stammende Spiel wurde zu Beginn dieses Jahrhunderts von dem amerikanischen Mathematiker Charles L. Bouton wiederentdeckt und im Detail analysiert. Er gab ihm auch den Namen »Nim« – der aus dem Altenglischen kommt und den wir ohne weiteres mit dem deutschen Wort »Nimm« übersetzen können.

Die von Bouton für einen sicheren Gewinn ausgearbeiteten Tips werden hier aber nicht verraten. Denn dann ist das Spiel nur noch halb so spannend*.

2.2 Spieltheorie ...

Uns kommt es hier nicht so sehr darauf an, *wie*, sondern *daß* man dieses Spiel – deterministisch – gewinnen kann, zumindest wenn man den ersten Zug hat. Solange man den Trick nicht kennt, müßte man, um sicherzugehen, vor jedem eigenen Spielzug in Gedanken allen Verästelungen des Entscheidungsbaumes nachgehen. Die Mathematik hat sich längst der exakten Analyse des Spiels angenommen. In der Sprache der Spieltheoretiker hieße »Nimm«: ein endliches Zwei-Personen-Nullsummenspiel mit vollständiger Information und optimaler Strategie. Das ist ein sehr trockener und gelehrter Ausdruck, der jedoch nichts anderes besagt als:

1. Das Spiel wird von zwei Personen gespielt.
2. Es geht nach einer endlichen Zahl von Zügen zu Ende.
3. Es gibt immer einen Sieger und einen Verlierer, das heißt, die Summe von Gewinn und Verlust ist gleich null.
4. Es gibt einen eindeutigen Lösungsweg, der für den Spieler, der den ersten Zug hat, unabhängig von den Aktionen des Gegners zum Sieg führt.

Voraussetzungen dieser Art sind natürlich für eine theoretische Behandlung optimal, und daher kann auch eine »sichere« Strategie formuliert werden, die den Spielablauf zu einem letzten Endes deterministischen Prozeß gestaltet.

Im Bereich der Wirtschaft sind jedoch die Verhältnisse im allgemeinen nicht ganz so einfach. Die optimale Lösung läßt sich zumeist nicht im vorhinein festlegen; sie hängt – unter Umständen entscheidend – von einer Reihe äußerer Einflüsse ab, die mehr oder

* Wer allerdings darauf aus ist, immer zu gewinnen, schaue in dem Buch »Moderne Denkmaschinen« von Walter R. Fuchs[4] nach. Dort wird auch das »Nimitron« beschrieben, eine Art Computer, den sich eine clevere englische Schulklasse ausgedacht hat, und mit dessen Hilfe sich das Spiel todsicher gewinnen läßt.

minder unvorhersehbar sind. Hier kann man nur mit Hilfe von Wahrscheinlichkeitsannahmen versuchen, das unter gegebenen Bedingungen bestmögliche Resultat zu erzielen.

Das ist die eigentliche Aufgabenstellung der *Spieltheorie*. Ihr Begründer ist der ungarische Mathematiker John v. Neumann, der von 1933 an bis zu seinem Tode im Jahr 1957 in der kongenialen Atmosphäre des »Institute for Advanced Study« in Princeton, USA, arbeitete und lehrte. Die Spieltheorie war von Anbeginn auf ökonomische Problemstellungen zugeschnitten; der Titel des Schlüsselwerkes von John v. Neumann und Oskar Morgenstern lautet denn auch »Spieltheorie und wirtschaftliches Verhalten«[5]. Diese Theorie hat viele Anwendungen nicht nur im ökonomischen, sondern vor allem auch im soziologischen, politischen und strategischen Bereich gefunden und bildet heute die Grundlage der Futurologie.

Wir wollen versuchen, das Wesen dieser Theorie, deren mathematische Tiefen noch keineswegs voll ausgelotet sind, wenigstens in Umrissen zu zeichnen*. Den meisten wird das Knobelspiel »Stein–Schere–Papier« bekannt sein. Es ist ebenfalls ein Zwei-Personen-Nullsummenspiel, aber weder mit vollständiger Information noch mit optimaler Strategie. Und »endlich« ist es auch nicht (sofern man es nicht selber zeitlich begrenzt). Es ist in gewisser Weise ein Gegenstück zu dem soeben beschriebenen »Nimm«. Da keiner der Spieler die willkürliche Entscheidung des Kontrahenten vorausberechnen kann, gibt es auch keine optimale Strategie. Jeder Zug ist ein komplettes Spiel und hat einen Gewinner und einen Verlierer.

Zur rationellen Darstellung eines Spiels und dessen Verlaufs ist es zweckmäßig, alle möglichen Entscheidungsalternativen bzw. Strategien der beiden Kontrahenten gegeneinander aufzutragen und entsprechend zu bewerten. Ein solches Bewertungsschema nennt man »Auszahlungsmatrix« (pay off matrix). Das Wort Matrix bedeutet in diesem Zusammenhang nichts weiter als Tafel. Es ist eine Gewinntafel, auf die jeder Spieler im rationellen Spielablauf die Wahl der optimalen Strategie gründen kann.

---

* Für ein eingehenderes Studium verweisen wir auf das von Morton Davis anschaulich geschriebene Büchlein: »Spieltheorie für Nichtmathematiker«, R. Oldenbourg Verlag, München/Wien, 1972.

Für das Spiel »Stein-Schere-Papier« sieht die Auszahlungsmatrix folgendermaßen aus:

		1. Spieler		
		Stein	Schere	Papier
2. Spieler	Stein	○	–	+
	Schere	+	○	–
	Papier	–	+	○

Ein Pluszeichen heißt Gewinn für den ersten Spieler und, da es ein Nullsummenspiel ist, gleichzeitig Verlust für den zweiten Spieler. »Minus« zeigt dagegen Verlust für den ersten Spieler (Gewinn für den zweiten) an, während null ein neutrales Ergebnis, also unentschieden bedeutet. Dies gilt für den Fall, daß beide Kontrahenten unabhängig voneinander die gleiche willkürliche Entscheidung treffen.

Die Aufstellung einer solchen Matrix wäre beim Nullsummenspiel mit vollständiger Information wenig sinnvoll. Da diese Spiele nämlich deterministisch ablaufen, ist es immer für einen der Partner möglich, durch eine zusammenhängende Kette von Entscheidungen zu gewinnen, ohne daß der andere irgend etwas dagegen unternehmen könnte. Man muß freilich genau zwischen einer »im Prinzip« vollständigen und der »tatsächlich verfügbaren« Information unterscheiden. So gesehen, sind die »im Prinzip« deterministischen Spiele wie Dame, Schach, Go usw. schließlich doch in ihrem Ablauf ungewiß. Die vollständige Information für Schach ist so komplexer Natur, daß nicht einmal unsere größten Computer mit deterministischer Sicherheit ein »Matt« erzwingen könnten. Somit lassen sich auch bei diesen Spielen verschiedene Strategien – unter Zugrundelegung einer begrenzten Zahl von Zügen – in einer Auszahlungsmatrix einander gegenüberstellen und bewerten. Allerdings würde eine solche Matrix wegen der enorm vielen Variationsmöglichkeiten schon bei der Aufzeichnung relativ weniger Züge sehr bald unüberschaubar werden.

Die meisten Kartenspiele sind schon aufgrund ihrer Konzeption Spiele mit unvollständiger Information. Die Auszahlungsmatrix zeigt hier an, wie man am besten vorgeht, das heißt, mit welcher Strategie man verschiedene Aktionen des Gegners beantworten sollte, ob man zum Beispiel sticht, lediglich zugibt oder gar paßt Natürlich gibt es meistens irgendwelche Hinweise über die Absichten des Gegners insofern, als dieser ja selbstverständlich den Sieg anstrebt und zur Erreichung seines Ziels alle gegnerischen Aktionen stören wird. Beim Knobeln dagegen hat man *keinerlei* Information über die Absichten des Kontrahenten. Die Auszahlungsmatrix liefert daher keinen Beitrag zur Strategiewahl, sie ist lediglich die komprimierte Darstellung aller in Frage kommenden Koinzidenzen.

Sinn und Ziel der Spieltheorie ist es, auf der Grundlage der Auszahlungsmatrix den optimalen Gewinn zu ermitteln, das heißt den Einsatz der Einzelstrategien so zu optimieren, daß am Ende dieser Gewinn auch tatsächlich erzielt wird. Von größter Bedeutung ist in diesem Zusammenhang das von John v. Neumann im Jahre 1928 mathematisch bewiesene Minimax-Theorem, welches besagt, daß bei vernünftiger Spielweise beider Kontrahenten in einem endlichen Nullsummenspiel sich immer ein durchschnittlicher Gewinn V für einen der beiden Spieler ergibt. Das bedeutet:

1. Spieler I wird eine Strategie wählen, die ihm diesen Gewinn V garantiert, was immer auch Spieler II unternimmt. Er wird also versuchen, *mindestens* diesen Betrag zu erlangen.
2. Spieler II andererseits verfolgt eine Defensivstrategie, die verhindern soll, daß er selbst mehr als den genannten Betrag V verliert. Er kann also den Plan von Spieler I, einen größeren Gewinn als V einzustreichen, vereiteln.
3. Da Spieler II verliert, was Spieler I gewinnt, wird dieser auch dafür Sorge tragen, daß Spieler I auf keinen Fall mehr als den Betrag V für sich verbuchen kann.

Die dritte Bedingung wird deshalb neben der zweiten gesondert aufgeführt, weil sie nur für das Nullsummenspiel eine vernünftige Annahme darstellt. Der Gewinn von I ist dem Spieler II nur solange ein »Dorn im Auge«, als er dafür aufkommen muß. Spieler II wird normalerweise nicht so gehässig sein, seinem Partner laufend Schwierigkeiten zu machen, sofern kein objektivierbares Interesse dahintersteckt. Das angestrebte Ziel beider Spieler ist daher so etwas wie eine Gleichverteilung des in Aussicht gestellten Gewinns. »Informierte« Spieler werden sich darauf von vornherein einstellen.

Mathematisch gesehen handelt es sich um eine Extremalaufgabe, die zu lösen keinerlei Schwierigkeiten bereitet, wenn die Nebenbedingungen genau fixiert sind. Aber das ist gerade bei den Optimierungsaufgaben durchweg nicht der Fall. Die Nebenbedingungen sind im allgemeinen variabel und allenfalls durch Minimalforderungen oder Maximalangaben einzugrenzen. Sie können zum Beispiel in der Wirtschaft bestehen: in nicht zu überschreitenden Höchstpreisen, die aber jederzeit unterboten werden dürfen; in der Begrenzung des zur Verfügung stehenden Lagerraums oder in Beschränkungen der Produktionskapazität usw. Diese Nebenbedingungen sind also bis zu einem gewissen Grade variabel und müssen zur Verwirklichung eines Optimums gegeneinander abgewogen werden. Ein Optimum ist daher weniger absolut als ein Extremum – also ein Maximum oder Minimum – in einem eindeutig verlaufenden Kurvenzug, für den die Nebenbedingungen exakt festgelegt und konstant sind.

In der Wirtschaft sind Optimierungsprobleme gang und gäbe, ja, eine Wirtschaft kann überhaupt nur funktionieren, wenn man sich bemüht, die anstehenden Probleme optimal zu lösen. Es ist leicht einzusehen, daß die Konkurrenz um Märkte etwas ganz Ähnliches wie ein Nullsummenspiel darstellt. Allerdings bietet die Wirtschaft zumeist nicht Idealbedingungen für ein echtes Nullsummenspiel, darüber hinaus ist die Zahl der Kontrahenten nicht auf zwei begrenzt.

Die Empfehlungen des »Club of Rome« basieren auf ähnlichen Überlegungen. Was in einer übervölkerten Welt der eine gewinnt, verliert nur gar zu oft der andere. Was auf der einen Seite den Lebensstandard erhöht, kann auf der anderen Seite die Lebensqualität verringern.

2.3 ... und menschliches Verhalten

Wir sollten uns aber nicht der Illusion hingeben, daß man mit Hilfe einer Theorie, die sich fast immer auf idealisierte Voraussetzungen gründet, die Realität voll erfassen könnte. Oskar Morgenstern schreibt in seinem Vorwort zu Morton Davis' Buch über die Spieltheorie:

»Dem Leser wird die ungeheure Vielfalt sozialer Erscheinungsformen auffallen, er wird selbst feststellen, wie kompliziert eine Theorie sein muß, die diese Erscheinungsformen erläutert – eine Theorie, neben der selbst die schwierigen Theorien der modernen Naturwissenschaften einmal einfach wirken werden.«

Das soll natürlich nicht heißen, daß eine Theorie, die die Erscheinungsformen menschlich-sozialen Verhaltens zu erklären vermag, außerhalb des Rahmens naturwissenschaftlicher Überlegungen zu stehen hätte. Der Mensch ist das Produkt einer Evolution, die auf einheitlichen Naturgesetzen basiert. Menschliche Verhaltensweisen, so komplex sie sein mögen, müssen letztlich auch ihre Begründung in den fundamentalen Prinzipien der Naturwissenschaften finden. Die Frage allerdings ist, in wie komplexe Bereiche wir vorzudringen vermögen. Theorie setzt Abstraktion voraus. Sie sublimiert das Regelmäßige und Reproduzierbare aus der Wirklichkeit und präsentiert es in idealisierter Form, gültig unter definierten Voraussetzungen und Randbedingungen. Die Spieltheorie ist ein typisches Beispiel dafür.

So ist denn auch der größte Unsicherheitsfaktor in der praktischen Anwendung der Spieltheorie die *tatsächliche* Verhaltensweise der Spieler. Werden sie immer im Sinne der Theorie vernünftig handeln? Ja, werden sie nicht jederzeit versuchen, durch Täuschungsmanöver die Berechnungen des Kontrahenten über den Haufen zu werfen? Wollte eine theoretische Behandlung alle denkbaren Gegebenheiten berücksichtigen, so müßte sie weitgehend die menschliche Psyche miterfassen.

Warum erfreuen sich gerade Kartenspiele so großer Beliebtheit? Sie sind in den wenigsten Fällen »offene« Spiele wie etwa Dame, Schach oder Go. Die Spieler können kaum die Absichten des Gegners ergründen, noch kennen sie die vollständige Spielsituation. Durch Bluffen kann man leicht über seine miserable Ausgangslage hinwegtäuschen. Die Spielregeln selbst sind meist trivial: Es gibt eine einfache Wertskala, nach der »gestochen« wird. Das Erlernen der Regeln erfordert keine besonderen geistigen Anstrengungen. Menschenkenntnis ist ausschlaggebender als abstraktes Denken. Es gibt Spieler, die sich so in die Psyche des Kontrahenten versetzen können, daß sie ihn selbst beim Knobeln »unter den Tisch spielen«.

Stellen wir uns einmal vor, Skat würde generell mit offenen Karten gespielt. Das wäre schrecklich langweilig: Jede Partie ließe sich in zwei – gleichermaßen uninteressante – Phasen auftrennen: a) die aus dem Mischen hervorgegangene Ausgangssituation, das »Blatt« – ein reines Zufallsprodukt, und b) ein daran anschließender, aufgrund der Spielregeln deterministisch ablaufender Prozeß, ein einfacher »Abtausch«. Die ganze geheimnisvolle Vielgestaltigkeit des Kartenspiels wäre dahin. Das besondere Fluidum entsteht ja erst durch die Kombination von Zufall und Gesetz. Durch das Nichtoffenlegen der Karten wird der Zufall der Ausgangssituation in den Spielgang hineingetragen, so daß man den Ablauf des Spiels nicht mehr exakt vorhersagen kann. Dieses ist damit auf eine völlig neue Ebene gehoben. Bei den »offenen« Spielen wird ein ähnlicher Effekt erst durch Komplizierung der Regeln, Erweiterung der Kombinationsmöglichkeiten, also Heraufsetzen des Komplexitätsgrades erreicht. So ist auch Bridge, bei dem die Karten teilweise aufgedeckt werden, in seinen Regeln bereits sehr viel anspruchsvoller als die meisten anderen Kartenspiele.

Die spezifischen Merkmale eines jeden Spiels sind wesentlich durch seine individuellen Regeln bestimmt, die eine eigene, aus der Realität herausgelöste Welt schaffen. Sie sind zumeist willkürlich festgelegt, doch können sie ihre historische und traditionelle Herkunft kaum verleugnen. Im Dame- und Schachspiel gibt es zwar keine »Geburten«, wohl aber so etwas wie »Tod«, wie immer man das »Schlagen« von Figuren auch verstehen mag. Diese »Todesfälle« bedeuten nicht »natürliches Ableben«, sondern sind die Folgen von Belagerung und Kampf. Der Ablauf des Spiels entspricht keinem *natürlichen* Evolutionsprozeß. Es wird vielmehr ein in historisch begründetem Gewand herausgelöster Aspekt menschlichen Verhaltens repräsentiert.

Es mag vielleicht bisher der Eindruck entstanden sein, als läge jedem Spiel – sozusagen als treibende Kraft – die Konkurrenz oder gar der Kampf zugrunde. Abgesehen davon, daß es ja auch viele Einpersonen-Spiele gibt, wie etwa das Patiencelegen, kennen wir auch echte kooperative Spiele, deren wesentliche Idee im Zusammenspiel liegt.

In ihrem Sommerpalast »Katsura« spielte die japanische kaiserliche Familie eine Art Fußball, das »Kemari« (ke = kick, mari = Ball), bei dem alle Mitspieler im Kreis um das Spielfeld laufen und versuchen, sich dabei den Ball so zuzuspielen, daß er nie den Boden berührt. Der Ehrgeiz des einzelnen Spielers beschränkt sich allein darauf, nicht derjenige zu sein, der den Ball verpaßt – ein wundervolles Vorbild für den Politiker.

Auch das Kind beginnt zunächst »nur um des Spieles willen« zu spielen. Bernhard Hassenstein[6] weist auf diesen »autotelischen« Charakter des Kinderspiels hin. Er sieht seinen teleonomischen Wert im Hinblick auf die möglichen Anwendungen »im Ernstfall«. Doch wird – wie Johan Huizinga betont – damit die primäre Qualität des Spiels, seine Intensität, sein Vermögen »toll zu machen«, nicht berührt.

> »Warum kräht das Baby vor Vergnügen? – Die Natur, so scheint der logische Verstand zu sagen, hätte doch alle die nützlichen Funktionen wie Entladung überschüssiger Energie, Entspannung nach Kraftanstrengung, Vorbereitung für Forderungen des Lebens und Ausgleich für Nichtverwirklichtes ihren Kindern auch in der Form rein mechanischer Übungen und Reaktionen mit auf den Weg geben können. Aber sie gab uns gerade eben das Spiel mit seiner Spannung, seiner Freude, seinem Spaß.
> Wir spielen und wissen, daß wir spielen, also sind wir mehr als bloß vernünftige Wesen, denn das Spiel ist unvernünftig.«[2]

Vielleicht sollten wir besser sagen: Spiel ist jenseits von Vernunft. Es hat nur Sinn in sich. Becketts Hauptfigur im »Endspiel« zieht das Fazit: »Da es so gespielt wird . . ., spielen wir es eben so.«

3. Mikrokosmos - Makrokosmos

Als Mikrokosmos bezeichnen wir die Welt der Elementarteilchen, Atome und Moleküle. In ihr spielen sich alle physikalischen Elementarprozesse ab. Der Zufall hat seinen Ursprung in der Unbestimmtheit dieser Elementarereignisse. Erst in der großen Zahl, das heißt in vielfacher Wiederholung, kennzeichnen sie das Erscheinungsbild der Materie im Makrokosmos. In der statistischen Überlagerung kann sich die Unschärfe der Einzelprozesse herausmitteln. Die Folge ist deterministisches Verhalten. Unter speziellen Bedingungen kann es aber auch zu einem Aufschaukeln der elementaren Vorgänge und damit zu einer makroskopischen Abbildung der Unbestimmtheit des mikroskopischen »Würfelspiels« kommen.

3.1 Der Zufall

Die Elementarvorgänge im materiellen Geschehen entziehen sich grundsätzlich einer exakten raum-zeitlichen Darstellung. Voraussagen über *Ort* und *Geschwindigkeit* der kleinsten materiellen Partikeln haben immer nur den Charakter von Wahrscheinlichkeitsaussagen. Dieses Grundpostulat der modernen Physik manifestiert sich in der von Werner Heisenberg formulierten Unschärferelation der Quantenmechanik, die besagt, daß man niemals *gleichzeitig* genau wissen kann, *wo* etwas ist und *wie schnell* es sich bewegt. An und für sich ist das Phänomen der Unschärfe schon aus der klassischen Schwingungslehre bekannt. Will man einen Ton genau identifizieren, so muß man eine bestimmte Zeitlang hinhören. Soll die dem Ton zugrunde liegende Schwingung von einem Empfänger aufgenommen werden, so muß sie zumindest für die Dauer einer oder mehrerer Schwingungsperioden auf diesen Empfänger einwirken. Andernfalls ist die Frequenz – die Zahl der Schwingungen pro Zeiteinheit – nicht exakt anzugeben.

Die fundamentale Bedeutung der Unschärferelation erklärt der Physiker Richard Feynman[7] an einem Paradoxon der klassischen Physik:

Positive und negative Ladungen ziehen sich bekanntlich gegenseitig an, und zwar um so stärker, je kleiner der Abstand zwischen ihnen ist. Dieses Gesetz ist in seiner quantitativen Formulierung nach dem französischen Physiker Charles Augustin de Coulomb (1736 bis 1806) benannt. Wie kommt es nun, daß in den Atomen die positiven und negativen Ladungen fein säuberlich getrennt auftreten? Das kann nicht etwa daran liegen, daß der positiv geladene Atomkern den gesamten vom Atom beanspruchten Raum mit seiner Masse ausfüllt und dadurch die negativ geladenen Elektronen hindert, in ihn hineinzufallen. Die räumliche Ausdehnung des Kerns verhält sich zum Durchmesser der Elektronenbahnen nur etwa wie ein Stecknadelkopf zur Kuppel des St.-Peter-Doms (eine Tatsache, die einmal eine Medizinstudentin im Physikum auf eine diesbezügliche Frage mit Überzeugung antworten ließ: »Die Atome bestehen zum größten Teil aus Luft«).

Was hindert also die Elektronen, unter Abstrahlung elektromagnetischer Energie in den Atomkern hineinzustürzen und mit ihm zu verschmelzen? Hierzu Richard Feynman:

»Wären die Elektronen im Kern lokalisiert, so würden wir ja ihre relative Position genau kennen. Das Unschärfeprinzip würde dann verlangen, daß die Elektronen einen sehr großen (weil unscharfen) Impuls, also auch eine entsprechend große Bewegungsenergie besitzen, die ausreichen würde, sie sofort wieder ausbrechen zu lassen.«

Natürlich zeigt eine solche Plausibilitätsbetrachtung nur – und darauf kommt es uns im Augenblick allein an –, wie man sich mit Hilfe von Erfahrungssätzen vor den unzulässigen Abstraktionen unseres Geistes schützen kann. Abstraktionen wie: Punkt, Unendlichkeit, Kontinuität, Parallelität und dergleichen sind in der Mathematik gang und gäbe, müssen aber in der Physik mit größter Vorsicht verwandt werden.

Der Hauptanteil des erkenntnistheoretischen Gewinns, der mit der Einführung der Unschärferelation verbunden ist, liegt im Verzicht auf Interpretation. Wahrscheinlichkeitsdenken an sich war der klassischen Physik, zumindest seit Maxwell und Boltzmann, keineswegs mehr fremd. Nur glaubte man eben, daß statistische Unschärfe ihre Ursache im Mangel an – im Prinzip verfügbarem – Detailwissen habe, nicht aber prinzipieller Natur sei. So ist dann auch bei den vielen Interpretationsversuchen der Unschärferelation, denen allen so etwas wie das »Suchen nach verborgenen Parametern« anhaftet, am Ende allein das mit der Erfahrung konforme Prinzip übriggeblieben.

Interpretation ist ein Vorgang, der sich in unserem Denkorgan, dem Gehirn, abspielt. Im allgemeinen handelt es sich dabei um einen kooperativen Prozeß: »Die Wissenschaft« interpretiert – das sind viele Gehirne, die darin übereinstimmen, daß einem gegebenen Sachverhalt etwas Reproduzierbares, Regelmäßiges und auf erkennbare Ursachen Zurückführbares, eben »Interpretierbares« zugrunde liegt.

Das Gehirn ist in allererster Linie ein Speicherorgan, aber die Speicherung selbst erfolgt bereits nach selektiven Kriterien. Die über die Sinnesorgane einfließende Information wird bewertet, das heißt: gefiltert, sortiert, mit der schon gespeicherten Erfahrung verglichen, neu kombiniert und schließlich eingeordnet. Karl Popper[8] beschreibt diesen selektiven Vorgang als inhärent deduktiv. Er steht in Analogie zum »Lernprozeß« der Evolution, in dem die aus Ablesefehlern hervorgegangenen Mutationen ständigen Bewährungsproben ausgesetzt sind und dabei jeweils bis auf wenige »falsifiziert« werden.

Daß so etwas wie Abstraktion überhaupt möglich ist, liegt an einer inneren Konsistenz aller Naturvorgänge, einer Konsistenz von Bild und Spiegelbild. Gesetzmäßigkeiten könnten sonst kaum reproduziert und für alle Individuen übereinstimmend vom Gehirn reflektiert werden. Einen großen Teil des Verstehens macht das Zurkenntnisnehmen und Sichdarangewöhnen aus. Interpretieren läßt sich letzten Endes nur das, was durch Erfahrung und Experiment überprüfbar ist.

Für die Erkenntnistheorie bedeuteten die Ergebnisse der Quantenmechanik eine neue »Dimension«. Hatte nicht Ludwig Wittgenstein in seinem »Tractatus«[9] gerade erst apodiktisch gefordert:

»Was sich überhaupt sagen läßt, läßt sich klar sagen; und wovon man nicht reden kann, darüber muß man schweigen.«

Wovon kann man dann eigentlich überhaupt noch »klar« reden, wenn alle Aussagen nur innerhalb gewisser Grenzen Gültigkeit besitzen? Selbst die Wegbereiter der modernen Physik – wie Max Planck, Albert Einstein und auch der Begründer der Wellenmechanik, Erwin Schrödinger – haben sich mit dieser letzten, prinzipiellen Konsequenz der Unschärferelation nie abfinden können:

»Gott würfelt nicht.«[10]

Karl Popper[8] schreibt in seinem Buch »Logik der Forschung« zum Thema Gesetz und Zufall:

»Man pflegt zu sagen, daß die Planetenbewegung strengen Gesetzen gehorcht, während ein Würfelspiel vom Zufall beherrscht ist. Nach unserer Auffassung besteht der angedeutete Gegensatz darin, daß wir die Planetenbewegung (bis jetzt) mit Erfolg prognostizieren konnten, nicht aber einzelne Würfelwürfe.

Zur Prognosendeduktion braucht man Gesetze und Randbedingungen; sie wird versagen, wenn man keine geeigneten Gesetze zur Verfügung hat oder die Randbedingungen nicht feststellen kann. Beim Würfelspiel fehlt es offenbar an den Randbedingungen: zwar ließe sich ein Würfelwurf bei hinreichend genau gemessenen Randbedingungen prognostizieren; die Spielregeln des ›richtigen‹ Würfelns jedoch sind so gewählt (Schütteln!), daß sie mit einer genauen Messung der Randbedingungen kaum vereinbar sind.«

Sehr viele Prozesse in der Wirklichkeit entziehen sich in der Tat nur deshalb einer exakten Beschreibung, weil wir die Anfangs- oder Randbedingungen nicht zur Genüge kennen. In dem von Popper gewählten Vergleich ist aber ein für die »Berechenbarkeit« wesentlicher Umstand außer acht gelassen worden, der nicht der *speziellen Form* der Randbedingungen zuzuschreiben ist.

Nehmen wir – als Vergleich zum Vergleich – an, wir befinden uns auf einer Bergtour. Da macht es einen großen Unterschied, ob wir (auf dem Wege zum Einstieg) durch eine Schlucht wandern, oder ob wir später entlang einer scharfen Gratkante zum Gipfel klettern. Im ersten Falle können wir sorglos sein. Es ist unbedeutend, ob wir mal ein wenig vom Pfad abkommen, wir werden automatisch immer wieder zur Talsohle zurückgelangen. Ganz anders ist es dagegen bei der Gratkletterei. Jeder Fehltritt könnte hier eine Katastrophe bedeuten.

Bei der Planetenbahn wirken sich (kleinere) Störungen nicht als Katastrophen aus, die Bahnkurve ist indifferent, während in der Würfelbahn ständig instabile Phasen durchlaufen werden.

Der französische Mathematiker René Thom hat auf der Grundlage der Differential-Topologie eine Theorie entwickelt, mit deren Hilfe sich die strukturelle Stabilität materieller Systeme analysieren läßt; er nennt sie zu Recht »Katastrophentheorie«. Die Bahnkurve eines Würfelwurfs enthält viele Gabelungspunkte, an denen eine kleine Störung allein über das weitere Schicksal entscheidet. Stellen wir uns einmal einen Würfel mit ideal scharfen Kanten von atomaren Dimensionen vor. Die Ursache der Störung wäre dann im »Rauschspektrum« der thermischen Bewegung der Atome, die an den Würfelkanten sitzen, zu suchen. Aufgrund der Unschärferelation ist ein solches Rauschspektrum jedoch nicht im Detail vorhersagbar. Man kann lediglich Durchschnittswerte errechnen. Für ein *stabiles System* würde eine solche Aussage genügen, um seine makroskopischen Eigenschaften deterministisch festzulegen. Für das *instabile System* trifft das dagegen nicht zu. Es ist anfällig gegen mikroskopische Störungen, die sich aufschaukeln, so daß der *mikroskopische* Zufall eine *makroskopische* Abbildung erfährt.

Diese im Typus des Phänomens begründeten Unterschiede werden für die folgenden Betrachtungen über das Wesen der Zufallsentscheidung von allergrößter Wichtigkeit sein.

Alle unmittelbaren Eindrücke und Erfahrungen unserer Sinnesorgane beziehen sich auf den Makrokosmos. Aber auch hier haben wir uns längst daran gewöhnt, daß selbst ein im Einzelfall unbestimmtes Ereignis im Grenzfall der großen Zahl zum deterministischen Gesetz werden kann.

Wenn wir einen Versicherungsvertrag abschließen, so liegt das wirkliche Risiko, die Ungewißheit nämlich, ob dieser Abschluß sich auch wirklich lohnt, (nahezu) allein beim Kunden. Die Versicherungsgesellschaft wird immer ihren Gewinn davontragen, und um das zu garantieren, kalkuliert sie »statistisch«, das heißt unter Anwendung des »Gesetzes der großen Zahl«. Allerdings hinkt dieser – wie fast jeder – Vergleich etwas. Ein Bankrott der Versicherungsgesellschaft läßt sich nicht vollständig ausschließen. Dagegen gibt es im statistischen Verhalten der Materie den Fall, wir nennen ihn Gleichgewicht, wo auch bei einem im Einzelfall ungewissen Ausgang eine solche »Pleite« mit an Sicherheit grenzender Wahrscheinlichkeit vermieden wird. Das Versicherungsgeschäft gehört nicht in diese Kategorie der Statistik.

Als wesentliches Ergebnis der bisherigen Überlegungen halten wir fest: Alle Vorgänge der materiellen Welt – der unbelebten wie der belebten – basieren auf den (in gewissen Grenzen) unbestimmten elementaren Bewegungsprozessen kleinster Materieteilchen.

Wer aber ordnet, wenn zunächst alles dem Zufall überlassen ist, wenn alles »erwürfelt« werden muß? Wie kann ein bestimmter Zustand reproduzierbar auftreten, wenn es für die Elementarvorgänge unzählig viele Alternativen gibt? Wird sich nicht alles wie bei einer Schachpartie in den unübersehbaren Verästelungen des Entscheidungsbaumes verlieren?

3.2 Spiel von »Leben« und »Tod«

Gehen wir von einem konkreten Beispiel aus: Der makromolekulare Aufbau eines Eiweißmoleküls, das in unserem Organismus eine ganz bestimmte Aufgabe zu erfüllen hat, muß in allen Details aufrechterhalten werden. Beim Fehlen der von diesem Molekül repräsentierten Funktion würde der Organismus zugrunde gehen. Andererseits wissen wir, daß materielle Strukturen oder Zustände generell eine begrenzte Lebensdauer besitzen. Das individuelle Proteinmolekül hat eine Lebenserwartung, die im Vergleich zum erreichbaren Alter des gesamten Organismus sehr klein ist. Es wird laufend abgebaut und muß daher in identischer Kopie auch ständig wieder aufgebaut werden. Nur so kann sich der in seiner materiellen Zusammensetzung begründete und funktionell auf den Organismus abgestimmte Zustand des Moleküls über lange Zeiten erhalten.

Ähnlich verhält es sich mit dem Gesamtorganismus eines Lebewesens oder gar mit ganzen Populationen, die – sollen sie nicht aussterben – sich ständig reproduzieren müssen.

Die Bevölkerungsdichte, das ist die Zahl von Individuen in einem abgegrenzten Lebensraum, hängt primär allein vom Verhältnis der Geburten- zur Sterberate ab. Das gilt nicht nur für alle Lebewesen, sondern auch für einzelne Zellen im Organismus und gar für einzelne Moleküle und Atome. Nur spricht der Physiker und Chemiker im letzteren Falle nicht von Geburt und Tod, sondern einfach von Bildung und Zerfall oder Auf- und Abbau.

Die Geburtenrate der Menschen übertrifft zur Zeit bei weitem ihre Sterberate. Wir sprechen von einer Bevölkerungsexplosion. In der Tierwelt kommt es dagegen oft vor, daß die Sterberate höher als die Geburtenrate ist. Viele Tierarten sind vom Aussterben bedroht.

Soll eine Bevölkerungszahl konstant bleiben, so müssen sich die Raten für Geburt und Tod exakt die Waage halten. Wenn zwei Summen, die beide aus einer großen Zahl identischer Einzelterme bestehen, einander *gleich* sein sollen, so muß jedem Term auf der einen ein solcher auf der anderen Seite entsprechen. Das ist aber wegen des Wahrscheinlichkeitscharakters materieller Einzelprozesse – letztlich aufgrund der Unschärferelation – gar nicht möglich. Selbst mit Hilfe eines eingebauten Kontrollmechanismus könnte man allenfalls erreichen, daß eine solche Gleichheit *im Mittel* über größere Zeitperioden erfüllt ist. Wäre es möglich, eine stationäre Populationszahl, in Momentaufnahmen projiziert, festzuhalten, so würde man bemerken, daß sie mal größer und mal kleiner ist als ihr stationärer Mittelwert.

Welche Bedingungen sind erforderlich, damit sich in einem Materiesystem von selbst eine *stabile* Ordnung einstellt? Dies ist eine fundamentale Frage, die für das statistische Gleichgewichtsverhalten der Materie von ebenso großer Bedeutung ist wie für die biologische oder gesellschaftliche Selbstorganisation.

Betrachten wir doch einmal dieses Spiel zwischen »Leben« und »Tod«, in dem die beiden Kontrahenten um das Schicksal jedes Individuums würfeln müssen. Welche Strategien stehen ihnen zur Verfügung, und welchen Einfluß werden diese auf die Entwicklung der verschiedenen Populationen haben?

Die einzigen *registrierbaren* Fakten, an denen die Spieler sich orientieren können, sind die Populationszahlen. Es gibt im Prinzip drei Möglichkeiten, auf eine Veränderung der Populationszahl zu reagieren:

1. *Die Wahrscheinlichkeit für Geburt oder Tod hat einen definierten Mittelwert, der unabhängig von der Bevölkerungszahl bzw. deren Veränderungen ist.* Wir bezeichnen diese Art der Reaktion im Sinne der Spieltheorie als »indifferente Strategie« S_0. Der Index »0« deutet an, daß die Raten durch die Populationszahlen *nicht* zu beeinflussen sind. Eine solche indifferente Strategie ist auf der Ebene der Moleküle gang und gäbe, *im Bereich der Biologie jedoch höchst unrealistisch.* Wo viele Menschen dicht beisammen leben, werden auch viele Geburten zu verzeichnen sein. – Der idyllische Kirchhof von Raron ist verschwindend klein im Vergleich zum Wiener Zentralfriedhof.
2. *Geburten- und Sterberate sind von der Größe der Population abhängig. Die Änderung der jeweiligen Rate erfolgt mit gleichem Vorzeichen wie die Veränderung der Populationszahl.* Das bedeutet: Bei wachsender Bevölkerungszahl nehmen auch Geburten- und Sterberate zu, bei einer Rückläufigkeit nehmen diese dagegen ab. Mit einer so gekennzeichneten »konformen Strategie«, die wir mit S_+ symbolisieren wollen, wird lediglich das Vorzeichen der Ratenänderung in bezug auf die Populationsänderung festgelegt. Die Art der Proportionalität bleibt dabei ausgeklammert. Sie muß keineswegs einfach (zum Beispiel linear) sein, obwohl eine solche in der Natur sehr häufig anzutreffen ist.
3. *Die Veränderung der Populationszahl wird mit einer Gegenläufigkeit der Rate beantwortet.* Dieses Verhalten definiert die

»konträre Strategie« S_-. Sie besagt im einzelnen: Wenn die Bevölkerung wächst, so sinkt die Geburten- und Sterberate. Umgekehrt erhöhen sich die Raten, wenn die Bevölkerung abnimmt.

Eine in diesem Sinne definierte gegenläufige Reaktion entspricht nur im Falle der Geburtenrate auch einer echten Gegensteuerung: Jede Änderung der Bevölkerungszahl wird durch die entgegengesetzt verlaufende Geburtenrate rückgängig gemacht. In bezug auf die Sterberate aber verursacht diese Strategie eine weitere Verstärkung der ursprünglichen Populationsschwankung. Bei der konformen Strategie S_+ wirkt sich diese Korrelation gerade umgekehrt aus.

Wir müssen betonen, daß wir mit diesen Strategien lediglich eine Unterscheidung möglicher Reaktionsweisen vorgenommen haben. Welche Strategie im Einzelfall angewandt wird, ist weitgehend in der Natur der betreffenden Spezies begründet.

Bei den Materieteilchen sind es definierte chemische Eigenschaften: Reaktionsmechanismen, die für jede Molekülklasse festgelegt sind und die ihren Ursprung in physikalischen Kraftwirkungen haben. Die Vielgestaltigkeit der Natur ist so groß, daß in der Chemie alle Strategien vertreten sind, und zwar sowohl bei den Bildungs- als auch bei den Zerfallsreaktionen. Es gibt sogar Moleküle, die ihre Struktur in Abhängigkeit von der Umwelt verändern und damit auch ihre Strategie wechseln können. Derartig »intelligente« Moleküle treffen wir vornehmlich im Bereich der Biochemie an.

Die primitiven Lebewesen sind ebenfalls in ihren Verhaltensweisen weitgehend fixiert. Ja, sie haben sich in den frühen Stadien der Evolution erst dadurch zu sinnvollen Funktionsträgern entwickeln können, daß sie von bestimmten in der Natur angebotenen Molekülstrategien *selektiv* Gebrauch machten.

Der Mensch ist bereits in der Lage, seine Strategien innerhalb gewisser Grenzen seinen Lebensbedürfnissen anzupassen, wodurch es auch möglich ist, Sozialsysteme zu steuern.

In welcher Weise beeinflussen nun die verschiedenen Strategien den Zustand der Population? Wir wollen hier einmal im Sinne der Spieltheorie die beiden Kontrahenten – »Leben« und »Tod« – gegeneinander antreten lassen. Um das Schicksal der Population zu beschreiben, können wir so etwas wie eine Auszahlungsmatrix aufstellen. Im strengen Sinne ist es natürlich keine Auszahlungsmatrix, die den Gewinn explizit festlegt, denn es handelt sich weder um ein *endliches* Nullsummenspiel, noch sind die Strategien quantitativ, das heißt als vollständige Verhaltenspläne bestimmt. Dennoch ist die so erhaltene qualitative Übersicht recht instruktiv:

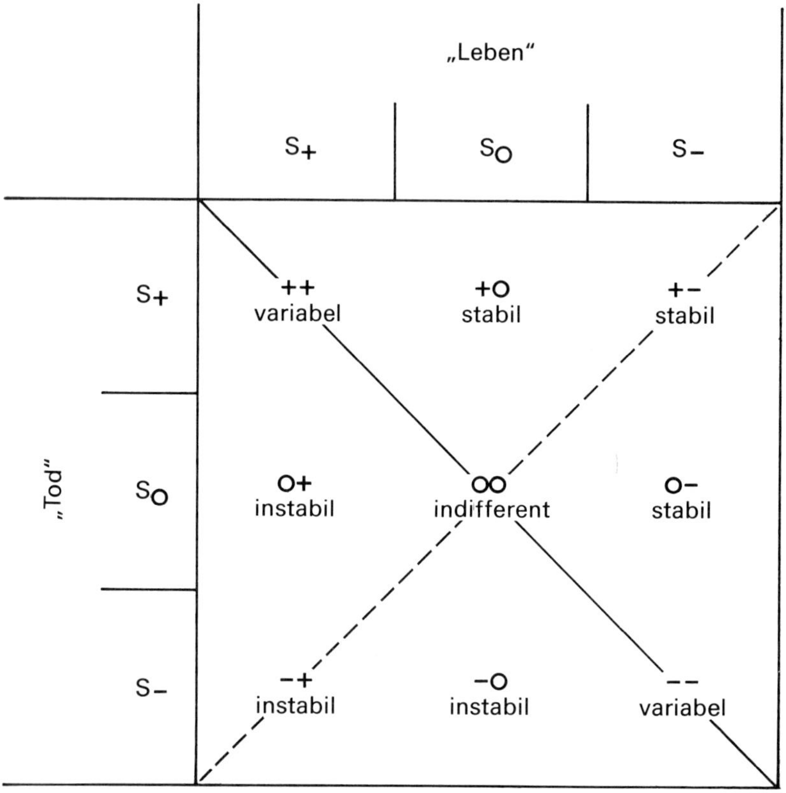

Es resultieren drei Grundverhaltensweisen der Population: Wir bezeichnen sie als *»stabil«*, *»indifferent«* und *»instabil«*. Die vierte als *»variabel«* bezeichnete Verhaltensweise setzt sich aus den drei Grundtypen zusammen, die je nach quantitativem Zusammenhang abwechselnd in Erscheinung treten und das System von einem Zustand in den anderen überführen. Was ist nun im einzelnen unter diesen Begriffen zu verstehen?

1. »stabil«: Für einen gegebenen Populationswert halten sich Auf- und Abbaurate (Geburten- und Sterberate) gerade die Waage. Jede kleine Veränderung des Populationswertes in positiver oder negativer Richtung wird eine oder auch beide Raten so beeinflussen, daß sie die Schwankung rückgängig machen. Der »stabile« Populationswert regelt sich also selbständig ein. Er ist durch interne Steuerung vor Katastrophen geschützt. Für große Populationszahlen hat diese Regelung stets deterministisches Verhalten zur Folge.
2. »indifferent«: Die Populationszahl kann alle möglichen Werte annehmen. Die Mittelwerte der Auf- und Abbaurate sind einander gleich. Da sie aber nicht von der Populationszahl abhängen, ist diese Gleichheit auch immer erfüllt. Es gibt weder rücktreibende noch verstärkende Kräfte. Jede Besetzung ist gleichberechtigter Ausgangszustand für weitere Schwankungen. Es gibt keinerlei regelnden Einfluß.
3. »instabil«: Ein gegebener Populationswert, bei dem sich Auf- und Abbaurate gerade kompensieren, ist »instabil«, wenn eine geringfügige Änderung eine oder beide Raten so beeinflußt, daß sie gerade diese Veränderung weiter verstärken. Dadurch wird eine lawinenartige Katastrophe ausgelöst, bei der entweder »Leben« oder »Tod« siegen, das heißt, es kommt entweder zur Bevölkerungsexplosion oder zum Aussterben der Art. Beide Katastrophen sind bei Koinzidenz der dafür verantwortlichen Strategien letztlich unausweichlich. Das Schicksal der Population ist somit eindeutig determiniert.

Diese drei Grundzustände treten in der Spielmatrix in der sogenannten Nebendiagonale (punktierte Linie) auf. Das interessantere Verhalten kommt aber in der Hauptdiagonale (ausgezogene Linie) zum Ausdruck. Wir hatten bereits vermerkt, daß der Begriff »variabel« alle drei Verhaltensweisen: »stabil«, »indifferent« und »instabil« einschließt und je nach quantitativem Zusammenhang einen dieser Effekte widerspiegelt. Der Mathematiker stößt hier auf die nichttrivialen Stabilitätsprobleme. Regelung und Selbstorganisation in Biologie und Technik basieren vor allem auf diesen in der Hauptdiagonale auftretenden Zuständen. Wir finden sie auf der Ebene der biologischen Makromoleküle sich selbst reproduzierender Strukturen, wo sie die Evolution einleiten. Sie begegnen uns wieder in der Differenzierung der Zellen, der Morphogenese der Organismen, und sie liegen schließlich der Organisation von Information im Netzwerk unserer Nervenzellen sowie auch (in der Technik) den informationsverarbeitenden kybernetischen Systemen zugrunde.

4. Statistische Kugelspiele

Prototypen statistischer Prozesse lassen sich durch Kugelspiele simulieren. Als Spielelemente dienen Glaskugeln, die je nach Färbung unterscheidbare Arten von Atomen, Molekülen, Lebewesen, Zahlen oder Buchstaben repräsentieren. Ein quadratisches Spielbrett symbolisiert den (begrenzten) Lebensraum, in dem sich die verschiedenen Prozesse abspielen. Alle Felder der Spielfläche sind durch Koordinatenbezifferung eindeutig festgelegt. Die Aufgabe des Zufallsgenerators wird von einem Würfelpaar wahrgenommen. Die Würfel sind – entsprechend der Größe des Spielbretts – durch die Platonischen Körper: Tetraeder, Kuben, Oktaeder, Dodekaeder oder Ikosaeder dargestellt. Jede Position auf dem Spielbrett kann mit gleicher a-priori-Wahrscheinlichkeit erwürfelt werden. Spielregeln steuern den Zufallsentscheid der Würfel und bestimmen damit das typische Verhalten individueller Populationen wie: indifferentes Driften, stabiles Gleichgewicht, instabiles Wachstum oder katastrophenartigen Untergang.

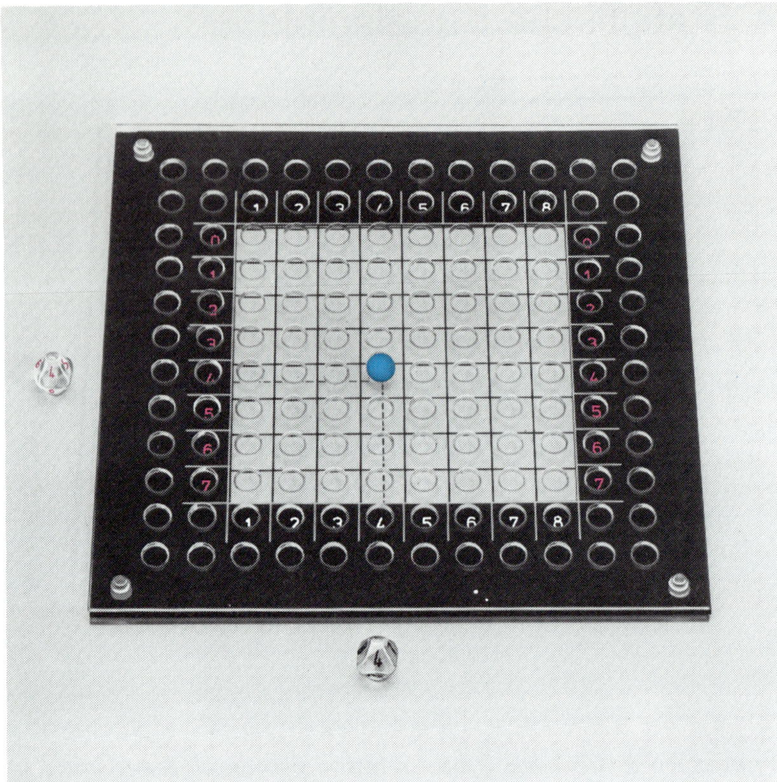

Abb. 4 **Prototyp eines Kugel-Spiels.** Das Spielbrett kann für fast alle in diesem Buch beschriebenen Spiele verwandt werden. Die Spielfläche ist in 64 durch Koordinaten definierte Kugelfelder unterteilt. Die Koordinaten tragen in vertikaler Richtung die Zahlen 0 bis 7 (rot) und in horizontaler Richtung die Zahlen 1 bis 8 (schwarz). Der »Zufallsentscheid« wird mit Hilfe von zwei Oktaederwürfeln herbeigeführt, deren Flächenbezeichnungen der Koordinatenbezifferung entsprechen. Jeder Wurf legt damit ein bestimmtes Koordinatenpaar bzw. eine Kugelposition fest, wobei allen Feldern die gleiche *a-priori*-Wahrscheinlichkeit zukommt. Im oben gezeigten Beispiel wurde das mit der blauen Kugel besetzte Feld mit den Koordinaten 4–4 erwürfelt.

4.1 »Kopf oder Adler«

Ein junger Mann will nach Übersee und muß daher – zum ersten Mal in seinem Leben – eine Flugreise antreten. In letzter Zeit hat er aber sehr oft von Flugzeugentführungen und Bombendrohungen gehört, so daß er dieser Reise mit gemischten Gefühlen entgegensieht. Aus diesem Grund ruft er vorsichtshalber bei seiner Versicherung an, um sich nach dem Risiko der Flugreise zu erkundigen. Der Versicherungsagent rechnet ihm vor, wie klein die Wahrscheinlichkeit ist, daß ausgerechnet in seinem Flugzeug eine Bombe versteckt sei. Mit dieser Auskunft ist der Kunde jedoch keineswegs zufrieden. Eins zu zehntausend, eins zu hunderttausend oder auch weniger – das Risiko scheint ihm zu hoch. So fragt er den Versicherungsagenten, wie groß die Wahrscheinlichkeit sei, daß sich in seinem Flugzeug gleich zwei Bomben befänden. Die korrekte Antwort des etwas verblüfften Agenten lautet: die Wahrscheinlichkeit dafür entspreche dem Quadrat der vorhergenannten Zahl. War jene eins zu zehntausend, so kommt für diese nur noch eins zu hundert Millionen heraus. Damit schien der junge Mann zufrieden zu sein.

Einige Wochen später las der Versicherungsangestellte in der Zeitung, daß man bei einer Gepäckkontrolle am Flughafen im Koffer eines Passagiers eine Bombe gefunden habe. Und weiter: dieser Passagier habe vor dem Untersuchungsrichter beteuert, seine Bombe lediglich zur Verminderung des Risikos mitgeführt zu haben.

Schauen wir uns anhand eines Spiels genauer an, was bei konsequenter Anwendung indifferenter Strategien geschieht.

»Kopf oder Adler«! Wer hätte nicht schon seinen Entschluß vom Wurf der Münze abhängig gemacht?

Das Wesentliche daran ist, daß das Resultat eines Wurfes von der Vorgeschichte, also von den Ergebnissen vorangegangener Würfe, vollkommen unabhängig ist. Auch wenn man bereits zehnmal hintereinander »Adler« hatte, die Wahrscheinlichkeit dafür, daß beim nächsten Mal »Kopf« erscheint, bleibt unverändert fünfzig Prozent. Der Effekt unabhängiger Wurfergebnisse läßt sich auf dem Spielbrett quantitativ analysieren.

Tafel 2: Kugelspiel »Irrflug«

Das Spiel wird von zwei Personen auf einer Fläche von 4 × 4 Feldern (ohne Koordinatenbezifferung) ausgeführt. Die Spieler erhalten je 16 Kugeln; zum Beispiel der eine weiße und der andere schwarze. Jeder plaziert 8 seiner Kugeln auf der ihm zugewandten Hälfte des Spielbretts und behält die restlichen 8 in Reserve. Die gesamte Spielfläche ist zu Beginn also halb mit schwarzen und halb mit weißen Kugeln bedeckt. Nun wird die Münze geworfen. Bei »Kopf« darf der »weiße« Spieler eine beliebige schwarze Kugel entfernen und durch eine weiße aus dem Reservoir ersetzen. Bei »Adler« wird weiß mit schwarz ausgetauscht. Man spielt für eine bestimmte Zeit, die lang genug bemessen ist, um beiden Spielpartnern die gleichen Gewinnchancen einzuräumen.

Durch Einführen einer Zusatzregel, die eine Wechselwirkung zwischen benachbarten gleichfarbigen Kugeln postuliert, läßt sich das Spiel planmäßig aufbauen und auch »endlich« gestalten. Die neue Regel besagt, daß alle Kugeln des Gegners, die man im Verlaufe des Spiels völlig eingeschlossen hat, durch eigene ersetzt werden dürfen. Das Spiel ist zu Ende, wenn eine Kugelsorte (zum Beispiel schwarz) ausgestorben ist, denn jede neue ins Spiel kommende schwarze Kugel wäre ja automatisch von weißen Kugeln umzingelt. Für den Physiker zeigt dieser Effekt, wie aus kooperativen Wechselwirkungen zusammenhängende Phasen (fest, flüssig, gasförmig) entstehen.

Freilich ist das Spiel in seiner einfachen (nichtkooperativen) Form nicht besonders kurzweilig. Will man jedoch selber herausfinden, welche statistischen Folgerungen sich aus der konsequenten Anwendung einer von der Kugelbesetzung unabhängigen, d. h. indifferenten Strategie (S_0) ergeben, so muß man schon etwas Geduld aufbringen. Eigentlich hört das Spiel ja nie auf. Wird es zu früh abgebrochen, kann man leicht zu falschen Schlüssen verleitet werden.

Die Wahrscheinlichkeiten für die Zu- oder Abnahme der einen oder anderen Kugelmenge sind in jeder Spielphase exakt gleich groß. Zwar wird anfänglich die neutrale Ausgangssituation mit einer größeren Häufigkeit wiederkehren. Das besagt aber keinesfalls, daß ihr – im Vergleich zu irgendeiner speziellen unsymmetrischen Kugelverteilung – eine höhere Wahrscheinlichkeit zukommt. Denn diese Art von »Kurzzeitgedächtnis« existiert für jede beliebige Bezugssituation, was bedeutet, daß eine Verteilung sich jeweils einige Male reproduziert, bevor sie sich allmählich auflöst. Da dies für jede nur mögliche Verteilung gilt, *wird es über längere Zeiten hinweg auch keine Bevorzugung irgendeiner Verteilung geben.* Die neutrale Ausgangsstellung ist genauso häufig – oder besser gesagt: genauso selten – wie irgendeine andere, also auch die »Bankrottsituation« – in der einer der Spieler sämtliche Kugeln an den anderen abgetreten hat –, womit das Spiel aber keineswegs beendet ist. Man braucht in diesem Spiel nämlich keine Kugeln auf dem Spielbrett zu haben, um weiterwürfeln zu dürfen. So driften also die Kugelmengen ziellos durch alle möglichen Verteilungen – bis man das Spiel willkürlich abbricht.

Im englischen Sprachgebrauch heißt ein solcher Driftprozeß »random walk« oder »random flight«, daher die Bezeichnung »Irrflug«. Mathematisch läßt sich eine Wahrscheinlichkeitsverteilung ableiten, die die Form der in Abb. 5 gezeigten Rechteckkurve hat.

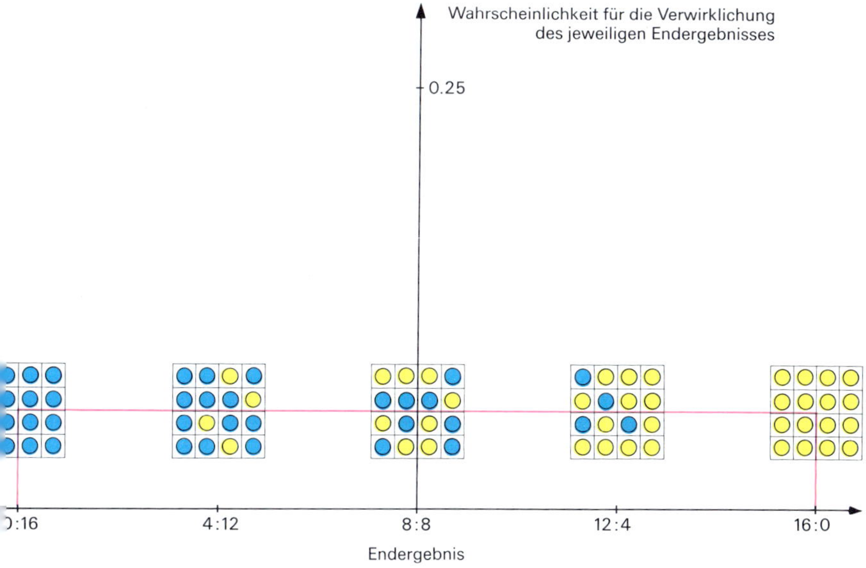

Abb. 5 **»Irrflug«.** Das Spiel charakterisiert einen unkontrollierten Schwankungsprozeß. Die Wahrscheinlichkeitsverteilung der blauen und gelben Kugeln ist völlig homogen, das heißt jede Abweichung von der Gleichverteilung (acht gelbe und acht blaue Kugeln) ist gleich wahrscheinlich.

Sie bringt bildhaft zum Ausdruck, was wir uns bereits logisch klargemacht hatten. *Der Erwartungswert (Ordinate) hat für jede nur mögliche Spielsituation (Abszisse) die gleiche Größe. Kein Spielergebnis ist bevorzugt.*

Wir sehen jetzt auch, welcher Denkfehler unserem Mann mit der Bombe unterlaufen war. Die Wahrscheinlichkeitsannahme, die der Versicherungsagent gemacht hatte, ist analog dem Erwartungswert für einen »Kopf«- oder »Adler«-Wurf, allerdings bedeutend kleiner als fünfzig Prozent. Und dieser ist durch keinerlei Manipulation der Besetzungsverteilung (sprich: Bombe im eigenen Koffer) zu beeinflussen. Doch nun genug von solchen makabren Bombengeschichten, die leider gar zu sehr zum Erscheinungsbild unserer Zeit gehören.

4.2 Ehrenfests Urnenmodell

Die Physiker – zu Beginn dieses Jahrhunderts – haben ein vergleichsweise harmloses Modell diskutiert: Zwei Hunde laufen nebeneinander her. Der eine hat eine Menge Flöhe. Wie lange wird es dauern, bis die Flöhe durch Hin- und Herspringen sich auf beide Hunde gleichmäßig verteilt haben, und wie sieht eine solche Gleichgewichtsverteilung aus? Dabei wird vorausgesetzt, daß die Flöhe nicht für einen der beiden Hunde eine besondere Vorliebe haben; obgleich auch eine solche sich im Modell berücksichtigen ließe.

Das »Hund-Floh-Modell« – wie es scherzhafterweise genannt wurde – geht auf durchaus ernsthafte Überlegungen über die statistische Natur der Gleichgewichtsprozesse zurück, die im Jahre 1907 von dem – später in Leiden wirkenden – Physikerehepaar Paul und Tatjana Ehrenfest angestellt wurden. So ist denn auch der seriösere Name jenes statistischen Spiels das »Ehrenfestsche Urnenmodell«, unter welchem es allgemein bekannt ist. Für dieses Modell wird eine bestimmte Zahl von Kugeln auf zwei Urnen aufgeteilt. Wir wollen hier statt dessen ein Spielbrett benützen. Auf einer Fläche mit Koordinateneinteilung wirkt das Spiel auch sehr viel übersichtlicher.

Tafel 3: Kugelspiel »Gleichgewicht«

Für dieses Spiel eignet sich jede quadratische Fläche mit Koordinatenbezifferung und zugehörigem Würfelpaar, zum Beispiel 4 × 4 Felder und zwei Tetraeder, 6 × 6 Felder und zwei Kuben, 8 × 8 Felder und zwei Oktaeder. Man benötigt mindestens zwei Kugelfarben. Jede Sorte muß mit so vielen Kugeln vertreten sein, daß alle Felder besetzt werden können.

1. Version: Beide Spieler setzen abwechselnd ihre Kugeln regellos auf das Spielbrett, bis alle Plätze besetzt sind. Dann wird gewürfelt. Die Kugel, die sich auf dem erwürfelten Feld befindet, wird herausgenommen und durch eine gegnerische Kugel aus dem Reservoir ersetzt. Gleichzeitig bekommt der Spieler, der nunmehr eine Kugel im Überschuß auf dem Brett hat, einen Punkt gutgeschrieben. Nach jedem Wurf wird der Spielstand notiert, wobei der »Bessere« so viele Punkte gutgeschrieben bekommt, wie er Kugeln im Überschuß (bezogen auf den Mittelwert = Hälfte aller Felder) auf dem Brett hat. Am Ende (das willkürlich festgelegt werden kann) addiert jeder seine Punkte und dividiert sie durch die Gesamtzahl der Würfe. Sieger ist, wer die *höchste* Punktzahl erreicht hat. Auf diese Weise repräsentiert das Spielergebnis so etwas wie die »mittlere Schwankung«.

2. Version: Hier soll vor allem das zeitliche Verhalten von Gleichgewichtseinstellungen simuliert werden. Das Spielreglement gleicht der 1. Version. Es beginnt aber damit, daß nur ein Spieler das Brett lückenlos mit seinen Kugeln bedeckt. Sodann wird gewürfelt und wie vorhin verfahren. Jetzt wird jedoch nicht der Kugelüberschuß des einzelnen Spielers gezählt, sondern die *Zahl der Würfe,* die man braucht, um die Hälfte der zuerst gesetzten Kugeln durch die andere Farbe auszuwechseln. Die Wurfzahl wird immer für *den* Spieler notiert, *der* die neuen Kugeln ins Spiel bringt. Zu einer Partie gehört eine *gerade* (größere) Anzahl von Runden. Sieger ist hier, wer am Ende die *niedrigste* Punktzahl vorweist.

3. Version: Das Spiel wird mit vier Farben (das heißt von vier Personen) ausgeführt. Hinzu kommt ein Farbwürfel, ein Tetraeder, nach dem bei jedem Wurf ermittelt wird, durch welche Farbe die jeweils getroffene Kugel ersetzt werden soll. Diese Version zeigt, daß das typische Ergebnis der 1. Spielvariante nicht auf zwei Spezies beschränkt ist, sondern ganz allgemein gilt.

4. Version: Es gilt das Grundprinzip der 1. Version, das in dieser Variante zusätzlich durch eine »Kooperativitätsregel« ergänzt wird. Diese besagt, daß die erwürfelte Kugel nur dann ausgewechselt werden darf, wenn sie mindestens vier gegnerischen Kugeln direkt benachbart ist. Also: Erwürfelt man zum Beispiel ein Feld, das von einer weißen Kugel besetzt ist, so darf diese nur dann herausgenommen und durch eine schwarze ersetzt werden, wenn sich auf mindestens vier der acht Nachbarfelder bereits schwarze Kugeln befinden. Man beachte hierbei, daß das (abwechselnde) Setzen der Kugeln in der Startphase des Spiels eine gewisse strategische Bedeutung hat. Die Wechselbeziehungen zwischen benachbarten Kugeln führen zur Musterbildung. Diese Effekte werden im 6. Kapitel noch eingehender diskutiert.

Der aufmerksame Leser wird längst festgestellt haben, daß bei den nichtkooperativen Varianten des Ehrenfestschen Urnenspiels konsequent für die »Sterberate« die konforme Strategie S_+ und für die Geburtenrate die konträre Strategie S_- angewendet wird. Letztere ist – ebensowenig wie die indifferente Strategie S_0 beim »Irrflug«-Spiel – für *Lebewesen* keineswegs typisch. So kommt denn auch die von der Auszahlungsmatrix vorhergesagte inhärente Stabilität – zumindest in der vom Modell geforderten Form – weder in der Populationsgenetik noch im Sozialverhalten der Menschen vor. Dagegen treffen wir sie bei den Molekülverteilungen in der Physik und Chemie um so häufiger an. Das ist auch der Grund, warum sich Paul und Tatjana Ehrenfest so eingehend mit diesem Problem auseinandergesetzt haben.

Allen vier Versionen dieses Spiels liegen interessante physikalische Erscheinungen zugrunde, die durch den Spielverlauf unmittelbar dargelegt werden. Da die Spielzüge ausschließlich von der Besetzungsverteilung abhängen, braucht man nicht einmal Spieler. Es muß lediglich jemand da sein, der würfelt und die Kugeln den Regeln entsprechend umsetzt. Spiele dieser Art organisieren sich sozusagen von allein.

Nur bei der kooperativen Version kann man ein wenig strategisches Geschick ins Spiel bringen. Auf diese Weise kommt es auch immer zu einer eindeutigen Abschlußsituation. Wir werden später – im Zusammenhang mit der Strukturbildung – auf diesen Fall noch zurückkommen.

Die Spielversionen 1 und 2 sind für das Ehrenfest-Modell besonders aussagekräftig. Dabei achten wir nicht speziell auf die jeweilige Verteilung der Kugeln auf bestimmte Koordinaten. Die Identifizierung individueller Kugeln erfolgt allein zu dem Zweck, eine gleiche a-priori-Wahrscheinlichkeit für die Umwandlung jeder im

Spiel befindlichen Kugel sicherzustellen. Derartige individuelle Besetzungszustände sind ohnehin nicht unterscheidbar. Was uns interessiert, ist der *Überschuß* einer bestimmten Kugelsorte, das heißt die Abweichung von der Gleichverteilung. Der *Gewinn* ist in der ersten Spielversion gerade so definiert worden, daß er – gemittelt über eine Reihe von Spielsituationen – ein eindeutiges, physikalisch relevantes Resultat widerspiegelt. Sehen wir uns daher ein »typisches« Spielergebnis einmal etwas genauer an.

Die Gewinnchancen beider (oder aller) am Spiel beteiligten Kugelsorten sind immer gleich groß. Mithin werden in der einfachen Version auch beide (bzw. alle) Spieler im Schnitt gleich häufig gewinnen – oder verlieren. Das war zwar beim »Irrflug«-Spiel auch nicht anders, doch traten dort im Verlaufe der Zeit alle möglichen Kugelverteilungen schließlich mit gleicher Wahrscheinlichkeit auf, was im vorliegenden Fall *nicht* geschieht. Wenn man ein hinreichend großes Spielbrett, zum Beispiel mit 64 Feldern verwendet, *so wird das Spiel immer mit ungefähr gleicher Kugelbesetzung beider (oder aller) Farben abschließen.*

Was heißt in diesem Zusammenhang aber »ungefähr«?

Die mittleren Gewinnzahlen, die sich aus der Summe der Gewinnpunkte, dividiert durch die Zahl der Würfe, ergeben, sind ein direktes Maß für die durchschnittliche Abweichung vom Mittelwert. Ihr *Absolutwert* hängt von der Gesamtzahl der Kugeln ab. Das können wir selber ausprobieren, indem wir hintereinander mit 4×4, 6×6, 8×8 und 10×10 Kugeln spielen. Wir ersehen daraus, daß die mittlere Gewinnzahl zwar – absolut betrachtet – mit zunehmender Größe des Spielbretts wächst, jedoch nicht direkt proportional zur Zahl der Kugeln. Sie steigt sehr viel langsamer als linear an. Bei 64 Feldern ist sie nur etwa doppelt so groß wie bei 16 Feldern.

Die kleine Einschränkung durch das Wort »etwa« bezieht sich darauf, daß in der Statistik einfache Gesetzmäßigkeiten nur für sehr große Zahlen gelten. 64 Kugeln sind dazu fast ausreichend, bei 16 Kugeln stimmt es schon nicht mehr ganz so genau.

Bei großer Kugelzahl ist die mittlere Abweichung, symbolisiert durch die Gewinnzahlen, proportional zur *Quadratwurzel* der mittleren Zahl der am Spiel beteiligten Kugeln einer Sorte (= Gesamtzahl der Kugeln, zum Beispiel 64, dividiert durch die Zahl der am Spiel beteiligten Kugelsorten, zum Beispiel 2: schwarz und weiß).

Dieses Ergebnis stellt eine wichtige Gesetzmäßigkeit der statistischen Physik dar. Dagegen ist von untergeordneter Bedeutung, daß die Formel noch einen Proportionalitätsfaktor enthält, der nicht genau gleich eins ist. Theoretisch ergibt sich zum Beispiel für 64 Kugeln und 2 Sorten eine durchschnittliche Schwankungszahl von ca. ± 10 Kugeln. Diese muß *relativ* zur Gesamtzahl der betreffenden Kugelsorte gesehen werden. Das Quadratwurzelgesetz besagt dann, daß die *relative Genauigkeit* der Mittelwerteinstellung mit steigender Kugelzahl zunimmt. Bei einer Million Feldern wären die Abweichungen nur noch in der Größenordnung von einem Promille.

Die Natur spielt im allgemeinen mit sehr viel größeren »Einsätzen«. So enthält allein ein Kubikzentimeter Wasser schon mehr als 10^{22} Wassermoleküle. (Das ist eine Eins mit zweiundzwanzig Nullen, eine Zahl mit einem fast unaussprechlichen Namen.) Auch die allerfeinsten Meßvorrichtungen würden hier nicht mehr ausreichen, etwaige Abweichungen vom Mittelwert überhaupt zu registrieren. So kommt es, daß der Chemiker ein Reaktionsgleichgewicht zwischen Molekülen durch ein »deterministisches« Massenwirkungsgesetz ausdrücken kann.

Der gesetzmäßige Charakter der Mittelwertaussage tritt noch deutlicher hervor, wenn wir fragen, wie häufig in diesem Spiel die extreme Schwankung auftritt, bei der das gesamte Spielbrett von nur einer Kugelsorte besetzt ist. Die Antwort lautet: Bei der nichtkooperativen Version wird dieser Fall »mit an Sicherheit grenzender Wahrscheinlichkeit« überhaupt nicht vorkommen. Schon bei 64 Kugeln ist die Wahrscheinlichkeit für eine solche Extremsituation nur noch etwa eins zu 10^{19}. (Wir wissen ja nun, was eine solche Größenordnung bedeutet. Sie kommt übrigens ganz ähnlich zustande wie die auf S. 24 errechnete Summe, die aus einer fortlaufenden Verdoppelung eines Pfennigs resultiert. Nur müßten wir hier die Verdoppelungsprozedur 64 Tage lang fortsetzen.)

Die Ursache für ein stabiles Verhalten liegt in einer durch die Statistik begründeten regelnden »Kraft«. Je größer der Überschuß einer Kugelsorte ist, um so größer wird auch die Wahrscheinlichkeit sein, daß man gerade eine Kugel dieser Sorte erwürfelt und somit ihren Überschuß reduziert. Und was der eine Spieler verliert, gewinnt der andere. Auf- und Abbaurate werden von der jeweiligen Besetzung, das ist die Zahl der Kugeln der betreffenden Sorte auf dem Spielbrett, gesteuert. Daraus resultiert die Stabilisierung der Gleichgewichtslage.

Wie schnell ein solches Gleichgewicht sich einstellt, kommt besonders anschaulich in der zweiten Spielversion zum Ausdruck. Hier geht man von der Extremalsituation der vollständigen Besetzung durch *eine* Kugelsorte aus. Praktisch jeder Wurf wird zunächst eine Dezimierung dieser Kugelsorte zur Folge haben und damit die andere Kugelfarbe ins Spiel zurückbringen. Erst bei Annäherung an die Gleichgewichtsverteilung nimmt das Tempo dieses Ausgleichsvorgangs ab, um in der Nähe des Gleichgewichtspunktes in ein dem »Irrflug« ähnliches Schwankungsverhalten überzugehen. Die »Wiederkehrzeit« eines durch ein bestimmtes Mengenverhältnis von Kugeln charakterisierten Zustandes entspricht der Häufigkeit, mit der dieser Zustand statistisch in Erscheinung tritt. Mit größter Häufigkeit stellt sich der Mittelwert ein – bei 64 Kugeln (im Mittel) praktisch nach jedem 10. Wurf. Da in der Nähe des Mittelwertes der Schwankungsprozeß – wie beim »Irrflug« – regellos wird, finden wir hier auch analoges Verhalten: Der Gleichgewichtszustand kehrt immer dann besonders häufig wieder, wenn er gerade durchlaufen wurde, er reproduziert sich dagegen weniger oft während einer größeren Schwankungsphase. Auch dieser Driftprozeß besitzt also ein Kurzzeitgedächtnis, das aber darüber hinaus – und zwar aufgrund der bei größeren Schwankungen wirksam werdenden statistischen Rückstellungskraft – ein Langzeitgedächtnis *für* den Gleichverteilungszustand darstellt.

Die Wahrscheinlichkeitsverteilung selbst können wir nun schon fast aus der Anschauung heraus konstruieren. Sie hat ein Maximum beim Mittelwert der Gleichbesetzung, fällt nach beiden Seiten hin ab, und zwar etwa auf den halben Wert für Schwankungszahlen, die der Quadratwurzel aus der Gesamtzahl der Kugeln entsprechen, um dann sehr schnell gegen null zu gehen. Mathematisch ergibt sich die für eine »Fehlerverteilung« typische in Abb. 6 gezeigte Glockenkurve. Sie ist nach Carl Friedrich Gauß benannt, einem der größten mathematischen Genies aller Zeiten. Ein Vergleich der Gaußschen Glockenkurve mit der rechteckförmigen Wahrscheinlichkeitsverteilung des stationären »Irrflugs« zeigt noch einmal deutlich den Unterschied beider Modelle.

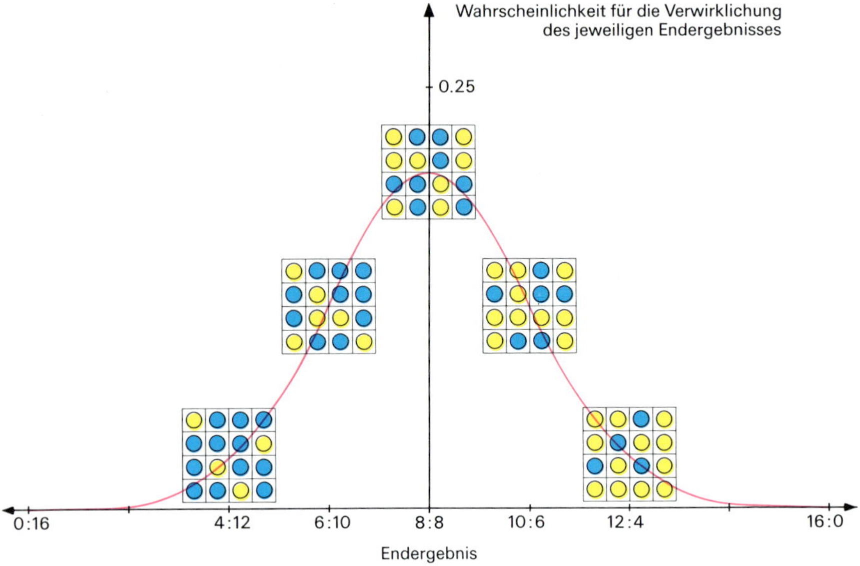

Abb. 6 **»Gleichgewicht«.** Das Spiel zeigt in sehr anschaulicher Weise, wie sich aufgrund der Schwankungskontrolle (als Folge der speziellen Strategiekombination) ein Gleichgewicht einstellt. Die Wahrscheinlichkeitsverteilung der blauen und gelben Kugeln im jeweiligen Spielergebnis entspricht einer Gaußschen Glockenkurve. Die mittlere Abweichung von der Gleichverteilung ist proportional zur Quadratwurzel aus der Zahl der in der Gleichverteilung vertretenen Kugeln einer Farbe.

4.3 Das Gesetz der großen Zahl

Die Darstellung diskreter Verteilungen durch kontinuierliche Funktionen ist natürlich nur im Grenzfall großer Zahlen sinnvoll. Nur hier können wir mit einem gesetzmäßigen Verhalten rechnen. Im Grenzfall kleiner Zahlen regiert dagegen der Zufall, wodurch das »Irrflug«- und »Gleichgewicht«-Modell zum gleichen Resultat führen: Wenn sich zum Beispiel zwei Hunde in einen einzigen Floh teilen, kann dieser nur *im zeitlichen Mittel* beide gleichermaßen heimsuchen. Wirkliche Gleichbesetzung kann es hier zu keinem Augenblick mehr geben. Sie ist nur im zeitlichen Mittel erfüllt, und das ist gerade kennzeichnend für das »Irrflug«-Beispiel.

Fassen wir noch einmal die Ergebnisse dieser beiden bisher untersuchten Modelle zusammen und stellen sie einander gegenüber.

a) »Irrflug«	b) »Gleichgewicht«
1. Beide Kugelsorten treten im zeitlichen Mittel mit gleicher Häufigkeit in Erscheinung, ohne daß der Gleichbesetzungszustand (bei dem beide Kugelsorten mit identischer Anzahl auf dem Spielbrett vertreten sind) bevorzugt ist.	1. Beide Kugelsorten treten mit gleichen mittleren Besetzungszahlen in Erscheinung. Aufgrund einer besetzungsabhängigen Selbstregelung ist dieser Gleichbesetzungszustand bevorzugt.
2. Alle Besetzungszustände, in denen eine Kugelsorte im Überschuß vorhanden ist, treten mit gleicher Wahrscheinlichkeit auf.	2. Die mittleren Abweichungen vom Gleichbesetzungszustand sind proportional zur Quadratwurzel der durchschnittlichen Besetzungszahl. Bei *großen* Kugelmengen sind also die relativen Abweichungen vom Mittelwert *klein.*
3. Da keine spezielle Kugelverteilung bevorzugt ist, kommt der Gleichverteilung beider Kugelsorten keine besondere Bedeutung zu. Bei großen Kugelmengen tritt sie – relativ gesehen – nicht häufig in Erscheinung.	3. Innerhalb des (durch Punkt 2 definierten) mittleren Schwankungsbereichs hat die Gleichbesetzung auch eine maximale Wahrscheinlichkeit. Dieser Zustand tritt häufiger auf als irgendein anderer.
4. Die Wiederkehrzeit – das ist die Zeit bzw. Zahl der Würfe, nach der eine bestimmte Kugelverteilung sich (im zeitlichen Mittel) reproduziert – ist für sämtliche Besetzungszustände gleich. Für jeden gerade auftretenden Zustand existiert ein »Kurzzeitgedächtnis«.	4. Die Wiederkehrzeit ist umgekehrt proportional zur Wahrscheinlichkeit des betreffenden Besetzungszustandes. Die Gleichbesetzung reproduziert sich daher am häufigsten. Es existiert ein »Langzeitgedächtnis« für den Zustand der Gleichbesetzung.
5. Extreme Abweichungen von der Gleichbesetzung werden nach einer endlichen Zahl von Würfen erreicht, die im Mittel proportional zum Quadrat der gesamten Kugelzahl ist.	5. Extreme Abweichungen von der Gleichbesetzung kommen schon bei relativ kleinen Kugelzahlen praktisch nie vor. Ihr Auftreten wird durch die Selbstregelung – deren »Kraft« um so größer wird, je größer die Schwankung ist – verhindert.

Wir beziehen uns in dieser Aufstellung auf die jeweils einfachste Spielversion. Die Aussagen gelten jedoch auch für Spiele mit beliebig vielen Kugelsorten (3. Version) und lassen sich auf den Fall unterschiedlicher a-priori-Wahrscheinlichkeiten bestimmter Felder (4. Version) verallgemeinern.

Aus diesem Vergleich läßt sich die wichtige Schlußfolgerung ziehen: Die Tatsache, daß materielle Elementarereignisse unbestimmt sind, schließt keinesfalls die Gültigkeit deterministischer Gesetze für die große Zahl aus. Dabei ist es unerheblich, ob die Unbestimmtheit prinzipieller Natur ist oder lediglich auf einem Mangel an Detailwissen beruht.

Aus der Bewertungsmatrix (s. S. 44) geht hervor, daß stabiles Verhalten auch dann zu erwarten ist, wenn jeweils nur eine der beiden Strategien: die konforme (S_+) für den Abbau oder die konträre (S_-) für den Aufbau in Verbindung mit der indifferenten Strategie (S_0) für den jeweils gegenläufigen Vorgang angewendet wird. Es genügt also, wenn die Regelung von einem Prozeß allein übernommen und gleichzeitig im anderen Prozeß nicht gegengesteuert wird.

Die in unserem Gleichgewichtsspiel vorausgesetzten Eigenschaften sind durchaus realistischer Natur. Es ist ohne weiteres einzusehen, daß eine Zerfalls- oder Sterberate proportional zur Zahl der vorhandenen Individuen ist, seien diese nun Atomkerne, Moleküle, Zellen oder Lebewesen. Je mehr Spezies vorhanden sind, um so mehr werden auch zerfallen bzw. sterben. Das ist das typische Merkmal der die Schwankung konform beantwortenden Strategie S_+.

Die Interpretation der konträren Strategie S_- in Verbindung mit dem Aufbauprozeß ist dagegen nicht ganz so einfach. Diese Strategie ist charakteristisch für den Gleichgewichtszustand. Echtes Gleichgewicht kann sich nur in *abgeschlossenen* Systemen einstellen. Wir kommen hierauf noch im Teil II ausführlicher zu sprechen und merken jetzt lediglich an, daß das Wort »abgeschlossen« sich auf den Materie- und Energieaustausch des Systems bezieht, der unter strenger Kontrolle steht. Wenn im Inneren eines solchen Systems ein bestimmter Materiezustand A – zum Beispiel aufgrund einer Störung – mit einer größeren als seiner mittleren Häufigkeit auftritt, so hat dies eine Dezimierung des Restes B zur Folge. Da aber A aus B entsteht, wird die Aufbaurate für A wegen der Verminderung von B letztlich auch abnehmen. Jede positive Mengenveränderung einer bestimmten Spezies geht also in einem abgeschlossenen System auf Kosten des zu ihrem Aufbau benötigten Materials. Die konträre Strategie S₋ ist daher – unabhängig von der betreffenden Reaktionsart – kennzeichnend für die Aufbaurate im oder nahe beim Gleichgewicht.

In unserem täglichen Sprachgebrauch ist der Begriff des Gleichgewichts keineswegs scharf umrissen. Wir sprechen von ökologischem Gleichgewicht in der Biosphäre oder von »balance of power« in der Politik. Im Sinne der Physik handelt es sich hier zumeist um stationäre Zustände, bei denen Auf- und Abbaurate sich gerade kompensieren, ohne daß eine echte Reversibilität vorliegt. Der Aufbau des einen Zustandes erfolgt dann nicht unbedingt auf Kosten des anderen. Im offenen System kann der Aufbau ohne weiteres aus einem Reservoir, das heißt von außen gespeist werden, und auch die Abbauprodukte können wieder nach außen abfließen. Stationäre Zustände weisen des öfteren ebenfalls die Merkmale des durch unser Spiel definierten Gleichgewichts auf. So wird zum Beispiel eine (zu starke) Abweichung vom »balance of power« in der Politik Gegenmaßnahmen auslösen. Das gleiche gilt für die in einem abgeschlossenen Lebensraum übermäßig anwachsende Population, in der sich nicht nur die Sterberate erhöht, sondern in der auch aufgrund des Nahrungsmangels im allgemeinen die Geburtenrate sinkt.

Geburtenkontrolle ist keineswegs eine Erfindung des Menschen. Sie ist in der Natur sehr häufig zu beobachten. In einem Teich zum Beispiel regelt sich die Population von Fröschen vermittels eines Pheromons, das von ausgeschlüpften Kaulquappen abgesondert wird. Man kann diesen Vorgang leicht nachweisen, indem man in einem Aquarium Kaulquappen verschiedener Entwicklungsstadien zusammenführt. Trotz Überangebot an Nahrungsmitteln wird hier allein die ältere Generation überleben, da bei der jüngeren Generation – infolge des ausgeschütteten Pheromons – die weitere Entwicklung »automatisch« gestoppt wird[11]. In der natürlichen Umwelt hätte diese erst gar nicht schlüpfen können. Die Populationsregelung ist hier genetisch programmiert. Diese Art von Regelung ist sehr wohl von der inhärenten Massenwirkungsregelung des (echten) Gleichgewichts zu unterscheiden.

4.4 Katastrophen

Die Mengenregelung des Gleichgewichts beruht auf einer doppelten schwankungsabhängigen, internen Steuerung, die auf den schwankungskonformen Sterberaten und den schwankungskonträren Geburtenraten basiert. Stellen wir diese Strategien auf den Kopf, so wird aus der Schwankungsreduktion eine Schwankungsverstärkung. Der Bezugszustand ist dann instabil.

Tafel 4: Kugelspiel »Alles oder Nichts«

Dieses Spiel ist sehr schnell beschrieben, nachdem wir das Ehrenfest-Modell bereits kennen. Wir nehmen beispielsweise die Spielbretteinteilung 8 × 8 und das zugehörige Oktaeder-Würfelpaar. Das einzige, was sich ändert, ist die Austauschregel. Diese wird einfach umgekehrt: Die Kugel, die wir erwürfeln, wird *verdoppelt,* und zwar auf Kosten der gegnerischen Kugelfarbe. Trifft man also ein Feld mit einer weißen Kugel, so entfernt man eine beliebige schwarze und ersetzt sie durch eine weitere weiße Kugel (aus dem Reservoir). Man kann auch hier in beliebiger Weise kooperative Versionen einführen. Sie machen den Spielablauf nur noch rasanter, als er ohnehin schon ist.

Eine Analyse dieses Spiels fällt nach den vorangegangenen Betrachtungen nicht schwer. Es ist die konforme Strategie S_+, die jetzt die Aufbaurate beherrscht, wieder gleichzeitig gekoppelt mit der konträren Strategie S_-, die nunmehr den Abbau regelt. In diesem Spiel bekommt der, der schon viel hat, noch mehr dazu, und der, der wenig hat, wird sein Weniges bald ganz verloren haben (s. Abb. 7). Auch im Ehrenfest-Modell gewann der eine, was der andere verlor – aber doch auf sehr viel sozialere Art.

Während uns beide Verhaltensweisen aus dem Sozialbereich her vertraut sind, ist es gar nicht so leicht, für die Verhaltensweisen materieller Partikel das exakte Pendant zum Ehrenfest-Modell zu finden. Wir behelfen uns, indem wir zeigen, daß bereits die konforme Strategie S_+, angewandt auf die Aufbauphase allein, bei indifferenter Strategie für den Abbau eine Katastrophe heraufbeschwört.

Die konforme Strategie S_+ für Aufbauprozesse ist uns im materiellen Bereich durchaus geläufig. Wir brauchen nur an die Begriffe Autokatalyse und Reproduktion zu denken, um sofort eine ganze Reihe von Beispielen zur Hand zu haben. Es bedarf keines Hexeneinmaleins, um aus eins zwei zu machen, zum Beispiel aus einem Neutron zwei Neutronen. Das geschieht, wenn ein Uran-235-Kern *ein* Neutron einfängt, dabei gespalten wird und neben den beiden mittelschweren Kernbruchstücken wieder zwei (bis drei) Neutronen in Freiheit setzt. Das war die aufregendste Konsequenz der großartigen und so folgenschweren Entdeckung, die Otto Hahn und Fritz Strassmann im Jahre 1938 gemacht hatten und die von Lise Meitner und Otto Frisch bald darauf auch richtig erkannt bzw. gedeutet wurde. Ungewöhnlich und überraschend war die Tatsache, daß durch Neutroneneinfang der Urankern nicht einfach schwerer wurde oder eine bekannte Art von Materiestrahlung – zum Beispiel α-Teilchen – aussandte, sondern eben in zwei Bruchstücke zerplatzte.

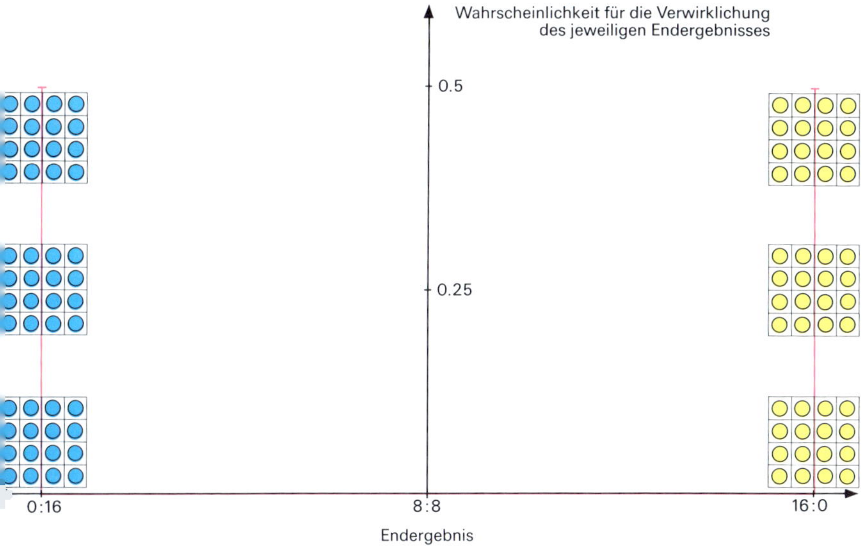

Abb. 7 **»Alles oder Nichts«.** In diesem Spiel ist die Gleichverteilung – trotz gleicher Auf- und Abbauchancen beider Kugelfarben – instabil. Fluktuationen verstärken sich und führen immer zu einer »Alles oder Nichts«-Entscheidung für die Repräsentanz der beiden Kugelsorten. Die Verteilung bei Spielabschluß ist nicht homogen, sondern besitzt Singularitäten für die Vollbesetzung mit nur blauen oder nur gelben Kugeln.

Die dabei frei werdende Energiemenge ist gewaltig, aber das wäre nicht von solcher Bedeutung, wenn nicht gleichzeitig damit eine Neutronenvervielfachung verbunden wäre. Wir wissen ja aus unserer Pfenniggeschichte im 2. Kapitel, wie schnell so etwas »hochgehen« kann. (Und es ging auch tatsächlich »hoch«.)

Wir können das in Tafel 4 beschriebene Spiel zu Recht als »Katastrophenspiel« bezeichnen. Unser Spiel hört auf, wenn alle Felder von einer Kugelsorte besetzt sind. Die eigentliche Katastrophe steckt aber dann noch in den Kinderschuhen. Das Wichtige an der Pfenniggeschichte ist, daß man bis zum 30. Tag durchhält. Am 60. Tag würde bereits die Währung eines größeren Industriestaates auffliegen. Für die Neutronen im Urankern ist das, was wir hier Tag nennen, nur etwa eine Millionstel Sekunde.

Die einfache lineare Anwendung der konformen Strategie S_+ ist in der Natur relativ häufig verwirklicht. Es gibt aber auch eine Reihe anderer – komplizierterer – Möglichkeiten der Realisierung, die zu ganz ähnlichen Resultaten führen. Im »Irrflug«-Spiel war eine kooperative Variante vorgeschlagen worden. Sie kann ebensogut im »Alles oder Nichts«-Spiel Verwendung finden und führt dann gleichermaßen zur Katastrophe, das heißt zum vollständigen Kugelverlust eines Spielers. Man beginnt auch bei dieser Variante mit gleichen Chancen. Solange beide Spieler etwa identische Kugelmengen im Spiel haben, kommt es kaum vor, daß man von mehr als vier gegnerischen Kugeln umstellt ist – es sei denn, man hat schlecht gesetzt. Sollte aber einmal eine Schwankung zu einem nennenswerten Überschuß der einen Kugelsorte führen – und durch geschicktes Setzen läßt sich eine solche Situation forcieren –, so wird die Katastrophe für den anderen Spieler nicht mehr aufzuhalten sein.

Die Physiker haben das Regelungskonzept, das bei der künstlichen Uranspaltung angewendet wird, der Natur abgeschaut. Im Atomreaktor wird die konsequente Verdoppelungsstrategie der Neutronen durchkreuzt.

Der Kernzerfall setzt lokal eine sehr große Energiemenge frei. Die entstehenden Neutronen werden dadurch mit ungeheurer Wucht herausgeschleudert. Selbst wenn das Uran zu 100 % aus dem spaltbaren Isotop ^{235}U bestünde, würden die mit großer Geschwindigkeit davonfliegenden Neutronen einen ziemlich weiten Weg zurücklegen, bevor sie von einem anderen Urankern eingefangen würden.

In den meisten Fällen hätten sie das Material längst verlassen, ohne daß es überhaupt zu einer weiteren Reaktion gekommen wäre. Erst wenn die »kritische Masse« erreicht ist, wenn also aus der Laufzeit eines Neutrons die Möglichkeit eines Zusammenstoßes mit dem Uran-235-Kern praktisch gewiß ist, kann die Kettenreaktion in Gang kommen und zu einem lawinenartigen Anschwellen der Neutronenmenge führen. Das geschieht in der Atombombe. Im Reaktor verwendet man dagegen nur schwach angereichertes Uranmaterial, dessen spaltbarer Anteil (^{235}U) von 0.7 auf ca. 3 % erhöht ist. Hier wird die kritische Masse gar nicht erst erreicht. Außerdem läßt man die Neutronen ruhig ins umgebende Medium hinausfliegen und stoppt sie dort durch geeignete Bremsmittel – wie schweres Wasser oder reinen Kohlenstoff – ab. Nach vielfacher Reflexion werden sie dann schließlich auf ihrem Irrflug einmal wieder einem spaltbaren Kern begegnen. Durch diesen »Umweg« wird ihre Konzentration (zum Beispiel über Moderatoren) regelbar. Der Prozeß ist gezähmt.

Man kann selbst noch die nicht-spaltbaren Uran-238-Atome durch geeignete Reaktionen im Reaktor in spaltbares Material überführen. Im sogenannten »schnellen Brüter« entsteht schließlich mehr aktiver Brennstoff, als zu Beginn hineingesteckt wurde.

Diese dem Menschen gelungene Zähmung der Naturkräfte scheint den Weg aus einem Dilemma zu weisen, in das eine andere »Explosionskatastrophe« die Menschheit geführt hat. Wir wissen heute noch nicht, wie wir mit der Bevölkerungs-Wachstumskatastrophe fertig werden sollen. Wenn wir gegen die Ausnutzung der Atomenergie stimmen, weil trotz intensivster Forschung ein kleines Risiko *nie* mit Sicherheit auszuschließen ist, so müssen wir klar dagegenstellen, welche Katastrophen wir für unsere Nachkommen heraufbeschwören, wenn wir unseren Beitrag zur Lösung des Energieproblems nicht leisten und wenn wir weiterhin Raubbau an der Natur betreiben.

Die Natur selbst hat längst Mittel und Wege gefunden, unkontrolliertes Wachstum zu begrenzen. Allerdings, sie macht dabei weder von der Strategiekombination des Ehrenfest-Modells noch von ihrer Umkehrung Gebrauch. Das heißt: Sie verhält sich weder so extrem unsozial wie im »Alles oder Nichts«-Kugelspiel, noch übertreibt sie den Sozialismus und verfährt nach den Regeln des »Irrflug«-Kugelspiels. Sie kombiniert die Strategien so, daß Stabilität, Wachstum und Variabilität stets nebeneinander erhalten bleiben.

5. Darwin und die Moleküle

Selektion basiert auf einer speziellen Kombination von Regeln, die ein variables Verhalten ganzer Klassen von Spezies – Molekülen oder Lebewesen – zuläßt. Dieses schließt sowohl die planlose Erzeugung eines breiten Spektrums von Varianten, die Stabilisierung des selektiven Vorteils als auch den Zusammenbruch von Populationen nachteiliger Arten ein. Das zugrunde liegende Konzept offenbart Selektion im Sinne Darwins als kategoriale Eigenschaft. Selbstreplikation bzw. komplementäre oder zyklische Reproduktion sowie Metabolismus sind unabdingbare Voraussetzung; darüber hinaus bedarf es der Erfüllung bestimmter »Umweltbedingungen«. Das Spielprinzip der Evolution ist Naturgesetz, doch die historischen Randbedingungen und die nicht festgelegte zeitliche Abfolge der unbestimmten Elementarereignisse bedingen die Einzigartigkeit des Details.

5.1 Selektion

Stellen wir uns vor, wir stehen am Bahnhof einer großen Stadt. Der Anschlußzug fährt erst in einigen Stunden ab. Zeit genug, um einen alten Bekannten zu besuchen. Wir haben lange nichts von ihm gehört und daher auch keine Ahnung, wo er jetzt wohnt. Wie würden wir am besten vorgehen, um den Freund ausfindig zu machen?

Sicherlich würde man nicht einfach durch die Stadt schlendern, in der Hoffnung, ihm schon irgendwo auf der Straße zu begegnen. Die Chance wäre viel zu gering. Ebensowenig würde man der Reihe nach Straße um Straße abklappern und an allen Häusern die Türschilder nach seinem Namen absuchen. Die Methode hätte zwar einen gewissen Grad an Sicherheit, aber sie wäre wegen des Zeitaufwandes unpraktikabel – und töricht obendrein. Nein, man würde mit Überlegung selektiv vorgehen, zum Beispiel, indem man anhand bestimmter Kriterien den möglichen Aufenthaltsort systematisch eingrenzt.

Aus dem Telephonbuch läßt sich vielleicht die Adresse des Freundes erfahren, und wenn er nicht zu Hause ist, so wissen sicherlich die Nachbarn, wo er arbeitet. So werden wir bald seinen Aufenthaltsort ermittelt haben und ihm gegenüberstehen.

Ähnlich ist das beim bekannten Quiz »17 und 4«. Ein Gegenstand oder Begriff soll sukzessive durch Fragen, auf die man nur mit »ja« oder »nein« antworten darf, identifiziert werden. Es ist ganz klar, daß man nicht kreuz und quer darauflosfragt oder etwa routinemäßig nach einem Fragenkatalog vorgeht. Man wird vielmehr versuchen, aufgrund einer hierarchischen Klassifizierung der Fragen jeweils eine möglichst große Zahl von Alternativen auszuschließen und damit den gesuchten Gegenstand immer weiter einzugrenzen. Jede neue Frage hängt von der Antwort auf die vorhergehende ab – bis es keine Alternativen mehr gibt.

Den beiden Beispielen ist gemeinsam: daß nur eine unter vielen denkbaren Lösungen die richtige ist und daß diese möglichst rationell und schnell herausgefunden werden soll. Da ist es ebenso unzweckmäßig, einfach herumzuprobieren und sich auf den Zufall zu verlassen, wie etwa der Reihe nach systematisch *alle* Alternativen durchzugehen.

In dem im vorangehenden Kapitel besprochenen Ehrenfest-Modell sind *alle möglichen* Zustände durch die zeitunabhängigen Mittelwerte ihrer Wahrscheinlichkeitsverteilung repräsentiert. Wird aber die Zahl der Alternativen sehr groß, so lassen sich diese schließlich innerhalb eines begrenzten Raumes nicht mehr realisieren. Die Chance, eine spezielle unter den zufällig vorhandenen Varianten zu finden, ist schließlich nicht größer als beim »Irrflug«-Modell, es sei denn, sie entsteht auch mit sehr viel größerer a-priori-Wahrscheinlichkeit als die restlichen. Ein Suchmechanismus auf der Grundlage eines Gleichgewichtsprinzips wäre vollkommen ungeeignet. Denn die bereits getesteten und falsifizierten Alternativen würden infolge ihrer Stabilität das räumlich begrenzte System nur blockieren und ein evolutionäres Ausprobieren neuer Möglichkeiten verhindern.

Komplexität ist ein für die Lebenserscheinungen typisches Phänomen. Schon für ein einzelnes Protein ist die Zahl aller denkbaren Molekülstrukturen so groß, daß diese sich innerhalb der räumlichen und zeitlichen Grenzen des gesamten Universums weder gleichgewichtsmäßig vertreten noch überhaupt abzählen ließen.

Wollen wir verstehen, wie in einem System dieser Komplexität eine funktionelle Ordnung entsteht, so können wir weder Gleichgewicht- noch »Irrflug«-Modelle zugrunde legen. Wir benötigen vielmehr die Instabilität, mit deren Hilfe eine eindeutige Auswahl unter vorhandenen Alternativen erzwungen und die Rückkehr in ein früheres, bereits durchmessenes Stadium verhindert werden kann. Allerdings darf die Instabilität nicht zu einem ähnlich unabwendbaren Ende wie in unserem Katastrophenspiel »Alles oder Nichts« führen. Die selektierte Variante selbst muß vielmehr (vorübergehend) stabilisiert werden und damit Bezugszustand für das Austesten neuer Alternativen sein. Dazu bedarf es einer Kombination von Strategien, die in ihren Auswirkungen sowohl »Irrflug«, »Stabilisierung« als auch »Destabilisierung« einschließt. Wir wollen sie anhand eines Spiels vorstellen, dessen drei Versionen sukzessive zum Phänomen der Selektion führen.

Tafel 5: Kugelspiel »Selektion«

Gespielt wird auf einem quadratischen Spielbrett, dessen Felder durch Koordinatenbezifferung gekennzeichnet sind. Dazu gehört ein passendes Würfelpaar (zum Beispiel zwei Oktaeder). Das Prinzip des Spiels wird am ehesten offenbar, wenn mehrere, z. B. vier oder sechs, verschiedene Kugelfarben verwendet werden.

1. Version: Alle Kugelfarben sind zu Spielbeginn in gleicher Menge auf dem Brett vertreten. Sie sind regellos verteilt und besetzen alle Felder. Im Reservoir befinden sich von jeder Farbe so viele Exemplare, daß mit einer Sorte nötigenfalls alle Felder ausgefüllt werden können.

Nun wird gewürfelt, wobei – strikt abwechselnd – die beiden folgenden Regeln angewandt werden:

1. Die erwürfelte Kugel wird vom Spielfeld entfernt und wandert ins Reservoir.
2. Die erwürfelte Kugel wird verdoppelt. Das heißt: Eine Kugel gleicher Farbe kommt aus dem Reservoir auf den soeben frei gewordenen Platz.

Bei strikter Alternierung beider Prozesse muß also nach einer *ungeraden* Zahl von Würfen immer ein *Leerfeld* vorhanden sein, während nach *gerader* Wurfzahl das gesamte Spielfeld *lückenlos* besetzt ist.

Die Partie ist beendet, wenn eine Kugelfarbe das gesamte Spielfeld erobert hat. Man kann den verschiedenen Farben unterschiedliche Gewinnpunkte zuordnen (zum Beispiel bei vier Kugeln: rot 6, blau 4, grün 2, gelb 1) und somit auch bei vorzeitigem Spielabbruch noch einen Gewinner ermitteln. Diese Gewinnpunkte sind in den späteren Versionen mit selektiven Vorteilen korreliert.

2. Version: Es gelten die Regeln der 1. Version. Jedoch wird bei jedem Wurf, der eine *Reproduktion* einleitet (also bei gerader Wurfzahl) zusätzlich ein Mutationswurf eingeschaltet. Soll anstelle einer Reproduktion eine Mutation auftreten, so definiert man beispielsweise die »sechs« auf einem kubischen Würfel als Mutation, während die übrigen Zahlen exakte Reproduktion bedeuten. Das heißt, daß die getroffene Kugel im Mutationswurf bei »eins« bis »fünf« verdoppelt wird, während bei »sechs« eine Kugel anderer Farbe (etwa der, die am wenigsten auf dem Spielbrett vertreten ist) ins Leerfeld kommt. (Die Mutationsrate kann vom Spieler beliebig variiert werden.) Der Effekt einer solchen gelegentlichen Mutation bei gleichbleibender Abbaurate bewirkt die Aufhebung einer eindeutigen Selektion.

3. Version: Die verschiedenen Kugelfarben werden mit unterschiedlichen Punktwerten ausgezeichnet. Das bedeutet, daß die mittlere Ab- und Aufbaurate von Sorte zu Sorte variiert. Man verfährt so, daß man gleichzeitig mit den Koordinatenwürfeln einen Wertigkeitswürfel einsetzt. Für vier Kugelfarben gilt folgendes Wertschema:

Befindet sich auf dem erwürfelten Feld die Kugel:	so erfolgt bei den untenstehenden Punktzahlen des Wertigkeitswürfels:	
	Herausnahme	*Verdopplung*
rot	1	1, 2, 3, 4, 5, 6
blau	1, 2	1, 2, 3
grün	1, 2, 3	1, 2
gelb	1, 2, 3, 4, 5, 6	1

Hier besitzt Rot den höchsten und Gelb den niedrigsten Selektionswert. Für die rote Kugel ist die (mittlere) Aufbaurate sechsmal so groß wie ihre (mittlere) Abbaurate. Bei der gelben Kugel ist es gerade umgekehrt.

Da der Bewertungsmechanismus nicht mehr ein striktes Abwechseln von Herausnehmen und Verdoppeln erlaubt, muß jeweils so lange gewürfelt werden, bis die strikte Alternierung beider Prozesse verwirklicht ist. Nur so kann eine konstante Besetzung beibehalten werden.

Die starke Begünstigung der roten Kugel kann man durch ungleichförmige Anfangssituationen ausgleichen. Auf einem 8×8-Spielbrett werden zu Beginn der Partie 2 rote, 6 blaue, 16 grüne und 40 gelbe Kugeln gesetzt. (Auch in der Natur treten die »hochwertigen« Mutanten nur relativ selten auf.)

In diesem Spiel gewinnt immer nur eine Farbe. Es ist nicht *unbedingt* die Kugel mit dem höchsten Selektionswert. Die Punktzahl für den Sieger einer Partie richtet sich nach der Farbe: rot = 6; blau = 4; grün = 2; gelb = 1. Erst wenn man hier noch zusätzlich die Mutationsprozedur der 2. Version einführt, wird schließlich immer Rot gewinnen.

5.2 Was bedeutet »fittest«?

Im November des Jahres 1859 erschien im Londoner Verlag John Murray eins der größten und aufsehenerregendsten Werke der wissenschaftlichen Weltliteratur: Charles Darwins »The Origin of Species« (Der Ursprung der Arten)[12]. Die wesentliche Idee, auf die Darwin sich in seinem Werk beruft, ist das »principle of natural selection«, das Prinzip der natürlichen Auslese. In seiner 1872 erschienenen sechsten Auflage – Darwin betrachtete sie als die endgültige, der Nachwelt zu überlassende Fassung* – schreibt er: »This principle of preservation or the survival of the fittest, I have called Natural Selection.« (Dieses Prinzip der Erhaltung oder des Überlebens des am besten Angepaßten habe ich natürliche Auslese genannt.)

Leider ist Darwins Formulierung nur zu häufig und oft in dogmatischer Entstellung mißinterpretiert worden. Sehen wir einmal von einer vordergründigen Auslegung ab, die auf dem Wort »fittest« eine *absolute*, auch für den Menschen verbindliche Wertskala aufbauen zu können glaubt, so bleibt vor allem die Mißdeutung des Wortes »Prinzip«.

Ein Prinzip ist nicht geeignet, *historische* Wirklichkeit darzustellen – ebensowenig wie etwa aus den Prinzipien der Thermodynamik sich die Konstruktion eines Rolls Royce ableitet. Zweifellos hat Darwin – und das ist ein von der Aufstellung des Prinzips ganz unabhängiges Verdienst – sehr viel Material über die *historische* Wirklichkeit der Evolution zusammengetragen. Das Prinzip ging daraus lediglich als abstrahierte Erfahrung hervor und fand erst sehr viel später, vor allem in den Arbeiten der Populationsgenetiker John B. S. Haldane, Ronald A. Fisher und Sewell Wright, eine exaktere Begründung. Obwohl die als neo-darwinistisch bezeichnete Schule in ihren Arbeiten die Voraussetzungen für die Selektion innerhalb einer gegebenen Population von Spezies mathematisch klar formulieren konnte, findet man bis auf den heutigen Tag unter den Biologen keine Einigkeit über die wahre Natur des Selektionsprinzips. Darwin selber ging von der realen Existenz lebender Populationen aus. Dabei blieb die Frage ausgeklammert, ob das Prinzip tautologischer Natur sei, ob es einen Erfahrungssatz darstelle, der die Eigengesetzlichkeit der belebten Materie belege, oder ob es eine aus fundamentalen Materieeigenschaften ableitbare Gesetzmäßigkeit zum Ausdruck bringe, die lediglich bei den Lebewesen bevorzugt in Erscheinung trete, aber keineswegs auf diese beschränkt sei. Es ist nur von historischem Interesse, welche Auffassung Darwin selber, der sich hier keineswegs klar geäußert hat, vertrat. Entscheidend ist, daß sich die Frage heute, nachdem die wesentlichen den

* Die erste Veröffentlichung erfolgte sehr überstürzt, nachdem Darwin erfahren hatte, daß unabhängig von ihm Alfred R. Wallace zu ganz ähnlichen Schlußfolgerungen gekommen war.

Lebenserscheinungen zugrundeliegenden physikalischen und chemischen Mechanismen erkannt sind, eindeutig beantworten läßt.

Man kann im Reagenzglas unter künstlichen Bedingungen und in zellfreien Systemen Selektions- und Evolutionsverhalten im Sinne Darwins eindeutig reproduzieren[13]. Dabei ist es reine Semantik, ob man die materiellen Träger dieser Eigenschaft – auch wenn sie aus natürlichen Zellen isoliert wurden – als Evolutionsprodukte oder einfach als Makromoleküle bekannter chemischer Zusammensetzung ansieht. Im Prinzip kann der Chemiker solche Strukturen aus den Elementen synthetisieren. Man benutzt in den Evolutionsexperimenten allein aus Gründen der Zeitersparnis das von der Natur angebotene Material wie Enzyme und Nukleinsäuren.

Das Darwinsche Prinzip ist physikalisch erklärbar und bei genauer Spezifizierung der Voraussetzungen und Randbedingungen exakt begründbar. Das geht aus dem soeben beschriebenen Kugelspiel »Selektion« eindeutig hervor.

Die 1. Version zeigt, daß es viel mehr auf eine nach einem bestimmten Konzept erfolgende Reaktionsweise ankommt als auf ein unterschiedliches Verhalten der einzelnen dem Konkurrenzprozeß der Auslese unterworfenen Individuen oder Arten, wie es dann in der 3. Version vorausgesetzt wird. Wir haben hier ein Paradoxon, daß jedes Spiel mit einem eindeutigen Ausleseergebnis abschließt, obwohl sich die Konkurrenten in keinerlei Weise voneinander unterscheiden. Es kann mit Sicherheit bei jedem Spiel die *Tatsache* der Selektion vorausgesagt werden, nicht dagegen das *Detailergebnis,* nämlich *welche* Kugelfarbe selektiert wird (s. Abb. 8). Die

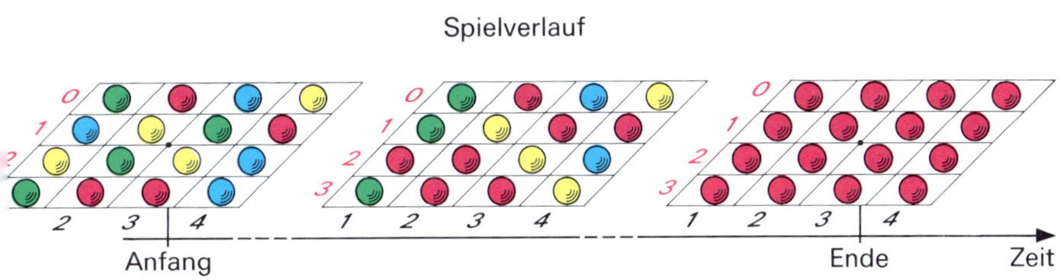

Abb. 8 **»Selektion«.** Das Spiel beginnt mit einer größeren Anzahl verschiedener Kugelsorten, die etwa in gleicher Menge repräsentiert sind. Allein durch alternierende Anwendung der Strategie S_+ für Auf- und Abbau der jeweils erwürfelten Kugel kommt es immer zur Selektion *einer* Kugelfarbe.

Tatsache der Selektion ist vor allem eine Konsequenz der Anwendung der Strategie S_+ für den Auf- und Abbau der Kugelpopulationen. Sie ist nicht an *unterschiedliches* Verhalten der einzelnen Kugeln gebunden, obwohl sie quantitativ von diesen abhängt. Würden wir hier die Frage stellen: »Welcher der Konkurrenten ist ›fittest‹, welcher ist am besten angepaßt?«, so würde die Antwort lauten: »Der, der schließlich als Sieger aus der Konkurrenz hervorgeht.« Es gibt kein anderes Kriterium als das Resultat der Auslese selbst. Darwins Prinzip besteht in dieser Spielversion aus der bloßen Tautologie: »survival of the survivor«.

Für ein Verständnis der Selektion ist es wichtig, daß wir uns diesen singulären Fall, der eine Selektionswertentartung beinhaltet (und ausschließlich bei Wachstumsbeschränkung zu beobachten ist), klar vor Augen führen. Er zeigt, daß es in der Evolution auf einen bestimmten Mechanismus ankommt.

Andererseits handelt es sich hier um einen Idealfall, der in dieser extremen Form in der Natur gar nicht verwirklicht sein kann. Ein solches Verhalten hätte die vollständige Gleichheit der dynamischen Eigenschaften aller materiellen Träger der Evolution zur Voraussetzung. Die tautologische Interpretation hat die Populationsgenetiker zunächst sehr irritiert. Gerade bei einem so komplexen System wie einem Lebewesen ist es unmöglich, die für Geburt und Tod entscheidenden dynamischen Faktoren im vorhinein zu berechnen und somit voraussagen zu können, welcher der Konkurrenten» fittest« ist, und was dieser Begriff physikalisch bedeutet. Mithin blieb nur die tautologische Interpretation: »fittest« ist der, der überlebt.

Eine eindeutige Charakterisierung von Selektion ist demnach nur unter extremen Konkurrenzbedingungen möglich. Daß diese im allgemeinen im historischen Verlauf der Evolution nicht erfüllt waren, zeigt das Phänomen des »genetischen Driftens«, welches erst in den letzten Jahren aufgrund genauer Sequenzanalysen der biologischen Makromoleküle in verschiedenen phylogenetischen Entwicklungsstadien in seinen Auswirkungen vollständig erkannt wurde. Die Tatsache, daß man dieses Verhalten als »non-Darwinian« bezeichnete, ist auf die enge historische Auslegung von Darins Prinzip zurückzuführen. Die Existenz des genetischen Driftens ist in der Art des Wahrscheinlichkeitsverhaltens selektiv (ungefähr) gleichwertiger Spezies begründet und im Rahmen des Selektionsspiels durchaus verständlich.

Wenngleich in den Wahrscheinlichkeitsansätzen der neo-darwinistischen Schule die logische Struktur der Darwinschen Aussage geklärt wurde, ist eine Zurückführung des Begriffs »fittest« auf molekularkinetische und thermodynamische Parameter sowie die experimentelle Überprüfung dieses Zusammenhangs erst auf der Ebene selbstreplizierender Makromoleküle gelungen. Dabei zeigt sich auch, daß die in Konkurrenz stehenden Individuen sich sehr wohl in den für die Selektion wichtigen physikalischen Eigenschaften unterscheiden: Man kann ihnen einen charakteristischen, physikalisch definierten und im vorhinein berechenbaren Selektionswert zuordnen. »Fittest« entspricht einem Optimum dieses Selektionswertes. (Der Begriff des Optimums wurde bereits auf S. 31 im Zusammenhang mit v. Neumanns Spieltheorie erklärt.)

Selektionsverhalten basiert also in allererster Linie auf den zur Anwendung gelangenden Strategien. Geburt und Tod, Bildung und Zerfall, beide bedienen sich hier der konformen Strategie S_+. Für die Zerfalls- bzw. Sterberate hatten wir S_+ längst als die durchaus *natürliche Strategie* erkannt: Wenn jedes Individuum eine von der Populationszahl *unabhängige* mittlere Lebenserwartung hat, so ist die Abbaurate der gesamten Population einfach proportional zur Zahl der vorhandenen Individuen. Bezogen auf die Bildungsrate bedeutet S_+ autokatalytische Vermehrung: Reproduktion. Diese ist unabdingbare Voraussetzung der biologischen Evolution. Darüber hinaus bedarf es ständiger Energiezufuhr, also eines Metabolismus, zur Unterhaltung der autokatalytischen Vervielfachung. Die Makromoleküle werden ständig aus energiereichen »Bausteinen« auf- und in energiearme Zerfallsprodukte abgebaut (s. S. 273). Das System darf nicht in den Gleichgewichtszustand übergehen, der für die Aufbaureaktion nur die Verwendung der konträren Strategie S_- erlaubt, wie mit dem Ehrenfest-Modell gezeigt wurde. Diese – etwas komplexen, jedoch heute vollkommen durchschaubaren – Zusammenhänge sind an anderer Stelle ausführlich dargestellt[14].

Die mit einem Metabolismus ausgerüsteten Lebewesen machen sämtlich von der Aufbaustrategie S_+ Gebrauch. Die sexuelle Fortpflanzung ist nur eine spezielle Spielart dieser generellen autokatalytischen Mechanismen. Auf der molekularen Ebene finden wir auch noch andere Formen der Autokatalyse und Reproduktion. In der Photographie läuft die Kopierung zum Beispiel über die Zwischenstufe eines Negativs. Ähnlich verfahren die molekularen Träger unserer Erbanlagen, die im Zellkern lokalisierten Nukleinsäuren. Sie kopieren über die Zwischenstufe des Komplementärstranges. Dieser Prozeß wird noch im 15. Kapitel ausführlicher beschrieben. Es existieren außerdem noch zyklische Reproduktionsverfahren. Die eigentlich interessanten Fragestellungen in der heutigen experimentellen Evolutionsforschung beziehen sich allein auf das *wie* der autokatalytischen Selbstorganisation.

Wir halten fest: Es gibt – bis hinunter zur molekularen Ebene materieller Organisation – eine Reihe von Mechanismen, die eine Reproduktion oder allgemeiner: die Anwendung der konformen Strategie S_+ in der Aufbaurate ermöglichen (das ist inhärente Autokatalyse). Die Tatsache, daß die Strategie S_+ verschiedene Realisierungsmöglichkeiten hat – z. B. lineare Autokatalyse, zyklische oder hyperzyklische Reproduktion (s. 11. und 12. Kapitel) –, bedingt darüber hinaus, daß bei einer Kombination der gleichen Strategie für den Auf- und den Abbau einer Population keineswegs immer das gleiche Resultat herauskommt. Ist die Aufbaurate höher als die Abbaurate, wird die Besetzungsdichte der betreffenden Spezies katastrophenartig anwachsen. Aufgrund der Verschiedenartigkeit der Mechanismen verändern sich aber beide Raten mit wachsender Populationsdichte so, daß die Abbaurate die Aufbaurate »einholen« und die bestangepaßte Spezies, oder eine bestimmte Gruppierung von solchen, stabilisieren kann. Daneben sind auch bei Konkurrenten (Mutanten) mit vergleichbaren Selektionswerten »Irrflug«-Situationen für die Besetzungsverteilung möglich. Sie sind die Quelle weiteren Fortschritts. Eine für das Zustandekommen eindeutiger Selektionsentscheidungen wichtige Bedingung ist die Begrenzung des Lebensraumes bzw. der zur Verfügung gestellten Aufbaustoffe und Energieträger. Im Spiel entspricht diese der Begrenzung des Bretts und der endlichen Zahl von Kugeln.

Auch in der Natur treten Beschränkungen im Lebensraum sowie in der Materie- und Energiezufuhr auf, doch selten in der Form so klar definierter Randbedingungen wie im Spiel. Daß Darwins Prinzip so oft mißinterpretiert wurde, liegt gerade darin begründet, daß man Gesetz und Randbedingung nicht klar genug auseinanderhielt. In der Natur gibt es keine Vorschrift, bestimmte Begrenzungen einzuhalten, wohl aber ist der für gegebene Randbedingungen gesetzmäßig formulierbare Ablauf der Evolution *Notwendigkeit,* wenngleich auch innerhalb dieser noch eine Freiheit der individuellen Kopienwahl als Konsequenz einer undeterminierten Abfolge der Elementarereignisse existiert.

Bei der Deutung der Spielergebnisse müssen wir unserer Phantasie ein wenig freien Lauf lassen. Was im Spiel nur mit einer sehr geringen Zahl von Kugeln demonstriert werden kann, vollzieht sich in der Wirklichkeit mit unvorstellbar großer Variabilität. Ja, gerade wegen dieser komplexen Fülle möglicher alternativer Materiezustände bedarf es der Selektionsmechanismen. Sie allein können die äußerst seltenen lebensfähigen Varianten auswählen und vor dem Aussterben bewahren. Die Notwendigkeit, diese Mechanismen zu praktizieren, setzt bereits auf der Ebene der biologischen Makromoleküle – der Nukleinsäuren und Proteine – ein und liegt der Evolution aller die Erde bevölkernden Lebewesen zugrunde.

In der ersten Spielversion kommt klar zum Ausdruck, daß Eindeutigkeit der Auslese aus der Anwendung der konformen Strategie S_+ für Bildung und Zerfall folgt. Die zweite Version zeigt, daß Mutationen bei Gleichwertigkeit der Raten wieder Variabilität ins Spiel bringen. Erst in der dritten Version erleben wir die mit einer Vorzugsrichtung ausgestaltete Evolution, die aus dem Zusammenwirken von Reproduktion, Mutation und selektiver Bewertung resultiert und die wir mit dem von Darwin geprägten Begriff »survival of the fittest« umschreiben können. »Fittest« ist hier durch eine Bewertung nach den Gesetzen der molekularen Kinetik festgelegt und nicht mehr – wie in der 1. Version – allein ein Produkt des Zufalls. Zufällig ist, in *welcher Reihenfolge welche Mutationen* erscheinen. Gesetzmäßig notwendig ist, *daß* Mutationen auftreten und daß darüber hinaus das »Wenn-Dann«-Prinzip der Selektion gilt. Diese Kombination von Gesetz und Zufall ist hinreichend, die zeitliche Vorzugsrichtung der Evolution zu erklären.

In einer polemischen Schrift gegen die Selektionstheorie fanden wir folgenden Satz: »Man macht keine Umwege (sprich: planlose Mutationen), wenn man auf ein Ziel lossteuert.« Es ist richtig, daß der prozentuale Anteil vorteilhafter Mutationen im Verhältnis zur Gesamtzahl relativ klein ist. Es ist dagegen *nicht* richtig, daß die Mutation zielstrebig erfolgt. Erst durch die Selektion wird das Ziel eindeutig festgelegt – damit aber auch ein Umweg vermieden.

Dieses Beispiel zeigt deutlich die Gefährlichkeit einer gewissen Art von Argumentation, und wir möchten an dieser Stelle eine längst fällige Erklärung nachholen: Gleichnisse können die wissenschaftliche Beweisführung niemals ersetzen. Man kann allenfalls nach Abschluß einer Beweisführung versuchen, mit ihrer Hilfe komplexe Zusammenhänge darzulegen. Ein Beweis kann nur durch sorgfältige Analyse auf dem Boden *überprüfbarer* Naturgesetze erfolgen – unter Klarstellung der Voraussetzungen und ständiger Kontrolle der Ergebnisse, durch Experiment und Beobachtung. Freilich sind auch Fehlschlüsse möglich, doch wird man sie rücksichtslos ausmerzen, sobald sich auch nur die geringste Inkonsistenz mit der Erfahrung ergibt.

Ist nun die Strategienkombination $(_{+}\ _{+})$ die einzige, die in der Lage ist, evolutionäres Verhalten zu erklären?

Eine genaue Analyse der Spielmatrix zeigt, daß die Kombinationen $(_{+}\ _{+})$ und $(_{-}\ _{-})$ im Grunde genommen gleichwertig sind. Man könnte also sowohl die Strategie S_{+} als auch S_{-} verwenden, sofern man dieselbe Strategie simultan für den Auf- und Abbau einsetzt. Diese Gleichwertigkeit existiert aber nur »de jure«, nicht dagegen »de facto«. In der Natur bedarf es ausgeklügelter chemischer Reaktionsmechanismen, um die konträre Strategie S_{-} für beide Raten gleichzeitig zu realisieren. So gibt es Enzyme, die in der Lage sind, aufgrund einer Steuerung durch das Substrat ihre katalytischen Fähigkeiten an- und abzuschalten. Vor allem in den Reaktionszyklen der Gärung und Atmung wird von derartigen allosterischen Enzymen zur Regelung von Angebot und Nachfrage extensiv Gebrauch gemacht. Doch handelt es sich hier um hochspezialisierte singuläre Evolutionsprodukte. Es gibt keine Klasse von Makromolekülen, die sich generell durch eine solche Strategie auszeichnet. Überdies kann die Regelung nur in einem engen Konzentrationsbereich des Substrats wirksam sein. Gerade auf dem für die Evolution interessanten Gebiet sehr kleiner Konzentrationen – jede Mutante erscheint zunächst einmal als Einzelkopie – versagt diese Methode vollkommen.

Zur Selbstorganisation einer Molekülklasse benötigt man immer eine Strategie, die der gesamten betreffenden Klasse inhärent ist. Nur so ist eine kontinuierliche Entwicklung möglich. Aus diesem Grunde mußten von der Natur die Nukleinsäuren geradezu erfunden werden. Alle Lebewesen spiegeln ihre fundamentale Reproduktionsstrategie S_+ wider, und diese war die wesentliche Voraussetzung für die molekulare Selbstorganisation lebender Strukturen. Allein wo im vorhinein programmierte Regelmechanismen eingesetzt werden, findet die konträre Strategie S_- simultan für beide Prozesse Verwendung. Auch der Mensch bedient sich in seinen technischen Regelkreisen spezieller Schaltelemente, die diese Strategie simulieren.

Darwin waren derartige Einsichten ins Detail natürlich noch verwehrt. Die Überschrift zu diesem Kapitel stellt mit den Worten »Darwin« und »Moleküle« eine Verbindung her, die erst in unserer Generation durch die Molekularbiologie, man kann auch sagen: durch die großartige Gemeinschaftsleistung von Biologie, Chemie und Physik geknüpft wurde. Was Darwin durch scharfsinnige Beobachtung erschloß und auf eine einfache Formel brachte, findet in der Zurückführung auf die statistische Theorie der Materie ihre naturgesetzliche Bestätigung. Beide Disziplinen entstammen derselben historischen Ära. Ludwig Boltzmann und Charles Darwin waren Zeitgenossen. Jener führte die statistische Aussage in die Physik ein, dieser entdeckte die Gesetzmäßigkeiten in der Entwicklung der Lebewesen. Wir werden auf die Synthese dieser Erkenntnisse und damit auf die physikalische Begründung des Selektionsprinzips im Teil II noch zu sprechen kommen.

5.3 Überlebensspiel

Wir haben nunmehr alle prinzipiellen Strategien des Spiels kennengelernt. Auch in den klassischen Gesellschaftsspielen kommen diese – in mehr oder minder abgeänderter Form – vor. Natürlich lassen sie sich quantitativ in sehr spezieller Weise ausführen. Beispiele hierfür sind in den kooperativen Spielversionen enthalten und werden uns auch in den folgenden Kapiteln noch in mannigfacher Abwandlung begegnen. Als Prototyp eines Gesellschaftsspiels betrachten wir abschließend noch ein Selektionsspiel, in dem die bisher diskutierten Strategien kombiniert erscheinen. Seiner Natur nach ist es ein Überlebensspiel, wir nennen es daher »Survival«.

Tafel 6: Kugelspiel »Survival«

Es wird auf einem durch Koordinatenbezifferung in 8 × 8 Felder eingeteilten Brett gespielt und – wie im Selektionsspiel – um das Schicksal der Kugeln gewürfelt. Geburt, Tod, Konkurrenz und Absicherung von Lebensraum kennzeichnen den Spielablauf, der sich zwar nach den in den vorangehenden Kapiteln diskutierten Regeln vollzieht, andererseits aber dem Spieler genug Freiheit läßt, die Zufallsentscheidung des Würfels mit Geschick zu seinen Gunsten auszunutzen. Sieger ist, wer am Ende die meisten auf »sicheren« Positionen befindlichen Kugeln hat.

Beide Spieler setzen zu Beginn abwechselnd Kugeln ihrer Farbe – nach taktischen Gesichtspunkten, um schon in dieser Phase möglichst viele Survival-Positionen zu erzielen –, und zwar bis die Hälfte aller Felder (32) bedeckt ist. Dann wird gewürfelt – wiederum strikt abwechselnd –, und hier gelten folgende Regeln:

1. Erwürfelt ein Spieler ein leeres Feld, so darf er eine Kugel (seiner Farbe) aus dem Reservoir auf dieses Feld setzen. Gibt es keine Kugel seiner Farbe mehr im Reservoir, so darf er eine seiner ungünstig plazierten Kugeln auf das getroffene Feld überführen. (Sollten sich seine Kugeln schon in günstigen Positionen befinden, so darf der Spieler passen.)

2. Wird ein Feld erwürfelt, das von einer gegnerischen Kugel besetzt ist, so muß diese entfernt werden, das heißt, sie kommt ins Reservoir. Das kann aber nur dann geschehen, wenn die Kugel *nicht* in einer Survival-Position liegt.

3. Wird ein Feld getroffen, das von einer eigenen Kugel – gleichgültig in welcher Konfiguration – besetzt ist, so wird diese verdoppelt. Hierzu entnimmt man dem Reservoir oder einer ungünstigen Position eine Kugel und plaziert sie auf ein beliebiges leeres Feld. Darüber hinaus darf in diesem Falle der erfolgreiche Spieler noch einmal würfeln, wobei jeweils nach den Regeln zu verfahren ist. Wenn man weiterhin Glück hat, kann sich diese Prozedur beliebig oft wiederholen.

Die Felder erhalten hier strategische Bedeutung. Zu Beginn des Spiels sind alle Felder gleichwertig. Durch die Besetzung wird die Gleichwertigkeit aber aufgehoben. Dieser Effekt simuliert spezifische Wechselwirkungen zwischen materiellen Partikeln.

a) Survival-Positionen: Befinden sich vier Kugeln in einer Region (s. Abb. 9), die aus mindestens vier zusammenhängend, quadratisch angeordneten Feldern besteht, so sind diese »stabil« und können nicht mehr aussterben, es sei denn, sie werden durch feindliche Umzingelungsmanöver instabil.

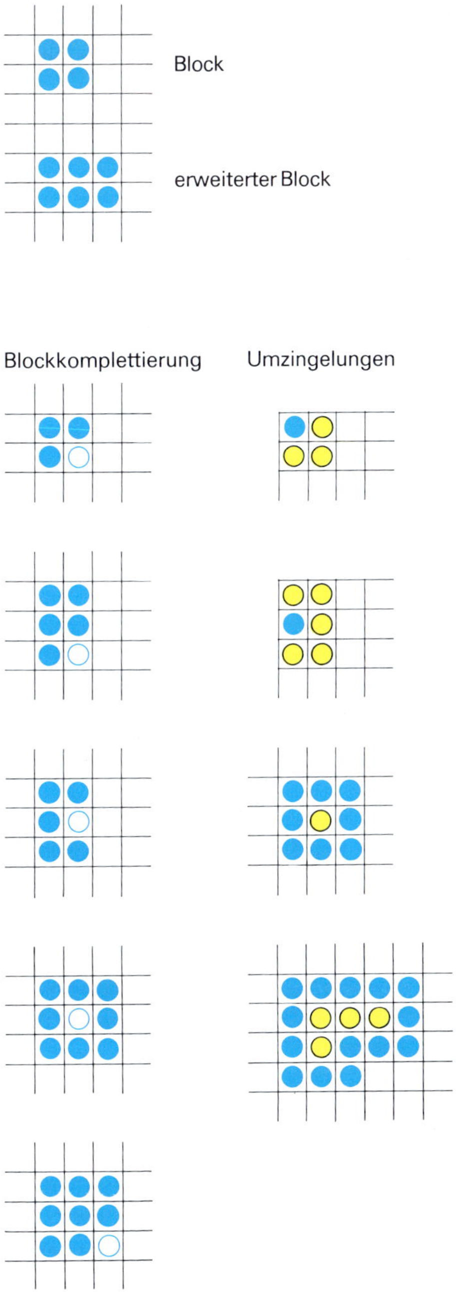

Abb. 9 Illustration verschiedener Survival-Positionen, die aus Blockkomplettierungen hervorgehen, sowie einige Beispiele für Umzingelungsmöglichkeiten.

Diese blockartigen Survival-Regionen können sich leicht ausdehnen, zum Beispiel erhält man durch Hinzufügen zweier Kugeln einen neuen Block. Bei Vollendung *jedes* neuen Viererblocks darf dem Gegner jeweils eine beliebige, nicht-stabile Kugel abgenommen werden, die dann ins Reservoir wandert. Entscheidend ist dabei, wie viele Blöcke durch den betreffenden Zug (gleichzeitig) entstehen (s. Abb. 9).

b) Umzingelung: Wenn eine gegnerische Region vollständig umzingelt ist, darf sie ausgeräumt werden, das heißt, diese Kugeln wandern ins Reservoir. Als Umzingelungsfronten gelten aber nur geschlossen besetzte Kugelreihen mit orthogonalen Kanten (s. Abb. 9). Auch Randfelder können umstellt werden.

Das Spiel endet, wenn ein Spieler *alle* ihm gehörenden Kugeln auf dem Spielbrett in stabilen (»survival«) Positionen untergebracht hat. Es zählen als Punkte alle Kugeln in Survival-Regionen. Sieger ist, wer die höchste Punktzahl erreicht.

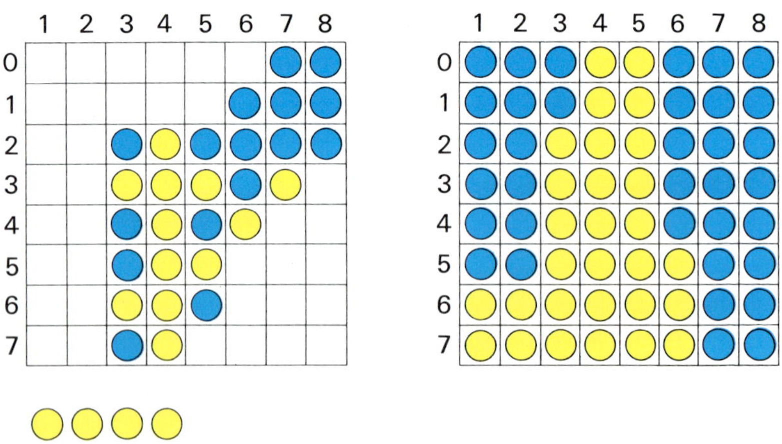

Abb. 10 **»Survival«.** Das linke Spielbrett zeigt eine typische Kugelverteilung nach Abschluß der »Setzphase«. Blau ist es gelungen, vier (überlappende) Survival-Blöcke zu bilden, wodurch Gelb vier Kugeln eingebüßt hat. Die Endverteilung nach der Würfelphase ist im rechten Schaubild wiedergegeben. Blau hat knapp gewonnen. In der Regel endet das Spiel mit ungleichförmigeren Kugelverteilungen.

Dieses Spiel ähnelt – rein äußerlich – dem japanischen Go. Das gilt vor allem für die Anfangsphase, in der die Kugeln nach gewissen strategischen Gesichtspunkten gesetzt werden. Diese Phase dient aber nur zum Aufbau einer – für den einzelnen Spieler mehr oder weniger vorteilhaften – Ausgangslage. Das eigentliche Selektionsspiel beginnt mit dem Würfeln, und jetzt können aufgrund der Regeln alle Möglichkeiten statistischer Fluktuationen auftreten.

Da gibt es zunächst die Regel, daß ein (beim Würfeln getroffenes) leeres Feld besetzt, ein vom Gegner okkupiertes Feld dagegen ausgeräumt werden darf. Diese Regel, für sich allein genommen, würde eine stabile mittlere Besetzung bewirken, wie sie zum Beispiel in den Gleichgewichtsspielen veranschaulicht wird. Sind viele Felder besetzt, so werden auch viele ausgeräumt. Jede Neubesetzung eines erwürfelten Leerfeldes entspricht einer »Urzeugung«. Eine solche fällt bei höherer Besetzungsdichte aber kaum ins Gewicht. Das Vermehrungsgesetz lebender Strukturen ist autokatalytischer Natur. Das heißt: nur da, wo schon Lebewesen vorhanden sind, können weitere entstehen. Die Verdoppelungsregel trägt dem Rechnung.

Würden Auf- und Abbau exakt proportional zur Zahl der besetzten Felder sein, so würde die Populationsdichte – wie im »Irrflug«-Spiel – unkontrolliert fluktuieren. Aus diesem Grunde wurden noch zusätzliche besetzungsabhängige »selektive Vorteile« eingeführt: Survival-Regionen, nochmaliges Würfeln, Umzingelungen usw. Diese bewirken eine »nicht-lineare« Zuspitzung des Spielverlaufs.

Alle drei Einflüsse: Stabilisierung, Driften und Destabilisierung bestimmen – wie in der natürlichen Selektion – den Spielablauf. Es hängt allein von der aus Zufallsentscheidungen resultierenden Situation ab, welcher Einfluß sich schließlich durchsetzt. Das »Survival«-Spiel schließt des öfteren mit einem Patt-ähnlichen Ergebnis ab. Es können sich aber auch Katastrophen ereignen, bei denen möglicherweise alle Kugeln eines Spielpartners aussterben. Das Auftreten solcher Katastrophen läßt sich in gewissem Maße durch die Spielstrategie verhindern, aber auch provozieren.

Gesellschaftsspiele sind zumeist so eingerichtet, daß die Spieler das Geschehen beeinflussen können. Die in den Tafeln 2 bis 5 besprochenen Kugelspiele sind dagegen so konzipiert, daß sie sich praktisch »von selber spielen«, denn sie simulieren natürliche Prozesse.

Teil II

Spiele in Raum und Zeit

»Es soll eine Gemeinschaft zwischen Formtrieb und Stofftrieb, das heißt also ein Spieltrieb sein, weil nur die Einheit der Realität mit der Form, der Zufälligkeit mit der Notwendigkeit, des Leidens mit der Freiheit den Begriff des Menschen vollendet.«

Friedrich v. Schiller: »Über die ästhetische Erziehung des Menschen«, 15. Brief

6. Struktur, Muster, Gestalt

Das Erscheinungsbild der Wirklichkeit ist stark strukturiert. Konservative Kraftwirkungen frieren den Zufall ein und schaffen beständige Formen und Muster. Dynamische Ordnungszustände entstehen aus der zeitlichen Synchronisation physikalischer und chemischer Prozesse unter ständiger Dissipation von Energie. Die Ordnung des Lebens baut auf dem »konservativen« wie auch auf dem »dissipativen« Prinzip auf. Die Gestalt der Lebewesen, die Gestalthaftigkeit der Ideen, sie beide haben ihren Ursprung im Wechselspiel von Zufall und Gesetz.

Am Anfang der Schöpfung steht die Gestaltbildung. »Die Erde war wüst und leer, und es war finster auf der Tiefe.« »Tiefe« – hebräisch *t'hom* – steht hier als Sinnbild für gestaltlose Urmasse, die auch vielfach mit dem Wort *majim*, Wasser, umschrieben wird. Es ist nicht die stoffliche Zusammensetzung des Urmediums, sondern allein dessen räumliche und zeitliche Gestaltlosigkeit, die hier gemeint ist. Aus dieser heraus erst strukturieren sich Zeit und Raum in Licht und Finsternis, Tag und Nacht, Himmel und Erde, Kontinente und Meere.

Gestalt beruht auf Ordnung in Raum und Zeit, kann sich aber auch in der bloßen Zuordnung von Mengen zu unterscheidbaren Klassen manifestieren. Als Einheit tritt sie nur dann in Erscheinung, wenn ihre Gesamtheit mehr als die Summe ihrer Teile ausmacht – eine Grundeigenschaft, die schon von Aristoteles herausgestellt und von seinen Schülern und Nachfolgern bis zu den Neuplatonikern hin wiederholt kommentiert wurde:

> »Wenn jede Saite einer Leier auf die lydische Tonart gestimmt ist und alle einzeln angeschlagen werden, ohne in eine Harmonie zusammenzuklingen, so wird zweifellos jede für sich den richtigen Ton geben. Aber die Harmonie, die sich aus der Vereinigung aller Saiten durch ihr Zusammenklingen ergibt, ist offenbar vom Ton der einzeln genommenen verschieden. Denn der Zusammenschluß aller bringt eine Form hervor, die im gebrochenen Akkord nicht vorhanden ist. So ist also die Ganzheit der Harmonie aller Saiten, wenn sie zusammentönen (auch wenn sie räumlich voneinander abstehen) verschieden von der, wenn sie einzeln tönen; sie ist aber insofern die gleiche, als kein Ton zu den Einzeltönen hinzukommt, wenn sie in ihrer Vereinigung die Form der Harmonie zum Ausdruck bringen« (J. Philoponos, 6. Jh. n. Chr., zitiert nach S. Sambursky[15]).

Das Wesen des Gestaltbegriffs drückt sich in seiner »Übersummenhaftigkeit« wie auch in seiner »Transponierbarkeit« aus. Gestalt wird in unserem Denkorgan als Ganzes reflektiert. Die Konturen einer räumlichen Struktur werden von den Augenlinsen eingefangen und maßstabsgetreu auf der Netzhaut abgebildet. Hier findet eine Umformung in elektrische Signale statt, die die Information vermittels einer zeitlichen Korrelierung von Nervenimpulsen an das Gehirn weiterleiten. Aus dem ungeordneten Abfeuern von einzelnen Impulsen wird eine geordnete Folge von Signalen. Erst im Cortex entsteht daraus wieder ein räumliches Muster elektrischer Aktivität, das durch die in den Schwellenwerten für die Erregung der Nervenzellen gespeicherte Erfahrung klassifiziert und bewertet wird.

In analoger Weise wird ein Klangmuster von der Basilarmembran unseres Hörorgans eingefangen, in eine zeitlich korrelierte Impulsfolge umgewandelt, auf getrennten Kanälen zum Wahrnehmungszentrum geleitet und dort in einem räumlich fixierten Engramm niedergelegt. Zur Gestalt wird eine Gesamtheit in unserer Wahrnehmung ausschließlich durch Korrelationen, welche die stets vorhandenen statistischen Entladungen der Nervenzellen reproduzierbar modifizieren. Gestalt ist somit alles, was sich in unserer, der Wahrnehmung zugänglichen Raum-Zeit-Welt von einer statistisch unkorrelierten »Rauschkulisse« abhebt.

Die Wechselwirkungen zwischen den einzelnen Teilen eines gestaltmäßig wahrgenommenen Objektes können sehr komplexer Natur sein, ja, das »mehr als die Summe der Teile« entsteht möglicherweise überhaupt erst in unserem Gehirn (s. auch Kapitel 16).

6.1 Konservative Strukturen

Materielle räumliche Strukturen sind immer auf physikalische Kraftwirkungen zwischen den Teilen zurückzuführen. Diese allein sind für die Ausbildung des Ordnungszustandes verantwortlich. Gestalt als Konsequenz von Wechselwirkungen ist uns bereits in den Kugelspielen im 4. und 5. Kapitel begegnet. Wir machen sie daher zum Ausgangspunkt unserer Überlegungen: Vergegenwärtigen wir uns noch einmal das im 4. Kapitel beschriebene Ehrenfestsche Modell. Hier wandeln sich zwei Kugelsorten aufgrund eines statistischen Mechanismus reversibel ineinander um. Für jede Einzelkugel existiert eine bestimmte a-priori-Wahrscheinlichkeit, ausgetauscht zu werden. Für die Gesamtheit stellt sich infolge der Massenwirkung die Ordnung der mittleren Gleichverteilung ein. Sie ist eine reine Mengenordnung ohne räumliche Manifestation. Die unterschiedlichen Kugelfarben, obwohl in ihrer Menge – bis zu einem gewissen Grade – kontrolliert, verteilen sich regellos auf alle Felder des Spielbretts. Zusammenballungen einer bestimmten Farbe sind rein zufällig und in ihrer Häufigkeit nicht reproduzierbar. Ein räumlich geordnetes Muster entsteht erst, wenn wir zusätzlich eine auf die Nachbarschaft bezogene Wechselwirkung, die die a-priori-Wahrscheinlichkeit der elementaren Umwandlung beeinflußt, berücksichtigen. Auf eben dieser Annahme basieren Spielversionen, die speziell den kooperativen Effekt hervorkehren. So kann zum Beispiel – in Anlehnung an eine von Bragg und Williams ausgearbeitete Theorie kooperativer Umwandlungen – die Regel eingeführt werden, daß eine (erwürfelte) schwarze Kugel in eine weiße verwandelt werden darf (und umgekehrt), wenn *alle acht* Nachbarfelder ebenfalls von weißen Kugeln besetzt sind. Ist das nicht der Fall, so muß für die betreffende Kugel noch einmal – gemäß einer Ja- oder Nein-Entscheidung – gewürfelt werden, und zwar mit der Maßgabe, die Wahrscheinlichkeit der Umwandlung für jede andersfarbene Kugel bzw. jedes Leerfeld in der Nachbarschaft jeweils um $^1/_8$ zu senken. In einer restlos schwarzen Umgebung kann dann eine weiße (oder auch andersfarbene) Kugel überhaupt nicht mehr plaziert werden. (Das mag so mancher Kandidat bei einer Gemeindewahl in Bayern schon erfahren haben.) Die Stärke der kooperativen Wechselwirkung ist natürlich variierbar. Schwache Kooperativität wäre dadurch gekennzeichnet, daß lediglich *ein* Nachbarfeld farbgleich mit der erwürfelten Kugel besetzt ist. Solche Situationen sind gerade bei Spielbeginn die Regel, die Kugelverteilung weicht hier kaum von der des nicht-kooperativen Modells ab. Erst mit zunehmender Nachbarschaftswechselwirkung werden die Bezirke gleicher Kugelfarbe systematisch erweitert, bis es schließlich zu einer Phasenauftrennung kommt, wobei ein Teil des Spielbretts nur noch mit weißen, der andere dagegen nur mit schwarzen Kugeln bedeckt ist. In den anderen statistischen Kugelspielen, in denen sich die Gleichverteilung nicht – wie im Ehrenfest-Modell – stabilisiert, kann eine Kugelfarbe sogar die gesamte Spielfläche erobern. Die Kondensation einer flüssigen Phase wie auch die Kristallisation in einer Schmelze vollziehen sich analog dem Vorgang, der im kooperativen Ehrenfest-Modell dargestellt wird. Die Aussagen entsprechender physikalischer Theorien, wie sie zum Beispiel von dem russischen Physiker Lew Dawidowitsch Landau[16] und seiner Schule entwickelt wurden, können mit Hilfe der genannten Kugelspiele unmittelbar veranschaulicht werden.

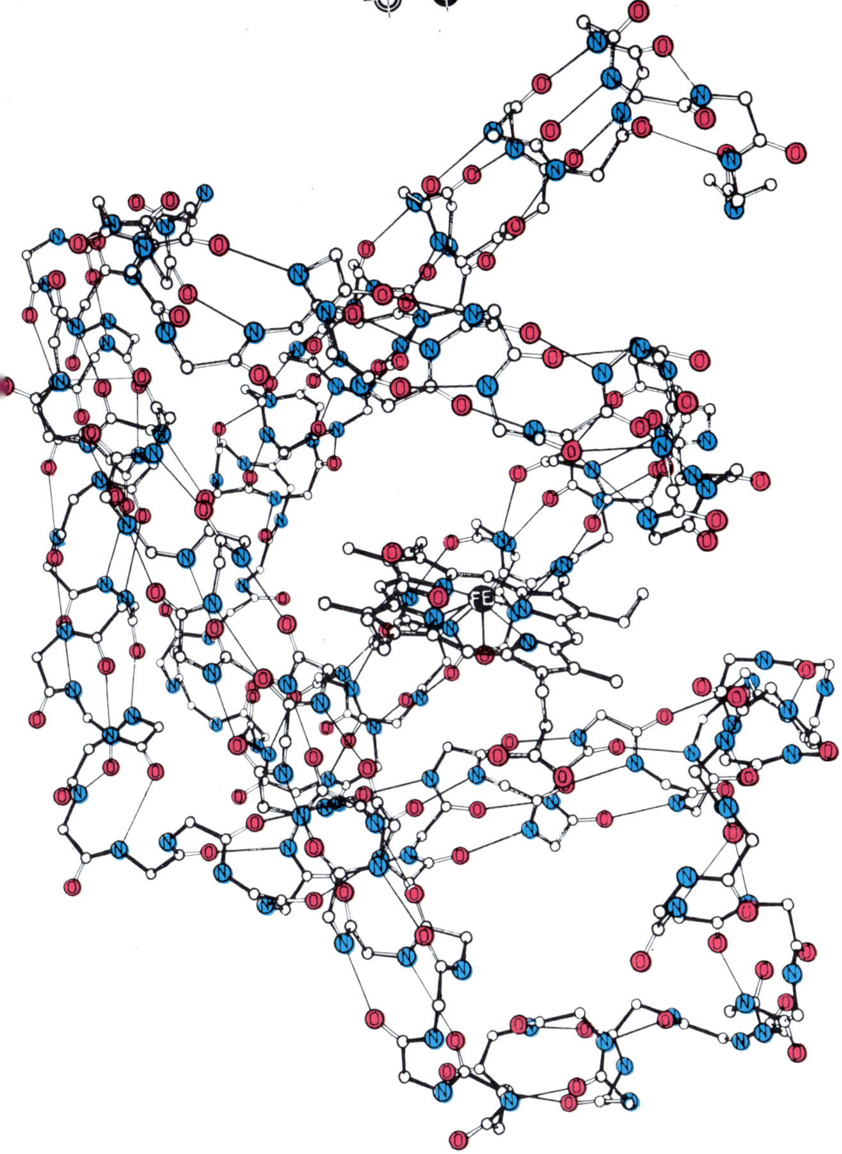

Abb. 11 **Die Struktur des Proteinmoleküls** resultiert aus konservativen Kraftwirkungen, die die räumliche Lage aller atomaren Bausteine fixieren. Sie läßt sich aus den Beugungsreflexen von Röntgenstrahlen eindeutig rekonstruieren. Im Bild ist eine Kette des Hämoglobinmoleküls in ihrer dreidimensionalen Faltung gezeigt. Das aktive Zentrum (Bildmitte), das als »Tasche« ausgebildet ist, umgibt allseitig das am Eisenkomplex (Fe) befestigte Sauerstoffmolekül. Die Struktur des Hämoglobins wurde von Max Perutz[17] aufgeklärt, der auch das vorliegende Bild freundlicherweise zur Verfügung stellte.

Die exakt definierte Verteilung der Atome im Molekül, die räumliche Struktur eines Proteins, die symmetrische Anordnung der Bausteine im Kristallgitter, die bizarre Form eines Gebirgsmassivs oder das am Nachthimmel sichtbare Muster eines Sternsystems – sie alle resultieren aus *statischen Kraftwirkungen zwischen materiellen Teilen,* die dem jeweiligen Ganzen ihre mehr oder weniger symmetrische Gestalt aufprägen. Strukturen dieser Art bezeichnet man als »konservativ«*.

Konservative Strukturen können äußerst komplex sein. Das Proteinmolekül ist dafür ein Paradebeispiel. Die exakt definierte räumliche Anordnung aller Bausteine (s. Abb. 11) kommt allein aufgrund konservativer Kraftwirkungen zustande. An diesem Modell wird außerdem deutlich, daß konservative Strukturen keineswegs aus einfachen Symmetrieoperationen hervorzugehen brauchen. Auch die auf der Schwelle zwischen unbelebter und belebter Materie stehenden Viren entstammen einer komplexen Überlagerung konservativer Kraftwirkungen. Der Molekülverband der Viruspartikel läßt sich vollständig in seine einzelnen Komponenten zerlegen (s. Abb. 12) und aus diesen, wie in einem Puzzle – das in der Natur selbständig abläuft –, wieder zur infektiösen Einheit rekonstituieren. Als Materiepartikel kann das Virus wie ein mineralischer Stoff in den Kristallverband überführt werden. Im Milieu der lebenden Zelle hingegen benimmt es sich wie ein Lebewesen; es reproduziert und vermehrt sich unter rücksichtsloser Ausnutzung des Stoffwechsels seiner Wirtszelle, die daran meistens zugrunde geht. Die Tatsache, daß man Proteinmoleküle oder Viren – trotz ihres außerordentlich komplizierten Feinbaus – überhaupt kristallisieren kann, wird uns noch im Zusammenhang mit dem Thema »Symmetrie« beschäftigen. Wir brauchen nur eine der genialen Zeichnungen von Maurits Cornelius Escher zu betrachten (s. Abb. 13), um diesen Sachverhalt schon intuitiv zu begreifen.

Konservative Strukturen sind zumeist Gleichgewichtsstrukturen, die durch ein absolutes Minimum der (freien) Energie charakteri-

* Bei den konservativen Kräften läßt sich jeder räumlichen Lage im Kraftfeld eine zeitunabhängige potentielle Energie zuordnen. Im Falle einer Bewegung im Kraftfeld (Schwingung, Rotation) ist die Summe aus kinetischer und potentieller Energie konstant.

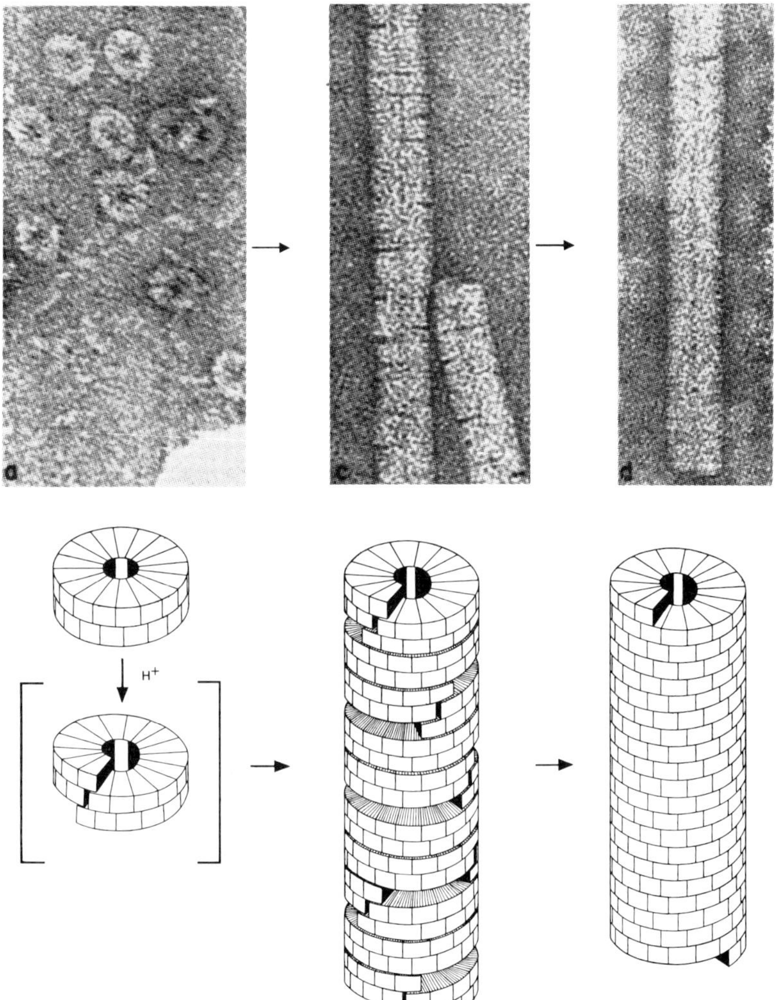

Abb. 12 **Das Puzzlespiel der Rekonstitution einer Viruspartikel** wurde im Elektronenmikroskop sichtbar gemacht. Der Maßstab der Reproduktionen (obere Bildhälfte) beträgt etwa 500 000 : 1. Das Virusprotein liegt in neutraler Lösung in scheibenförmigen Aggregaten vor (links oben). Durch Ansäuern lagern sich diese vorerst zu kleinen und im Verlauf von etwa 15 Minuten (oben Mitte) zu größeren Helices zusammen, die noch durch Fehlstellen unterbrochen sind. Nach ca. 18 Stunden (rechts oben) ist das Strukturgefüge perfekt. In der unteren Bildhälfte ist dieser Verlauf der Aggretation schematisch wiedergegeben. Das Experiment wurde von Aaron Klug[18] ausgeführt und interpretiert.

Abb. 13 »Entwicklung II« (1939) von Maurits Cornelius Escher (1898–1972) (»Die Welten des M. C. Escher«, Heinz Moos Verlag, München). – Mit freundlicher Genehmigung der »Escher Stiftung«, Haags Gemeentemuseum, Den Haag.

siert sind, doch gibt es auch solche, die lediglich durch ein lokales oder relatives Energieminimum fixiert werden. In keinem Falle bedarf es zur Aufrechterhaltung solcher Strukturen einer Dissipation von Energie, zum Beispiel in Form eines Metabolismus, wie er für alle Erscheinungsformen des Lebens notwendig ist.

Schon Goethe[19] war die Existenz zweier grundverschiedener Arten der Raumordnung aufgefallen. In seinen Vorträgen über vergleichende Anatomie und Zoologie schreibt er unter der Überschrift

»Über die Gesetze der Organisation überhaupt, insofern wir sie bei (der) Konstruktion des Typus vor Augen haben sollen«:
»Um uns den Begriff organischer Wesen zu erleichtern, werfen wir einen Blick auf die Mineralkörper. Diese, in ihren mannigfaltigen Grundteilen so fest und unerschütterlich, scheinen in ihren Verbindungen, die zwar auch nach Gesetzen geschehen, weder Grenze noch Ordnung zu halten. Die Bestandteile trennen sich leicht, um wieder neue Verbindungen einzugehen; diese können abermals aufgehoben werden, und der Körper, der erst zerstört schien, liegt wieder in seiner Vollkommenheit vor uns.
Das Hauptkennzeichen der Mineralkörper, auf das wir hier gegenwärtig Rücksicht zu nehmen haben, ist die Gleichgültigkeit ihrer Teile in Absicht auf ihr Zusammensein, ihre Ko- oder Subordination. Sie haben nach ihrer Grundbestimmung gewisse stärkere oder schwächere Verhältnisse, die, wenn sie sich zeigen, wie eine Art von Neigung aussehn, deswegen die Chemiker auch ihnen die Ehre einer Wahl bei solchen Verwandtschaften zuschreiben, und doch sind es oft nur äußere Determinationen, die sie da- oder dorthin stoßen oder reißen, wodurch die Mineralkörper hervorgebracht werden, ob wir ihnen gleich den zarten Anteil, der ihnen an dem allgemeinen Lebenshauche der Natur gebührt, keineswegs absprechen wollen.
Wie sehr unterscheiden sich dagegen organische Wesen, auch nur unvollkommene! Sie verarbeiten zu verschiedenen bestimmten Organen die in sich aufgenommene Nahrung und zwar, das übrige absondernd, nur einen Teil derselben. Diesem gewähren sie etwas Vorzügliches und Eigenes, indem sie manches mit manchem auf das innigste vereinen und so den Gliedern, zu denen sie sich hervorbilden, eine das mannigfaltigste Leben bezeugende Form verleihen, die wenn sie zerstört ist, aus den Überresten nicht wiederhergestellt werden kann.
Vergleichen wir nun diese unvollkommenen Organisationen mit den vollkommneren, so finden wir, daß jene, wenn sie auch die elementaren Einflüsse mit einer gewissen Gewalt und Eigenheit verarbeiten, doch die daraus entstandenen organischen Teile nicht zu der hohen Determination und Festigkeit erheben können, als es von den vollkommenern Tiernaturen geschieht. So wissen wir, um nicht tiefer herabzusteigen, daß zum Beispiel die Pflanzen,

indem sie sich in einer gewissen Folge ausbilden, ein und dasselbe Organ unter höchst verschiedenen Gestalten darstellen.

Die genaue Kenntnis der Gesetze, wornach diese Metamorphose geschieht, wird die botanische Wissenschaft, sowohl insofern sie nur beschreibt, also insofern sie in die innere Natur der Pflanzen einzudringen gedenkt, gewiß weiter bringen.«*

Es ist nur zu verständlich, daß Goethe die Verwandelbarkeit organischer Strukturen mehr faszinierte als ihre Invarianz oder Persistenz. Hatte er doch schließlich als Ziel seiner pansynoptischen Überlegungen die ständige Metamorphose der menschlichen Gedanken- und Ideenwelt vor Augen:

»Jede Pflanze verkündet dir nun die ewigen Gesetze,
Jede Blume, sie spricht lauter und lauter mit dir.
Aber entzifferst du hier der Göttin heilige Lettern,
Überall siehst du sie dann, auch in verändertem Zug.
Kriechend zaudre die Raupe, der Schmetterling eile geschäftig,
Bildsam ändre der Mensch selbst die bestimmte Gestalt!«

6.2 Morphogenese

Für den Molekularbiologen unserer Tage ist die identische Reproduktion einer Gestalt zweifellos das größere Wunder als ihre gelegentliche Metamorphose.

Wie schon erwähnt, haben die konservativen Strukturen vor allem im subzellulären, molekularen Bereich entscheidenden Anteil an der Gestaltbildung. Der molekulare Aufbau des gesamten Informationsspeichers, die Nukleinsäure-Doppelspirale, die räumliche Anordnung funktioneller Gruppen in den Biokatalysatoren, den Enzymen, ja ganze Organell- und Zellstrukturen beruhen im wesentlichen auf konservativen Kraftwirkungen, die die räumliche Lage jedes Details exakt festlegen. Die Invarianz des genetischen Pro-

---

* Mit diesem sehr ausführlichen Zitat möchten wir allein Goethes Fähigkeiten als *Naturbeobachter* hervorheben. Das Bewundernswerte an den oben zitierten Ausführungen ist, daß die wesentlichen Merkmale der beiden strukturbildenden Prinzipien deutlich unterschieden wurden. Goethes Rolle als *Interpret* naturwissenschaftlicher Erkenntnis ist keinesfalls immer gleichermaßen glücklich gewesen.

gramms ist sichtbarer Ausdruck dieser starren konservativen Kräfte. Und selbst die gelegentliche Variation, die Mutation, ist nichts als ein auf dieser Ebene durch thermische Schwankungen hervorgerufener »Ablesefehler«, der sich infolge seiner identischen Reproduktion fortpflanzt und – falls er sich als vorteilhaft erweist – auch selektiert wird. Damit ist die Grundlage für eine Evolution geschaffen.

Wie ist nun die ontogenetische Entwicklung eines Lebewesens, die mit einer einzigen befruchteten Eizelle beginnt und aus der schließlich das nach Milliarden determinierter somatischer Zellen zählende, ausgewachsene Individuum hervorgeht, zu erklären? Ist sie im Prinzip dem gewaltigen Puzzlespiel – nach dem sich zum Beispiel der Aufbau einer Viruspartikel vollzieht (s. S. 93) – zu vergleichen? Wäre das der Fall, so müßte die Information für jede dieser Milliarden verschiedener Zellen und ihrer Bestandteile separat im genetischen Programm vorgezeichnet sein. Das wäre enorm aufwendig.

Die Natur hat in der Tat einen anderen Weg gewählt, und zwar einen wesentlich ökonomischeren. Freilich braucht jede Zelle ihr spezifisches Erkennungszeichen, und die dadurch vermittelte Wechselwirkung ist – wie im Puzzle – durchaus konservativer Natur. Aber wie ist es dazu gekommen, daß jede einzelne Zelle mit einem speziellen Erkennungszeichen ausgerüstet wurde, sind doch sämtliche Körperzellen durch Reproduktion aus ein und derselben Eizelle entstanden? Die Antwort lautet: Es gibt ein vom System selbst auf chemische Weise erzeugtes Muster von Morphogenen – eine Art chemischer Sonden –, die in verschiedenen Stadien Teilinformationen aus ein und demselben Speicher abrufen.

Dieses fundamentale Problem der Morphologie sollten wir uns unbedingt genauer ansehen. Zunächst müssen wir jedoch sehen, was es mit dem Erkennungszeichen auf sich hat und ob es sich dabei nicht lediglich um eine ad-hoc-Annahme handelt.

Eine Hypothese ist es schon; aber sie kommt nicht von ungefähr. Denn für viele Zellen konnten solche Erkennungszeichen, spezifische Rezeptoren, nachgewiesen werden.

Vielleicht am besten untersucht ist die Rezeptorwirkung im Immunsystem[20]. Wie schon um die Jahrhundertwende Karl Landsteiner mit geradezu prophetischer Voraussicht erkannte, werden die Rezeptoren hier jeweils durch den von der Zelle produzierten spezifischen Antikörper vertreten. Unser Organismus fabriziert ein großes Repertoire solcher Antikörper, so groß, daß praktisch alle in der Natur vorkommenden molekularen Muster durch eine komplementäre Matrize im Immunsystem repräsentiert sind. Ein Eindringling, das Antigen (zum Beispiel ein artfremdes Eiweißmolekül oder ein Bakterium) hat kaum eine Chance, dieser »Polizeitruppe« von Antikörpern zu entgehen. Es wird fast immer von einem oder gleich mehreren der ihm komplementären Antikörpermatrizen erkannt und durch Bindung und Abbau unschädlich gemacht. Allerdings sind die relativ wenigen, ständig »diensthabenden Polizisten« einer Masseninvasion nicht gewachsen. In dieser Situation muß eine Vermehrung jeweils *der* Zellpopulation angekurbelt werden, die den gerade erforderlichen Antikörper produziert. Genau diesen Prozeß lösen die Rezeptoren aus, die auf der Oberfläche der Antikörper produzierenden Zellen angeordnet sind. Indem die Rezeptoren das feindliche Antigen binden, geben sie der Synthesemaschinerie ihrer Zelle ein Signal, das sowohl die Antikörperproduktion erhöht als auch die Zellteilung und damit eine Multiplikation des betreffenden Zelltyps stimuliert. Bald schon ist das Lymphsystem mit einer riesigen Menge spezifischer Antikörper überschwemmt, die jeder Selbstvermehrung eines bakteriellen Eindringlings ein jähes Ende setzen – wenn alles richtig funktioniert. Wir sagen dann, der Organismus ist immun geworden.

Die Immunantwort ist also im wesentlichen auf die Vermehrung einiger weniger von Anfang an vorhandener Kundschafterzellen zurückzuführen. Das gesamte Immungedächtnis stellt ein äußerst kompliziertes, durch mannigfache Wechselwirkungen verknüpftes, funktionales Netzwerk dar (s. S. 328).

In der Differenzierung der Organismen würde es also genügen, wenn jede Zelle – simultan zu dem von allen Zellen benutzten Programm für Stoffwechsel und Reproduktion – ihre spezifische Funktion aus einem universellen Gesamtprogramm abruft und diese vermittels eines spezifischen Rezeptors an der Zelloberfläche markiert. Für ein derartiges Schema spricht eine Reihe von Argumenten:

- Der komplette Chromosomensatz umfaßt selbst beim Menschen nicht mehr als einige Milliarden Codezeichen, von denen sogar »nur« ein relativ kleiner Prozentsatz für Codierungsfunktionen ausgenutzt wird. Die Programmkapazität ist also bei weitem nicht so groß, als daß jede einzelne der nach vielen Milliarden zählenden somatischen Zellen im Genom der Keimzelle vorprogrammiert sein könnte. Dieser Sachverhalt besagt, daß die Zellen aufgrund eines *hierarchischen* Aufbauprinzips auseinander hervorgehen müssen.

- Bei jeder Zellteilung, die unmittelbar nach der Befruchtung der Eizelle einsetzt, wird jeweils das *gesamte* genetische Programm reproduziert. Erst später wird aufgrund eines Determinierungsprozesses entschieden, welcher Abschnitt des Programms für die aus der Teilung hervorgegangenen Zellen zu mobilisieren ist bzw. welcher Teil inaktiv bleibt.
- Aus dem zweiten Argument folgt, daß jede somatische Zelle mit dem vollständigen Programm der Keimzelle ausgerüstet ist. Tatsächlich läßt sich auch durch Transplantation des Kerns einer somatischen in eine entkernte Eizelle ein vollständiges Lebewesen »künstlich« reproduzieren (s. S. 207). Ebenso vermag man im Experiment Determinierung durch äußeren Eingriff rückgängig zu machen.

Eindrucksvolle Laboratoriumsversuche zur Frage der Zelldeterminierung und Differenzierung sind mit Hilfe einfacher Studienobjekte: Hydrozoen und Schleimpilze am Max-Planck-Institut in Tübingen ausgeführt worden. Günther Gerisch konnte zum Beispiel die Existenz eines chemischen Synchronisationsmechanismus für die Aggregation der Amöben nachweisen. Alfred Gierer[21] und Hans Meinhardt untersuchten den Prozeß der Zelldeterminierung am Süßwasserpolypen Hydra. Dieses sich von Bakterien ernährende Lebewesen besteht aus ca. hunderttausend Zellen. Es kann – ohne dabei Schaden zu nehmen – in seine einzelnen Zellen dissoziiert und aus diesen unter geeigneten Bedingungen jederzeit wieder zum ursprünglichen Lebewesen aggregiert werden. So wurde der Prozeß einer Musterbildung nachvollzogen, und dabei konnten durch äußeren Eingriff auch Umdeterminierungen vorgenommen werden (s. Abb. 14). Was aus einer Zelle wird, ist also nicht unmittelbar im genetischen Programm vorbestimmt. Jede Zelle besitzt das Potential, praktisch jede Funktion auszuführen. Die Information für die Determinierung stammt demnach aus der Nachbarschaft der betreffenden Zelle. Woher aber hat die »Nachbarschaft« diese Information? Offensichtlich muß sie doch von irgendeiner Zelle des Lebewesens erzeugt worden sein. Das bedeutet, daß die Umwelt durch einen von der Zelle aus gelenkten Prozeß strukturiert wurde. Es muß so etwas wie ein Konzentrationsmuster irgendeines chemischen Stoffes existieren, das die spezifische Morphogenproduktion stimuliert. Diese Konzentrationsverteilung zeichnet demnach gewisse Polaritäten der zukünftigen Gestalt vor, sie ist selbst schon Gestalt.

Auf welche Weise kann in einem homogenen fluiden Medium – mit nicht fixierten materiellen Trägern – ein stabiles räumliches Muster entstehen?

Zum besseren Verständnis dieses grundlegenden Problems der Morphogenese müssen wir einen Abstecher in das Gebiet der »Dynamik chemischer Reaktionsprozesse« machen. Mit diesem Fachausdruck möchten wir den Leser keineswegs verschrecken oder entmutigen. Wiederum sollen Spiele die schwierigen Zusammenhänge erkennen lassen, die in wissenschaftlicher Exaktheit allein in der Sprache der Mathematik dargestellt werden können.

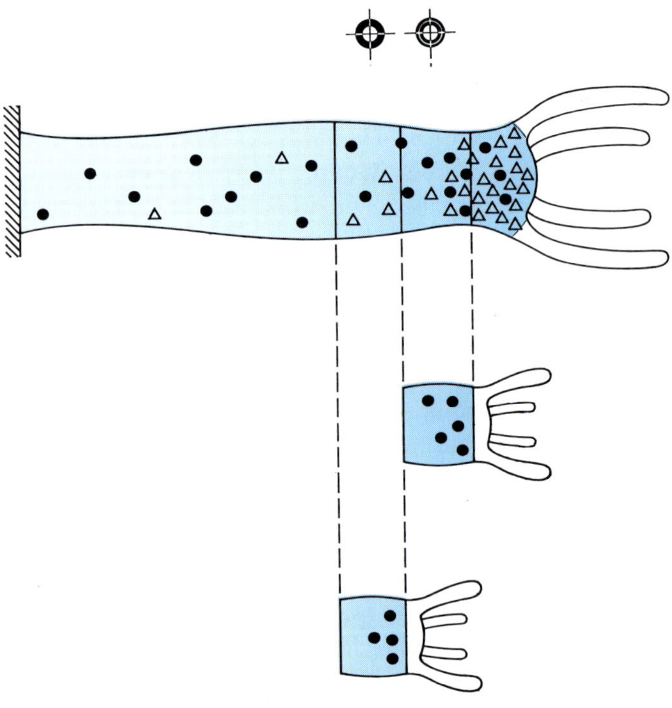

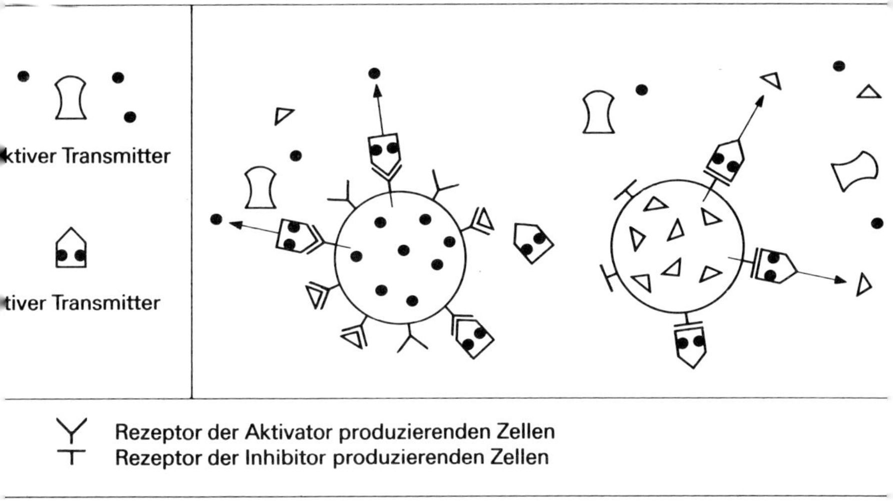

Abb. 14 **Der Süßwasserpolyp Hydra** trägt seinen Namen zu Recht. Ähnlich wie in der griechischen Mythologie der neunköpfigen Hydra (der Wasserschlange von Lerna) für jeden abgeschlagenen Kopf zwei neue wuchsen, regenerieren sich aus dem zerteilten Polypen Hydra jeweils vollständige, neue Lebewesen. Obwohl der materielle Zusammenhalt von Zellstrukturen durch konservative Kräfte gewährleistet ist, wird die für die Zelldifferenzierung und Morphogenese notwendige »Polarisierung« durch dissipative Kräfte vermittelt.

Im linken Teil des Bildes ist ein von Alfred Gierer und Hans Meinhardt ausgeführtes Experiment schematisch aufgezeichnet. Der Polyp, dessen Kopfende durch Tentakeln gekennzeichnet ist, wird mehrfach unterteilt. Die Tatsache, daß sowohl Kopf- als auch Schwanzende aus unmittelbar benachbarten Zellregionen entstehen, macht deutlich, daß Determination ihre Ursache weder in der absoluten räumlichen Position noch im Absolutwert der Konzentrationen irgendwelcher Morphogene, sondern allein in einem die Polarität festlegenden Gradienten von Zellen bzw. Zellkomponenten haben kann.

Im oberen Teil des Bildes ist ein von Gierer und Meinhardt entwickeltes Modell zur Erklärung dieses Befundes skizziert. Es wird angenommen, daß ein Konzentrationsgradient existiert, der zwei Arten von Substanzen, nämlich Aktivatoren (●) und Inhibitoren (△), einschließt. Beide Substanzen werden von verschiedenen, mit Rezeptoren versehenen Zelltypen ausgeschüttet. Der Inhibitor kann – falls er in genügend hoher Konzentration vorliegt – durch Bindung an den Rezeptor der Aktivatorzellen deren Funktion blockieren. Ist andererseits der Aktivator im Überschuß vorhanden, so kann dieser vermittels eines mit beiden Rezeptortypen wechselwirkenden Proteins die Produktion von weiteren Aktivator *und* Inhibitormolekülen stimulieren. Auf diese Weise werden die Konzentrationsverhältnisse autokatalytisch und »wettbewerbsmäßig« geregelt. Ein derartiger (nichtlineare Autokatalyse einschließender) Reaktionsmechanismus bildet die Grundlage für die Ausbildung von dissipativen Strukturen (s. Abb. 21). Diese legen Polaritäten fest und determinieren dadurch die Zelldifferenzierung.

6.3 Reaktionsspiele

Einige Beispiele für chemische Reaktionsprozesse waren uns schon in vorangehenden Kapiteln begegnet. Nahezu alle bisher betrachteten Kugelspiele lassen sich ohne weiteres als Reaktionsmodelle interpretieren, wie umgekehrt zu jedem nur möglichen chemischen Reaktionsmechanismus auch ein Kugelspiel erfunden werden könnte.

Gehen wir von dem auf S. 53 beschriebenen Ehrenfest-Spiel aus. Es symbolisiert das Phänomen des chemischen Gleichgewichts, wie es in allgemeiner Form im Massenwirkungsgesetz Ausdruck findet. Von Interesse waren in diesem Modell zunächst allein die sich einstellenden Mengenverhältnisse, ihre Mittelwerte wie auch deren statistische Unschärfe. Nun ist aber eine zwischen zwei oder mehreren Komponenten stattfindende Reaktion zweifellos auch ein ortsgebundener Prozeß, der von der räumlichen Verteilung der verschiedenen Reaktanten abhängt. Bei den kooperativen Spielversionen zeichnet sich diese Ortsgebundenheit unmittelbar in der Musterbildung auf dem Spielbrett ab. Wie kann man derartige, auch im kooperativen Spiel nur sporadisch auftretende Muster räumlich fixieren? Der Reaktionsort ist ja zunächst lediglich durch die Anwesenheit des Reaktionspartners, also nicht absolut im Raum festgelegt.

Dringen wir doch noch ein bißchen tiefer ins Detail vor. Wir betrachten zwei Reaktionspartner: »er« und »sie«. Zunächst müssen sie einander begegnen, sonst kann eine Reaktion nicht in Gang kommen. Sie fliegen keineswegs von weither aufeinander zu, noch folgt »er« errötend »ihren« Spuren. Sie nehmen voneinander keinerlei Notiz, jedenfalls nicht, solange sie keine Kraftwirkungen aufeinander ausüben. Alle chemischen Reaktionskräfte haben aber nur sehr kurze Reichweiten. So irren beide Partner umher, bald aufeinander zu, bald wieder voneinander fort. Die Energie für diese regellose Bewegung, diesen »random walk«, beziehen sie aus Stößen mit den in Wärmebewegungen befindlichen Partikeln des Mediums, von denen sie wahl- und ziellos hin und her geschubst werden. Jeder Partner überstreicht im Laufe der Zeit ein gewisses Areal, dessen radiale Ausdehnung – wie Albert Einstein zum ersten Mal aufgrund statistischer Berechnungen zeigte – mit der Quadratwurzel aus der Zeit anwächst. Irgendwann müssen sich so die Wirkungsradien der beiden Reaktionspartner einmal überlappen. »Irgendwann«, das mag heißen: Jeder Partner ist etwa millionen- bis milliardenmal von den Molekülen des Mediums herumgestoßen worden. Doch dazu braucht es nicht mehr als eine millionstel bis eine tausendstel Sekunde. So dauert es also gar nicht lange, und der große Moment ist gekommen: Die Reaktion kann stattfinden. Auch bei den Molekülen gibt es »Liebe auf den ersten Blick« – je nach Temperament. »Phlegmatische Typen« müssen erst eine Aktivierungsschwelle überwinden. Sie lassen sich noch einige Male hin und her stoßen, bevor ein Annäherungsversuch schließlich erfolgreich ist.

Die Reaktion selbst kann in einem Austausch von Elektronen, Protonen oder ganzen Molekülteilen bestehen, manchmal auch nur in einer Energieübertragung, die zur Überwindung innerer Barrieren dient. Die Partner gehen zunächst immer (irgendwie) verändert aus der Begegnung hervor, und mindestens einer von ihnen wechselt seinen Namen. Manche beschließen, ewig vereint zu bleiben, andere trennen sich nach kurzer Zeit und beginnen ein neues Leben, sie sind ihres neuen Zustandes überdrüssig und reagieren einfach wieder zurück. Auch kommt es vor, daß aus einer Zweierbegegnung mehr als zwei Partikel hervorgehen.

Sobald die Partner aber den Überlappungsbereich ihrer Kraftwirkungen verlassen haben, sind sie einander gleichgültig. Man kann sagen: »Aus den Augen, aus dem Sinn«. Sie werden dann wieder ziellos von thermischen Stößen umhergetrieben – bis das Spiel von neuem beginnt. Individuelle Treue gibt es unter den Molekülen nicht.

Den komplementären Aspekt dieser kleinen Episode einer »Wahlverwandtschaft« hat Goethe bereits kommentiert[22]:

»Diese Gleichnisreden sind artig und unterhaltend, und wer spielt nicht gern mit Ähnlichkeiten?«

Gesellschaftsspiele wie »Mensch ärgere dich nicht« oder dessen edlerer und bedeutend komplizierterer Vorläufer Backgammon sind im Grunde genommen Reaktionsspiele. Der »random walk«-Prozeß wird durch Würfeln aufrechterhalten. Die durch Begegnungen ausgelösten Reaktionen sind hier allerdings weniger liebenswürdig als in unserer Molekülepisode: Man wirft sich gegenseitig hinaus.

Der historisch gewachsenen Fassung des Backgammon liegt natürlich ein strategisches Konzept zugrunde. Die heute gebräuchliche Spielart basiert auf Regeln, die sich in ihren Grundzügen im 18. Jahrhundert in England etablierten, als das Spiel eine große Renaissance erfuhr. Backgammon reicht weit zurück in die Zeiten; im Grabe Tut-ench-Amuns (um 1350 v. Chr.) fand man Brettspiele, die als die Vorfahren von Backgammon anzusehen sind[23].

Die Spielbretteinteilung des in Abb. 15 gezeigten Fundstücks weist

Abb. 15 **Drei Brettspiele** aus Elfenbein und die dazugehörigen Spielsteine, die im Grab des Königs Tut-ench-Amun (um 1350 v. Chr.) gefunden wurden.

»Jedes Brett ist in dreißig gleich große Quadrate geteilt, die in drei Reihen von je zehn Feldern angeordnet sind. Zu jedem Spiel gehören, wie die Bauern beim Schach, zehn Steine, die schwarz und weiß gefärbt waren und von denen jeder Spieler fünf gleichfarbige bekam. Man würfelte entweder mit Knöcheln oder mit schwarzen und weißen Stäbchen, die nach Art des Niederfalls bewertet wurden. Es handelt sich offenbar um ein altes, dem heutigen »El-tab el-siga« verwandtes und im Orient allgemein gebräuchliches Glücksspiel, aus dessen Regeln wir gewisse Rückschlüsse ziehen dürfen. Es erfordert wenig oder gar keine besondere Geschicklichkeit, war aber jedenfalls ein amüsanter und zugleich aufregender Zeitvertreib.«[23]

auf das noch heute in Ägypten beliebte El-tab el-siga* hin. Überhaupt darf man sich wohl die Ähnlichkeit zwischen der heute üblichen Form des Spiels und seinen frühen Vorläufern nicht zu eng vorstellen. Das Wesentliche dieser Analogie ist wohl die Kombination von Würfel- und strategischem Spiel, wobei zu Beginn – wie im El-tab el-siga – das Glücksspielelement überwogen haben mag.

Wir wollen im folgenden – anstelle der genannten Gesellschaftsspiele – eine Kugelspielvariante betrachten, die etwas mehr auf die natürlichen chemischen Reaktionsprozesse zugeschnitten ist. Sowohl beim »Mensch ärgere dich nicht« als auch beim Backgammon rückt man nur in einer Richtung vor. Wenngleich man um die Punktzahl, um die man vorrückt, würfelt, handelt es sich hier doch nicht um einen echten »random walk«, der – auch in der Beschränkung auf eine Dimension – mit gleicher Wahrscheinlichkeit in Vorwärts- und Rückwärtsrichtung erfolgen müßte. Das geschieht zwar beim sogenannten Malefizspiel, ist aber hier – abweichend vom echten »random walk« – noch immer in das Belieben des Spielers gestellt.

Und nun zum Spiel:

Tafel 7: Kugelspiel »Wahlverwandtschaft«

Dieses Spiel ist wie »Mensch ärgere dich nicht« für vier Personen gedacht und hat auch ganz die gleiche Spielbretteinteilung. Jeder Spieler erhält vier Kugeln. Weiterhin benötigt man zwei Würfel, einen normalen Punktewürfel (Kubus) sowie einen Würfel, der eine Plus- oder Minus-Entscheidung zu fällen hat. Das kann ebenfalls ein Punktewürfel sein, wobei gerade Zahlen »+«, ungerade »−« bedeuten. Man kann auch einfach eine Münze (Kopf oder Adler) verwenden. Der erste Würfel bestimmt die Zahl der Kugelfelder, um die man weiterrücken darf, der zweite legt die Richtung fest (+ = Uhrzeigersinn und − = gegenläufig). Es wird reihum gewürfelt und entsprechend gezogen. Eine »sechs« berechtigt jeweils zum nochmaligen Würfeln. Die Entscheidung, in welcher Richtung die Kugel vorrückt, erfolgt erst, nachdem klar ist, um *wie viele* Felder sie weiterbewegt werden soll. Jeder Spieler startet mit einer Kugel, die er auf die ihm nächstliegende Ausgangsposition setzt. In der ersten Würfelrunde geht es lediglich um die höchste Punktzahl, und wer sie erreicht, eröffnet das Spiel. Die Spie-

---

* »seegà« = Spielbrett, »táb« = Würfelstäbchen.

ler versuchen nun ihre Kugeln in irgendeinen der vier Ställe zu bringen. Es lohnt sich aber kaum, den nächstgelegenen Stall zu wählen – das bringt keine Punkte ein –, es sei denn, man will durch diesen strategischen Zug dem Gegner schaden. Die meisten Punkte erhält man, wenn man seine Kugeln in dem am weitesten entfernten Stall plaziert. Da man dann aber sehr oft würfeln muß, nimmt man dafür, daß man nicht in einen der näher gelegenen Ställe flüchtet, ein gewisses Risiko in Kauf.

Es besteht keinerlei Zwang, in einen bestimmten Stall hineinzugehen. Will man dies tun, muß man exakt die Punktzahl erwürfeln, die zum Erreichen der äußersten noch offenen Stallposition nötig ist.

Bei dem Spiel kommt es allein auf die Kooperation zweier Partner an, die gemeinsam gegen das andere Paar spielen. Die zweite, dritte und vierte Kugel jedes Spielers kann nämlich erst mit Hilfe des Partners ins Spiel gebracht werden, und zwar immer dann, wenn beide Partner sich auf *einem* Feld begegnen (das heißt, wenn der eine Spieler ein Feld erwürfelt, das bereits vom Partner besetzt ist). Die erste Begegnung legt die jeweilige Partnerschaft fest, die innerhalb eines Spiels unauflöslich ist. Die (beiden) übriggebliebenen Spieler müssen nun ihrerseits versuchen, eine Begegnung herbeizuführen, um ebenfalls kooperieren zu können. Würde einer von ihnen vorher in einen Stall gehen, müßte er allein weiterspielen. In diesem Fall zählen die Punkte nur für den Einzelgänger, der immer dann eine Kugel ins Spiel bringen darf, sobald die vorherige in einem Stall gelandet ist.

Im Normalfall werden die Spieler natürlich danach trachten, sich zu verbünden, denn eine Kooperation bietet ihnen Vorteile. Bei jeder Begegnung dürfen nämlich *beide* Partner eine neue Kugel in die Ausgangsposition setzen, und der, der den Treffer erzielt hat, darf außerdem noch um sechs Felder in der ihm am günstigsten erscheinenden Richtung weiterrücken.

Erwürfelt man ein vom Gegner besetztes Feld, so muß man passen. Sind alle Kugeln eines Paares im Spiel, so können die Partner jeweils frei entscheiden, wer von ihnen im Falle einer Begegnung um sechs Felder weiterzieht. Auf diese Weise wird das Spiel in der Endphase sehr beschleunigt. Es ist abgeschlossen, wenn entweder ein Paar oder ein Einzelgänger alle Kugeln in Ställen untergebracht hat. Jetzt zählen für jeden Spieler pro Kugel:

der am weitesten entfernte Stall: 8 Punkte
die beiden Ställe in mittlerer Entfernung: je 2 Punkte
der nächstgelegene Stall: 0 Punkte

Jedes Paar addiert seine Punkte zusammen. Die Hälfte davon wird dann jedem Partner gutgeschrieben. Es kann bei gemeinsamer Spielweise aufgrund taktischer Überlegungen durchaus lohnend sein, auch einmal ein Stallfeld zu besetzen, das keine Punkte bringt, dafür aber vielleicht den Gegner hindert, 8 Punkte zu erwerben.

Dieses Spiel schließt zwar ebenso wie »Mensch ärgere dich nicht« einen Konkurrenzkampf ein, doch können sich die Spieler gegenseitig nur indirekt schaden. Aus dem etwas frustrierenden Pechspiel wird wieder ein Glücksspiel, das sich allein durch geschickte Kooperation gewinnen läßt. Der im Spiel einer reaktionsauslösenden Begegnung vorgeschaltete Transportprozeß simuliert einen echten (eindimensionalen) »random walk«-Mechanismus. Will man den am weitesten entfernten Stall besetzen, so braucht man etwa die vierfache Zahl von Würfen wie für das Erreichen eines (beliebigen) der beiden auf halbem Wege liegenden Ställe. Jeder Spieler muß also das Risiko in bezug auf die zu gewinnende Punktzahl sorgfältig abwägen, wobei man anfängliche Glückstreffer freilich nicht unberücksichtigt lassen sollte. Ferner ist zu bedenken, daß das Mittelwertverhalten nicht unbedingt ausschlaggebend ist, da statistische Schwankungen groß sein können.

In der Natur allerdings ist die »random walk«-Bewegung im allgemeinen nicht auf eine Dimension beschränkt, sondern sie findet im zweidimensionalen – also in der Ebene – oder gar im dreidimensionalen Raum statt. Wie sich die Trefferwahrscheinlichkeit im »random walk«-Prozeß bei Erweiterung der Dimensionalität verändert, wollen wir sogleich an einem weiteren Spiel studieren.

Tafel 8: Kugelspiel »Stay out of 2 D«*

Das Spiel kann von zwei bis vier Personen ausgeführt werden. Auf dem Spielbrett (s. Abb. 16) sind die folgenden Felder hervorgehoben:

das Mittelfeld als Ausgangsposition,

die 4 × 4 Eckfelder als Endpositionen (Ställe).

Jeder Spieler erhält einen Vorrat von 4 Kugeln einer bestimmten Farbe. Dazu gibt es zwei Tetraederwürfel mit den Flächenbezeichnungen o, o, +, −.

---

* Der Titel schließt sich an ein Motto an, das Gerold Adam und Max Delbrück einer Arbeit über die »Reduktion der Dimensionalität in biologischen Diffusionsprozessen« voranstellen:
Drunkhard: »Will I ever, ever get home again?« Polya: »You can't miss, just keep going and stay out *of* 3 D!«
Wie das im Text behandelte Beispiel für die Rezeptorwirkung beim Seidenspinner zeigt, ist die Reduktion der Dimensionalität (dort von 3D auf 2D) für die Effizienz der Detektion von entscheidenden Vorteil.

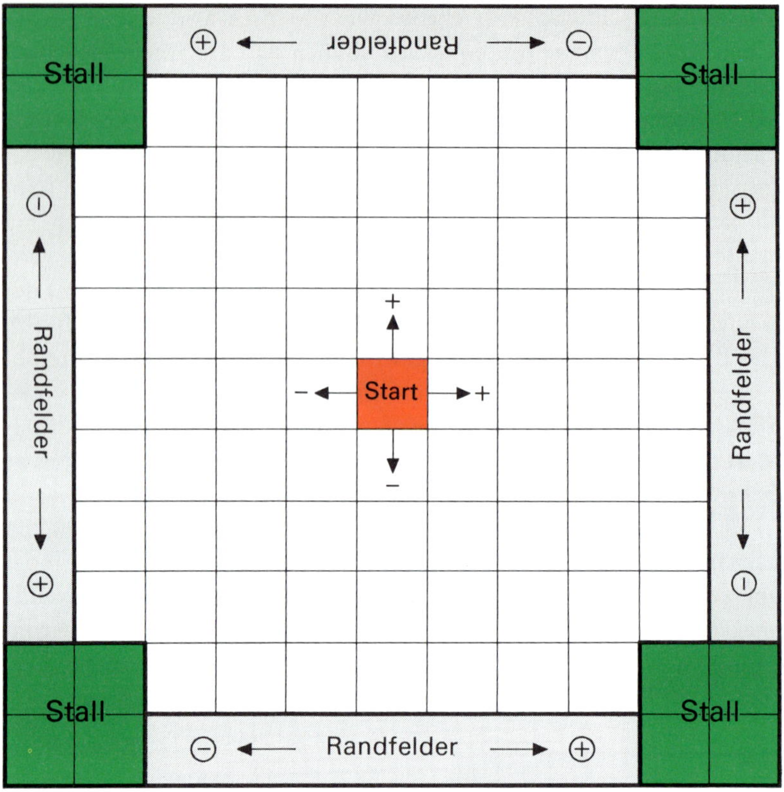

Abb. 16 Spielbrett für »Stay out of 2 D«.

Das Spiel beginnt mit dem Reihum-Würfeln. Wer zuerst + + oder – – erzielt, darf das Spiel eröffnen, indem er eine seiner Kugeln in die Ausgangsposition setzt und gleich noch einmal würfelt. Nur für + oder – darf man jeweils um ein Feld (in der in Abb. 16 bezeichneten Weise) weiterrücken. Es ist dem Spieler überlassen, wie er die Wurfergebnisse ausführt, ob er zum Beispiel bei + + um zwei Felder in einer der beiden oder ob er um je ein Feld in beiden Plusrichtungen vorrückt. Kommt man im Laufe des Spiels auf das Ausgangsfeld zurück, oder gelingt es einem nicht, beim Eröffnungswurf dieses Feld zu verlassen (nämlich, wenn man 0, 0 würfelt), so wandert die betreffende Kugel ins Reservoir zurück. Erst wenn man wieder + + oder – – erwürfelt hat, ist man berechtigt, eine neue Kugel in die Ausgangsposition zu bringen. Jedesmal, wenn dieser Wurf gelingt, muß man eine neue Kugel ins freie Mittelfeld setzen – solange der Vorrat reicht –

und darf gleich noch einmal würfeln. Letzteres gilt auch, wenn man bereits alle Kugeln im Spiel hat. Im übrigen kann man frei entscheiden, auf welche Kugel man den jeweils ausgeführten Wurf anwenden möchte. Erreicht man eine Randposition, so rückt man nur noch auf den Randfeldern vor. Wann immer ein Feld getroffen wird, das von einer gegnerischen Kugel besetzt ist, so darf man diese – wie beim »Mensch ärgere dich nicht« – hinauswerfen. Trifft man auf eine eigene Kugel, so darf der Zug nicht ausgeführt werden, das heißt, man paßt. Das Spiel endet, sobald ein Spieler seine vier Kugeln in Endpositionen untergebracht hat.

Der charakteristische Unterschied zwischen den beiden hier beschriebenen Kugelspielen einerseits und den bekannten Gesellschaftsspielen andererseits ist allein in den Regeln begründet. In unseren Kugelspielen wurden diese der naturgesetzlichen Wirklichkeit angepaßt. Daß dabei neuartige Spiele herauskommen, ist unerheblich im Vergleich dazu, daß die Ergebnisse der Spiele nunmehr physikalisch relevante Gesetzmäßigkeiten widerspiegeln.

Aus dem zuletzt vorgestellten Diffusionsspiel ergeben sich zwei wesentliche Lehren:

1. Die meisten Kugelbegegnungen – und damit Reaktionen – finden auf den Randfeldern statt, obwohl diese weniger als ein Drittel der gesamten Spielfläche ausmachen. Reduktion der Dimensionalität bewirkt also eine Erhöhung der Trefferwahrscheinlichkeit. Das gilt auch, wenn man vom dreidimensionalen Raum zur Fläche übergeht. Dieses Prinzip findet in der Natur vielfache Anwendung. Die Effizienz einer Reihe von Enzymen nimmt zu, wenn diese auf einer Membran angeordnet sind. Das Substrat hat eine gewisse Affinität zur Membranoberfläche, auf der es im übrigen frei beweglich ist und unter Umgehung einer Dimension gleich zum Reaktionsort am Enzym geleitet wird. Vor allem ist diese Erscheinung auch bei Rezeptoren zu beobachten, die bereits auf einzelne Effektormoleküle ansprechen. Wie Dietrich Schneider[25] und seine Mitarbeiter im Max-Planck-Institut für Verhaltensphysiologie in Seewiesen gezeigt haben, gelingt es dem Männchen des Seidenspinners, einer Schmetterlingsart, nach diesem Prinzip ein mehrere hundert Meter entferntes Weibchen aufzuspüren. Einzelne Moleküle des vom Weibchen ausgesandten Sexuallockstof-

fes werden vom Männchen mit Hilfe seiner weit aufgefächerten Antennen eingefangen und per Oberflächendiffusion direkt zu den Rezeptoren geleitet, wo sie zur Reizauslösung führen. Die Reize werden sodann integral verarbeitet, und damit wird der Gradient – das heißt die Richtung, in der die »Quelle« zu finden ist – ausgemacht.

2. Die Trefferhäufigkeit ist proportional zur Besetzungsdichte der Fläche. Das bedeutet, daß sich in unmittelbarem Anschluß an eine stattgefundene Begegnung mit größerer Häufigkeit als im Mittel weitere Zusammenstöße ereignen. Dieser Effekt stellt nicht irgendein mysteriöses »Gesetz der Serie« dar, sondern ist einfach die Folge einer Schwankung, in der aufgrund der Begegnung die lokale Besetzungsdichte für einen Moment erhöht ist. An anderer Stelle tritt dafür natürlich eine entsprechende Unterbesetzung auf, das heißt, die Begegnungsrate liegt dort unter dem Durchschnitt. Daraus ist leicht zu erkennen, daß die Begegnungshäufigkeit in einfacher Weise mit der Besetzungsdichte zusammenhängt. Ist die Begegnung mit einer Reaktion verbunden, so entspricht die (mittlere) Reaktionsrate direkt der (mittleren) Besetzungsdichte.

6.4 Dissipative Muster

Der Ablauf jeder chemischen Reaktion ist sowohl mit einem charakteristischen zeitlichen als auch mit einem räumlichen Muster verknüpft. Für die Ausbildung einer definierten Gestalt ist jedoch eine spezielle Synchronisation und Selbststeuerung notwendig. Wie im Falle der Selektion bedarf es auch hier einer zur Selbstorganisation fähigen Reaktionsart, die Rückkopplung oder Autokatalyse einschließen muß.

Der Prototyp einer gestaltbildenden Reaktion wurde schon zu Beginn dieses Jahrhunderts von Alfred J. Lotka und Vito Volterra untersucht. Ihm liegt ein einfaches ökologisches Problem zugrunde, das wir im Rahmen eines Kugelspiels kennenlernen wollen. Es ist ein »Umwandlungsspiel«, das Phänomene aus dem Bereich der Biochemie wie auch der Ökologie darstellt. Der Spielablauf simuliert wirklichkeitsnah die zeitliche Veränderung der verschiedenen Spezies bzw. deren Mengen in einem ökologisch abgeschlossenen Raum.

Das Spiel geht von folgender Situation aus:

1. Es wächst Gras.	Grüne Kugeln kommen ins Spielfeld.
2. Das Gras wird von Hasen gefressen, die Zahl der Hasen nimmt zu.	Grüne Kugeln können in gelbe verwandelt werden, allerdings *nur*, wenn in der Nachbarschaft schon gelbe Kugeln vorhanden sind.
3. Füchse fressen die Hasen, die Zahl der Füchse nimmt zu.	Gelbe Kugeln können in rote verwandelt werden, wiederum *nur*, wenn in der Nachbarschaft schon rote Kugeln vorhanden sind.
4. Füchse werden gejagt. Ihr Pelz ist die Trophäe.	Rote Kugeln verschwinden vom Spielfeld, sobald sie getroffen worden sind. *Diese* roten Kugeln sind der Gewinn des jeweiligen Spielers und werden in Form von blauen Kugeln als Gewinnpunkte gesammelt.

Tafel 9: Kugelspiel »Struggle«

Zum Spiel gehören: Ein Spielbrett, das in 8 × 8 Felder unterteilt ist; zwei Oktaederwürfel, deren Flächenbezifferung mit den durch Koordinaten gekennzeichneten Feldern identisch ist; je 30 grüne, gelbe, rote und blaue Kugeln.

Aus dem Reservoir von grünen, gelben, roten und blauen Kugeln werden zu Beginn lediglich 16 gelbe und 4 rote Kugeln entnommen und von beiden Spielern willkürlich, jedoch nach strategischen Gesichtspunkten auf dem Spielbrett plaziert. »Strategisch« heißt, die Kugeln so zu plazieren, daß man unter Ausnutzung der Nachbarschaftsbesetzung möglichst effiziente Umwandlungen erzielt. Der Begriff der Nachbarschaft ist für den weiteren Verlauf des Spiels von entscheidender Bedeutung. Er wird hier durch die vier rechtwinklig an das Zentralfeld angrenzenden Nachbarfelder definiert. Nachdem die Ausgangskonfiguration durch Setzen der 16 gelben und der 4 roten Kugeln auf dem Spielbrett fixiert ist, beginnt das eigentliche Spiel. Beide Partner würfeln abwechselnd und ersetzen entsprechend den in der nachfolgenden Tabelle zusammengestellten Regeln:

Getroffenes Feld / Nachbarfeld	leer	grün	gelb	rot
alle Felder leer	→ grün	/	/	rot→blau
grün	→ grün	/	grün→gelb	rot→blau
gelb	→ grün	grün→gelb	/	rot→blau
rot	→ grün	/	gelb→rot	rot→blau

Anmerkung: Es muß jeweils *mindestens ein* Nachbarfeld in der angegebenen Weise besetzt sein. Befinden sich Kugeln verschiedener Farbe in der – orthogonalen – Nachbarschaft, so ist dem Spieler anheimgestellt, nach welcher Regel er verfahren will.

Im allgemeinen ist nach vollzogener Umwandlung im Sinne des vorangehenden Schemas der Gegner an der Reihe zu würfeln. Das gilt aber nicht, wenn sich aus der vollzogenen Umwandlung weitere Reaktionsmöglichkeiten ergeben. Diese dürfen, solange die Voraussetzungen erfüllt sind, hintereinanderweg ausgeführt werden. Erst dann kommt der Gegner an die Reihe.

Eine solche Weiterreaktion kann stattfinden, wenn durch die vorhergehende Umwandlung eine der Farbkombinationen grün-gelb oder gelb-rot in direkter Nachbarschaft gebildet wurde. Diese Kombination wird immer sofort im folgenden Sinne verwandelt:

aus grün-gelb entsteht gelb-gelb,
aus gelb-rot entsteht rot-rot.

Diese Umwandlungsregel für die Weiterreaktion gilt immer, wenn benachbarte Kugelkombinationen der genannten Art entstehen, wobei es unerheblich ist, welche von beiden Kugeln im vorangehenden Schritt tatsächlich umgewandelt wurde. Die (neue) Nachbarschaft bezieht sich auf die jeweils frisch umgewandelte Kugel.

Für jeden Übergang von gelb-rot in rot-rot darf der betreffende Spieler zweimal extra würfeln. Für diese Extrawürfe gelten aber *nur* solche Treffer, die auf eine rote Kugel fallen. Jede getroffene rote Kugel wird aus dem

Spiel genommen, in eine blaue umgetauscht und zählt so als Gewinnpunkt.

Das Spiel ist zu Ende, wenn entweder die gelben oder die roten Kugeln von der Spielfläche verschwunden sind. Gewonnen hat, wer die meisten blauen Kugeln vorweisen kann.

Die vier genannten Reaktionsschritte werden in anschaulicher Weise durch die Spielregeln simuliert.

Das Besetzen von Leerfeldern mit grünen Kugeln bedeutet das Hochwachsen von Gras. Dieser Vorgang ist nicht als ein autokatalytischer angenommen worden, da man davon ausgehen kann, daß überall Grassamen in ausreichender Menge im Boden sind.

Dagegen sind die beiden folgenden Reaktionen unmittelbar von einer endlichen Population der betreffenden Spezies abhängig, also autokatalytischer Natur. Sind nämlich keine Hasen und Füchse vorhanden, so können auch keine Geburten stattfinden. Außerdem hängt die Vermehrung beider Spezies von der Verfügbarkeit von Nahrung ab: Die Hasen fressen nur Gras, die Füchse nur Hasen (aber kein Gras). Das Abschießen der Füchse ist wiederum kein autokatalytischer Prozeß, denn die Anzahl der Jäger pro Revier ist unabhängig davon, wie viele Füchse erlegt wurden. Je mehr Füchse das Revier bevölkern, um so mehr werden auch geschossen, ohne daß damit notwendigerweise die Zahl der Jäger steigt.

Ein solches ökologisches Reaktionsschema charakterisiert in anschaulicher Weise den von Lotka und Volterra aufgestellten und mathematisch analysierten allgemeinen Mechanismus, der in abstrakter Schreibweise lautet:

$\rightarrow A$	grüne Kugeln (A) kommen auf Leerfelder
$A + X \rightarrow 2X$	grüne Kugeln (A) werden mit Hilfe von gelben (X) in gelbe (X) umgewandelt
$X + Y \rightarrow 2Y$	gelbe Kugeln (X) werden mit Hilfe von roten (Y) in rote (Y) umgewandelt
$Y \rightarrow B \rightarrow$	rote Kugeln (Y) wandeln sich entsprechend ihrer Häufigkeit in blaue Kugeln (B) um und verlassen das Spielfeld

Die Reaktion geht los, indem die Ausgangssubstanz A bei einem Zusammentreffen mit dem Reaktionspartner X in X umgesetzt wird. Wenn also der autokatalytisch wirksame Partner X (der Hase) in eine lokale Anhäufung von Substrat A (Grünfutter) gerät, wird dieser Vorrat zwar abgebaut, die Rate von X aber steigt infolge der autokatalytischen Vermehrung zunächst an und nimmt erst mit einer Verzögerung – nämlich bei Knappwerden des Vorrates A – wieder ab. Gleichzeitig ist auch die lokale Besetzungsdichte von X weit über ihren Mittelwert hinaus angewachsen und geht erst wieder zurück, wenn der Vorrat A versiegt. Gibt es dazu noch einen zweiten autokatalytisch wirksamen Reaktanten Y (Fuchs), der X in Y umwandelt, so wird sich das Reservoir X schnell wieder leeren zugunsten des Reservoirs Y, wobei auch hier wieder die Umsatzrate von Y durch ein Maximum geht. Bald schon ist X weit unter die mittlere Besetzungsdichte abgesunken, und A kann wieder ungestört hochwachsen, und dann geht der Gesamtprozeß wieder von vorne los. Es ist wie ein ständiges Überschwappen von einem Reservoir ins andere. Abb. 17, die ein vom Computer simuliertes Spiel festhält, bringt diesen Effekt sehr klar zum Ausdruck. Ein weiteres, sehr instruktives Beispiel für eine periodische Reaktion findet sich im 12. Kapitel (s. Hyperzyklus). Ein in der Zeit periodischer Vorgang kann unter geeigneten Bedingungen sehr leicht auch ein periodisches Raummuster erzeugen.

In dem zunächst homogen verteilten Medium A wird eine lokale Störung – »Impfen« mit X und Y – sich wellenförmig ausbreiten, etwa so, wie wir es beim Werfen eines Steines auf eine glatte Wasseroberfläche beobachten. Aus diesem Bild wissen wir auch, daß sich räumlich stabile Muster – nämlich stehende Wellen – ausbilden können. In analoger Weise entstehen im oszillierenden Reaktionssystem bei ständigem Nachschub der Reaktionspartner (zum Beispiel von A) und Abdiffundieren der Reaktionsprodukte (vor allem von Y) räumlich stabile Muster. Man bezeichnet sie als »dissipative Strukturen«, weil zu ihrer Aufrechterhaltung ständig Energie dissipiert werden muß. Fragen wir hier nach der Ursache räumlicher und zeitlicher Ordnung, so muß die Antwort lauten: Sie resultiert allein aus den dem System inhärenten Reaktionseigenschaften sowie der Art der Randbedingungen und wird durch den stationären Zustrom und die Dissipation von Energie (das heißt durch den

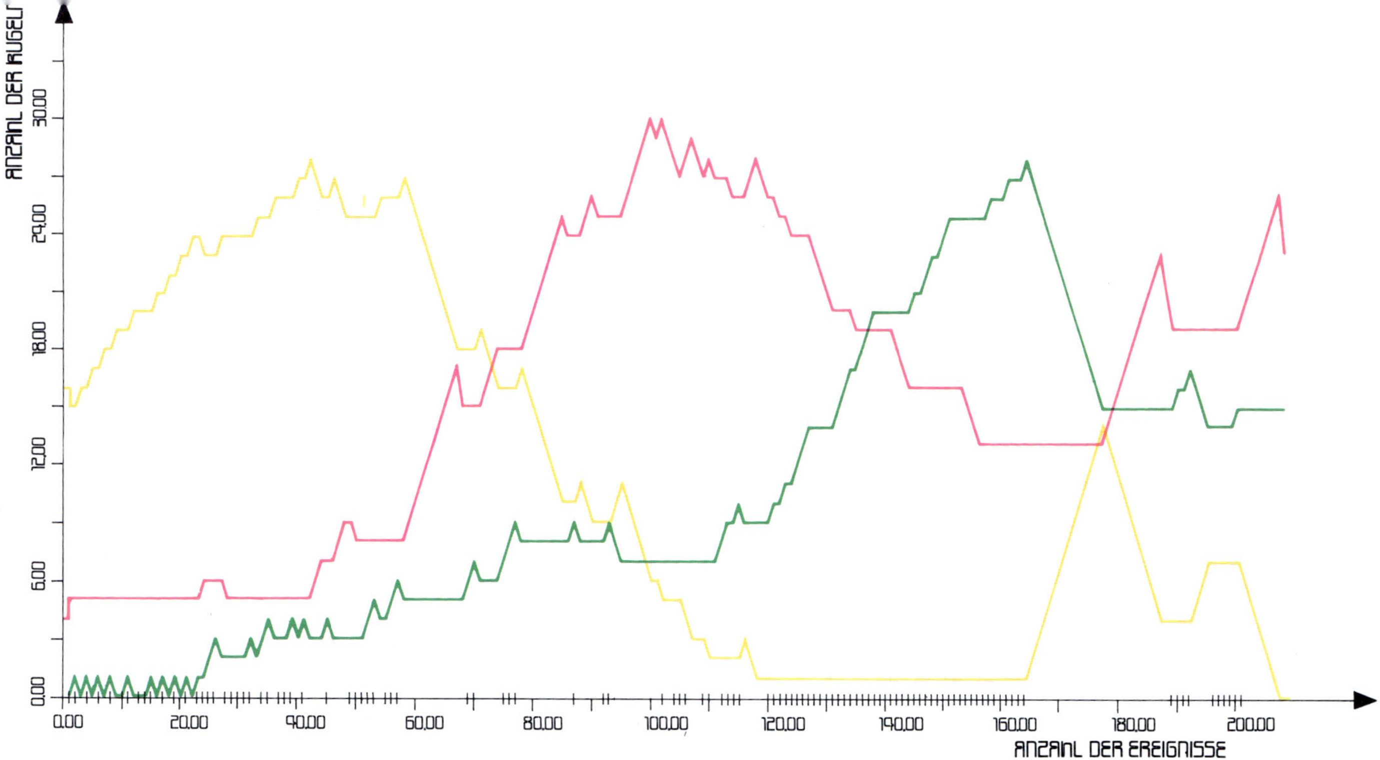

Abb. 17 **»Struggle«.** Aufzeichnung eines vom Computer ausgeführten Spiels. Die zeitlichen Veränderungen der verschiedenen Populationen spiegeln sich deutlich in phasenverschobenen Oszillationen wider. Die einzelnen Komponenten (Gras = Grün, Hase = Gelb, Fuchs = Rot) sind durch die Farbe des Kurvenzuges gekennzeichnet.

Zufluß energiereicher und den Abfluß energiearmer Materie) aufrechterhalten.

Wir haben hier ein zweites fundamentales Ordnungsprinzip der Natur vor uns. Für die Gestaltbildung in der belebten Natur ist die dissipative Struktur von ebenso großer Bedeutung wie die allein auf statische Kraftwirkungen gründende konservative Ordnung. Welche Mindestvoraussetzungen das Reaktionssystem für die Herausbildung eines dissipativen Musters zu erfüllen hat, läßt sich mathematisch exakt formulieren. Der Komplexität der in der Natur wirklich auftretenden Strukturen sind keine Grenzen gesetzt. Denken wir etwa an die komplizierten räumlichen Gefüge konservativer Proteinstrukturen, so finden diese in den diffizilen Schwingungs- und Wellenmustern der Konzentrationsverteilung einzelner Komponenten eines vielstufigen Reaktionszyklus durchaus ihr Pendant.

Gegenwärtig arbeiten viele Physiker, Chemiker und Biologen an der Aufklärung des Phänomens der biologischen Gestaltbildung. Der englische Mathematiker Alan M. Turing erkannte als erster in den fünfziger Jahren die Bedeutung der autokatalytischen Reaktionsmechanismen für die Morphogenese. Grundlegende theoretische Untersuchungen wurden von dem belgischen Physikochemiker Ilya Prigogine[26] ausgeführt. Die tiefgreifenden mathematischen Analysen durch den Franzosen René Thom[27], die eine Renaissance einer mathematischen Disziplin, der Differential-Topologie, eingeleitet haben und unter dem Begriff »Katastrophentheorie« bekannt wurden, haben die Wurzeln des Gestaltproblems freigelegt. In Abb. 18 bis 21 sind einige Beispiele dissipativer Strukturen aus dem Bereich der anorganischen Chemie, der Biochemie sowie der Zell- und Neuro-Biologie wiedergegeben. Fassen wir die Ergebnisse unserer Überlegungen zur Gestaltbildung zusammen:

Es gibt zwei fundamentale Prinzipien der Morphogenese:
ein konservatives und ein dissipatives.

Nach dem erstgenannten Prinzip gehen Struktur und Gestalt aus einer Überlagerung von anziehenden und abstoßenden konservativen Kräften hervor, wobei die in permanenter Wechselwirkung stehenden Untereinheiten des Gesamtsystems stabile räumliche Lagen einnehmen bzw. sich auf stabilen Bahnen (zum Beispiel Planetenbahnen) um einen Schwerpunkt bewegen. Dieses Ordnungsgefüge wird *ohne* Dissipation von Energie aufrechterhalten.

Abb. 18 **Dissipatives Muster, hervorgerufen durch eine anorganisch chemische Reaktion** (Zhaboutinsky-Reaktion). Der Prozeß schließt autokatalytische Schritte ein, ohne die es nicht zur Oszillation käme. Das hier wiedergegebene, von Benno Hess im Max-Planck-Institut für Ernährungsphysiologie (Dortmund) ausgeführte Experiment zeigt deutlich die wellenförmige Ausbreitung der Reaktion, die, von zwei Zentren startend, durch Interferenz ein komplexes Muster ausbildet. Dieses wird allein durch den Ablauf der chemischen Reaktion – unter ständiger Dissipation von Energie – unterhalten. Es verschwindet, sobald die energiereichen Substanzen verbraucht sind und die Reaktion zum Stillstand kommt.

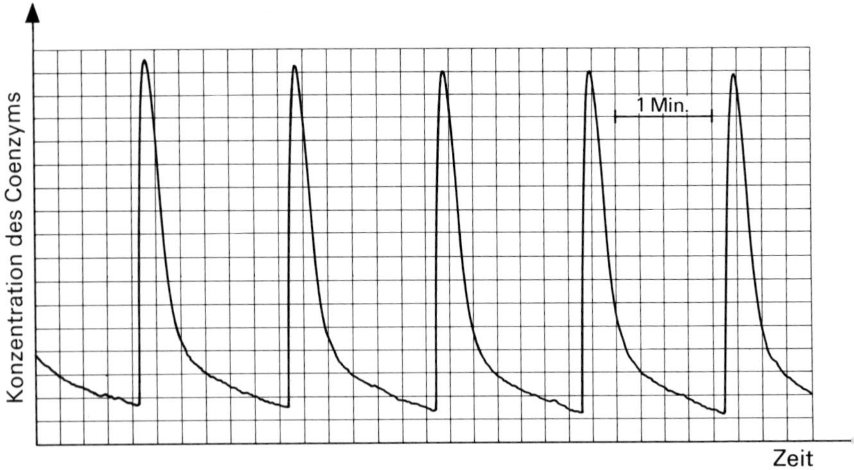

Abb. 19 **Periodisches Zeitmuster einer biochemischen Reaktion,** das von Benno Hess[28] aufgezeichnet wurde. Es handelt sich um einen enzymatischen Reaktionsschritt des Zuckerabbaus durch Glykolyse. Registriert wurde das (gefärbte) Koenzym. Die Reaktion wurde durch stationäre Zugabe von Glukose in Gang gehalten.

Zum Unterschied hiervon sind dissipative Strukturen dynamische Ordnungszustände, die nur durch einen Metabolismus, eine ständige Energiedissipation, unterhalten werden können. Sie resultieren in Form räumlicher Muster – ähnlich wie stehende Wellen – aus der Überlagerung von Materietransport und synchronisierter, periodischer Umwandlung und sind als solche nicht in additiver Weise aus Unterstrukturen zusammensetzbar. In der Morphogenese sorgen sie für eine räumliche Organisation und Determinierung der konservativen Strukturelemente, deren Aufbau durch das genetische Programm der Zelle festgelegt ist. Als Erregungsmuster im Netzwerk der Nervenzellen überlagern sie übersummenhaft verschiedene Teilinformationen und stellen so das materielle Korrelat von »Gestalt« dar. Die zur Ausbildung der dissipativen Strukturen notwendigen Wechselbeziehungen beruhen auf konservativen Kraftwirkungen, wie auch die permanente räumliche Fixierung dissipativer Muster der stabilisierenden konservativen Kraft bedarf.

Gemeinsam ist dem konservativen und dissipativen Gestaltbildungskonzept die Kooperativität der statischen bzw. dynamischen Wechselwirkungen. Das geht besonders klar aus der abstrakten Darstellung im Spiel hervor: *Der kooperativen Kraftwirkung im konservativen Muster entspricht die autokatalytische Reaktivität im dissipativen Modell.* Im konservativ-kooperativen Fall wird das erwürfelte *Leerfeld* immer dann mit einer Kugel besetzt, wenn sich in direkter Nachbarschaft schon eine *gleichfarbene Kugel befindet.* Bei der autokatalytischen Reaktion hingegen wird das in der Nachbarschaft des *erwürfelten besetzten* Feldes liegende *Leerfeld* mit einer Kugel gleicher Farbe aufgefüllt. Beide Male also werden zwei benachbarte Felder, denen eine Kugel gemeinsam ist, gleichfarben komplettiert.

Die *Unterschiede* beider Gestaltbildungsmechanismen werden am besten an einem Vergleich der mechanistischen Details sichtbar:

1. Im dissipativen Modell entwickelt sich ein stationäres Muster, ohne daß die Materieteilchen reproduzierbar im Raum fixiert sind.
2. Die dissipative Form ist im Gegensatz zum konservativen Modell nicht allein durch die zwischen den materiellen Trägern wirksamen Wechselwirkungen bestimmt, sondern wird entscheidend von den Randbedingungen und Begrenzungen des Systems beeinflußt.
3. Die Aufrechterhaltung dissipativer Strukturen verlangt – wie der Name besagt – die ständige Dissipation von Energie, was mit einer stationären Erzeugung von Entropie (s. S. 162) gleichbedeutend ist. Das System besitzt also einen Metabolismus, das heißt stofflich gebundene freie Energie wird fortwährend umgesetzt.
4. Konservative Strukturen verfügen über einen höheren Grad an »absoluter« (das heißt von Nebenbedingungen unabhängiger) Stabilität, Reversibilität und Superponierbarkeit. Dissipative Muster können wegen ihrer Abhängigkeit von Nebenbedingungen nicht unbeschränkt kombiniert bzw. einander überlagert werden.

Gerade der letzte Punkt ist – wenn vielleicht auch unbewußt – Goethes scharfsinniger Beobachtung nicht entgangen, obwohl seine Zuordnung zu verschiedenen Gestalttypen allein phänomenologischen Gesichtspunkten folgte und dabei nicht frei von Willkür war. So kann die Form der organischen Wesen, »wenn sie zerstört ist, aus den Überresten nicht wieder hergestellt werden«, während der mineralische »Körper, der erst zerstört schien, bald wieder in seiner Vollkommenheit vor uns liegt«. Auch wirft Goethe dieser inhärenten Strukturbildungstendenz »Gleichgültigkeit ihrer Teile in Absicht auf ihr Zusammensein« vor und stellt sie der Vollkommenheit ganzheitlicher Organisation der Lebewesen hintan.

Nach gegenwärtiger Erkenntnis ist das Problem der Gestaltbildung in der belebten Welt nur aus einem Zusammenwirken des konservativen *und* des dissipativen Prinzips zu begreifen. Dissipative Prozesse steuern und synchronisieren die Abrufung der in konservativen Strukturen gespeicherten Information und garantieren ihre funktionelle Wirksamkeit. Die Transponierbarkeit räumlicher und zeitlicher Muster auf die abstrakte Ebene eines Informationspro-

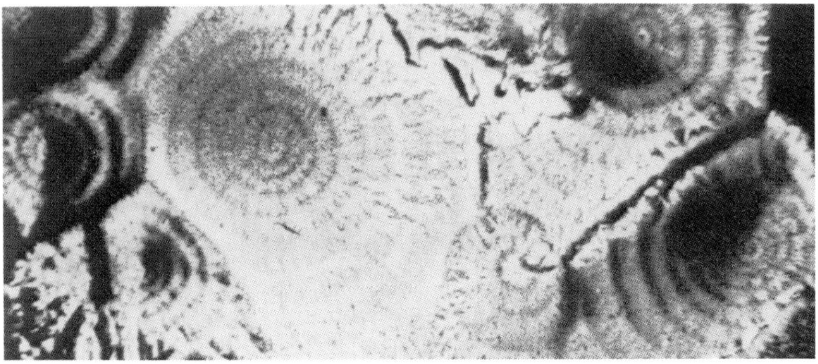

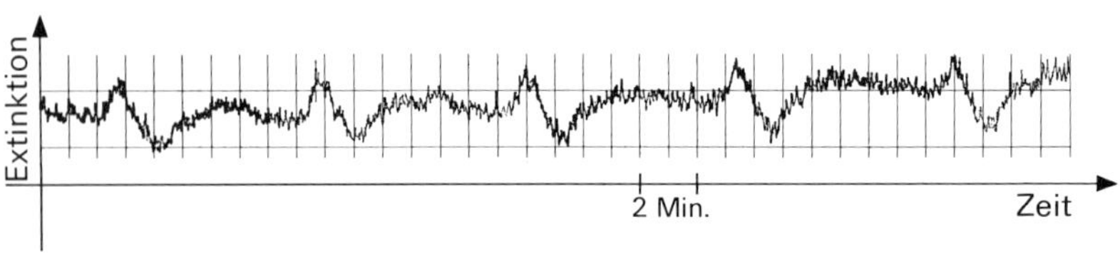

Abb. 20 **Ein »Gott der Amöben«** scheint hinter dem Phänomen zu stehen, das einzellige Schleimpilze veranlaßt, wie von unsichtbaren Kräften angetrieben zu einem vielzelligen Plasmodium zusammenzutreten, das sich wie *ein* Organismus verhält. Günther Gerisch[29] am Friedrich-Miescher-Laboratorium der Max-Planck-Gesellschaft in Tübingen untersuchte diesen Sachverhalt und fand heraus, daß die Ursache in einer dissipativen Strukturausbildung aufgrund eines autokatalytischen Reaktionsmechanismus liegt. Das Bild zeigt das dissipative Erregungsmuster einer Zellpopulation (oben) sowie den (von Benno Hess registrierten) periodischen Zeitverlauf der Aussendung eines die Aggregation einleitenden chemischen Signals (unten).

gramms manifestiert sich sowohl in der materiellen Selbstorganisation der Lebewesen als auch in der Komposition unserer Ideen. Ja das, was man mit dem Begriff Gestalt erfassen wollte, hatte seinen Ursprung in der Wahrnehmung. Vor allem Wolfgang Köhler war es, der in seinen experimentalpsychologischen Untersuchungen die »Gestalthaftigkeit« unserer Wahrnehmungs- und Denkstrukturen nachzuweisen suchte[31]. Er hat damit ein Prinzip richtig erkannt, dessen modellmäßige Darstellung – etwa in der Integration konservativer Wechselwirkungen durch dissipative Strukturen – sich erst in unseren Tagen abzeichnet.

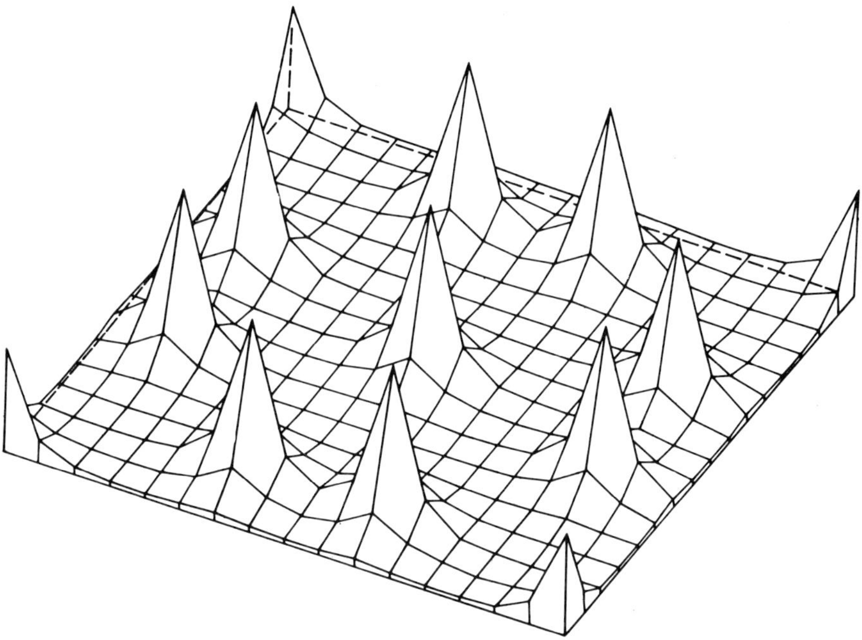

Abb. 21 **Computerzeichnung eines dissipativen Raummusters,** das von Alfred Gierer und Hans Meinhardt auf der Grundlage des in Abb. 14 gezeigten Modells berechnet wurde. Aus einer zunächst homogen angenommenen Konzentrationsverteilung bilden sich aktivierte Regionen heraus. Ganz ähnliche Muster haben Jack Cowan und Hugh R. Wilson[30a] sowie Christoph v. d. Malsburg[30b] für die Aktivierung eines Netzwerks von Nervenzellen gefunden (s. S. 332). Der psychische Gestaltbegriff findet hier eine materielle Entsprechung. Dissipative Gestalt ist das »übersummenhafte« Resultat der Überlagerung verschiedener – Rückkopplung einschließender – Einzelprozesse.

7. Symmetrie

Hermann Weyl schrieb in seinem Buch »Symmetry«: »So wie ich sehe, haben alle a-priori-Behauptungen in der Physik ihren Ursprung in Symmetrie.« Das Platonische Konzept sieht in der Symmetrie einer Relation ihre letzte Ursache. Symmetriebrüche deuten auf Lücken in unserem Verständnis fundamentaler Zusammenhänge hin. In den Strukturen der Wirklichkeit offenbart sich Symmetrie a posteriori. In der belebten Natur – wie auch im Spiel – tritt sie nur dann in Erscheinung, wenn sie durch selektive Vorteile ausgewiesen ist.

7.1 Das Platonische Konzept

Eine Abhandlung über Form und Gestalt ohne einen Exkurs über die Symmetrie wäre wie eine Reise durch die Kunstlandschaften Italiens ohne einen Abstecher nach Florenz. Kaum ein Phänomen hat auf die Gelehrtenwelt eine ähnliche Faszination ausgeübt wie das der Symmetrie. »Die letzte Wurzel der Erscheinungen ist das mathematische Gesetz« – schwärmt Werner Heisenberg –, »das fundamentale Symmetrieoperationen, wie zum Beispiel Verschiebung im Raum oder in der Zeit, definiert und damit den Rahmen bestimmt, in dem *alles Geschehen* stattfinden kann.«[32] Formen und Gestalten der unserer Sinneswahrnehmung zugänglichen Welt sind aber keineswegs überwiegend von Symmetrie geprägt. Ja, selbst im Kristall, dem Inbegriff von Symmetrie*, ist diese noch der Laune des Zufalls ausgesetzt. Betrachten wir nur die zauberhafte Vielfalt der Erscheinungsformen von Schneeflocken (s. Abb. 22):

> »Kleinodien, Ordenssterne, Brillantagraffen, wie der getreueste Juwelier sie nicht reicher und minuziöser hätte herstellen können . . ., und unter den Myriaden von Zaubersternchen in ihrer untersichtigen, dem Menschenauge nicht zugedachten, heimlichen Kleinpracht war nicht eines dem anderen gleich.«[33]

Thomas Manns feinsinnige Bewunderung für diese »endlose Erfindungslust in der Abwandlung und feinsten Ausgestaltung eines und immer desselben Musters« findet begeisterten Widerhall bei Hermann Weyl, einem der großen Repräsentanten der Princeton-Ära. In seinem Buch »Symmetry«[34] vermittelt Weyl tiefste Einsicht in eben diesen Begriff, seine Begründung durch die Gruppen-

---

* In der statistischen Physik wird der Symmetriebegriff häufig in einem Sinne verwandt, der im vorliegenden Zusammenhang leicht zu Mißverständnissen führen könnte. Wenn in einer statistischen Verteilung keinerlei räumliche Korrelation ausgezeichnet ist, pflegt man sie vollkommen symmetrisch zu nennen. So würde der Kristall, in dem bestimmte Abstände und Richtungen ausgezeichnet sind, erst durch »Symmetriebruch« aus der homogenen Verteilung hervorgehen. Natürlich kann diese vollkommene Symmetrie der regellosen Verteilung nur im *Raum-* oder *Zeitmittel* erfüllt sein. Jede individuelle Verteilung zu einem gegebenen Zeitpunkt wäre »unsymmetrisch«, während die iterativ-symmetrische Anordnung der Bausteine im Kristall auch in der individuellen Verteilung stets erhalten bleibt.

Abb. 22 Eine kleine Auswahl aus den von W. A. Bentley und W. J. Humphreys zusammengestellten 2453 Photographien natürlicher Schneekristalle (Dover Publikation, New York, 1931).

Abb. 23 **Bilaterale Symmetrie.** Gipsrelief eines Leopardenpaares an der Nordwand einer Kultstätte in Çatal Hüyük um ca. 5800 v. Chr. (James Mellaart, »Çatal Hüyük«. Aus der Reihe »Neue Entdeckungen der Archäologie«. Gustav Lübbe Verlag, Bergisch Gladbach 1967).

theorie, seine Auswirkungen auf die Physik, Chemie und Biologie wie auch seine Offenbarung in der Kunst.

Die einfachste Form der Symmetrie geht aus der Spiegelung an einer Geraden hervor. Es ist die »rechts-links«- oder bilaterale Symmetrie, die besonders häufig auch bei den höheren Lebewesen vorkommt. Sie hat in der Kunst, von der neolithischen Ära Çatal Hüyücks (s. Abb. 23) über Babylon, Ägypten, Hellas und Rom bis in die Moderne, etwa in den periodischen Zeichnungen von Maurits Cornelius Escher (s. Abb. 24), ein variationsreiches Echo gefunden.

Die zweite wesentliche Operation zur Erzeugung symmetrischer Formen besteht in der Iteration, der einfachen Wiederholung eines Grundmusters durch Fortschreiten im Raum. Dieser Vorgang kann sowohl eine definierte Translation als auch eine Rotation um einen Winkel, der einen ganzzahligen Bruchteil von 360° darstellt, beinhalten. Alle Symmetrien lassen sich auf eine der denkbaren Kombinationen, die aus den genannten Grundoperationen resultiert, zurückführen. Auf dem Spielbrett kann man die Bildungsgesetze iterativer Flächenmuster leicht studieren. Ein Beispiel ist in Abb 25 gegeben.

Die ursprüngliche Bedeutung des Wortes »symmetros« ist »ebenmäßig«, »wohlproportioniert«, »harmonisch«. Wie besonders das letztgenannte Synonym erkennen läßt, waren damit keineswegs allein Erscheinungen angesprochen, die sich auf den geometrischen Raum beschränken. Heute verbinden wir mit dem Symmetriebegriff eher einen abstrakt-mathematischen Sinn. Er hat ebenfalls seine Wurzel in der Naturbeobachtung der Griechen.

Den frühen griechischen Siedlern in Unteritalien war, vermutlich aus der Betrachtung von Pyritkristallen, die regelmäßige Gestalt des Dodekaeders wohl vertraut – obwohl die Kristallflächen des

Abb. 24 »Kleiner und Kleiner« (1956) von Maurits Cornelius Escher (1898–1972) (»Die Welten des M. C. Escher«, Heinz Moos Verlag, München). – Mit freundlicher Genehmigung der »Escher Stiftung«, Haags Gemeentemuseum, Den Haag.

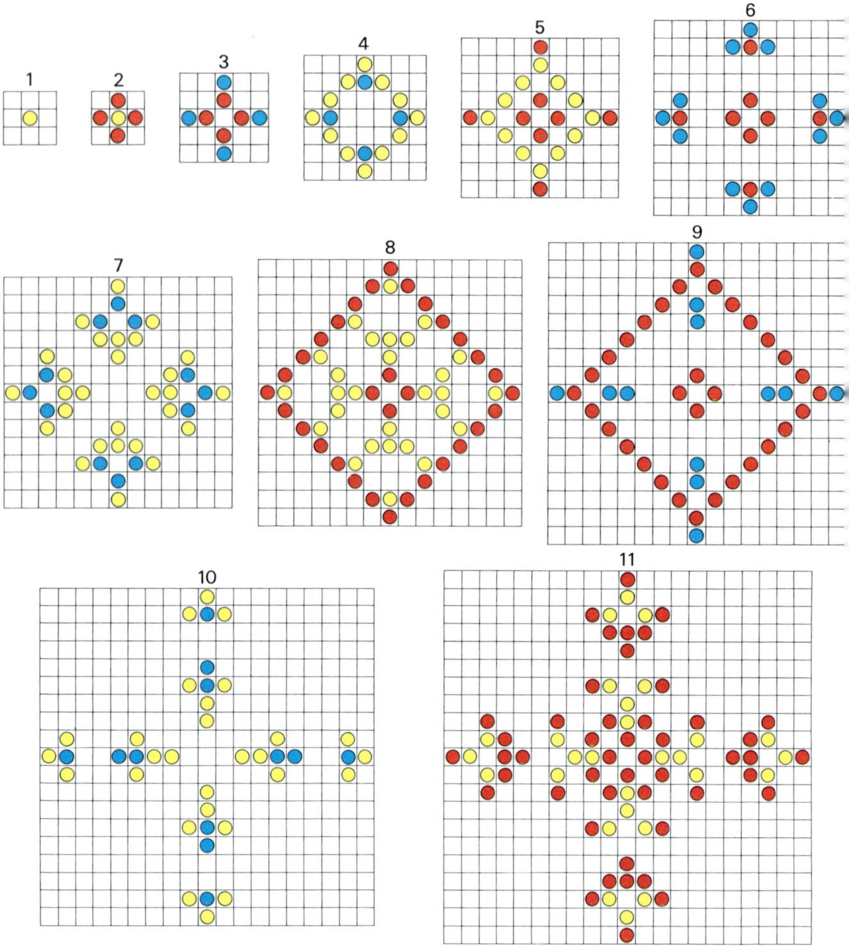

Abb. 25 **Symmetrische Muster** entstehen in diesem von Stanislaw Ulam angegebenen Reproduktionsspiel. In jeder Generation wird jeweils *das* Feld mit einer Kugel besetzt, in dessen orthogonaler Nachbarschaft (das sind die vier orthogonal angrenzenden Felder) sich bereits eine und nur eine Kugel befindet. Alle

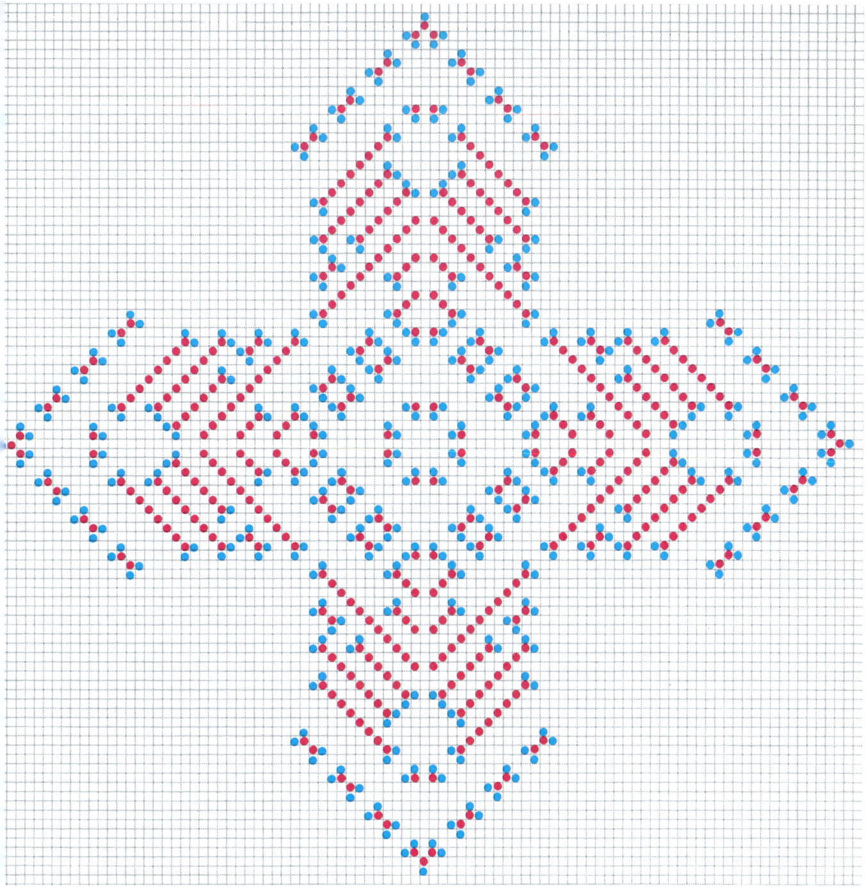

besetzten Felder einer Generation (n) sterben aus, sobald die Generation (n + 2) auftritt. Es überleben also immer nur die beiden letzten Generationen. Die Abbildung zeigt die Entstehung und Entwicklung eines Musters, das aus einer einzigen Kugel hervorgeht. Das Endmuster stellt die 45. Generation dar.

Pyrits selbst gar nicht als regelmäßige Fünfecke ausgebildet sind; denn diese Symmetrie ist mit den Gesetzen der Kristallographie nicht vereinbar. Die Entdeckung der regulären Körper nennt Hermann Weyl eine der wundervollsten singulären Abstraktionen in der Geschichte der Mathematik. Ob sie wirklich singulär war, mag dahingestellt bleiben. Der Dodekaeder war auch den Etruskern bekannt und hatte für sie als religiöses Symbol Bedeutung.

Die Lehre von den regulären Körpern assoziieren wir vor allem mit der Schule Platons. Die exakte Konstruktion ist Theaitetos, einem Schüler und Freund Platons, zuzuschreiben. Platon selbst sieht in den regelmäßigen Körpern die Grundelemente einer geometrischen Theorie der Materie, die wir in seinem Dialog »Timaios«[35] kurz skizziert finden:

Tetraeder, Kubus, Oktaeder und Ikosaeder (s. Abb. 26) werden den vier Elementen Feuer, Erde, Luft und Wasser zugeordnet, wäh-

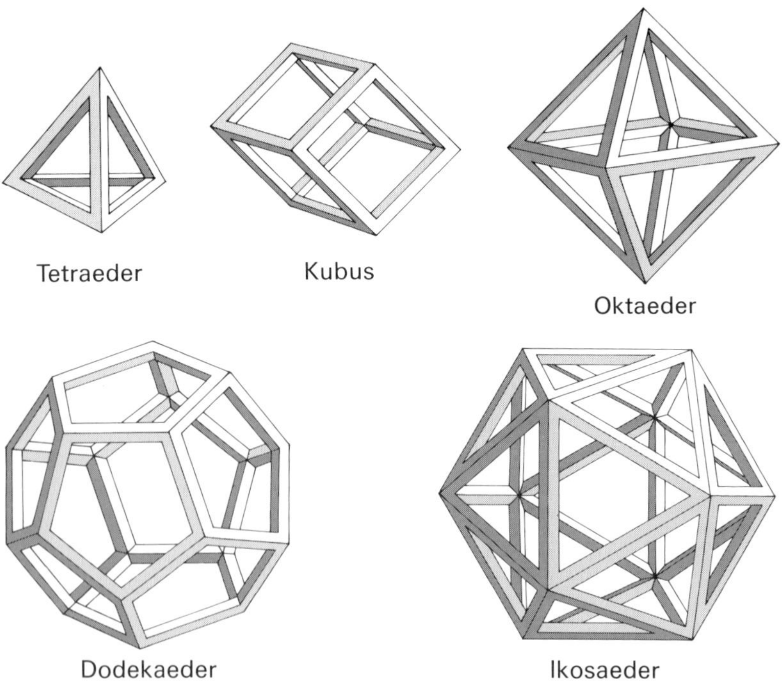

Abb. 26 **Die Platonischen Körper.**

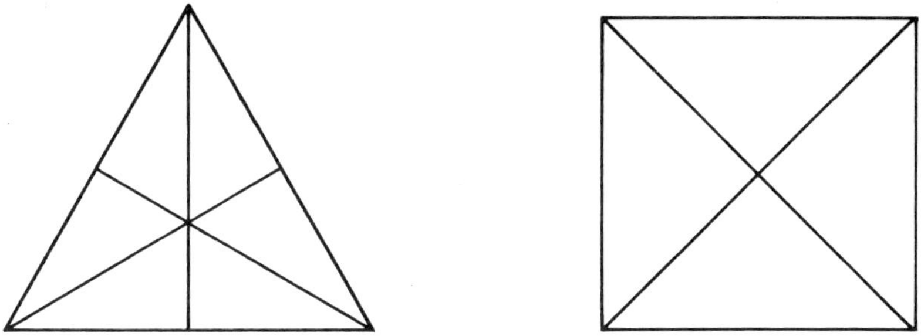

Abb. 27 **Platons Elementardreiecke.**

rend im Dodekaeder die Welt als Ganzes symbolisiert ist – letzteres vermutlich, weil Platon keine passende einfache Korrelation einfiel. (Zumindest klingt seine Begründung, »daß Gott die Fünfeckflächen des Dodekaeders benutzte, um darauf Figuren anzubringen«, im Rahmen der geometrischen Theorie wenig überzeugend.) Eine weitere Zerteilung der vier Grundstoffe zerstört deren Körperhaftigkeit. Sie schafft nach Platon die abstrakten zweidimensionalen Formen der Polyederflächen. Beim Zerlegen des Tetraeders, Oktaeders und Ikosaeders ergeben sich kongruente gleichseitige Dreiecke. Diese Übereinstimmung wird als Erklärung für eine mögliche gegenseitige Umwandlung der »Elemente« Feuer, Wasser, Luft angesehen. Im Falle des Kubus allerdings führt auch eine weitere (symmetrische) Aufteilung der sechs quadratischen Begrenzungsflächen nicht zu einer Repräsentation durch gleichseitige Dreiecke. Platon verwirft daher diese Idee und definiert als die »schönsten« und somit irreduziblen Grundformen die beiden – jeweils einen rechten Winkel einschließenden – Dreiecke, die sich aus einer symmetrischen Teilung des gleichseitigen Dreiecks einerseits und des Quadrats andererseits ergeben (s. Abb. 27). Der Würfel nimmt auch hier eine Sonderstellung ein, was bedeutet, daß Erde in reiner Form nicht in die übrigen Elemente verwandelt werden kann, während die gegenseitige Umwandlung für die restlichen drei Elemente ohne weiteres möglich ist. Aus »Wasser« kann »Luft« entstehen, wenn man Luft als Sammelbegriff für Dampf oder Gas interpretiert, und aus Luft wiederum Feuer, das ist die entströmende, heiße, leuchtende Luft. Auch dem hierarchischen Aufbau der Polyeder wird im Hinblick auf eine Abstufung der »Flüchtigkeit« ein tieferer Sinn unterlegt.

Platon ist sich der Willkür seiner Methode der Dreieckszuordnung, in die der Dodekaeder überhaupt nicht mehr hineinpaßt, durchaus bewußt. So sagt er:

»Weiß aber jemand ein für die Zusammensetzung der Körper schöneres (Dreieck) auszuwählen und anzugeben, den begrüßen wir nicht als Gegner, sondern als einen das Rechte behauptenden Freund«[35].

Warum begeben wir uns hier überhaupt in die Einzelheiten einer für unser heutiges Weltbild irrelevanten Naturanschauung? Es kommt uns darauf an, zu zeigen – und die gerade zitierte Bemerkung kann dies nur unterstreichen –, daß Platon nicht darauf aus war, die Materie auf bestimmte, im Detail angebbare Urformen zurückzuführen, sondern daß er vielmehr eine mathematisch (und harmonisch) begründbare Methode zur Darstellung der zwischen den Dingen wirksamen Beziehungen suchte. Hierin liegt auch der Bezug zur gegenwärtigen Situation der Physik.

Auf der Suche nach den fundamentalen Einheiten der aus fortgesetzter Teilung hervorgehenden Materie waren die Physiker in ein Dilemma geraten. Die Zahl der sogenannten Elementarteilchen nahm zu, je genauer man nur hinschaute. Man hatte gehofft, durch den Bau von größeren und immer größeren Apparaturen endlich der geheimnisvollen »Ursubstanz« auf die Spur zu kommen. Aber was man fand, war eine große Zahl neuer, kurzlebiger Teilchen. So ist es heute ein wesentliches Anliegen, wieder Ordnung in die Fülle der neu gewonnenen experimentellen Einsichten zu bringen. Man fahndet nach den Ursymmetrien als den irreduziblen Formen der Darstellung der Materie.

In der dem Experiment vollkommen abholden Antike war man allein auf die Formulierung apriorischer Postulate angewiesen, und hier ist das Bemerkenswerte, daß Platon nicht, wie vor ihm Demokrit (und nach ihm viele andere), der Weisheit letzten Schluß im materiellen Detail selbst, sondern in der diesem zugrundeliegenden, mathematisch erfaßbaren Relation suchte. Es ist müßig, darüber zu debattieren, ob Platon sich dieses prinzipiellen Unterschiedes seiner Argumentation bewußt war. Unbestreitbar ist, daß er seine Theorie nur als vorläufige Skizze ansah (s. Zitat) und ihr in seinem Gesamtwerk auch nur einen bescheidenen Platz einräumte. Für Platon standen weiterhin ästhetische Gesichtspunkte (»schönste« Dreiecke) im

Vordergrund. Es mußten noch mehr als zweitausend Jahre vergehen, ehe diese Art induktiver Naturbeschreibung von ihrer Willkür befreit werden konnte. Dazu war die Erkenntnis wichtig, daß die letzte Instanz für jede a-priori-Annahme die Überprüfung ihrer Konsequenzen durch das Experiment ist, ja, daß alle unsere Erfahrungen jeweils nur in dem Bereich Gültigkeit besitzen, in dem sie gewonnen wurden. Wittgensteins apodiktische Forderung ist dahin zu ergänzen, daß »alles, was sich sagen läßt«, nur innerhalb eines durch die Erfahrung überprüften Anwendungsbereichs »sich klar sagen läßt«. Alle fundamentalen Theorien der modernen Wissenschaft entstanden in allerersten Linie aufgrund neuer, unerwarteter experimenteller Befunde.

7.2 Gebrochene Symmetrien

In der näheren Umgebung von Göttingen gibt es zwei Hügel, die man »Die Gleichen« (s. Abb. 28) nennt, wohl weil sie einander ähnlich sind – zumindest, wenn man sie aus einer bestimmten Richtung anschaut. Es wird nun berichtet, daß David Hilbert seine Studenten zu

Abb. 28 **Die Gleichen bei Göttingen.**

fragen pflegte: »Warum heißen sie die Gleichen?« Keine der Antworten, wie etwa »gleiche Höhe«, »gleiche Gestalt« und was es sonst noch »dergleichen« gibt, konnte den an exakte Ausdrucksweise gewöhnten großen Gelehrten befriedigen. So gab er schließlich selber die Antwort: »Weil sie gleichen Abstand voneinander haben!«

Die Mathematiker waren es, die zuerst die Allgemeingültigkeit unserer aus der natürlichen Anschauung gewonnenen Erkenntnisse anzweifelten. Für Carl Friedrich Gauß war es keineswegs selbstverständlich, daß die Gesetze der euklidischen Geometrie auch für alle Größenbereiche »natürlich« seien. So machte er sich selber an ihre experimentelle Überprüfung. Das von ihm vermessene Dreieck zwischen dem Hohen Hagen (bei Göttingen), dem Inselsberg (im Thüringer Wald) und dem Brocken (im Harz) war aber bei weitem nicht groß genug, um in der Winkelsumme auch nur die geringste Abweichung von 180° erkennen zu lassen. Seine Zweifel – die von seinem Nachfolger G. F. Bernhard Riemann aufgegriffen wurden, dessen Raumgeometrie die Grundlage der allgemeinen Relativitätstheorie bildet – sollten sich nur allzubald als durchaus berechtigt erweisen. Seither sind auch die Physiker »im Prinzip« mißtrauisch. Für sie gibt es keine »heiligen Kühe« mehr.

Erst vor wenigen Jahren stellte sich wiederum heraus, daß eine für selbstverständlich gehaltene Symmetrieannahme, zumindest in einem ganz speziellen Falle, durchbrochen ist. Die Aufregung über diese Entdeckung war groß. Schienen doch alle bisherigen »Revolutionen« nicht an den alten Symmetrie- oder Invarianz-Prinzipien zu rütteln, sondern eher deren Bedeutung stärker hervorzukehren. Die Relativitätstheorie von Albert Einstein, Hendrik Antoon Lorentz und Hermann Minkowski zum Beispiel ist im wesentlichen eine Theorie, die für eine Erhaltung der Symmetriebeziehungen im vierdimensionalen Raum-Zeit-Kontinuum Sorge trägt.

Das Vordringen in die Welt der Elementarteilchen hat zunächst nur weitere Symmetrien zutage gefördert. Die wichtigste: Zu jedem Elementarteilchen gibt es ein »materielles Spiegelbild«. In diesem sind alle Vorzeichen umgekehrt. So ist das Positron, das Antiteilchen des Elektrons – wie der Name andeutet –, positiv geladen, während seine Masse exakt der des Elektrons entspricht. Aber auch neutrale Teilchen besitzen Antipoden. Bei diesen sind ebenfalls sämtliche Eigenschaften, die ein Vorzeichen tragen, zum Beispiel das magnetische Moment umgekehrt. So hat der englische Physiker Paul Dirac die Existenz solcher »Materielöcher« oder »Antiteilchen« schon im Jahre 1928 vorausgesagt. 1932 wurden sie dann in der Höhenstrahlung entdeckt, doch erst mit Hilfe der großen Teilchenbeschleuniger unserer Tage konnten sie auch im Laboratorium reproduziert werden. Die Antiteilchen entstehen beim energiereichen Zusammenprall hochbeschleunigter Materie, und zwar – wenn bestimmte Quantenbedingungen erfüllt sind – auch gemeinsam mit ihrem Spiegelbild. Umgekehrt annihilieren beide ihre materielle Existenz, wann immer sie einander begegnen, natürlich nicht, ohne dabei das exakte Äquivalent an Energie abzustrahlen. Es hat also seinen guten Grund, wenn die Spiegelbilder der Materieteilchen normalerweise nicht zu beobachten sind. Eine Welt aus Antimaterie wäre zwar denkbar – aber sie könnte nicht gleichzeitig mit unserer, aus »normaler« Materie bestehenden Welt existieren. Das ergäbe eine höchst ungemütliche Situation.

Elektrische Ladung ist somit eine Eigenschaft, die durch Spiegelung – wir nennen sie C-(»charge«)-Transformation – ihr Vorzeichen ändern kann. Gibt es noch andere solche Symmetrieoperationen? Generell wissen wir aus der Mechanik – und daran haben ihre modernen Erweiterungen nichts geändert –, daß eine Spiegelung auf der Zeitachse, also die Vertauschung von Vergangenheit und Zukunft, mit einer Vorzeichenumkehr der Bewegungsrichtung einhergeht, wobei jedoch die *Bewegungsgesetze* selbst unverändert bleiben.

Eine weitere sehr wichtige Frage war: Gibt es bei den Elementarvorgängen, wie sie etwa bei den Zerfallsprozessen der Atome zu beobachten sind, einen bevorzugten Schraubensinn, oder sind auch hier beide Vorzeichen paritätisch berücksichtigt? Die in den USA lebenden chinesischen Physiker Tsung Dao Lee und Chen Ning Yang zweifelten – aufgrund rätselhafter experimenteller Befunde (zum Beispiel dem sogenannten »tautheta« puzzle) – an der bis dahin stillschweigend vorausgesetzten, aber für eine bestimmte Art von Kernkräften (die »schwachen Wechselwirkungen«) nie nachgewiesenen Parität. Zur Klarstellung des Sachverhaltes schlugen sie um die Mitte der fünfziger Jahre eine folgenschwere Untersuchung vor. Wir wollen sie kurz beschreiben.

Für die Beweisführung, ob die Partikeln inhärent mit einer Vorzugsrichtung ausgestattet sind, müssen sie zunächst einmal ausgerichtet werden, was bei Atomkernen sich vermittels eines starken Magnetfeldes bewirken läßt. Jeder Kern stellt einen kleinen, unablässig rotierenden Kreisel dar, der aufgrund der Drehbewegung elektrischer Ladungen ein magnetisches Moment besitzt, also einen (magnetischen) Dipol repräsentiert. Die Einorientierung der Dipole im Magnetfeld bedeutet, daß sich alle (materiell identischen) Kreisel auch in der gleichen Richtung drehen. Im Experiment läßt sich das nur dann erreichen, wenn man gleichzeitig die Meßprobe bis nahezu an den absoluten Nullpunkt abkühlt. Andernfalls würden die Dipole ständig durch die ungeordnete Wärmebewegung wieder durcheinandergeschüttelt werden.

Das von Lee und Yang angeregte Experiment wurde von Madame Chien Shiung Wu und ihren Mitarbeitern mit Kobalt-60 ausgeführt. Dieses Isotop ist radioaktiv und zerfällt unter Aussendung eines (negativ geladenen) β-Teilchens, eines Elektrons. Der Vorgang ist charakteristisch für die erwähnte »schwache Wechselwirkung«. Der Versuch sollte also Aussagen über die Paritätserhaltung bei einer durch diese Art von Interaktion hervorgerufenen Umwandlung erbringen. Das in seinen Konsequenzen wahrhaft sensationelle Ergebnis war, daß die Elektronen immer nur in einer Raumrichtung (s. Abb. 29) – also mit einer »up-down«-Asymmetrie – die ausgerichteten Atomkerne verließen. Es muß also den Wechselwirkungen, die dem β-Zerfall zugrunde liegen, ein bestimmter Schraubensinn inhärent sein. Wohlgemerkt, diese Darlegung beschränkt sich allein auf die hier untersuchten sogenannten »schwachen« Kernkräfte. Weitere Untersuchungen zeigten, daß sich dieser Drehsinn umkehrt, wenn man das Teilchen durch sein Spiegelbild, das Antiteilchen, ersetzt, dessen Ladungssinn ja entgegengesetzt ist.

Ein Experiment ist immer eine Frage an die Natur. Im Paritätsproblem war die Antwort eindeutig. Die Physiker mußten sie als »gegeben« hinnehmen. (Ein sehr selbstbewußter Theoretiker soll einmal auf den Einwand, »und was ist, wenn die experimentellen Fakten der Theorie widersprechen?«, geantwortet haben: »Um so schlimmer für die Fakten!«.)

Noch aufregender wurde es, als man daran ging, die verschiedenen Symmetrieoperationen miteinander zu kombinieren. Außer den drei Spiegelungen für die Ladung (C = »charge«), für die Parität (P = »parity«) und für die Zeit (T = »time«) sah man sich nunmehr auch deren Kombinationen, also CP, CT und CPT, genauer an.

Naturgesetze sollten aus einer Spiegelung unverändert hervorgehen. Das Lee-Yang-Wu-Experiment hatte zunächst einmal gezeigt, daß dies für die Spiegelung von P und C, also für die Paritäts- und die Ladungsumkehrung bei den schwachen Wechselwirkungen nicht der Fall ist. Schon früher war aber von Gerhart Lüders, Wolfgang Pauli und Julian Schwinger ein Theorem abgeleitet worden, das besagt, daß allgemein bei der *Kombination* von C, P und T unter allen Umständen die Naturgesetze ihre Gültigkeit beibehalten sollten. Dieses sogenannte CPT-Theorem war auch in Übereinstimmung mit der Erfahrung.

Eine weitere stillschweigende Annahme im Anschluß an die Zurkenntnisnahme des Symmetriebruchs von C und P war, daß solche Verletzungen paarweise (zum Beispiel C und P) auftreten und diese sich dann in der Kombination (CP) wieder kompensieren. Die Spiegelung von T (= Zeitumkehrung) müßte somit eine Operation sein, die die Naturgesetze invariant bestehen ließe.

Das wahrhaft aufregende Resultat eines im Jahre 1964 ausgeführten Versuches bezeugte nun aber, daß auch die Kombination (CP) einen Symmetriebruch enthält. Soll also das CPT-Theorem weiterhin Gültigkeit behalten – und daran zu zweifeln gibt es eigentlich keinen Anlaß –, so muß offensichtlich die Zeitumkehr bei den schwachen Kernkräften ebenfalls eine Symmetrieverletzung einschließen. Neu und mit den bisherigen Kenntnissen gar nicht im Einklang ist die Tatsache, daß sich aus der *Kombination* der beiden symmetrieverletzenden Einzeloperationen C und P keine Invarianz ergibt. Dieser Sachverhalt sagt ganz klar, daß irgend etwas in der Theorie »noch nicht in Ordnung ist«, ja, daß wahrscheinlich eine neue, noch nicht berücksichtigte Wechselwirkung hinter diesem unverständlichen Faktum steckt.

Sicherlich haben wir damit schon einen etwas zu tiefen Blick in die »Intimsphäre« der Physik gewagt. Worauf es uns hier speziell ankommt, ist, zu zeigen, daß es keine Theorie jenseits der Erfahrung gibt, ja, daß dem Verstehen das Zurkenntnisnehmen stets vorangeht. Das trifft für den wissensdurstigen Fachgelehrten genauso zu wie für den informationshungrigen Leser*.

---

* Eine ausführliche Darstellung der erwähnten Experimente sowie der theoretischen Folgerungen findet sich bei Hans Frauenfelder[36].

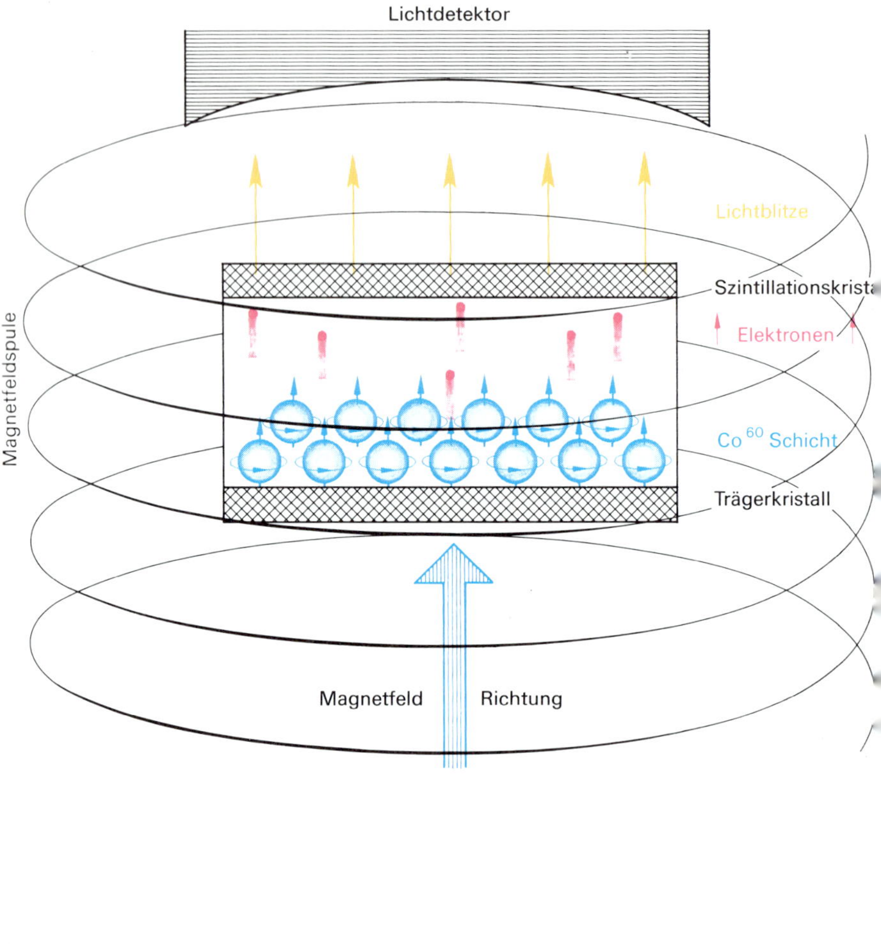

Abb. 29 **Die Paritätsverletzung bei den »Schwachen Wechselwirkungen«** wurde in einem »klassischen« Experiment von Madame C. S. Wu (Columbia University, New York) sowie E. Ambler, R. W. Hayward, D. D. Hoppes und R. P. Hudson (National Bureau of Standards, Washington, D. C.) nachgewiesen.

Auf einem Trägerkristall aus Cer-Magnesium-Nitrat ist eine dünne Schicht des Isotops Kobalt-60 aufkristallisiert. In ca. zwei cm Entfernung von dieser Probe ist ein Szintillationskristall montiert, der die auftreffenden Elektronen durch Aussendung von Lichtblitzen registriert. (Das emittierte Licht wird außerhalb der Magnetspule und des Kühlsystems von einem Photodetektor aufgefangen und verstärkt.) Meßprobe und Szintillationskristall befinden sich innerhalb einer Spule,

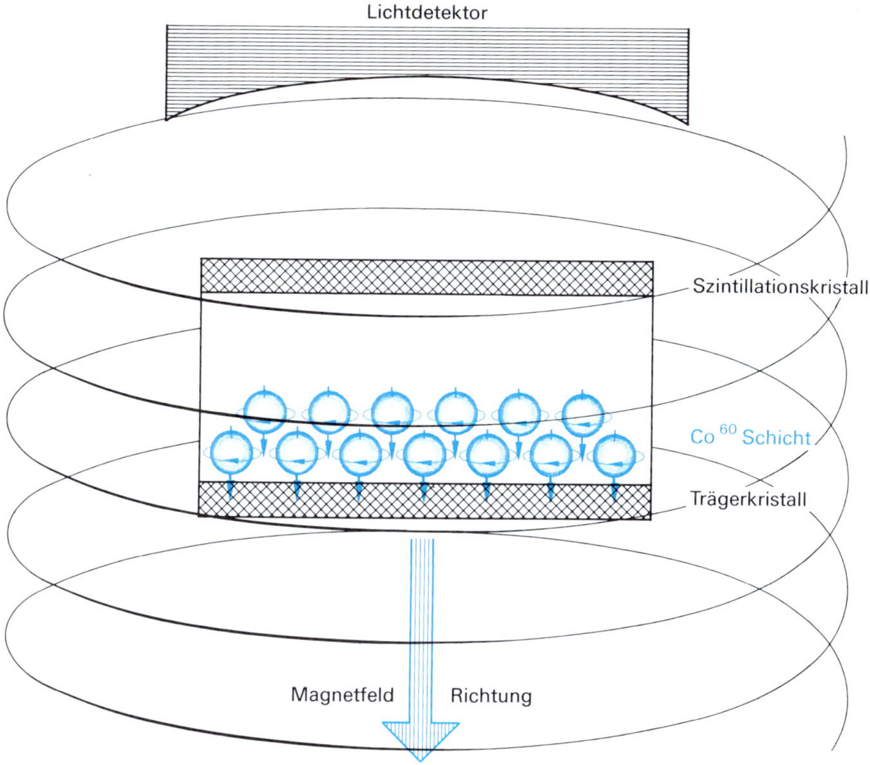

in der bei Stromfluß ein Magnetfeld entsteht, dessen Vorzeichen durch Umpolung der Stromrichtung umkehrbar ist. Die gesamte Versuchsanordnung ist in einem Kryostaten untergebracht. Der Trägerkristall wird durch adiabatische Entmagnetisierung bis nahe an den absoluten Nullpunkt abgekühlt. Im Magnetfeld werden die Kobaltkerne ausgerichtet. Alle atomaren Kreiselachsen weisen dann (nahezu) in die gleiche Richtung, das heißt, die Kerne rotieren gleichsinnig.

Das Experiment zeigt, daß die im β-Zerfall entweichenden Elektronen die ausgerichteten Kobaltkerne nicht gleichmäßig in beiden Polrichtungen verlassen. Die von der Ausrichtung der Kerne abhängigen Differenzsignale erscheinen nur unter den in der linken Bildhälfte dargestellten experimentellen Bedingungen.

Das voranstehend beschriebene Problem ist symptomatisch für die Situation der modernen Physik. Dabei haben wir nur einen kleinen Einblick in die Vielfalt der Schwierigkeiten geboten, die in diesem Fachgebiet noch einer »erlösenden« Aufklärung harren.

Das Lager der Theoretiker ist zur Zeit gespalten. Die Optimisten unter ihnen huldigen weiter den Idealen Platons. Sie suchen nach der übergeordneten Ebene, auf der sich die gebrochenen Symmetrien wieder zusammenfügen lassen. Werner Heisenberg hat sich unter Anknüpfung an eine von Wolfgang Pauli aufgefundene spezielle Symmetriebeziehung sowie unter Benutzung einer von Paul Dirac durch die Berücksichtigung imaginärer Zahlen ausgezeichneten Metrik mit einer Verallgemeinerung der Theorie am weitesten vorgewagt. Heisenberg sieht bereits die Konturen eines Porträts der »Einheit der Natur« entstehen, von dem jedoch der große Skeptiker Pauli vorerst nichts als den Rahmen wahrhaben wollte.

Die Kollegen in der anderen Hälfte des Lagers – wir wollen sie nicht unbedingt die Pessimisten nennen – sehen mit Parmenides »alles, was ist, nur in der Idee, die es erkennt«. Für sie gibt es keine absoluten Symmetrien in einem Universum, das mit seiner gesamten, in den Naturkonstanten zum Ausdruck kommenden Metrik ständiger Veränderung unterworfen ist. Beide Auffassungen stellen die komplementären Aspekte ein und derselben Realität dar. Es handelt sich darum, *die* Denkebene aufzuspüren, die bei gegebener Struktur unseres Denkorgans die vorteilhafteste Abbildung der Wirklichkeit zuläßt, wobei vorteilhaft letztlich mit regelmäßig, allgemeingültig und symmetrisch identisch sein mag.

7.3 Symmetrie a posteriori

Begeben wir uns zurück in die Welt unserer Sinneserfahrungen. Hier gibt es nahezu keine makellose Symmetrie, viele Formen und Gestalten in unserer Umwelt haben überhaupt nichts Regelmäßiges an sich. Aus der Kunst ist fast jegliche – unmittelbar wahrnehmbare – Proportion verschwunden. Die Architektur allerdings huldigt weiterhin dem Kubus. Lebewesen zeichnen sich durch gewisse Symmetrien aus, die höheren eher als die niederen, die späteren ontogenetischen Stadien mehr als die sehr frühen. Die einzelne Zelle hat eine fließende Gestalt, das Ebenmaß einer Venus jedoch ist in Marmor fixierbar.

Symmetrie erscheint in der Natur als das Ergebnis eines evolutionären Prozesses, sie ist auf keinen Fall aber dessen Ursache. Symmetrie muß durch einen selektiven Vorteil ausgewiesen sein, sonst könnte sie sich im Wechselspiel von Mutation und Selektion weder behaupten noch durchsetzen. So spielt das Leben nur mit der Symmetrie, etwa wie ein Komponist mit Rhythmus und Harmonie. Zwei Beispiele aus dem Bereich der Molekularbiologie mögen diese Selektionsthese veranschaulichen. Im ersten Beispiel wird deutlich gemacht, daß die Natur von einer symmetrischen Lösung keinen Gebrauch macht, solange sich diese der unsymmetrischen gegenüber nicht als vorteilhaft ausweist. Man könnte hier wiederum von einer Paritätsaufhebung sprechen; sie steht aber nur in *formaler* Analogie zur Paritätsverletzung in der Elementarteilchenphysik.

Um die Mitte des vorigen Jahrhunderts hatte Louis Pasteur gefunden, daß die lebende Zelle in ihrem Stoffwechsel die Verarbeitung von Verbindungen, die stereochemisch durch einen bestimmten Drehsinn ausgezeichnet sind, eindeutig bevorzugt. Man könnte sagen, die Enzyme des Stoffwechselapparates arbeiten ausschließlich mit *einer* »Hand«. Das Wort Händigkeit bzw. Chiralität (von griechisch cheir = die Hand) wird in der Chemie auch tatsächlich zur Charakterisierung dieses stereochemischen Phänomens verwandt. Welche Ursache hat diese Chiralität?

Ebenfalls schon im vorigen Jahrhundert erkannte Jacobus Hendricus van't Hoff, daß das Kohlenstoffatom eine tetraedrische Struktur besitzt und daß es bei Anlagerung von vier voneinander verschiedenen Liganden ein Asymmetriezentrum ausbildet. Erkennen läßt sich diese Asymmetrie mittels polarisierten Lichtes. Für den Leser, dem dieser Begriff nichts sagt, genügt es, einfach zur Kenntnis zu nehmen, daß es einen Apparat gibt, der anzeigt,

- ob die betreffende Substanz optisch aktiv ist, das heißt ein Asymmetriezentrum besitzt – nur dann nämlich schlägt der Zeiger des Meßinstruments überhaupt aus;
- wie der Schraubensinn der chemischen Verbindung ist, das heißt, ob eine Links- oder eine Rechtsdrehung vorliegt, wobei der Zeiger dann auch entweder nach links oder nach rechts ausschlägt – und
- wie stark die optische Asymmetrie ist, das heißt, auf welchen Wert der Zahlenskala der Zeiger sich einstellt.

Eine Asymmetrie besteht aber nur dann, wenn wirklich *alle vier Liganden voneinander verschieden sind.* Das liegt an der Gleichwertigkeit der vier Tetraedereckpunkte. Abb. 30 veranschaulicht diesen Sachverhalt. Nur wenn alle vier Liganden voneinander verschieden sind, kann man durch eine Rotation Bild und Spiegelbild nicht mehr zur Deckung bringen. Beide Anordnungen liefern dann Meßwerte der optischen Drehung, die im Absolutwert exakt übereinstimmen, im Vorzeichen sich aber unterscheiden.

Die Bauelemente einer der wichtigsten Klassen biologischer Makromoleküle, der Proteine, enthalten solche asymmetrischen Kohlenstoffatome. Alle Proteinbausteine in der gesamten belebten Welt – vom Coli-Bakterium bis zum Menschen – sind linksdrehend. Das bedeutet gleichzeitig, daß den daraus gebildeten makromolekularen Ketten derselbe Schraubensinn aufgezwungen ist. Die Proteine formen linksherum aufgewendelte Spiralen – nämlich die von Linus Pauling vorhergesagten »α-Helices«. Das heißt aber nicht, daß etwa die Spiegelbilder der Proteinbausteine dem Chemiker unbekannt wären. Sie entstehen in seinen Syntheseapparaten genauso häufig wie die »Linksschrauben«. Ja, sie können in niedermolekularer Form sogar auch von lebenden Organismen produziert bzw. verarbeitet werden. Nur lassen sie sich eben nicht in die Molekülketten der Proteine einfügen und müssen auch in der Natur von einer speziellen »Enzymmaschinerie« (s. Kap. 15) aufgebaut werden, die in keiner Beziehung zur Biosynthese der Proteine steht. Hier herrscht absoluter Linksdrall. Bei den Nukleinsäuren dagegen ist es gerade umgekehrt, dort ist – wiederum ausschließlich – rechts »in«.

Wie ist es zu dieser gebrochenen Symmetrie gekommen?

Zunächst kann man wohl leicht verstehen, daß eine Verwendung beider Drehrichtungen im gleichen Makromolekül unvorteilhaft wäre. Schließlich galt es auch in der Evolution, Wahlen zu gewinnen, und da war so etwas wie »Parteidisziplin« – das heißt Einheitlichkeit in den Syntheseprinzipien – von Vorteil. Im Falle chiral-gemischter Ketten müßte die Synthesemaschinerie eine sehr komplizierte Struktur haben, um ständig umschalten zu können, je nachdem ob gerade eine »Links«- oder eine »Rechts-Schraube« einzubauen wäre. Ein effizientes Enzym ist seinem Substrat stereochemisch exakt angepaßt. Von einem primitiven Molekülsystem könnte man eine derartige Vielseitigkeit, nämlich sich stereochemisch immer wie-

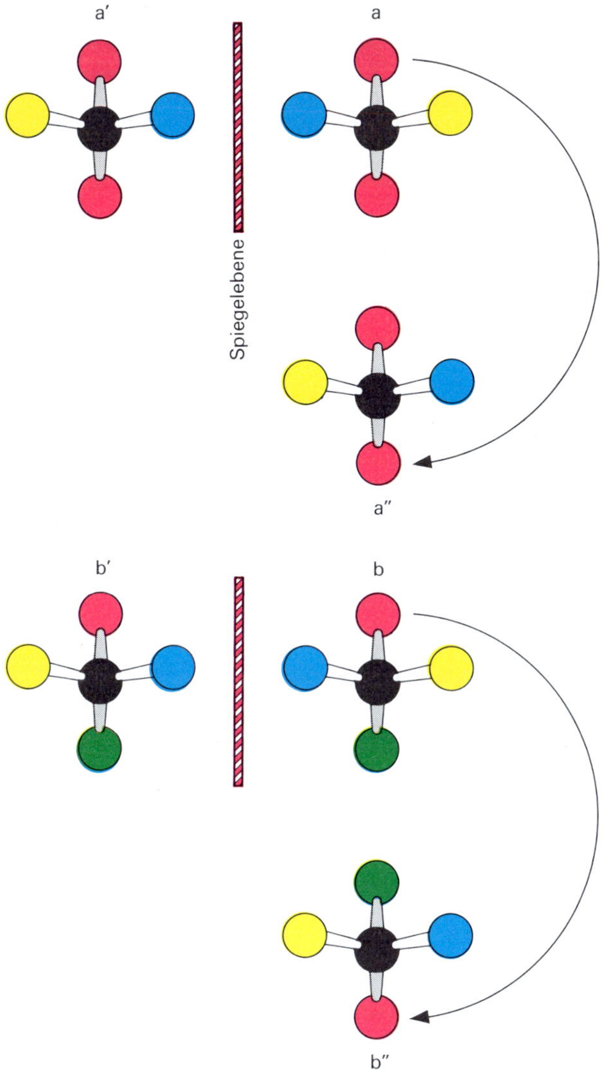

Abb. 30 **Ein chirales Zentrum am Kohlenstoffatom** existiert nur dann, wenn alle vier Liganden verschieden sind. Bei *zwei gleichen* Liganden (obere Bildhälfte) führt eine Drehung um 180° (um eine Achse durch das Kohlenstoffatom – schwarz –, die senkrecht zur Papierebene steht) zu einer Anordnung der Liganden (a"), welche vollkommen mit der des Spiegelbildes (a') übereinstimmt; (a") ist vom Spiegelbild (a') nicht zu unterscheiden. Bei *vier verschiedenen* Liganden (untere Bildhälfte) dagegen sind Spiegelbild (b') und die aus der Drehung hervorgegangene Ligandenanordnung (b") nicht mehr identisch.

der neu auf das jeweils zu verarbeitende Substrat einzustellen, kaum erwarten.

Aber warum findet man dann in der Natur nicht zwei Arten von Protein- bzw. Nukleinsäuremolekülen »friedlich« nebeneinander, und zwar solche, die *nur* aus linksdrehenden, und solche, die *nur* aus rechtsdrehenden Bauelementen bestehen?

Es wollte einmal ein Skorpion einen Fluß überqueren. So fragte er eine Schildkröte, die des Weges kam, ob sie ihn nicht hinübertragen wolle, denn sie könne doch schwimmen.

Die Schildkröte antwortete:

»Aber wie werde ich, wenn wir mitten auf dem Fluß sind, wirst du mich stechen, und ich werde untergehen.«

»Sei doch nicht dumm«, erwiderte der Skorpion, »dann würden wir ja beide ertrinken«.

So ließ sich die Schildkröte schließlich überreden. Als sie mitten im Fluß waren, stach der Skorpion zu. Im Sterben fragte die Schildkröte:

»Wie konntest du das nur tun?«

Und der Skorpion antwortete – noch im Untergehen:

»Das ist nun mal mein Charakter.«

Was hat diese Fabel mit der Frage nach der Ursache der gestörten Symmetrie in der Chiralität der biologischen Makromoleküle zu tun?

Es war der »Charakter« der frühen selbstreproduktiven Molekularsysteme, der eine friedliche Koexistenz von »links« und »rechts« einfach nicht zuließ. Der Symmetriebruch in der Chiralität der Makromoleküle galt manchen Biologen als ein Hinweis auf die Einmaligkeit eines Ereignisses, das man als den Ursprung des Lebens auf unserem Planeten ansah. Nun ist aber die Evolution des Lebens, auch in seinen frühen Stadien, das Resultat von Reproduktion, Mutation und Selektion. Somit ist es irrelevant, wie häufig das Ursprungsereignis stattfand. Die »Alles oder Nichts«-Entscheidung der Selektion (vgl. Kap. 12, S. 262) bewirkte, daß nur *eine* der möglichen Alternativen sich durchsetzen konnte. Welche der beiden Varianten zur Selektion kam, blieb dem Zufall überlassen, so wie auch in unserem Selektionsspiel der Sieger nicht von vornherein feststeht, obwohl – auch bei gleichen Gewinnchancen – es immer einen Sieger gibt. Alle chemischen Reaktionen jedoch, die dieser Selektionsphase vorausgingen, haben mit gleicher Wahrscheinlichkeit von beiden molekularen Alternativen Gebrauch gemacht. Es besteht keinerlei Grund zu der Annahme, daß der vielstufige Prozeß der Lebenswerdung einen so seltenen Ereignisablauf darstellt, daß er absolut einmalig war. Dennoch sorgte die Selektion als eine Art Filter dafür, daß schließlich eine singuläre Kette von Geschehnissen konserviert wurde und alles Leben auf der Erde sich auf einen *gemeinsamen historischen* Ursprung zurückführen läßt.

So bedurfte es weder einer *prinzipiellen* Dissymmetrie infolge einer apriorischen Bevorzugung der »Linkshändigkeit« bei den Proteinbausteinen, noch gab es eine Verhinderung der Symmetrie aufgrund der Einmaligkeit eines nichtdeterminierten Ursprungs. Die Annullierung der Parität als solche war trotz gleicher Gewinnchancen beider Konkurrenten ein notwendiges Ergebnis evolutiven Verhaltens, und zwar unabhängig von der Häufigkeit des sogenannten »Ursprungsereignisses«. Die Aufhebung der Parität ist einer auf nichtlinearen Vermehrungsraten (s. Kap. 11) beruhenden, konsequent kompetitiven Selektion zuzuschreiben, bedeutet also einen gesetzmäßigen *Symmetriebruch a posteriori.*

Unser zweites Beispiel soll den umgekehrten Fall, nämlich die *Bevorzugung einer symmetrischen Lösung*, beschreiben. Das einzelne Proteinmolekül hat – wie mehrfach erwähnt – zwar eine definierte Struktur und Gestalt, jedoch bei weitem keinen symmetrischen Aufbau. Das einzig Regelmäßige an diesem Molekül ist die Peptidbindung, die die molekularen Bauelemente untereinander zur makromolekularen Proteinkette verknüpft. Die periodische Wiederholung dieser stereospezifischen Bindung begünstigt die Ausbildung einer helikalen Form mit definiertem Schraubensinn. Ein normales Proteinmolekül enthält bis zu einigen hundert Kettengliedern, die ca. zwanzig verschiedenen Klassen von Proteinbausteinen zugeordnet werden können. Jede dieser Klassen ist durch eine spezielle Molekülgruppierung gekennzeichnet, die eine bestimmte, spezifische Kraftwirkung repräsentiert. Die Abfolge der einzelnen Kettenelemente spiegelt keinerlei Symmetrie wider, ja, bei unvoreingenommener Betrachtung muß sie geradezu als willkürlich erscheinen. Und doch liegt in dieser eindeutig definierten Sequenz das ganze Geheimnis der funktionellen Effizienz des Proteinmoleküls begründet.

In einem langwierigen Evolutionsprozeß wurde die zufällig entstandene Kette Schritt um Schritt so abgeändert, daß sie sich in charakteristischer Weise falten konnte und dadurch ausgesuchte Wirkgruppen auf engstem Raum, im sogenannten aktiven Zentrum des Moleküls zusammenführte. Diese können nunmehr wie die einzelnen Teile einer Maschine kooperativ auf das »molekulare Werkstück«, das Substrat, einwirken. Die Proteine sind wohl als die kleinsten uns bekannten Maschinen anzusehen. Sie schneiden, verschweißen, tauschen aus, sortieren, transportieren und transformieren, und jedes der Protein-Moleküle bzw. Enzyme dient einem ganz bestimmten Zweck. Monod bezeichnete sie daher als »teleonomische Strukturen«. Ihr Aufbau gehorcht keinem ästhetischen Prinzip. Zweckmäßigkeit ist – genau wie bei einer vom Menschen erdachten und konstruierten Maschine – das einzige Postulat. Es wird sich jedoch herausstellen, daß Zweckmäßigkeit durchaus mit Symmetrie gleichbedeutend sein kann. Schauen wir uns einmal einen Verbrennungsmotor an. Seine Zylinder sind in den meisten Modellen symmetrisch zur Kurbelwelle angeordnet (s. Abb. 31). Dadurch wird die Translationsbewegung der Kolben gleichförmiger in die Rotation der Kurbelwelle umgesetzt und simultan dazu eine genau aufeinander abgestimmte Steuerung der Ventile erzielt. In ähnlicher Weise – wir sollten besser sagen: aus ähnlichen »teleonomischen« Gründen – lagern sich die regellos gefalteten Proteinketten spiegelbildlich zu Komplexen zusammen. Sie können dadurch ihre Bindungskapazität aufeinander abstimmen bzw. ihre Reaktivität kooperativ steuern.

Der bestuntersuchte symmetrische Proteinkomplex ist der rote Blutfarbstoff, das Hämoglobin. Es besteht aus vier jeweils paarweise identischen Molekülketten. Diese sind relativ zueinander so angeordnet, daß sich drei senkrecht aufeinander stehende (zweifache) Symmetrieachsen ergeben, die sich im Zentrum des Moleküls kreuzen (s. Abb. 32). Daß wir heute die exakte räumliche Lage jedes der ca. zehntausend Atome in diesem makromolekularen Verband kennen, verdanken wir vor allem den hervorragenden Arbeiten Max Perutz', John Kendrews und ihrer Cambridger Schule. Sie haben die auf Max v. Laue, William Henry Bragg und William Lawrence Bragg zurückgehende Methode der röntgenographischen Strukturanalyse so verfeinert, daß man aus den Reflexen der Röntgenstrahlen nicht nur die iterative Anordnung der Gitterplätze des mo-

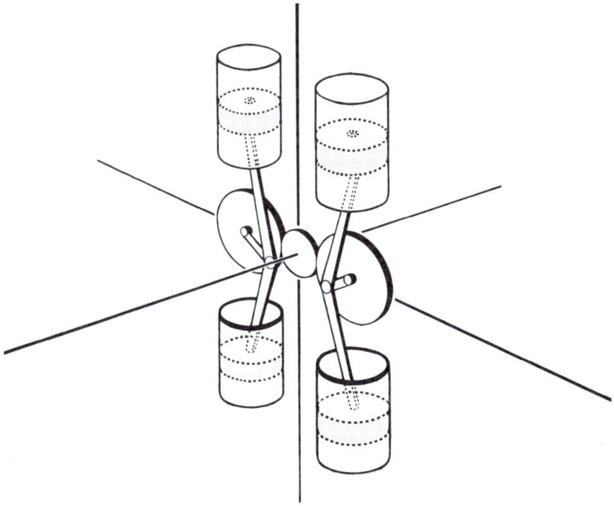

Abb. 31 **Schematische Darstellung eines Vierzylinder-Verbrennungsmotors** in H-Anordnung. (Die beiden Kurbelwellen sind durch Zahnräder verbunden.)

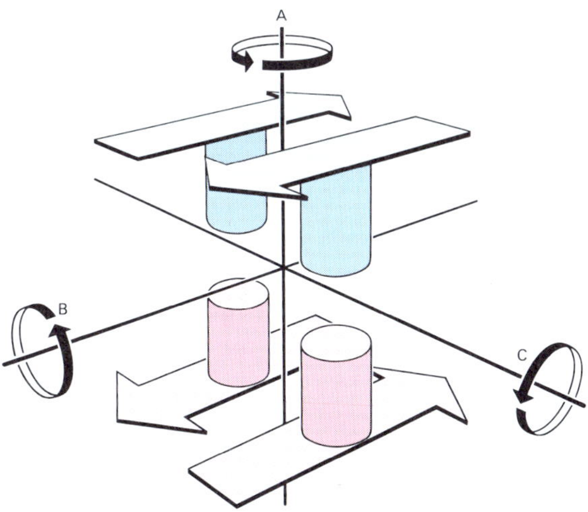

Abb. 32 **Schematische Darstellung des Hämoglobinmoleküls.** Jede der vier Untereinheiten (hier als Zylinder gezeichnet) entspricht einer Proteinkette, deren Aufbau und Struktur in Abb. 11 gezeigt wurde. (Der Pfeil gibt die Orientierung der einzelnen Ketten im Molekülkomplex an.) Jeweils zwei der Untereinheiten sind exakt gleich, was durch die Farbgebung angedeutet ist. Da sich die beiden »Zwillingspaare« etwas voneinander unterscheiden, handelt es sich hier nur um eine Beinahe-Symmetrie. Lediglich die Achse A ist eine echte Symmetrieachse, B und C hingegen sind Pseudosymmetrieachsen[37].

lekularen Kristalls, sondern auch den keineswegs regelmäßigen atomaren Feinbau des einzelnen Proteinmoleküls exakt rekonstruieren kann.

Warum vereinigen sich die asymmetrischen Proteineinheiten zu symmetrischen Komplexen?

Bereits vor Aufklärung der detaillierten Struktur des Hämoglobins hatten Jacques Monod, Jeffries Wyman und Jean Pierre Changeux ein plausibles Modell erarbeitet und damit auch die Antwort auf die soeben gestellte Frage gegeben. Zunächst einmal ist es keineswegs verwunderlich, daß auch asymmetrische Elemente sich zu symmetrischen Figuren zusammenfügen lassen. Das hat M. C. Escher in seinen Graphiken überzeugend dargestellt. Wir haben uns dadurch zu einer Illustration eines »Proteinmodells« inspirieren lassen. Abb. 33 zeigt zwei absolut symmetrische Figuren, die sich aus jeweils vier Fischen zusammensetzen. Die Fische im ersten Komplex sind dicht aneinander geschmiegt. Sie sind hungrig, was durch die eckige Form angedeutet ist. Ganz anders im zweiten Komplex. Hier sind die Fische wohlgenährt, daher ihr rundliches Aussehen. Ein Schwarm kleiner Sardinen war aufgetaucht, und einer der hungrigen Fische hat sofort zugeschnappt. Den restlichen drei »Komplexpartnern« blieb (zur Erhaltung der Symmetrie) nichts anderes übrig, als auch ihre Struktur der des ersten Fisches anzupassen. In der geräumigeren und offeneren Komplexanordnung ist es ihnen auch leichter möglich, Nahrung aufzunehmen und damit ihre rundliche Form weiter zu stabilisieren.

Analog kooperativ verläuft die Strukturumwandlung der vier Proteinuntereinheiten im Modell von Monod, Wyman und Changeux. Das Hämoglobinmolekül hat dieAufgabe, Sauerstoff zu binden und zu den »Stoffwechselfabriken« der Körperzellen zu transportieren. Jede Untereinheit besitzt einen aktiven Bindungsplatz. Mit anderen Worten: Die Molekülketten des Hämoglobins sind so gefaltet, daß sich ein Bindungszentrum für Sauerstoff ausbildet. Die Ketten können sich aber auch umfalten und dadurch ihre Affinität zum Sauerstoff drastisch verringern. Das geschieht, sobald ein »Empfänger« für Sauerstoff vorhanden ist. In den Stoffwechselzentralen des Organismus wird dem Hämoglobin der Sauerstoff restlos abgenommen. In der Lunge hingegen verwandelt sich das Transportmolekül wieder, bei reichlichem Sauerstoffangebot, in die hochaffi-

Abb. 33 **»Allosterisches Modell« des Hämoglobinmoleküls.** Der Übergang zwischen zwei alternativen Konformationen wird durch ein Substrat (hier: die kleinen Fische) ausgelöst und erfolgt kooperativ.

ne Form – nicht anders als unsere Fische, sobald sie der Nahrung gewahr werden (vgl. Abb. 11).

Dieses Modell einer kooperativen Strukturumwandlung und Affinitätssteuerung ist keineswegs auf das Hämoglobin beschränkt. Ja, es kommt erst richtig zur Auswirkung, wenn man es auf ein »echtes« Enzym anwendet, das nicht nur, wie das Hämoglobin, ein Substrat bindet und transportiert, sondern dieses auch katalytisch umsetzt. Die Strukturumwandlung kann hier nicht nur durch das Substrat, sondern auch durch ein spezifisches Aktivatormolekül – zum Beispiel das Reaktions- oder irgendein Folgeprodukt – ausgelöst werden, das sich an einen anderen, einen »allosterischen« Bindungsort anlagert. Man hat dann einen Steuerungsapparat vor sich, in dem mit Hilfe des Aktivators die katalytische Aktivität geregelt, zum Beispiel vollständig an- oder abgeschaltet wird. Auf ähnliche Weise können auch mehrere Enzyme zu einem ganzen Regulationssystem vereinigt werden, in dem dann, wie in einem durchorganiserten Chemiewerk, alle Arbeitsgänge ökonomisch aufeinander abgestimmt ablaufen. Das Konzept der »allosterischen« Reaktionskontrolle hat in der Tat einen tiefen Einblick in das Geheimnis des korrelierten Reaktionsgeschehens in der lebenden Zelle vermittelt.

Doch ist Symmetrie hierzu eine notwendige Voraussetzung? Gibt es ein Naturgesetz, das etwa einen Erhaltungssatz für Symmetrie postuliert?

Diese Frage ist leicht zu beantworten, solange wir uns an ein gegebenes Schema halten. Wiederum können wir unser Fischmuster als Vorlage nehmen. Sobald einer der Fische seine Form ändert, paßt er nicht mehr in das räumliche Gefüge der vorherigen Anordnung hinein. Das gilt natürlich in noch stärkerem Maße für das äußerst komplexe Muster von Bindungsstellen, die den Kontakt zwischen zwei Proteinketten vermitteln. Die Kräfte, die durch diese vorübergehende Symmetrieunterbrechung wirksam werden, haben die Tendenz, entweder unter Abstoßung des Substrats die betreffende Untereinheit in den vorherigen Zustand zurückzudrängen und damit wieder in das ursprüngliche Bindungsmuster einzupassen, oder aber die restlichen Untereinheiten so abzuwandeln, daß sich neue, an die veränderte Form adaptierte Kontaktflächen ergeben. In unserem Fischmodell wird dieser Sachverhalt dadurch symbolisiert, daß alle Partner entweder eine rundliche Form annehmen oder aber in der eckigen verbleiben.

Die Frage nach der Existenz eines mysteriösen Symmetrieerhaltungsgesetzes ist damit aber noch nicht restlos beantwortet. Die Proteinketten sind ja nicht auf dem Reißbrett konstruiert worden. Es mußten also im Verlaufe der Evolution zwei alternative Strukturformen derselben Proteinsequenz auftreten, die gerade so beschaffen waren, daß sie beide in symmetrischer Weise zu einem Komplex assoziiert werden konnten.

Wie wurde nun dieses recht schwierige Konstruktionsproblem in einem evolutionären Prozeß gelöst? Wie wurde die unübersehbar große Zahl unsymmetrischer Alternativen ausgeschlossen?

Bei einer Faltung der Proteinketten müssen sich immer die Formen herausbilden, die durch die Bindungsaffinität zwischen den Kettengliedern optimal stabilisiert werden, und in dieser Hinsicht sind die symmetrischen Muster im Vergleich zu den unsymmetrischen keineswegs besonders ausgezeichnet. Eine Reihe von Biochemikern – wir nennen vor allem Daniel Koshland – hat denn auch bewiesen, daß unregelmäßige Enzymkomplexe die genannten Aufgaben der Katalysesteuerung ebensogut verrichten können wie ihre symmetrischen Pendants. Und wenn wir jetzt noch einmal auf das Beispiel der Verbrennungsmaschinen zurückkommen, so können wir sofort eine ganze Liste analoger Fälle unsymmetrischer Konstruktionen aufzählen: Zum Beispiel haben moderne Dieselmotoren durchaus nicht den symmetrischen Aufbau ihrer Vorläufer, und das Prinzip des Wankelmotors ist gerade durch die exzentrische Führung des Drehkolbens gekennzeichnet.

Woran liegt es dann aber, daß das für die Evolution allein maßgebende Zweckmäßigkeitspostulat in so vielen Fällen mit der Forderung nach Symmetrie koinzidiert? (Es ist nämlich experimentell erwiesen, daß Enzymkomplexe *in der Regel* einen symmetrischen Aufbau besitzen.)

In der Evolution gewinnen nur solche Mutationen die Oberhand, die durch einen selektiven Vorteil ausgezeichnet sind. Mit anderen Worten: Die Mutation, will sie zur Selektion gelangen, muß einen funktionellen Vorteil erbringen, der in irgendeiner Weise die Reproduktion der Mutante fördert. Sicherlich gibt es unter den vorteilhaften Mutanten eher mehr Exemplare, die eine *un*symmetrische als solche, die eine symmetrische Komplexanordnung bevorzugen. Die regelmäßigen Strukturen, wo immer sie auftreten, haben aber eine höhere Evolutionsgeschwindigkeit, weil sich der Vorteil hier auf *alle* Untereinheiten *gleichzeitig*, in der unsymmetrischen dagegen nur auf *eine* Untereinheit, nämlich die, in der die Veränderung auftritt, auswirkt.

Diesen Effekt kann man selber sehr leicht anhand von Kugelspielen nachvollziehen. Man verfährt wie bei den in Abb. 25 wiedergegebenen Legespielen. Bestimmte Konfigurationen sind selektiv höher einzuschätzen; denn symmetrische Figuren können sich schneller ausbreiten bzw. vervielfältigen. Im regellosen Muster wäre zur Erreichung des gleichen Zieles eine Anzahl entsprechender – jedoch grundverschiedener – Mutationen notwendig. Da der Evolutionsweg bis zum perfekten Fertigprodukt über viele Stufen führt, ergibt sich für Formen, die aus identischen Untereinheiten bestehen, eine ungemein höhere Evolutionsrate. *Wir finden heute deshalb so viele symmetrische Strukturen in der Biologie, weil sie ihren Vorteil effizienter zur Geltung bringen konnten und somit – a posteriori – die Selektionskonkurrenz gewannen – nicht aber, weil – a priori – Symmetrie eine unabdingbare Voraussetzung für die Erfüllung des funktionellen Zwecks gewesen wäre.* Die Natur duldet sogar gewisse Abweichungen von einer perfekten Symmetrie, solange diese nicht der Funktionalität zuwiderläuft. So ist denn auch die Hämoglobinsymmetrie (s. Abb. 32) nur eine »Beinahe-Symmetrie«.

»Dem Leben schaudert vor der genauen Richtigkeit«[33].

8. Metamorphosen der Ordnung

Hinter dem Ordnungsbegriff des Mathematikers steht vor allem der Aspekt der (eindeutigen) Anordnung, während »Ordnung« in der Physik eher im Kontrast zur »Unordnung« gesehen wird. Geordnete Materiezustände mögen Alternativen einschließen, die im Sinne einer »Anordnung« unvergleichbar sind und allenfalls durch ein »Halbordnungsschema« zueinander in Beziehung gesetzt werden können.

Im Zusammenleben der Menschen steht der Aspekt der »gerechten Ordnung« im Vordergrund. Eine solche Ordnung ist normativ und nicht naturgegeben. Die biologische Ordnung hingegen ist weitgehend aus natürlichem Konkurrenzverhalten hervorgegangen. Mit den Normen, die der Mensch für eine »gerechte Ordnung« setzt, muß er sich von diesem biologischen Erbe befreien, ohne jedoch seine individuelle Eigenart aufzugeben, die sich in motivationsbedingten Handlungen ausdrückt.

Die Prinzipien der Thermodynamik bestimmen das makroskopische, stationäre Verhalten der unbelebten Materie und lenken gleichermaßen das Ordnungsstreben in der belebten Natur. In ihrer individuellen Struktur sind die Lebewesen allerdings Schöpfungen des Zufalls.

Gesellschaftslehren berufen sich gern auf den einen oder anderen dieser Aspekte. Die Beschwörung des »absoluten und blinden Zufalls« zur wissenschaftlichen Untermauerung einer Forderung nach »existentieller Einstellung zum Leben und zur Gesellschaft« ist aber ebenso sehr »animistische Projektion« wie die Postulierung einer dialektischen Notwendigkeit als Grundlage materialistischer Weltanschauung.

8.1 Die »gerechte« Ordnung

»Ziel sozialdemokratischer Wirtschaftspolitik ist stetig wachsender Wohlstand und eine gerechte Beteiligung aller am Ertrag der Volkswirtschaft, ein Leben in Freiheit ohne unwürdige Abhängigkeit und ohne Ausbeutung.«*

Wer wollte einem solchen Bekenntnis nicht sofort begeistert zustimmen.

Lieber reich und gesund als arm und krank!

In seinen »Geschichten von Zahlen und Menschen«[38] erzählt Karl Menninger die Parabel von den beiden Schäfern, deren Freundschaft durch die subjektive Auffassung von der Gerechtigkeit auf eine harte Probe gestellt wurde. Ein Fremder hatte ihnen acht Taler dafür gegeben, daß sie ihr Vesperbrot mit ihm geteilt hatten. Allerdings war der Beitrag, den beide zum gemeinsamen Mahle geleistet hatten, sehr ungleich. Der eine Schäfer hatte fünf, der andere nur drei Käslein beigesteuert. Daher beanspruchte der eine auch fünf der acht Taler, was der andere hingegen nicht als »redliches Teilen« ansah. Die Angelegenheit landete vor dem Kadi, der sie ausdrücklich fragte, ob ihnen das »Vorrecht« der Freundschaft nicht über das »nackte Recht« der Zahlen gehe. Doch die beiden Schäfer bestanden auf dem »nackten Recht«. Für sie gab es nur *eine* absolute Gerechtigkeit, und diese sollte der Spruch des Richters zutage fördern.
So lautete denn das Urteil: Derjenige, der die fünf Käslein beigesteuert habe, erhalte sieben Taler, dem anderen dagegen, der sich nur mit drei Käslein beteiligt habe, stehe lediglich ein Taler zu. Die Begründung des Urteils war ein einfaches Rechenexempel: Von den insgesamt acht Käslein habe jeder acht Drittel selber verzehrt. Mithin habe der Fremde sieben Drittel von dem einen, aber nur ein Drittel von dem anderen Schäfer erhalten, und so sei auch der erhaltene Lohn zu teilen. – In der Geschichte heißt es dann, daß die von diesem Urteil äußerst betroffenen Freunde daraufhin doch die Redlichkeit der Freundschaft dem »nackten Recht der Zahlen« vorgezogen haben sollen.

---

* Aus dem Godesberger Programm der SPD, November 1959.

Es liegt keineswegs in unserer Absicht, das sehr komplexe Problem der »gerechten« sozialen Ordnung durch diese Parabel zu simplifizieren oder gar zu verniedlichen. Diese kleine Episode zeigt:

Gerechtigkeit ist normativer Natur und basiert nicht auf einer absolut vorgegebenen Ordnung.

Bevor man versucht, eine gegebene Ordnung durch eine »gerechtere« zu ersetzen, sollte man sich vor allem darüber im klaren sein, was dabei eigentlich zu gewinnen ist. Wir zitieren hierzu aus einem Gespräch zwischen dem Publizisten Stephen Spender[39] und Karl-Dietrich Wolff, dem Bundesvorsitzenden des Sozialistischen Deutschen Studentenbundes (Juni 1969), in dem letzterer sagt:

»Ich will (damit) sagen, daß es nahezu unbeschränkte Möglichkeiten gibt, die hohe Produktivität unserer Zeit zu nützen, aber all diese Möglichkeiten werden außer acht gelassen, weil die systematisch betriebene Profitgier, die systematische Verschwendung und die systematische Ausbeutung eine optimale Nutzung dieser Möglichkeiten unterdrücken.«

Wir möchten dieser Behauptung einfach die Jahresbilanz (der Inlandsbetriebe) eines führenden Chemieunternehmens der Bundesrepublik gegenüberstellen:

Bruttoumsatz: 10 Milliarden DM	*100 %*
Rohstoffe und Materialien	47,6 %
Abschreibungen, Betriebskosten	21,3 %
Löhne, Gehälter, Sozialleistungen	*22,7 %*
Steuern (= 60 % des erwirtschafteten Gewinns)	5,1 %
Rücklagen (dem Betriebsvermögen zugeschlagen)	0,7 %
Dividende	*2,6 %*

Es muß noch betont werden, daß es sich bei dem erwirtschafteten Gewinn von 8,4 % (vgl. die drei letzten Ziffern der Tabelle) um ein vergleichsweise positives Ergebnis handelt, das einerseits auf hervorragende Führung und hohes Leistungsniveau zurückzuführen ist, und das andererseits nur unter günstigen Konjunkturbedingungen zu erzielen war. Setzt man dieses Resultat in Beziehung zu dem vorher angeführten Zitat, so muß man sich fragen, welche »nahezu unbeschränkten« Möglichkeiten bei einer Abschaffung des Profits denn noch zu nutzen wären. Vergleicht man die 2,6 % ausgeschütteter Dividende mit den Aufwendungen für Löhne und Gehälter, so liegen diese ohnehin nur im Rahmen der ständig geforderten Steigerungsbeträge. Auf der anderen Seite haben viele Menschen ihren gesamten, durch harte Arbeit erworbenen Besitz zur Sicherung ihres Lebensabends in diesem Unternehmen angelegt, bei dem es sich um eine Publikumsgesellschaft mit breitgestreutem Aktienbesitz handelt. Die Abschaffung des Profits würde hier viele ärmer oder gar arm, niemanden aber nennenswert »reicher« machen. Wachsender Wohlstand für die Allgemeinheit ist innerhalb der Industrienationen im wesentlichen nur noch durch höhere Leistungen aller, dagegen kaum durch Umverteilung der Vermögen zu erzielen.

Eine »Beteiligung aller« an den Erträgen der Volkswirtschaft propagiert trivialerweise heute jede politische Partei, sofern sie ernst genommen werden will. Die Frage ist bloß, wie die »gerechte« Zuordnung im einzelnen auszusehen hat.

Zunächst einmal wird die Erschöpfung der Rohstoff- und Energiequellen in ständig wachsendem Maße der Initiative des einzelnen Beschränkungen auferlegen. Mit diesem Problem werden wir uns im 13. Kapitel noch ausführlicher beschäftigen. Trotzdem wird es auch weiterhin möglich sein, Werte zu schaffen, ohne daß man anderen etwas wegnehmen muß. Wäre das nicht so, könnte es gar keinen »stetig wachsenden Wohlstand« geben. Allerdings bedarf es dazu immer wieder neuer Ideen. Ja, die schöpferische Leistung wird für unsere Zukunft genauso bestimmend sein wie die Fähigkeit, die erfundenen Maschinen auch bedienen zu können. Die Verwirklichung einer Chancengleichheit ist nicht einfach durch Vereinheitlichung der Schulsysteme zu erreichen. Eine Erhöhung des »Bildungsangebots« ist zweifellos zu begrüßen. Doch ohne stetige Differenzierung wird diese Maßnahme wirkungslos bleiben. Man hält heute so viel vom »brainstorming«, das sicherlich zur Lösung so mancher Probleme auf dem Energie- und Rohstoffsektor notwendig sein wird. Aber ohne differenzierte Ausbildung wird es an den geeigneten »Gehirnen« mangeln, und ohne diese wird auch der »brainstorm« ausbleiben.

Bei einer *gerechten Beteiligung* aller am wachsenden Wohlstand darf man – wie immer man verfahren wird – nicht die Voraussetzung für die *Erhaltung* des Wohlstandes zerstören. Wohlstand will erarbeitet und verdient sein. Der Anreiz, die dazu notwendigen Leistungen zu erbringen, muß aufrechterhalten werden. Motivation setzt Belohnung voraus. Wir können dieses Erbe der Evolution nicht einfach abstreifen. Wollen wir Verhaltensnormen festlegen, so dürfen diese die menschliche Natur nicht unberücksichtigt lassen. Gerechtigkeit ist nicht a priori fixiert, jede Gesellschaft muß sie im Rahmen ihrer Möglichkeiten anstreben.

Die Wachstumsraten werden laufend abnehmen (s. Kap. 12 und 13). Ein stationärer Zustand muß so abgesichert sein, daß die Wachstumsexplosion nicht plötzlich in eine Auszehrungsimplosion umschlägt. Die Lösung dieser Aufgabe ist keinesfalls durch »Gleichmacherei« zu erzielen. Wir benutzen mit Absicht dieses politische Schlagwort, denn es hat auch im marxistisch-leninistischen Sprachgebrauch (russ. uravnilovka) einen abwertenden Charakter. Gleichheit des Lohnes für alle wurde schon von Lenin, später auch von Stalin als unmarxistisch verworfen. Die beiden Alternativen sind dann: staatliche Lenkung und Belohnung für Wohlverhalten oder eigene Initiative und Verantwortung in einem freiheitlichen System mit vertretbarem »Profit«.

Für das im Eingangszitat ebenfalls angesprochene »Leben in Freiheit ohne unwürdige Abhängigkeit und ohne Ausbeutung« liefern die verschiedenen Gesellschaftsstrukturen genug Anschauungsmaterial. Nicht einmal die Grundbegriffe erfahren auch nur einigermaßen übereinstimmende Auslegungen. Heißt »Freiheit« nicht »menschlicher Spielraum«, *Raum zu spielen,* sich frei zu bewegen, zu äußern, die Möglichkeit zu wagen, zu hoffen, zu glauben, zu lieben und zu bangen?

In einem vollkommen geordneten System von »Massenpunkten« ist dies ebensowenig möglich wie in einer ungeregelt wuchernden Bakterienkultur.

Der Begriff der Solidarität schien ursprünglich in idealer Weise dem Bedürfnis unserer Zeit zu entsprechen. Er war aus der Polarisation zwischen Individualität und Kollektivität entstanden und berücksichtigte die wechselseitige Verbundenheit der Menschen. Der Bindung des einzelnen an die Gesellschaft stand die Individualität und ihre Respektierung durch die Gesellschaft gleichwertig gegenüber. Doch ist dieses Wort durch ständigen unkritischen Gebrauch entwertet, wenn nicht gar korrumpiert worden. Nach seiner Usurpation durch politische Parteien dient es heute eher der Unterdrückung unliebsamer Kritik. Allein die *Forderung* nach Solidarität und die Brandmarkung des Vorstoßes gegen solidarisches Verhalten ist ein Widerspruch in sich selbst.

Freiheit bedarf der Ordnung ebenso wie des Spielraums für Innovation. Da wir Gerechtigkeit nicht im vorhinein »berechnen« können, bleibt uns zu ihrer Verwirklichung *nur* der evolutionäre Weg. Auf jeder Entwicklungsstufe muß sich das Neue mit dem Alten messen. So ist das Leben entstanden, so ist der Mensch geworden, und nur so ist ein Leben in Freiheit ohne unwürdige Abhängigkeit und ohne Ausbeutung zu erfüllen.

8.2 Die Ordnung der Zahlen

Der Mathematiker nennt eine Menge geordnet, wenn alle ihre Elemente nach definierten Kriterien miteinander verglichen werden können. Für jedes Paar von Elementen a und b muß gelten:

1. Entweder ist a kleiner als b, oder b kleiner als a, oder aber a gleich b.
2. Die drei unter 1. aufgeführten Möglichkeiten schließen sich wechselseitig aus. Es können niemals zwei der Relationen gleichzeitig erfüllt sein.
3. Die Zuordnung muß transitiv sein. Das bedeutet: Wenn a kleiner als b und b kleiner als c ist, so muß auch a kleiner als c sein.

Gerade im Zusammenhang mit der letztgenannten Bedingung erinnern wir uns einer kleinen Geschichte, die Konrad Lorenz im Anschluß an einen Vortrag über Rangordnung im Tierreich erzählte. Dabei ging es um Graugänse, die bevorzugten »Haustiere« des Seewiesener Max-Planck-Instituts.

Zwischen drei Gantern – wir nennen sie einfach A, B und C – hatte sich eine klare Rangordnung eingestellt, und zwar: $A > B > C$. Das bedeutet: B, wenn immer er A begegnete, wich diesem respektvoll aus, wurde seinerseits aber von C hofiert, der »natürlich« auch A gegenüber größte Demut zur Schau stellte. Allerdings, »natürlich« war dies keineswegs, wie sich schon bald herausstellen sollte. Eines Tages nämlich raffte sich C auf und besiegte A im Zweikampf. Von Stund an kehrte sich das Demutsverhältnis um, für A war nunmehr C der »Herr im See«. Doch betraf dieser Herrschaftswechsel nur die Beziehungen zwischen A und C. An den übrigen Relationen hatte sich nichts geändert. B hofierte weiterhin A, und C war nach wie vor ganz untertänig, sobald er B nur ansichtig wurde.

Abstrakt ließe sich diese Art von Rangordnung durch ein zyklisches Schema darstellen:

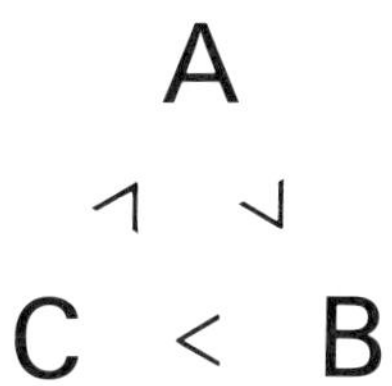

wobei das »Größer-als-Zeichen« (>) das Dominanzverhalten ausdrückt.

Ähnliche zyklische Rangfolgen findet man auch oft im Bereich des Sports. So ist es gar nicht selten, daß eine Mannschaft A in einer Serie von Spielen B besiegt, B wiederum gegen C erfolgreich ist, während C dagegen in der Regel als Sieger aus dem Wettkampf mit A hervorgeht. Dabei spielen sicherlich psychologische Momente – die durchaus etwas mit Rangordnungsgebaren zu tun haben – eine große Rolle.

Im Sinne der Mengentheorie sind derartige zyklische Rangfolgen nicht als Ordnung – ja nicht einmal als »Halbordnung« – zu bezeichnen. Das zeigt deutlich die Illustration der Gänsegeschichte (s. Abb. 34). Die drei Ganter lassen sich hier nicht wie im abstrakten Schema in zyklischer Reihung darstellen, es sei denn, man zeichnet sie jeweils doppelt. Tatsächlich ist die zyklische Rangordnung auch nicht simultan realisierbar.

In der Physik ist die »Halbordnung« von großer Bedeutung. Eine Menge wird als »halbgeordnet« bezeichnet, wenn von den drei auf S. 158 genannten Bedingungen nur die beiden letzten erfüllt sind. Das heißt, nicht alle Elemente einer Menge können unmittelbar miteinander verglichen werden; es gibt auch unvergleichbare Alternativen. Wo immer aber eine Zuordnung getroffen werden kann, muß

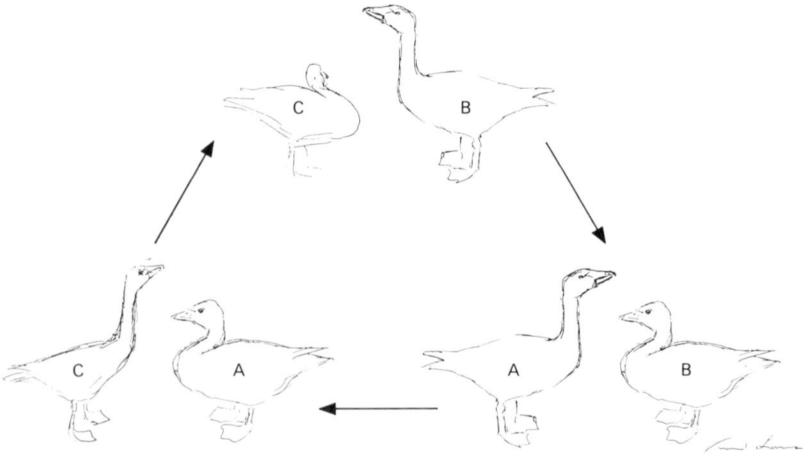

Abb. 34 **Zyklisches Rangordnungsschema** (Skizze von Konrad Lorenz).

sie, wie im Falle der vollständigen Ordnung, wenigstens den Bedingungen 2. und 3. genügen. Solche Halbordnungen sind uns aus dem täglichen Leben geläufig. Wir teilen beispielsweise mit vielen Menschen die Vorliebe für bestimmte Werke der Musikliteratur. Wir wären jedoch nicht bereit, etwa eine Partita von Bach in ein Rangordnungsverhältnis zu einem Streichquartett von Beethoven zu setzen. Die individuelle Schönheit beider Kompositionen ist für uns unvergleichbar und durch keine Wertung zu relativieren.

Den Präzedenzfall einer vollkommenen Ordnung stellt die Folge der natürlichen Zahlen dar. Aus ihrem Studium hat sich eine Spezialdisziplin der reinen Mathematik, die Zahlentheorie, entwickelt, deren Anfänge auf Pierre de Fermat, Leonhard Euler, Adrien Marié Legendre und Carl Friedrich Gauß zurückgehen. Als Beispiel einer Ordnung betrachten wir die Aufteilung einer natürlichen Zahl. Der englische Mathematiker Alfred Young hat (etwa um die Jahrhundertwende) zur Repräsentation der Ordnungsbeziehung einfache Schemata, die sogenannten Partitionsdiagramme, eingeführt. Ein solcher Diagrammverband ist für die Zahl Vier in Abb. 35 wiedergegeben. Das Diagramm ist definiert als Anordnung von Zeilen und Spalten, in der die Länge der Zeilen von oben nach unten abnimmt. Ein solches Diagramm wird kleiner als ein anderes genannt, wenn beim Vergleich entsprechender Zeilen seine größte unterschiedliche Zeile kürzer ist. Nach diesem Prinzip entsteht für jede natürliche Zahl ein eindeutiges Ordnungsschema.

Eine andere Definition der Ungleichheitsrelation für Young-Diagramme wurde vor wenigen Jahren von Ernst Ruch eingeführt.[40] In einer fundamentalen Untersuchung des Chiralitätsproblems (s. S. 141) benutzte er sie zur Klassifizierung optisch aktiver chemischer Verbindungen.

Das Ruchsche Schema läßt sich sehr gut auf dem Kugelbrett vorführen. Man besetzt zunächst eine Horizontalreihe mit einer Menge von Kugeln, die der aufzuteilenden Zahl entspricht. Dann bewegt man die Kugeln jeweils aus einer längeren in die nächstgelegene kürzere Reihe und nennt das so entstandene »Diagramm« kleiner als das vorhergehende. Als einzige Bedingung – entsprechend der Definition des Diagramms – gilt hier, daß keine Horizontalreihe länger werden darf als eine der über ihr befindlichen. Bei einer aus mehr als fünf Kugeln bestehenden Menge ergeben sich Alternativen, die nicht mehr im Sinne der Ungleichheitsrelation miteinander vergleichbar sind. Aus der Youngschen Ordnung ist eine Halbordnung geworden. In Abb. 36 sind beide Diagrammverbände für die Zahl zehn einander gegenübergestellt.

Man könnte Ruchs Zahlenaufteilung als Modell für eine »Sozialisierung der Zahl« auffassen. Die Zahlen werden so aufgeteilt, daß kleinere Teilmengen ausschließlich auf Kosten größerer begünstigt werden. An diesem Ordnungsschema ist besonders interessant, daß es sofort zu unvergleichbaren Varianten führt. Mit anderen Worten, wenn man sich (für Zahlen größer als fünf) im Diagrammverband von oben nach unten bewegt, so kann dies auf alternativen Routen geschehen, wobei es in vielen Fällen gar nicht möglich ist, von einer zur anderen Route überzuwechseln, ohne im Schema einen mehr oder minder großen Umweg – entgegen dem durch die Ungleich-

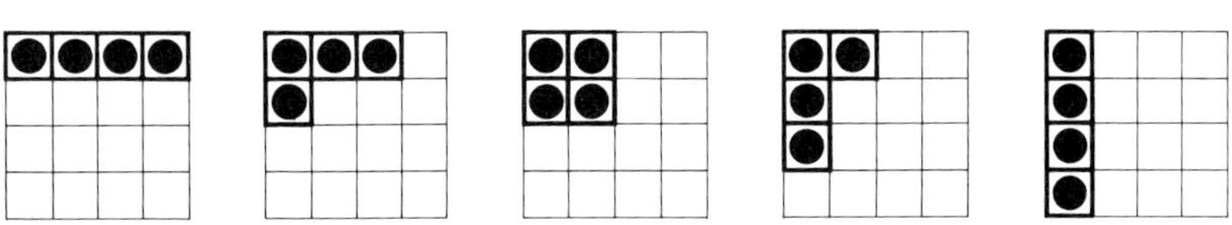

Abb. 35 **Youngsche Ordnung** der Zahl Vier.

heitsrelation definierten Gefälle – zu machen. Diagramme innerhalb verschiedener Verzweigungen sind damit nicht mehr ohne weiteres miteinander vergleichbar, gerade weil sie im allgemeinen nicht auf relativ zueinander festlegbaren Niveauhöhen liegen. Die Verzweigungen nehmen mit steigenden Zahlen drastisch zu. Für die Zahl Hundert ist das Ruch-Schema bereits enorm kompliziert und für Zahlen molekular-physikalisch relevanter Größenordnungen (zum Beispiel 10^{20}) praktisch unübersehbar.

Dieses Konzept wird den Anforderungen zur Darstellung physikalischer Phänomene sehr viel eher gerecht als jedes Schema einer perfekten Ordnung. Erst recht trifft diese Feststellung für die komplexen menschlichen und sozialen Beziehungen zu. »Gerechte Ordnung« in der Gesellschaft läßt sich auf alternativen Wegen verwirklichen. Der Anspruch, ein alleinseligmachendes Konzept zu besitzen, entbehrt angesichts historischer Erfahrungen jeglicher Grundlage.

8.3 Die Ordnung der Materie

Entropie*

In unserer natürlichen Umwelt beobachten wir ebensooft die spontane Entstehung von Ordnung wie ihre Destruktion. Die *Physik* ist jedoch nur insoweit an den natürlichen Prozessen interessiert, als sie in ihnen das Reproduzierbare, das Gesetzmäßige aufzudecken sucht. Eugene Wigner hat dies sehr treffend ausgedrückt:

> »Physics doesn't describe nature. Physics describes regularities among events and *only* regularities among events.«**

---

* Der äußerst wichtige, einer intuitiven Erfassung jedoch nicht leicht zugängliche Begriff der Entropie soll in diesem Abschnitt etwas ausführlicher erklärt werden. Die Lektüre dieses Abschnittes ist für ein Verständnis des weiteren Zusammenhanges nicht obligat. Sie versetzt den Leser jedoch in die Lage, sich ein Urteil über Aussagefähigkeit und Grenzen des im Zeitalter der Statistiken häufig verwandten Entropiebegriffes zu machen.

** Die Physik beschreibt nicht die Natur. Die Physik beschreibt das Regelmäßige der Ereignisse und nichts anderes!

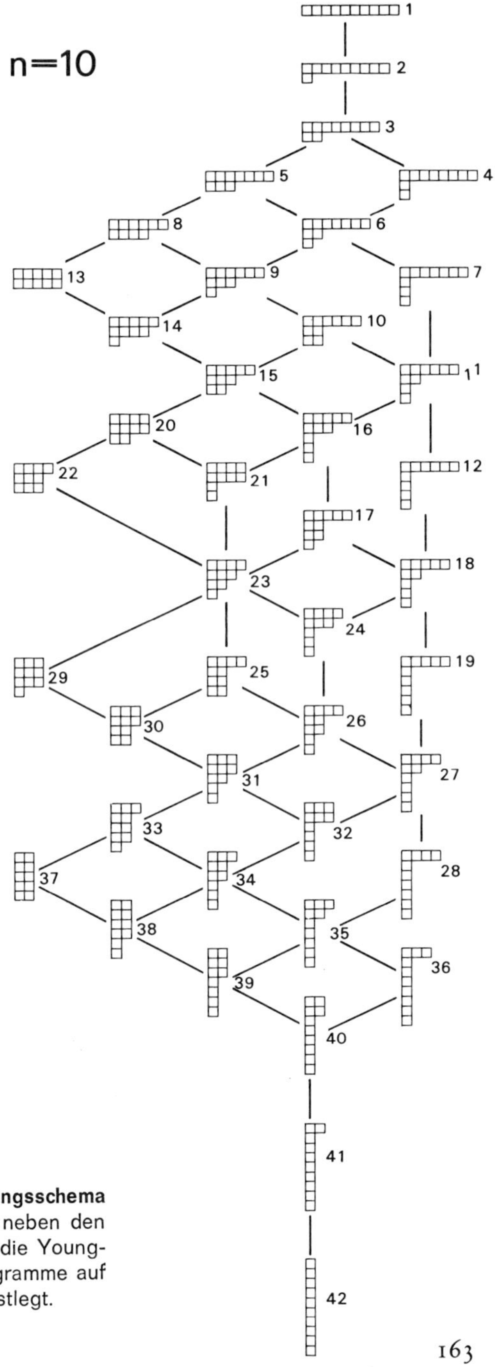

Abb. 36 **Ruchsches Halbordnungsschema** für die Zahl zehn. Die Ziffern neben den einzelnen Diagrammen zeigen die Youngsche Ordnung an, die alle Diagramme auf eine eindeutige Reihenfolge festlegt.

Die Physik muß sich daher in ihren Experimenten wie auch in ihrer abstrakten Denkweise von der Komplexität natürlicher Randbedingungen befreien. Das geschieht, indem die zu beobachtenden Systeme von ihrer Umwelt isoliert werden oder indem ihre Wechselwirkungen mit dieser unter strenger Kontrolle gehalten werden. Jedes Experiment schafft so, wie es Johan Huizinga vom Spiel sagte, seine besondere Welt: »Es *spielt* sich innerhalb bestimmter Grenzen von Zeit und Raum *ab.*«

Der Zustand eines abgeschlossenen Systems wird durch eine Reihe von Parametern, wie Temperatur, Druck, Volumen, chemische Zusammensetzung charakterisiert. Für die meisten dieser Parameter bringen wir ein gewisses intuitives Verständnis mit. Der wichtigste Begriff im Zusammenhang mit der physikalischen Ordnung findet in unserer Erfahrung jedoch keinerlei Rückhalt; es handelt sich um die *Entropie.* Das Wort wurde von Rudolf Clausius (1865) geprägt und ist mit dem griechischen Verb »entrepein« = umkehren assoziiert. Entropie hat in der Tat etwas mit Umkehrbarkeit – oder besser mit Nichtumkehrbarkeit – zu tun. Lesen wir, was Clausius selber dazu gesagt hat:

> »Sucht man für S (die Entropie) einen bezeichnenden Namen, so könnte man, ähnlich wie von der Größe U (der inneren Energie) gesagt ist, sie sey der Wärme- und Werkinhalt des Körpers, von der Größe S sagen, sie sey der Verwandlungsinhalt des Körpers. Da ich es aber für besser halte, die Namen derartiger für die Wissenschaft wichtiger Größen aus den alten Sprachen zu entnehmen, damit sie unverändert in allen neuen Sprachen angewandt werden können, so schlage ich vor, die Größe S nach dem griechischen Worte »tropae«, die Verwandlung, die Entropie des Körpers zu nennen. Das Wort Entropie habe ich absichtlich dem Wort Energie möglichst ähnlich gebildet, denn die beiden Größen, welche durch diese Worte benannt werden sollen, sind ihren physikalischen Bedeutungen nach einander so nahe verwandt, daß eine gewisse Gleichartigkeit in der Benennung mir zweckmäßig zu seyn scheint.«

Obwohl die Entropie vor einigen Jahren nun ihren hundertsten Geburtstag gefeiert hat, begegnet man ihr außerhalb der Physik nach wie vor mit einer Mischung aus Unsicherheit und Respekt. Daran hat auch ihre enzyklopädische Behandlung nicht allzuviel zu ändern vermocht. Der gleichzeitige Hinweis auf »kalorische Zustandsgröße«, »Wahrscheinlichkeitsmaß«, »Ordnungs-« oder auch »Informationsparameter« hat eher zur Verwirrung beigetragen, die von einer Unterschätzung ihrer Bedeutung bis zur groben Fehleinschätzung ihrer Darstellungskapazität reicht.

Die Entropie ist eine quantitativ formulierbare Größe, mit deren Hilfe sowohl die Verteilung der Energie auf die Quantenzustände eines Materiesystems als auch der Informationsgehalt einer verschlüsselten Nachricht charakterisiert werden kann.

Versuchen wir einmal, aus historischer Sicht zu verstehen, warum es notwendig wurde, diesen Begriff einzuführen. Hierzu müssen wir uns in die Vorstellungswelt der Physiker und Chemiker in der ersten Hälfte des 19. Jahrhunderts zurückversetzen.

Newtons Anschauungen von einem absoluten Raum und einer absoluten Zeit sowie deren Verknüpfung in den Gesetzen der Dynamik hatten zu einem in sich geschlossenen, durch Kausalzusammenhänge gekennzeichneten physikalischen Weltbild geführt. Andererseits erbrachten die Chemiker laufend neues Beweismaterial für Daltons Hypothese eines nach definierten Proportionen geregelten atomaren Aufbaus der Materie. Was lag näher, als nunmehr auch Newtons Mechanik auf die kleinsten Einheiten der Materie anzuwenden, um so zu einer einheitlichen Darstellung aller materiellen Eigenschaften zu gelangen?

Allerdings stand diesem Vorhaben ein schier unlösbares Problem im Wege. Um die Newtonschen Gleichungen lösen zu können, benötigte man für *jedes* Materieteilchen die Anfangsbedingungen, also seine Ortskoordinaten und Geschwindigkeiten – ein völlig hoffnungsloses Unterfangen, denn schon in einem einzigen Wassertröpfchen sind an die 10^{21} (das ist eine Billion mal eine Milliarde) Moleküle anzutreffen.

Probleme in der Wissenschaft lassen sich (in der Regel wenigstens) nicht einfach durch »brainstorming« aus der Welt schaffen. Doch kann man sie – gelegentlich – mit Geschick umgehen; so auch im vorliegenden Falle. Das bedeutete die vollständige Aufgabe des Versuchs einer deterministischen Beschreibung des Ablaufs sämtlicher Einzelprozesse.

Die Entwicklung der mathematischen Statistik und Wahrscheinlichkeitsrechnung hatte schon im 18. und frühen 19. Jahrhundert zu einem Aufschwung des Versicherungswesens geführt. So war bekannt, daß man, ohne die Information für den Einzelfall zu besitzen, für die Gesamtheit einer Menge recht genaue Aussagen in Form von Erwartungswerten, zum Beispiel für die mittlere Lebensdauer oder für ein bestimmtes Unfalls- oder Schadensrisiko machen konnte. Auch wußte man, daß die auf den Gesetzen der Statistik basierenden Voraussagen um so schärfer zutreffen, je größer die Zahl der betrachteten Fälle ist.

Die Analogie zum Verhalten der Materie lag auf der Hand. Eigenschaften wie Temperatur, Druck usw. mußten in irgendeiner Weise ein mittleres Verhalten der individuellen Materieteilchen darstellen und sich somit auch unter Zuhilfenahme der Gesetze der Statistik mit diesem korrelieren lassen. Es waren vor allem der Engländer James Clerk Maxwell und der Österreicher Ludwig Boltzmann, die diese Überlegungen konsequent durchführten und damit eine entscheidende Wende in der Physik einleiteten. Zwar rüttelten sie damit noch nicht am Fundament der Physik. Die Philosophen durften weiterhin die Kausalität in ihre Dialektik einspannen. Erst im 20. Jahrhundert wurde aus *dem Mangel an Detailkenntnis* eine in den Grundlagen der Physik verankerte *prinzipielle Unschärfe* (s. S. 36).

Unmittelbarer Ausdruck der neuen statistischen Betrachtungsweise war die Definition einer neuen Zustandsgröße, nämlich der Entropie. Historisch gesehen ist sie mit der Temperatur eng verknüpft. Diese wiederum läßt sich auf den Mittelwert einer auf die einzelne Partikel bezogenen Eigenschaft zurückführen. Für das ideale Gas ergibt sich eine sehr anschauliche und einfache Deutung: Die Temperatur ist der mittleren kinetischen Energie eines Teilchens direkt proportional. Sie stellt eine »Intensität« dar und wird daher auch als »intensive« Größe bezeichnet. Als solche ist sie nicht von der Zahl der Teilchen abhängig, auf die sich die Mittelwertbildung bezieht. Daraus folgt andererseits, daß es noch eine »extensive« Größe geben muß, die komplementär zur Temperatur ist und die die Menge oder das »Ausmaß« (extent) dieser Eigenschaft widerspiegelt, denn sonst wäre die Information über die thermische Energie des gesamten Partikelensembles unvollständig.

Damit ist das entscheidende Stichwort gefallen. Die zur Temperatur komplementäre Größe, die Entropie, ist ein Informationsmaß.

Es sagt etwas über die Verteilung der Energie auf die verschiedenen Quantenzustände eines Systems aus.

Mittelwertbildung ist gleichbedeutend mit Informationsverlust. Wo immer man mittelt, bedarf es einer Spezifikation, auf wie viele Detailzustände sich die Mittelung erstreckt, das heißt einer Zahl, die angibt, wieviel Information bei der Mittelwertbildung verlorengegangen ist.

Hierzu ein Beispiel: Wenn eine Fluggesellschaft die Belastung eines Jetliners abschätzen will, so stellt sie keineswegs die Passagiere nacheinander auf die Waage. Bei den Inlandsflügen in den USA wird nicht einmal das Gesamtgewicht des Gepäcks überprüft, dort begrenzt man einfach die Zahl der Gepäckstücke pro Person. Die Fluggesellschaft geht von der Annahme einer mittleren Belastung je Fluggast, also einer im vorhinein gegebenen Intensivgröße aus. Wichtig ist dann nur noch die Zahl der mitreisenden Passagiere. Diese Extensivgröße enthält allein die für die wirkliche Belastung spezifische Information. Wir sehen hier sehr deutlich die Aufteilung nach intensiven und extensiven Variablen. Die Intensivgröße ist unabhängig von der Zahl der Fluggäste und hat einen für die Art des Transportguts vorgegebenen Durchschnittswert.

Ganz so einfach wie in diesem Beispiel liegen nun aber die Verhältnisse bei der Berechnung der Entropie nicht. Ja, der Physiker wird sofort einwenden, daß etwas ganz Wesentliches außer acht gelassen wurde. In der Tat – die Energie kann zwischen individuellen Teilchen ausgetauscht werden, das Gewicht – sosehr sich das mancher Fluggast angesichts einer schlanken Stewardeß auch wünschen würde – nicht. Die Fluggesellschaft tut einfach so, als habe jeder Passagier das gleiche mittlere Gewicht, was natürlich nur bei einer genügend großen Zahl von Passagieren gerechtfertigt ist.

Die Mittelwertberechnung der Entropie ist weitaus problematischer und nicht durch einfaches Abzählen von Materiepartikeln zu erledigen. Die Temperatur ist überhaupt nur dann definiert, wenn der Energieaustausch zwischen den Teilchen auch tatsächlich erfolgen und sich ein thermisches Gleichgewicht einstellen kann. Das geschieht im abgeschlossenen System unter der Nebenbedingung der Erhaltung der Gesamtenergie sowie der Gesamtteilchenzahl. Man muß nunmehr zum einen herausfinden, in welcher Weise ein einzelnes Molekül die Energie aufnimmt und auf die verschiedenen Bewegungs- und Schwingungsfreiheitsgrade seiner Bausteine verteilt – die Atome und Moleküle können die Energie immer nur in »gequantelten« Portionen wie »Bälle« einander zuwerfen –, sodann muß man aufgrund der Austauschbarkeit der Energiequanten auch noch über alle möglichen Kombinationen, die mit der vorgegebenen Gesamtenergie verträglich sind, mitteln. Dieses Problem der Mittelung wurde durch die Quantentheorie, die von einer Nichtunterscheidbarkeit gleichartiger Teilchen im gleichen Energiezustand ausgeht, etwas vereinfacht. Doch ist die Zahl der Mikrozustände, die wir in den statistischen Kugelspielen bereits als die individuellen Spielbrettbesetzungen kennengelernt hatten, in jedem Falle immens groß im Vergleich zur Gesamtzahl der energieaufnahmefähigen Zustände, deren Pendant im Spiel einfach die Zahl aller Kugelfelder ist.

Diese etwas abstrakten Überlegungen wollen wir durch ein Beispiel illustrieren, aus dem hervorgeht, daß die Entropie ein sehr allgemeines statistisches Verteilungsmaß ist, dessen Anwendung keineswegs auf thermodynamische Probleme allein beschränkt ist. Wir betrachten einen Schriftsatz, der aus hundert Symbolen besteht. Unter Symbolen verstehen wir die neunundzwanzig Buchstaben unseres Alphabets (unter Einschluß der Umlaute Ä, Ö, Ü) sowie ein Abstandssymbol, einen Zwischenraum, der zur Abgrenzung von Wörtern dient. Insgesamt benutzen wir also dreißig Klassen von Symbolen.

Wie viele alternative Schriftsätze, die hundert Symbole umfassen, kann man anfertigen?

Hätten wir keinerlei Kenntnis über die Struktur unserer Sprache und wäre jede nur mögliche Kombination als sinnvoll zugelassen, so gäbe es genau:

$$30 \cdot 30 \cdot 30 \ldots\ldots\ldots \cdot 30 = 30^{100} \approx 10^{148}$$

mögliche Sätze. Jede der hundert Positionen könnte im Prinzip mit irgendeinem der dreißig Symbole besetzt sein. Die Gesamtzahl der Mikrozustände beträgt also etwa 10^{148}. Wollten wir einen gegebenen Schriftsatz ohne jede Systematik durch bloßes Raten ermitteln, so müßten wir durchschnittlich 10^{148}mal probieren. Wir könnten auch sagen, die Wahrscheinlichkeit, eine vorgegebene Folge von Symbolen auf Anhieb zu erraten, ist nur eins zu 10^{148}.

Bei einer Erweiterung dieses Schriftsatzes um noch einmal hundert Symbole erhält man 10^{148} mal $10^{148} = 10^{296}$ »Mikrozustände«, eine Zahl also, die aus dem Produkt der Einzelmengen resultiert. Bei Verdoppelung des Schriftsatzes steigt somit die Zahl der Mikrozustände auf das Quadrat der vorherigen Zahl, bei einer Verzehnfachung gar auf die zehnte Potenz an. Die Entropie, als extensive Größe, sollte eine Mengeneigenschaft repräsentieren. Das heißt: Bei einer Verdoppelung der Menge müßte sie ebenfalls doppelt so groß werden. Sie kann daher nicht unmittelbar proportional zur Anzahl der möglichen Kombinationen oder Mikrozustände sein, sondern es ist der Logarithmus dieser Zahl, der den Zusammenhang richtig wiedergibt. Durch Logarithmieren wird aus dem multiplikativen Wahrscheinlichkeitsmaß ein additives Mengenmaß: $\log [a \cdot b] = \log a + \log b$.

Wir halten fest:

Die Entropie ist durch den Logarithmus der Zahl von Mikrozuständen repräsentiert. Diese Größe ist zunächst noch dimensionslos. In der Wärmelehre sorgt man durch Multiplikation mit einer Konstante – sie ist nach dem Begründer der statistischen Mechanik Boltzmann-Konstante genannt – noch dafür, daß das Produkt von Temperatur und Entropie die Dimension einer Energie erhält. Daß man die Entropie auf diese Weise mit einer »kalorischen« Dimension versieht, hat lediglich historische Gründe. Man hätte ebensogut der Temperatur (durch Multiplikation mit der Boltzmann-Konstante) gleich die Dimension einer Energie zuschreiben können, dann wäre die Entropie, wie die ihr entsprechende Größe in der Informationstheorie, dimensionslos. Aus praktischen Gesichtspunkten – in Anpassung an die Entscheidungslogik der Computer – benutzt man hier den Logarithmus zur Basis zwei und deutet dies durch die Einheit »bits« = binary digits an. *Die Entropie ist dann einfach die Zahl binärer Entscheidungen, die zur Identifizierung einer Folge von Symbolen nötig ist.*

In einer Energieverteilung sind die verschiedenen Quantenzustände nicht gleichwertig, und auch in unserer Sprache kommen unter allen möglichen Buchstabenkombinationen manche sehr viel häufiger vor als andere.

Wir haben es in der Sprache im wesentlichen mit zwei Effekten zu tun:

- Nicht alle Symbole werden mit der gleichen a-priori-Wahrscheinlichkeit verwandt, und
- nicht alle mit der Wahrscheinlichkeitsverteilung konformen Buchstabenfolgen ergeben sinnvolle Wörter oder gar Schriftsätze.

In unserer ersten Abschätzung waren alle nur denkbaren Kombinationen als gleich wahrscheinlich angesehen und daher als gleichrangig berücksichtigt worden. In allen Sprachen ist der »Zwischenraum mit Sicherheit das am häufigsten vorkommende Symbol. Dennoch wäre ein Satz, der nur aus solchen Symbolen bestünde, also eine leere Zeile, sinnlos – im wahren Sinne des Wortes. Berücksichtigt man die (empirisch ermittelte) Häufigkeitstabelle der Buchstaben – in unserer Sprache ist beispielsweise, abgesehen vom Zwischenraum, das »e« das häufigste Symbol, während das »x« das Schlußlicht bildet –, so verringert sich die Entropie merklich, und zwar in der deutschen Sprache um etwa 16 %. Das heißt, man braucht zum (systematischen) Raten eines Buchstabens anstelle von $\log_2 30 = 4.9$ nur noch *im Mittel* 4.1 binäre Entscheidungen (bits)*. Die Zahl der möglichen Kombinationen (Mikrozustände) nimmt dabei von 10^{148} auf ca. 10^{124}, also immerhin um den Faktor 10^{24} – das ist eine Billion mal eine Billion – ab.

Den Effekt der Entropiereduzierung kann man leicht in einem Kugelspiel vorführen. Man verwendet ein möglichst großes Spielbrett und ordnet jedem Kugelfeld einen Buchstaben zu, wobei manche Buchstaben freilich entsprechend ihrer Häufigkeit mehrfach vertreten sind. Versucht man nun, aus den erwürfelten Buchstabenfeldern sinnvolle Wörter zusammenzustellen, so ist dies leichter zu bewerkstelligen, wenn man von dieser realistischen anstatt von einer homogenen Buchstabenverteilung ausgeht. Wir werden in unserer Diskussion über Information und Sprache im letzten Teil des Buches auf derartige Spiele noch zurückkommen (s. Abb. 63).

Wesentlich stärker als die ungleichförmige Berücksichtigung der verschiedenen Symbole fällt für eine Reduzierung der Entropie der

---

* Genau fünf binäre Entscheidungen wären für das Erraten eines Symbols aus 32 gleichwertigen Klassen notwendig ($2^5 = 32$). Um diese Zahl von Entscheidungen mit Sicherheit zu erreichen, müßte man natürlich systematisch vorgehen. Am besten würde man jedes Symbol – wie der Computer es tut – durch eine Folge von fünf binären Zeichen (z. B. 01001) darstellen und diese der Reihe nach durchgehen.

zweite erwähnte Effekt ins Gewicht, der den Sinn von Buchstabenkombinationen berücksichtigt.

Claude Shannon, der Begründer der Informationstheorie[41,42], hat ein Spiel vorgeschlagen, um dieses Phänomen empirisch zu erfassen:

Der eine Spieler denkt sich einen Satz aus. Der Partner muß diesen nun Buchstabe um Buchstabe erraten. Seine Fragen dürfen aber jeweils nur mit ja oder nein beantwortet werden. Die Zahl der Fragen wird notiert und später mit der Zahl verglichen, die man bei völlig regellosem Fragen, das heißt bei jeglicher Unkenntnis der Sprache brauchen würde. Aus dieser Gegenüberstellung läßt sich errechnen, um wieviel Einheiten die für eine homogene und regellose Buchstabenverteilung zutreffende bit-Zahl von ca. 4.9 (im Englischen 4.76) pro Buchstabe sich aufgrund der Kenntnis einer Sprache, ihrer Strukturen und Redundanzen verringern wird. Eine von Shannon ausgeführte Analyse von hundert Textbeispielen erbrachte eine Reduktion der Entropie um 50 bis 70 % bzw. um 2.3 bis 3.3 bits pro Symbol. Dazu ist anzumerken, daß die Spieler als Studenten der Informatik mit Häufigkeitsverteilungen von Buchstaben, mittleren Wortlängen und Satzstrukturen wohl vertraut waren. Selbstverständlich hatte man vollkommen unbekannte Textbeispiele ausgewählt. So war die größte Unsicherheit zu Beginn eines Wortes oder Satzes zu beobachten, während das Komplettieren sehr viel weniger Mühe bereitete.

Hier ist deutlich geworden, daß die verschiedenen Mikrozustände ein ganz verschiedenes statistisches Gewicht besitzen. Die meisten Buchstabenfolgen kommen von vornherein überhaupt nicht in Betracht, da sie keinerlei Sinn ergeben. Das ist bei der Verteilung der Energie auf Quantenzustände nicht anders. Für jede individuelle Besetzung der Quantenniveaus gibt es – wie für jede Symbolzusammenstellung – eine charakteristische Wahrscheinlichkeit. In unserem Beispiel eines aus hundert Positionen bestehenden Satzes von dreißig gleichwertigen, beliebig verteilten Symbolen war diese für jede nur mögliche Kombination homogen eins zu 10^{148}. Unter der Maßgabe, daß es sich um den sinnvollen Satz in einer bekannten Sprache handelt, wird sie für viele Buchstabenkombinationen gleich null, dafür aber für andere entsprechend größer als eins zu 10^{148}. Damit wir auch verschiedene Sätze miteinander vergleichen können, müssen die Wahrscheinlichkeiten »normiert«, das heißt »anteilig« berechnet sein. Mit anderen Worten, die Summe der Wahrscheinlichkeiten aller möglichen Kombinationen muß immer gleich eins sein. Die Entropie stellt dann den *Mittelwert* des (negativen) Logarithmus dieser Wahrscheinlichkeiten dar*.

Dieser Boltzmannsche bzw. Shannonsche Entropieausdruck wird heute sehr vielseitig – leider oft auch kritiklos – angewandt. Wir hoffen, klargelegt zu haben, daß ein sinnvoller Gebrauch nur dort angezeigt ist, wo der Mittelwert auch eine bestimmte Aussagekraft besitzt. Das ist mit Sicherheit bei der Verteilung der Energie auf die verschiedenen Quantenniveaus eines Molekülsystems der Fall. Hier interessiert die *individuelle* Verteilung kaum. Der Chemiker möchte beispielsweise wissen, wieviel Wärme bei gegebener Temperatur in einem technischen Prozeß abzuführen ist. Ebenso nützlich ist eine Kenntnis der Entropie bei der Dechiffrierung einer verschlüsselten Nachricht.

In jedem Einzelfalle wird man sorgfältig zu prüfen haben, ob bei der Mittelwertbildung nicht gerade das Wesentliche verlorengeht. Sehr viel detailliertere Aussagen über eine Verteilung als aus dem bloßen Mittelwert der Entropie gehen aus den auf S. 163 dargestellten Ruchschen Partitionsdiagrammen hervor. Sie offerieren bisher ungenutzte Möglichkeiten für eine Erweiterung der statistischen Theorie im Sinne einer stärkeren Berücksichtigung des Details.

Als sehr fragwürdig beurteilen wir dagegen Anwendungen des Entropiebegriffs in der sogenannten Informationsästhetik. Unsere Kritik richtet sich hier nicht gegen die Untersuchung ästhetischer Probleme mit Hilfe der Informationstheorie, sondern gegen die Praktizierung der Mittelwertverfahren dort, wo die wesentliche Information allein im *Detail* zu finden ist.

Anwendungen des Informationsbegriffs in der Ästhetik laufen im allgemeinen auf vergleichende Aussagen hinaus. Wenn zum Beispiel die »Originalität« verschiedener Musikprogramme zueinander in Beziehung gesetzt wird, wie Abraham A. Moles[43] dies versucht hat, so müssen bei der Mittelwertberechnung auch normierte

* Hier ist zu beachten, daß der Logarithmus einer Zahl, die kleiner als eins ist, negativ wird ($-\log_{10} 1/10^{148} = +148$). Den Mittelwert erhält man, indem man jeden Logarithmus-Term mit seiner anteiligen Wahrscheinlichkeit multipliziert und über alle Terme aufsummiert.

Wahrscheinlichkeiten eingesetzt werden. Sonst ist ein Vergleich einfach nicht möglich. Welche Verwirrung man stiften kann, wenn man bei einer Mengenaufteilung die Normierung im unklaren läßt, möchten wir hier in Form einer kleinen Geschichte* darlegen, bei der sich der Leser von der Mühe dieses Kapitels ein wenig erholen mag.

Ali Baba hatte vier Söhne. Als er starb, hinterließ er neununddreißig Kamele. Zuvor hatte er bestimmt, daß sein Erbe nach folgendem Schlüssel unter den vier Söhnen aufzuteilen sei. Der Älteste erhalte die Hälfte, der Zweitälteste ein Viertel, der Drittälteste ein Achtel und der Jüngste ein Zehntel seiner Habe.

Da standen nun die vier Brüder ratlos vor ihrem Erbe – bis ein Fremder auf seinem Kamel dahergeritten kam.

Der wußte sofort Rat.

Er stellte sein Kamel zu den neununddreißig anderen und begann zu teilen: Der Älteste bekam zwanzig, der Zweitälteste zehn, der Drittälteste fünf und der Jüngste vier. Ein Kamel blieb übrig. Das nahm der Fremde – denn es war das seine – und ritt davon.

Ungläubig schauten die vier Brüder ihm nach. Es war der Älteste, der zuerst zu rechnen begann. Hatte ihm der Vater nicht nur die Hälfte seiner Habe vermacht? Doch zwanzig Kamele sind eindeutig mehr als die Hälfte von neununddreißig. Also müßte jemand von ihnen benachteiligt worden sein. Aber so sehr sie alle auch nachrechneten, jeder fand, daß er mit einem Vorteil davongekommen sei. So beschlossen sie, einen Weisen aufzusuchen und sich von ihm das Wunder erklären zu lassen.

Dieser rechnete vor, daß bei einer Teilung von neununddreißig nach dem von ihnen angewandten Schlüssel immer ein Rest von

$$39 - 39\,(1/2 + 1/4 + 1/8 + 1/10) = 39/40$$

übrigbleiben müsse. Da aber der Vater verfügt habe, daß seine *gesamte* Hinterlassenschaft aufzuteilen sei, müsse das gleiche Verfahren auch auf jeden verbleibenden Rest angewendet werden. So kämen sie am Ende schon zum richtigen Ergebnis.

---

* Abgewandelte Kurzfassung der Titelgeschichte aus »Ali Baba und die 38 Kamele« von Karl Menninger, Vandenhoeck & Ruprecht, Göttingen 1964.

Hier sei die Bemerkung erlaubt, daß den vier Brüdern wohl kaum die Bedeutung einer geometrischen Reihe und ihrer Konvergenz klargeworden sein wird. Aber sie hatten unbegrenztes Vertrauen zu dem weisen Mann und seinen mathematischen Fähigkeiten und ließen sich überzeugen, daß alles Rechtens sei.

Natürlich hätte der weise Mann den vier Brüdern auch gleich sagen können, daß die Summe von $^1/_2$, $^1/_4$, $^1/_8$ und $^1/_{10}$ nicht eins ergibt und daß sie das Problem der *restlosen* Aufteilung sofort durch Normierung der Teilersumme lösen könnten. Man braucht also nur jeden Anteil durch die Summe der Brüche zu dividieren (das heißt mit 40/39 zu multiplizieren).

(Übrigens lassen sich beliebig viele Geschichten dieser Art mit allen möglichen Zahlenverhältnissen erfinden – solange nur der Vorrat an Kamelen reicht.)

Gleichgewicht

Seine klassische Arbeit über die Entropie beschließt Rudolf Clausius mit den Worten:

»Die Energie der Welt ist constant.

Die Entropie der Welt strebt einem Maximum zu.«

Heutzutage ist man in den Formulierungen etwas zurückhaltender. John Archibald Wheeler hat die Einstellung zur Ordnung des Universums in den Worten zusammengefaßt: »We can believe that we will first understand how simple the universe is when we recognize how strange it is.«*

Die Thermodynamik wäre nicht ein so wundervolles, logisch in sich geschlossenes Denkgebäude, wenn sie sich in Spekulationen über das Universum verloren hätte. Die Stärke ihrer Argumentation beruht gerade darauf, daß sie sich mit abgegrenzten Systemen befaßt, deren Anfangs- und Randbedingungen reproduzierbar kontrolliert werden können. Sie ist daher eine Wissenschaft, die sich eher auf das im Laboratorium untersuchbare System als auf das

---

* Wir können davon ausgehen, daß wir erst dann verstehen werden, wie einfach das Universum ist, wenn wir zur Kenntnis genommen haben, wie eigenartig es ist.

Universum bezieht. Als solche gewährt sie vor allem Einsichten in die abgrenzbaren Systeme der *unbelebten* wie auch der *belebten* Welt.

Die beiden von Clausius geprägten Sätze über das Verhalten der Energie und der Entropie der Welt bilden, wenn man sie auf abgeschlossene Systeme anwendet, die Grundaxiome der Thermodynamik.

Der erste Hauptsatz stellt ein Invarianz- oder Erhaltungsprinzip dar und repräsentiert eine der grundlegenden – bereits des öfteren in diesem Buch apostrophierten – Symmetrierelationen.

Der zweite Hauptsatz dagegen bringt die Unsymmetrie im Ablauf natürlicher Prozesse zum Ausdruck. Ja, er beinhaltet das einzige fundamentale Naturprinzip, das eine Vorzugsrichtung der Zeit festlegt. Das klingt zunächst paradox. Denn in den Gesetzen der Mechanik – einschließlich der Relativitätstheorie und Quantenmechanik – ist die Richtung der Zeit nicht ausgezeichnet (s. S. 135) Wie kommt es dann, daß in der Entropie, deren Berechnung auf den Gesetzen der Mechanik basiert, eine solche Dissymmetrie erscheint? Sollte eine Spiegelung der in ihrer Richtung ohnehin nicht festgelegten mechanischen Prozesse nicht auch eine Vorzeichenumkehr in der Entropieänderung bewirken? Das aber würde wieder dem zweiten Hauptsatz der Thermodynamik widersprechen.

Dieser Einwand gegen eine statistisch-mechanische Interpretation des zweiten Hauptsatzes ist so alt wie die Theorie selber. Er wurde zuerst von Boltzmanns Zeitgenossen und Landsmann Joseph Loschmidt erhoben. Eine Aufklärung dieses Sachverhalts ist vor allem im Hinblick darauf, welche Kräfte im Bereich der Lebewesen für Ordnung sorgen, von allergrößter Bedeutung.

Der zweite Hauptsatz sagt aus, daß die Entropie eines abgeschlossenen Systems zunehmen muß, bis dieses im Gleichgewicht ist. Die *»innere«* Entropieerzeugung – das ist die aufgrund der im System ablaufenden Prozesse pro Zeiteinheit erzeugte Entropie – ist stets positiv und wird erst mit Einstellung des Gleichgewichts zu null. Dieser Satz gilt auch für nicht abgeschlossene – das heißt im Wärmeaustausch mit ihrer Umgebung stehende – Systeme bei konstanter Temperatur. Wichtig ist in diesem Falle, daß man die *»innere«* Entropieerzeugung von den mit dem Wärmeaustausch verknüpften Entropieflüssen unterscheidet. Der Gleichgewichtszustand selber ist ein stabiler Zustand, der nur durch äußere physikalische Veränderungen aufgehoben werden kann. Innere Fluktuationen vermögen allenfalls lokale (mikroskopische) *Entropieabnahmen* zu bewirken, die sich aber aufgrund der Forderung des zweiten Hauptsatzes immer wieder selbständig ausgleichen müssen. Der typische Fall einer solchen Gleichgewichtseinstellung, inklusive des mikroskopischen Schwankungsverhaltens ist im Ehrenfest-Spiel (s. S. 52) modellmäßig verwirklicht.

Das Wesen des Gleichgewichts wird von jedermann intuitiv begriffen. Eine Waage ist im Gleichgewicht, wenn beide Waagschalen gleich belastet sind. Ein Pendel schwingt um seine Gleichgewichtslage. Gleichgewicht bedeutet Kräfteausgleich: »balance of power«, in der Mechanik, in der Thermodynamik, wie auch in der Politik. Arthur Schopenhauer hat dies treffend beschrieben[44]:

> »Eine Gesellschaft Stachelschweine drängte sich an einem kalten Wintertag recht nahe zusammen, um, durch die gegenseitige Wärme, sich vor dem Erfrieren zu schützen. Jedoch bald empfanden sie die gegenseitigen Stacheln; welches sie dann wieder voneinander entfernte. Wann nun das Bedürfnis der Erwärmung sie wieder näher zusammenbrachte, wiederholte sich jenes zweite Übel, so daß sie zwischen beiden Leiden hin- und hergeworfen wurden, bis sie eine mäßige Entfernung voneinander herausgefunden hatten, in der sie es am besten aushalten konnten. –
> So treibt das Bedürfnis der Gesellschaft, aus der Leere und Monotonie des eigenen Innern entsprungen, die Menschen zueinander; aber ihre vielen widerwärtigen Eigenschaften und unerträglichen Fehler stoßen sie wieder voneinander ab. Die mittlere Entfernung, die sie endlich herausfinden, und bei welcher ein Beisammensein bestehen kann, ist die Höflichkeit und feine Sitte. Dem, der sich nicht in dieser Entfernung hält, ruft man in England zu: keep your distance! – Vermöge derselben wird zwar das Bedürfnis gegenseitiger Erwärmung nur unvollkommen befriedigt, dafür aber der Stich der Stacheln nicht empfunden.«

Ein unter Kräfteeinwirkung stehendes System wird sich so lange verändern, bis es im Gleichgewicht, das heißt, bis es – im Mittel – kräftefrei ist. Der so fixierte Zustand braucht keineswegs »eingefroren« zu sein; es kann trotzdem ständig und reversibel Energie (oder auch Materie) zwischen den Konstituenten ausgetauscht werden. So ist eine gleichbelastete Waage, die fortwährend hin- und herschwingt, durchaus im Gleichgewicht. Ja, eine Wägung läßt sich sogar genauer ausführen, solange das Zünglein an der Waage in Bewegung ist.

Gleichgewicht ist im Beispiel der Waage wirkliche Gleichgewichtigkeit, unabhängig davon, ob wir dem System Energie zuführen und es dadurch zu Schwingungen veranlassen oder nicht. Die Symmetrie der Gleichgewichtssituation dokumentiert sich in der Symmetrie der Schwingungsbewegung. Beim Herausheben des Waagebalkens aus seiner Ruhelage wird von der Waage potentielle Energie aufgenommen, die proportional zum *Quadrat* der Auslenkung, das heißt unabhängig von deren Richtung ist. Während der Schwingung des sich selbst überlassenen Systems wird ständig potentielle in kinetische Energie umgewandelt (und umgekehrt), wobei die Gesamtenergie (abgesehen von Reibungsverlusten) konstant bleibt. Die kinetische Energie ist ebenfalls proportional zum *Quadrat* der jeweiligen Geschwindigkeit. Diese quadratische Relation beider Energieanteile ist unmittelbarer Ausdruck der Symmetrie des Gleichgewichtszustandes.

Natürlich wird im Laufe der Zeit – infolge der nicht auszuschaltenden Reibung – die Schwingung langsam abklingen. Bei thermischer Isolierung des Systems würde sich die gesamte Energie der korrelierten Schwingung dann als Wärmeenergie in den unkorrelierten Bewegungen der atomaren Bausteine des Waagenmaterials wiederfinden.

Wenden wir uns nun kurz einer Betrachtung dieser speziellen Energieform zu. In einem abgeschlossenen, gegen jegliche Art von Wärmeaustausch isolierten System ist die innere Energie konstant. Gleichgewicht bedeutet auch hier gleichmäßige Verteilung der Energie auf alle verfügbaren Quantenniveaus. Der Zustand des Systems ist durch thermodynamische Parameter wie Temperatur, Entropie, Druck, Volumen, (relative) chemische Mengenverhältnisse etc. gekennzeichnet. Diese unterliegen ständigen lokalen und zeitlichen Schwankungen, doch können sie – im Gegensatz zum Gleichgewichtsmodell der Waage – auch im Falle einer von außen induzierten Störung niemals zu echt periodischen Bewegungen aufgeschaukelt werden. Aufgrund des ständigen Energie- und Impulsaustauschs zwischen allen molekularen oder atomaren Teilchen kann es nie zu einer makroskopisch korrelierten Beschleunigung kommen. Das ist die Konsequenz eines zuerst von Lars Onsager[45] allgemein formulierten Prinzips.

Es gibt jedoch eine auffallende Parallele zwischen den beiden genannten Gleichgewichtstypen, die in der Symmetriebeziehung verankert ist. Josef Meixner[46] hat in einer fundamentalen Arbeit über die Thermodynamik der Ausgleichsvorgänge in der Nähe des Gleichgewichts – man nennt sie Relaxationsvorgänge – auf diese Analogie aufmerksam gemacht: Innere Energie und Entropie lassen sich – wie im Waagebeispiel – als quadratische Formen von »Auslenkungsparametern« – das sind hier die kleinen Abweichungen der thermodynamischen Variablen von ihren Gleichgewichtswerten – darstellen.

Besonders anschaulich wird dieser Zusammenhang durch das Ehrenfestsche Urnenspiel (s. Tafel 3) demonstriert. Gleichgewicht drückt sich in der Gleichverteilung der Kugelsorten aus, zum Beispiel auf einem Spielbrett mit 8 × 8 Feldern durch 32 schwarze und 32 weiße Kugeln. Als »Störparameter« wäre jede Abweichung der Kugelzahl von ihrem Erwartungswert zu bezeichnen. Wie aus Abb. 6 zu ersehen ist und wie man selbst im Spiel verifizieren kann, verteilt sich die Wahrscheinlichkeit für die Abweichung vom Erwartungswert gemäß einer Gaußschen Glockenkurve, die in der Nähe des Gleichgewichtspunkts eine quadratische Abhängigkeit aufweist. Eben diese ist auch für die Entropieänderung kennzeichnend, und darin kommt wiederum die Symmetrie des Systems in bezug auf den Gleichgewichtspunkt zum Ausdruck.

Sämtliche nur möglichen Abweichungen der Entropie vom Gleichgewichtswert haben ein negatives Vorzeichen. Die Entropie kann bei der Rückeinstellung des Gleichgewichts – egal aus welcher Richtung sie erfolgt – nur *zunehmen*. In der Umgebung des Gleichgewichts sind somit Vergangenheit und Zukunft nicht mehr aus dem Verhalten der Entropie zu unterscheiden. Die Tatsache, daß wir ein Zeitbewußtsein haben, basiert darauf, daß der Bereich des Universums, in dem wir leben, noch weit vom Gleichgewicht entfernt ist. Das heißt, daß der Ausgleich noch nicht weit vorangeschritten, die Welt also – wie Friedrich Hund[47] es formulierte – noch »relativ jung« ist.

Das auf S. 53 beschriebene Kugelspiel zeigt, daß wirkliche zeitliche Unsymmetrien allein auf die Anfangsbedingungen der Kugelverteilung, nicht aber auf die Gesetze, nämlich die Spielregeln, zurückzuführen sind. Die statistische Formulierung des zweiten Hauptsatzes schließt ein, daß *jede definierte* Korrelation einer Verteilung im Laufe der Zeit zerfließen muß. Der Gleichgewichtszustand, wie man an den Kugelverteilungen mit spezifischen Koordinaten abzählen kann, ist durch ein Maximum an Realisierungsmöglichkeiten charakterisiert. Eine *bestimmte* (das heißt in den Koordinaten festgelegte) Anordnung mit gleich vielen schwarzen und weißen Kugeln ist aber ebenso unwahrscheinlich wie eine der beiden extrem unsymmetrischen Verteilungen, zum Beispiel die mit nur schwarzen oder nur weißen Kugeln.

Diese Aussage macht Loschmidts Zeitumkehreinwand gegenstandslos. Eine Zeitumkehr bedeutet nämlich die Projektion einer erfahrenen Vergangenheit in die ungewisse Zukunft, sie bewirkt also prompt die Festlegung einer Korrelation, die ebenso zerrinnen muß wie *jede* andere *definierte* Korrelation. Ilya Prigogine[48] hat der Entropie eine statistische Formulierung gegeben, die diesen Sachverhalt explizit berücksichtigt und damit den wahren Charakter der Entropie als Informationsmaß – als Maß unseres Wissens über die Wirklichkeit – unterstreicht. Zeitumkehr in einem Nicht-Gleichgewichtszustand beinhaltet in Prigogines Deutung daher auch einen (negativen) Sprung der Entropie mit anschließendem Ausgleich, der das aus der Vergangenheit in die Zukunft projizierte Verhalten als Zerfließen von Gegenwartsinformation – nämlich der im Moment der Zeitumkehr festgelegten Korrelation – widerspiegelt.

Man kann diese außerordentlich diffizilen Vorgänge heute im Experiment simulieren. Im Zusammenhang mit dem Paritätsproblem (s. S. 138) hatten wir bereits die Möglichkeit einer Beeinflussung von atomaren Kreiseln durch ein von außen angelegtes Magnetfeld erwähnt. Denken wir uns ein Ensemble von solchen atomaren Kreiseln, die in der Lage sind, ihre Energie untereinander auszutauschen, so daß man nach Einstellung der Gleichgewichtsverteilung (der Energie) von einer Kreisel- oder Spintemperatur sprechen kann. Durch bestimmte Manipulation des äußeren Magnetfeldes – also durch einen Eingriff »von außen« – läßt sich so etwas wie eine Zeitumkehr simulieren. Da die Einstellung des Spintemperaturgleichgewichts eine gewisse Zeit in Anspruch nimmt, kann man das Echo eines dem Augenblick der Zeitumkehr unmittelbar vorangegangenen Prozesses registrieren. Die Resultate solcher Experimente, wie sie zum Beispiel von John S. Waugh[49] und Mitarbeitern ausgeführt wurden, sind vollkommen konsistent mit den Erwartungen der statistischen Theorie.

Wir hatten die Diskussion über das thermodynamische Gleichgewicht mit einem Zitat von Rudolf Clausius eröffnet. Wie ist dieses aus heutiger Sicht zu beurteilen?

Der Energiesatz, wenn man ihn im Sinne der Relativitätstheorie erweitert und die Äquivalenz von Masse und Energie einbezieht, gehört zu den Grundaxiomen der Physik, dessen Gültigkeit aufgrund der vorliegenden Erfahrung nicht bezweifelt werden kann. Der Entropiesatz, auf den uns zugänglichen Teil der Welt angewandt, läßt vermuten, daß wir uns noch in einem sehr frühen Entwicklungsstadium – also weitab vom Gleichgewicht – befinden. Auch das uns eigene Zeitbewußtsein, das sich am Veränderlichen orientiert und im Lebensrhythmus unserer Gehirnzellen verankert ist, hat seine Wurzeln in der vom zweiten Hauptsatz geforderten Irreversibilität.

Welche Konsequenzen sich aus dem Entropiesatz einmal für den Zustand der Welt in ferner Zeit ergeben, entzieht sich noch völlig unserer Kenntnis. Die Zukunft liegt im Dunkel, ja, man könnte sagen: im Dunkel des Nachthimmels. Daß es nachts dunkel wird, liegt daran, daß alles Licht, das wir von der Sonne empfangen – abgesehen von der geringfügigen Reflexion durch den Mond und einige Planeten –, uns auf direktem Wege erreichen muß. Es wird vom Kosmos nicht reflektiert, das Universum befindet sich nicht im Strahlungsgleichgewicht. Diese Erscheinung beschäftigt die Physiker schon seit langem; sie hat ihre Ursache in der Expansion des Weltalls, die mit der gleichen Geschwindigkeit wie die Ausbreitung des Lichtes erfolgt.

Auch in unserem Sonnensystem stellt sich das thermodynamische Gleichgewicht nicht ein, solange die Energiequellen nicht versiegen. Wir selber könnten eine Aufhebung der Irreversibilität niemals wahrnehmen, denn gerade die Unsymmetrie des nicht eingestellten Gleichgewichts ist eine der wesentlichen Voraussetzungen für die Existenz allen Lebens. Die Aufhebung dieser Dissymmetrie bedeutet den »Wärmetod« des gesamten Universums und damit auch allen Lebens.

Was kommt danach?

Zeitlosigkeit?

Oder Zeitumkehrung, verbunden mit einer Kontraktionsphase des Universums?

Wir haben mit diesen Fragen die Grenzen unseres Wissens weit überschritten.

8.4 Die Ordnung des Lebenden

Gefesselte Dämonen

Im Erscheinungsbild unserer Welt spiegelt sich eher Ordnung als Unordnung wider. Der zweite Hauptsatz der Thermodynamik ist oft so ausgelegt worden, als wirke er jedem Streben nach Ordnung entgegen. Das ist – in dieser Form ausgedrückt – nicht richtig. Unter den Existenzbedingungen unseres Lebensraumes ist thermodynamisches Gleichgewicht durchweg ein Zustand hohen Ordnungsgrades, und zwar nicht nur im Sinne der Festlegung definierter Mengenverhältnisse der Stoffe, sondern auch in bezug auf die Fixierung ihrer räumlichen Anordnung. Carl Friedrich v. Weizsäcker hat das einmal so formuliert[50]: »Der Wärmetod besteht nicht aus einem Brei, sondern aus vielen Skeletten.«

Daß wir der Ordnung in unserer Umwelt auf Schritt und Tritt begegnen, rührt daher, daß die Temperaturen auf unserem Planeten – um mit Erwin Schrödinger[51] zu sprechen – »in der Nähe« des absoluten Nullpunktes liegen. Gemessen an der Temperatur der Sonne, die auf ihrer Oberfläche zwischen 4000 K und 7000 K* beträgt, während sie im Innern gar 17–21 Millionen K erreicht, sind Temperaturen um 300 K, wie sie etwa auf der Erde vorliegen, in der Tat als »nahe am absoluten Nullpunkt« zu bezeichnen.

Die Entstehung von Ordnung und Gleichgewicht ist durchaus konform mit den Forderungen des Entropiesatzes, das heißt einer

---

* K = absoluter Grad Kelvin.

stets positiven »inneren« Entropieerzeugung. Diese geht entweder auf Kosten der in den Wechselwirkungen lokalisierten inneren Energie, oder sie muß durch entsprechende Wärmeflüsse unterhalten werden. Eine andere Möglichkeit zur spontanen Einstellung von Ordnung im abgeschlossenen System gibt es nicht. Da müßten schon »dämonische Kräfte« am Werke sein.

Man hat wiederholt versucht, das Wesen des Entropiesatzes mit Hilfe von »Als-ob-Dämonen« klarzumachen. Léon Brillouin hat die Ergebnisse solcher Überlegungen besonders klar zusammengefaßt. Sie lassen sich etwa folgendermaßen formulieren: Auch Dämonen benötigen zur Ausführung ihrer Arbeit einen Stoffwechsel, und die damit verbundene Entropieerzeugung würde jedes Defizit in der Entropiebilanz wettmachen.

Wir wollen diese Dämonen, die von ihren »Erfindern« allein zur Klarstellung gewisser Paradoxien – und nicht etwa, weil man ernsthaft an sie glaubte – postuliert wurden, noch etwas näher charakterisieren. Wir gelangen damit unmittelbar in die Nähe des Problems der biologischen Ordnung.

1. Maxwells Dämon: James Clerk Maxwell beschrieb 1871 in seiner Theorie der Wärme ». . . a being whose faculties are so sharpened that he can follow every molecule in his course, and would be able to do what is at present impossible to us . . .«*. Dieses Wesen könnte eine Türklappe in einer Trennwand, die einen Kasten in zwei Hälften teilt, betätigen. Jedesmal, wenn ein schnelles Molekül aus der rechten Kastenhälfte auf die Trennwand zufliegt, öffnet der Dämon schnell die Klappe und läßt es hindurch, während er vor den langsamen Molekülen die Klappe sorgfältig verschlossen hält. Auf der linken Seite verfährt er gerade umgekehrt, er läßt nur die langsamen Moleküle in die rechte Hälfte übertreten und weist die schnellen ab. Auf diese Weise sammeln sich alle schnellen Moleküle in der linken, alle langsamen dagegen in der rechten Hälfte an. Die Temperatur im linken Kastenteil stellt sich auf einen hohen, im rechten aber auf einen niedrigen Wert ein.

* ». . . ein Wesen, dessen Fähigkeiten so fein entwickelt sind, daß es jedem Molekül in seiner Bahn folgen kann und in der Lage wäre, etwas zu tun, was uns zur Zeit nicht möglich ist . . .«.

Freilich kann man Maschinen bauen, die eine solche Aufgabe leicht bewältigen: Ein Gas wird zunächst komprimiert und nach Wärmeaustausch mit der Umgebung in ein anderes Gefäß übergeleitet, wo es sich adiabatisch entspannt. Da die im Kompressionsteil erzeugte Wärme abgeleitet wurde, kommt es nun im Dilatationsgefäß zu einer Abkühlung. Wichtig ist, daß es *keinen mikroskopischen* Mechanismus gibt, der langsame und schnelle Moleküle auftrennt und auf diese Weise in einem abgeschlossenen System mit homogener Temperaturverteilung spontan einen Gradienten erzeugt. So etwas ist nur durch äußeren Eingriff, also mit Hilfe einer Maschine möglich, die Energie verbraucht. (Jeder Kühlschrankbesitzer weiß darüber hinaus, daß »Kältekalorien« teurer als »Wärmekalorien« sind.)

2. *Loschmidts Dämon:* Wir stellen uns einen Geist vor, der einen Zeitschalter betätigen kann, mit dem er plötzlich die Zeitrichtung umkehrt und alle Prozesse der Vergangenheit in die Zukunft hineinprojiziert. Wir haben im vorangehenden Abschnitt die Konsequenzen einer Zeitumkehr schon ausführlicher diskutiert.

Ilya Prigogine hat gezeigt, daß der damit verbundene Informationsgewinn einem Entropiesprung gleichzusetzen ist und somit »bezahlt« werden muß. Also ist auch dieser Dämon durch den zweiten Hauptsatz »gefesselt«. Wiederum läßt sich, wie das auf S. 179 beschriebene Magnetische-Echo-Experiment beweist, eine Maschine konstruieren, mit deren Hilfe man – allerdings unter erheblichem Energieaufwand – den Effekt einer Zeitumkehr zu simulieren vermag.

3. *Monods Dämon:* In seinem Buch »Zufall und Notwendigkeit« schreibt Jacques Monod[52]: »Der zweite Hauptsatz formuliert nur eine statistische Voraussage und schließt damit selbstverständlich nicht aus, daß ein beliebiges makroskopisches System in einer Veränderung von sehr geringer Reichweite und für eine sehr kurze Zeitdauer den Abhang der Entropie wieder hinabsteigen, das heißt irgendwie in der Zeit zurückgehen kann. Bei den Lebewesen sind es gerade jene wenigen und flüchtigen Veränderungen, die, nachdem der Replikationsmechanismus sie eingefangen und reproduziert hatte, durch die Auslese festgehalten worden sind. Die selektive Evolution ist in der Auswahl jener seltenen, kostbaren Störungen begründet, die unter einer Unzahl an-

derer gleichfalls in dem riesigen Vorrat des makroskopischen Zufalls enthalten sind; sie stellt in diesem Sinne eine Art Maschine dar, mit der man in der Zeit zurückgehen kann.«

An anderer Stelle deutet Monod an, wie er sich diese »Maschine« vorstellt: »Die Enzyme funktionieren schließlich genau wie der Maxwellsche Dämon nach der Richtigstellung durch Szilard und Brillouin: Sie zapfen das chemische Potential auf den Wegen an, die das Programm festgelegt hat, dessen Ausführende sie sind.« Prigogine[48] wendet sich entschieden gegen einen solchen (hypothetischen) »Gleichrichter« für Entropieschwankungen, denn eine derartige, aus der statistischen Mechanik von Gleichgewichtsprozessen übernommene Argumentationsweise ist nicht ohne weiteres auf Situationen fernab vom Gleichgewicht zu übertragen. Er folgert: »Far from being the work of some army of Maxwell's demons, life appears as following the laws of physics appropriate to specific kinetic schemes and to far from equilibrium conditions.«* Wir unterstellen, daß auch Monod – wie vor ihm Maxwell und Loschmidt – sich der Tatsache bewußt war, daß derartige »dämonische« Kräfte in mikroskopischer Form in *Gleichgewichtssystemen* nicht wirksam werden können. Nicht umsonst spricht er daher von einer »Maschine«. Aber es sind keineswegs die Enzyme, die etwa aufgrund ihrer Konstruktion einen (mikroskopischen) Schwankungsgleichrichter repräsentieren könnten. Im Gleichgewicht arbeiten auch die Enzyme vollkommen *reversibel.*

Eine Analyse der entsprechenden Nicht-Gleichgewichtssituation zeigt nun, daß auch *fernab* vom Gleichgewicht aufgrund physikalischer Gesetzmäßigkeiten die spontane und kontinuierliche »Gleichrichtung« von Fluktuationen, wie man sie einem Dämon (das bedeutet: einer mikroskopischen Maschine) abverlangen würde, nicht möglich ist. Das Ordnen muß auch hier aufgrund einer makroskopischen Unterhaltung von Energieflüssen erfolgen, ähnlich wie bei einer maschinellen Realisierung der beiden vorher genannten Effekte.

---

* Weit entfernt davon, das Werk einer Armee von Maxwellschen Dämonen zu sein, erscheint Leben als ein Phänomen, das den Gesetzen der Physik gehorcht, die bestimmten Reaktionsschemata und Bedingungen eigentümlich sind, die nur weitab vom Gleichgewicht realisiert werden können.

Zur Klärung des Sachverhaltes wollen wir ein System betrachten, das fernab vom Gleichgewicht ist. Wir denken dabei weniger an die Einstellung des Temperaturgleichgewichts, das im allgemeinen innerhalb von Millionstel bis Milliardstel Sekunden geschieht, als vielmehr an eine chemische Umwandlung, die mit endlicher, leicht meßbarer Geschwindigkeit abläuft. Solange sich das System nicht im Gleichgewicht befindet, sind Kräfte wirksam, die darauf abzielen, das System in den Gleichgewichtszustand zu überführen, wobei (weitab vom Gleichgewicht) durchaus »Umwege« erlaubt sind. Nun kann man durch ständige Zufuhr von frischen Reaktionspartnern sowie durch die kontinuierliche Entfernung der Reaktionsprodukte das System daran hindern, je ein Gleichgewicht zu erreichen. Ja, man kann die Regulierung so abstimmen, daß im Gefäß konstante Mengenverhältnisse von Reaktionspartnern und Reaktionsprodukten vorliegen. Es sieht dann so aus, als sei das System im Gleichgewicht, denn die Mengenverhältnisse sind stationär und verändern sich nicht mehr mit fortschreitender Zeit. Zum Unterschied vom wirklichen Gleichgewicht wird hier jedoch ständig Entropie erzeugt. Natürlich treten auch statistische Fluktuationen auf, und wir müssen untersuchen, welche Auswirkungen diese im Hinblick auf die Stabilität des stationären Zustandes haben.

Eine solche Analyse ist bereits detailliert im 4. Kapitel mit Hilfe der statistischen Kugelspiele ausgeführt worden. Es waren grundsätzlich drei Möglichkeiten zu unterscheiden: Der betrachtete stationäre Referenzzustand ist *stabil* – wie es beim echten Gleichgewicht *immer* der Fall ist –, oder er ist *indifferent*, das heißt die Mengenverhältnisse bleiben nicht konstant, sondern verändern sich stetig, oder die Situation ist *instabil*. In diesem Falle schaukeln sich Fluktuationen – die eine ausreichende Abweichung vom Referenzzustand bewirken – bis in makroskopische Dimensionen auf, so daß sie zum Zusammenbruch des Referenzzustandes führen. Allein der stabile Zustand gründet auf Voraussetzungen, wie sie auch dem Gleichgewicht zu eigen sind (s. S. 178). Allerdings ist eine wesentliche Nebenbedingung nicht mehr erfüllt: Der stationäre Zustand resultiert lediglich aus einer Kompensation von Auf- und Abbaugeschwindigkeiten – zum Beispiel der Bildung durch autokatalytische Reaktion und der Entfernung durch Abtransport –, nicht aber aus einer echten Reversibilität, einer gegenseitigen Umkehrung der beiden Prozesse. Damit entfallen die Voraussetzungen für eine der wichtigsten Symmetrien des Gleichgewichts, die eine absolute mikroskopische Reversibilität für jeden Teilschritt postulieren.

Der Unterschied zwischen Stabilität und Instabilität läßt sich am Beispiel eines im Parlament eingebrachten Mißtrauensvotums und seiner Konsequenzen verdeutlichen. Entweder gelingt es der Regierung, aufgrund der Abstimmung im Amt zu bleiben, dann wird sich an der Zusammensetzung des Parlaments nichts oder nur wenig ändern, das heißt, die Situation konnte »stabilisiert« werden. Oder aber die Opposition erringt die Stimmenmehrheit, dann muß das Parlament aufgelöst werden zugunsten einer neuen Zusammensetzung. Die Funktion des Parlaments als demokratische Institution bleibt davon unberührt, obwohl sich die Struktur, nämlich die Zusammensetzung erheblich geändert hat. (Die Erhaltung der Funktion trotz Zusammenbruchs der Struktur ist ein wesentliches Kennzeichen des evolutionären Prozesses. Bei einer Revolution hingegen wird zuerst einmal das ganze System zerstört und dann ein neues aufgebaut, ohne daß sichergestellt ist, ob dieses sich später auch tatsächlich als funktionsfähig erweisen wird. Beim evolutionären Prozeß ist dagegen der Zusammenbruch einer gegebenen Struktur nur aufgrund der höheren funktionellen Effizienz der neuen Struktur möglich, das heißt, der Vorteil muß zunächst »vorgewiesen« werden, bevor das Bestehende instabil werden kann.)

Zum Unterschied von den gerade beschriebenen, sich makroskopisch manifestierenden Veränderungen gibt es als dritte Möglichkeit noch das »indifferente« Verhalten (s. S. 45). Ein allmähliches Driften, das einem rein zufälligen »Zurückgehen in der Zeit« entspricht, wäre allein durch Anwendung der auf S. 42 beschriebenen Strategien S_0 zu realisieren. Es ist zu vermuten, daß Monod einen solchen Fall im Auge hatte, wenn er schreibt:

> »Man verstehe mich richtig. Wenn ich sage, daß die Lebewesen als Klasse nicht von den fundamentalen Prinzipien her voraussagbar sind, so will ich damit keineswegs suggerieren, daß sie aus diesen Prinzipien nicht erklärbar wären, daß sie sie irgendwie überschreiten und daß andere, allein und ausschließlich anwendbare Prinzipien herangezogen werden müßten. Nach meiner Ansicht ist die Biosphäre genauso unvorhersehbar wie die spezielle Konfiguration der Atome, aus denen der Kieselstein in meiner

Hand besteht. Gegen eine universelle Theorie wird niemand den Vorwurf erheben, daß sie die Existenz dieser speziellen Atomkonfiguration nicht behauptet und voraussieht; es genügt uns, daß dieses vorliegende, einzigartige und reale Objekt mit der Theorie vereinbar ist. Der Theorie zufolge muß dieses Objekt nicht, aber es darf existieren. Das genügt uns, wenn es um den Kieselstein geht, nicht aber für uns selbst. Wir möchten, daß wir notwendig sind, daß unsere Existenz unvermeidbar und seit allen Zeiten beschlossen ist. Alle Religionen, fast alle Philosophien und zum Teil sogar die Wissenschaft zeugen von der unermüdlichen, heroischen Anstrengung der Menschheit, verzweifelt ihre eigene Zufälligkeit zu verleugnen.«

Darwin: Prinzip oder Ismus?

Die Untersuchung der Dynamik der der Selektion und Evolution zugrundeliegenden Prozesse zeigt, daß die von Monod apostrophierte, völlig ungesteuerte Zufallssituation in der Evolution nicht vorliegt. Der »Schwankungsgleichrichter«, von dem Monod spricht, stellt ein gesetzmäßig festgelegtes und somit sich auch makroskopisch auswirkendes Geschehen dar, in dem der Zufall des Elementarereignisses durch ein mathematisch formulierbares und makroskopisch wirksames Naturgesetz gesteuert wird. Es handelt sich dabei um das im Selektionsspiel (s. S. 69) beschriebene Prinzip, das über Stabilität oder Instabilität eines Zustandes entscheidet. Dieses ist ebenso Naturgesetz wie alle Gesetze der Thermodynamik, ja, es läßt sich bei Fixierung der Randbedingungen aus diesen ableiten. Daß in der Evolution die Instabilitäten im allgemeinen nicht abrupt makroskopisch in Erscheinung treten, liegt allein an den nichtstationären Randbedingungen, die ein Wachstum auch weniger angepaßter Spezies noch zulassen.

Die Tatsache, daß das »ganze Konzert der belebten Natur allein aus störenden Geräuschen hervorgegangen ist«[52], spricht nicht gegen das Gesetzmäßige der Evolution. In den durch die bekannten Gesetze der Thermodynamik geregelten Gleichgewichten entsteht jeder individuelle Zustand ebenfalls aus »störenden Geräuschen«. Der Unterschied besteht lediglich im statistischen Mechanismus der

Fixierung (s. Ehrenfest-Spiel und Selektionsspiel). Als Kategorie – nicht dagegen in der individuellen Ausführung – ist der Kieselstein wie die lebende Zelle gesetzmäßig festgelegt.

Allerdings – und das soll uns noch ausführlicher beschäftigen – hat der Zufall im historischen Geschehen der Evolution seinen besonderen Stellenwert. Die Quelle der Veränderungen ist die Mutation. Sie geht jeweils aus einer vom Bewertungsmechanismus völlig unabhängigen Ereignisfolge hervor. (Das hat Monod in seinem Buch durch ein Gleichnis treffend dargestellt.) So wie durch den Selektionsprozeß die Auswirkungen der Mutationen gesetzmäßig unter Kontrolle gehalten und gesteuert werden, so bestimmt seinerseits der Zufall – aufgrund der durch die Selektion bewirkten makroskopischen Abbildung – die historisch-chronologisch einzigartige Abfolge der Geschehnisse. In diesem Zusammenhang sei nochmals an Eugene Wigners Ausspruch erinnert, demzufolge die Physik sich mit den Regelmäßigkeiten, nicht aber mit den mehr oder minder zufälligen Anfangs- und Randbedingungen natürlicher Ereignisse beschäftigt.

Die Phänomene von Selektion und Evolution lassen sich nicht nur als unter definierten Umweltbedingungen gesetzmäßig ablaufende Prozesse *beschreiben*, sondern auch im Laboratorium *nachvollziehen* und *überprüfen*. Führt man diese Experimente mit repräsentativen und relevanten Systemen aus, so läßt sich der Bezug zwischen Modell und Wirklichkeit unmittelbar herstellen. Wichtig ist, repräsentative Testobjekte zu finden und das Zufällige vom Prinzipiellen zu unterscheiden. Wir müssen uns von der Natur belehren lassen, aus welchem Grunde bestimmte Alternativen im historischen Ablauf ausgewählt wurden. Sidney Brenner charakterisierte dies einmal mit den Worten: »It's all engineering, molecular engineering.«*

Bei der Konstruktion einer Maschine ist allein die Funktion, nicht dagegen sind Struktur und Form im vorhinein festgelegt. Die wesentliche Botschaft, die die Molekularbiologie zu vermitteln hat, besteht gerade in der Aufdeckung der den Funktionen zugrundeliegenden physikalischen Gesetzmäßigkeiten. Dazu müssen natürlich

---

* Es ist alles Maschinenbau, molekulare Maschinenbaukunst.

zunächst die mehr oder minder zufälligen molekularen Strukturen und Formen experimentell ergründet werden.

Darwins Prinzip, das allen Lebensvorgängen eine einmalige Sonderstellung im Kosmos zuzuschreiben schien, ist für uns heute ein aus den Gesetzen der Thermodynamik ableitbares, mathematisch formulierbares Prinzip. Als solches kann es aber – wie die Gesetze der Thermodynamik – nur unter kontrollierten und eindeutig definierten Voraussetzungen und Randbedingungen strenge Gültigkeit besitzen, was nicht ausschließt, daß es auch dort, wo die Randbedingungen nicht eindeutig definiert sind, noch für den Ablauf der natürlichen Ereignisse relevante Aussagen macht.

Darwin selber hatte sein Prinzip als einen Erfahrungssatz verstanden und ihn unmittelbar zur Darstellung der historischen Wirklichkeit verwandt. Es hat ungefähr ein Jahrhundert gedauert, die fundamentalen Beziehungen zwischen seinen Leitgedanken und den quantitativen Überlegungen seiner Zeitgenossen Clausius, Boltzmann, Maxwell und Gibbs aufzudecken. François Jacob hat diese Entsprechung der Ideen in seiner hervorragenden Analyse der »Logik des Lebenden« herausgestellt[53]. Boltzmann war ein rückhaltloser Bewunderer Darwins: »Man wird dieses Jahrhundert einmal das Jahrhundert Darwins nennen«, bekannte er – in geradezu selbstverleugnerischer Bescheidenheit.

Der Darwin*ismus* ist überholt! Nicht etwa, weil seine Gegner, die Vitalisten, am Ende doch recht behalten hätten. Ein auf die fundamentalen Prinzipien der Physik zurückführbares Naturgesetz sollte nicht als »Ismus« bezeichnet werden. Dort, wo seine Voraussetzungen erfüllt sind, ist es Gesetz und läßt keine Alternativen zu; wo diese nicht zutreffen, kann es als Gesetz auch keinen Anspruch auf Gültigkeit erheben. Francis Crick[54] bezeichnete die Verankerung von Darwins Prinzip in den Gesetzen der Physik als »foundation of certainty«, als Fundament der Gewißheit. Es ist die Grundlage aller biologischen Selbstorganisation, von der Evolution über die Morphogenese bis zu den Gedächtnisleistungen des Zentralnervensystems.

Indem wir das Phänomen Leben auf die Gesetze der Physik und Chemie zurückführen, stellen wir keineswegs in Abrede, daß diese neue Ebene der Organisation sich in einer für diese allein typischen und charakteristischen Form äußert, ja daß aus der materiellen Organisation schließlich auch nicht-materielle Wirkungen hervorgehen. Vieles mag uns in diesem Bereich noch geheimnisvoll erscheinen, doch ist es Mangel an Detailwissen, nicht aber *Widerspruch* zu den bekannten Gesetzmäßigkeiten der Physik. Allein aufdeckbare Widersprüche würden es rechtfertigen, nach einer neuen, einer speziellen Physik der Lebenserscheinungen zu suchen.

Schöpfung oder Offenbarung?

Der Göttinger Physiker Robert Wichard Pohl pflegte in seinen Vorlesungen nach Klarlegung eines Sachverhaltes zu sagen: »Und darüber kann man sich gar nicht genug wundern.« Er meinte damit nicht etwa den Umstand, daß ein gerade ausgeführtes Experiment gelungen war, was in der Tat zuweilen als Wunder erscheinen mochte, wenn man bedachte, mit wie einfachen Mitteln er auch die komplexesten Sachverhalte darzustellen wußte. Das Eindrucksvolle war, daß er den Satz aussprach, *nachdem* alles aufgeklärt schien, *nachdem* man gerade glaubte, sich nicht mehr wundern zu müssen.

Ist das »Sichwundern« nicht die Quelle aller Erkenntnis? Zuerst stehen wir staunend und hilflos zugleich vor dem Unbegreiflichen. Neugier und Wissensdrang wachsen, je tiefer wir in das geheimnisvolle Dunkel eindringen und je mehr Tatsachen erhellt werden. Nachdem wir sie zur Kenntnis genommen haben, beginnen wir zu sichten, zu vergleichen und zu korrelieren, um schließlich den übergeordneten Zusammenhang zu verstehen. Aber bedeutet das notgedrungen auch das Ende des Wunders? Werden auf diese Weise einmal alle Wunder aus unserem Leben verschwinden?

Der englische Neurophysiologe Herbert James Campbell[55] beschreibt in seinem Buch »The Pleasure Areas« all jene Erkenntnisse, die man im Laufe der letzten Jahre über die Lokalisation von Lust und Schmerz im Zentralnervensystem der höheren Lebewesen sowie über deren verhaltenssteuernde Rolle gewonnen hat. Der Titel der deutschen Übersetzung »Der Irrtum mit der Seele« suggeriert ein Ende allen »Sichwunderns«. Die aufregenden Ergebnisse der neurophysiologischen Forschung auf dem Gebiet der Empfindungen beinhalten keineswegs, daß das Wundervolle dadurch zu existieren aufhört, daß man es begreift. Das Erkennen von Zusammenhängen bringt nach wie vor keine Antwort auf die von Leibniz gestellte Frage: »Warum etwas und nicht nichts ist.«

Das zentrale Thema dieses Kapitels ist die »Wunder-volle« Ordnung des Lebenden, allerdings nicht so sehr im Sinne einer Ordnung in Raum und Zeit – obwohl das Leben in räumlicher Gestalt, obwohl es in zeitlichem Rhythmus in Erscheinung tritt – als vor allem im Sinne von Organisation, Information und Einzigartigkeit. Schon jedes einzelne Proteinmolekül repräsentiert eine »Singularität«; es wurde aus einer unübersehbar komplexen Vielfalt von alternativen Strukturen und Verbindungen ausgewählt, in denen dieselben Bausteine lediglich in geänderter Zusammenstellung und Reihenfolge »systematisch« geordnet sind. Wollte man alle möglichen Proteinstrukturen, jede mit einer einzigen Kopie, darstellen, so hätte man es mit einer Menge zu tun, die sich auch bei dichtester Packung im gesamten Universum nicht unterbringen ließe. Der Bruchteil von Proteinstrukturen, der in der gesamten Erdgeschichte je entstanden sein kann, ist tatsächlich so verschwindend klein, daß die Existenz effizienter Enzymmoleküle an ein Wunder grenzt.

Der Mensch ist bestrebt, »Wunder« sogleich einzuordnen. Er versieht sie mit einem Adjektiv und weist ihnen damit einen Platz in seiner Weltanschauung zu:

unbegreiflich – Gott – Religion
gesetzmäßig – Materie – Dialektik
zufällig – Nichts – Existentialismus

Diese Kombinationen sind keineswegs fixiert, die Begriffe können ohne weiteres auch in anderer Weise miteinander in Beziehung gebracht werden:

Gott und Naturgesetz: »Ich glaube an den Gott Spinozas, der sich in der Harmonie alles Seins erweist, nicht an einen Gott, der sich mit den Schicksalen und Handlungen von Menschen befaßt«*.

oder:

Nichts und Dialektik: »Wir stimmen überein in dem Punkt, daß es keine menschliche Natur gibt; anders gesagt, jede Epoche ent-

* Antwort Albert Einsteins auf die telegraphische Frage des New Yorker Rabbi H. S. Goldstein: »Glauben Sie an Gott?«

wickelt sich nach dialektischen Gesetzen, und die Menschen sind von ihrer Zeit abhängig und nicht von einer menschlichen Natur.«*

Jacques Monod wendet sich – und wir meinen zu Recht – gegen jeden Versuch einer anthropozentrischen Deutung des Phänomens Leben, wie sie seiner Meinung nach den meisten Weltanschauungen und Religionen zu eigen ist. Er sieht im Animismus – »dem Bewußtsein, welches der Mensch aus der stark teleonomischen Wirkungsweise seines eigenen Zentralnervensystems ableitet und in die unbeseelte Natur projiziert« – schlichtweg eine Vergewaltigung jeder objektiven Erkenntnis.

Doch ist der Weg von einer Beschwörung des absoluten, blinden Zufalls[52]:

> »Der reine Zufall, nichts als der Zufall, die absolute, blinde Freiheit als Grundlage des wunderbaren Gebäudes der Evolution ...«,

bis hin zur apriorischen Verbannung jeglichen Versuchs[57]:

> »aufgrund von thermodynamischen Berechnungen zu beweisen, daß der Zufall *allein* die Auswahl in der Evolution nicht erklären kann«,

nicht weit. Ein solcher Versuch, wäre er erfolgreich, könnte in der Tat Monods Konzept zerstören, nämlich »aus objektiver wissenschaftlicher Erkenntnis« die Notwendigkeit »zu einer existentiellen Einstellung zum Leben und zur Gesellschaft« zu folgern. Ist dies nicht wieder der Versuch, eine auf den Menschen bezogene Seinslehre aus dem Verhalten der Materie abzuleiten, ein neuer Animismus also? Otto Friedrich Bollnow hat diese Lehre in bezug auf den Menschen folgendermaßen charakterisiert[58]:

> »Wenn man den anthropologischen Grundsatz der Existenzphilosophie mit wenigen Worten zu umschreiben versucht, so könnte man ihn dahin bestimmen, daß es im Menschen einen letzten, innersten, von ihr mit dem für sie charakteristischen Begriff als *Existenz* bezeichneten Kern gibt, der sich grundsätzlich jeder bleibenden Formung entzieht, weil er sich immer nur im Augenblick realisiert, aber auch mit dem Augenblick wieder dahin-

* Jean-Paul Sartre in einer Diskussion zu seinem Essay: »Ist der Existentialismus ein Humanismus?«[56]

schwindet. In der existentiellen Ebene, so heißt die Behauptung, gibt es grundsätzlich keine Stetigkeit der Lebensvorgänge und darum auch kein Bewahren des einmal Erreichten über den Augenblick hinaus und noch weniger darum einen stetigen Fortschritt, sondern immer nur den einzelnen Aufschwung, der sich aus der gesammelten Kraft im Augenblick vollzieht, und danach wieder den Absturz in einen Zustand uneigentlichen Dahinlebens, aus dem sich im späteren Augenblick gegebenenfalls ein neuer Aufschwung erheben kann.«

Wir sollten versuchen, die Frage nach dem »Gewicht« von Zufall und Notwendigkeit aus jeder ideologischen Polarisierung zu lösen, die ihr nur von denen aufgezwungen wurde, die aus der Antwort eine naturgesetzliche Rechtfertigung ihrer Argumentation erwarteten.

Es sind vor allem zwei Gesichtspunkte zu berücksichtigen:

1. Die Ordnungsrelationen, die sich aus dem zweiten Hauptsatz und seinen speziellen Anwendungen auf »offene« Nichtgleichgewichtssysteme ergeben, können nur statistisch interpretiert werden. Sie beziehen sich insbesondere auf eine Halbordnung (im Sinne der Mengenlehre), die unvergleichbare Alternativen enthält.
2. Die Zahl der möglichen Zustände ist so groß, daß sie innerhalb der räumlichen und zeitlichen Grenzen unseres Universums nicht »realisierbar« ist.

Aus diesen Gegebenheiten ist zu schließen, daß es zwar möglich ist, Gesetzmäßigkeiten in der Form von »Ordnungsrelationen« aufzustellen – etwa: »Die Entropie eines abgeschlossenen Systems nimmt zu, solange dieses nicht im Gleichgewicht ist«, oder: »Der Selektionswert in einem abgegrenzten ökologischen Raum (zum Beispiel dem Evolutionsreaktor) strebt einem Optimum zu, das den jeweiligen Umweltbedingungen angepaßt ist« – daß aber die dadurch festgelegte Ordnung durch eine große Zahl individueller Strukturvarianten gekennzeichnet sein muß. Denn die Zahl der insgesamt möglichen Alternativen ist so groß, daß jede tatsächliche, historische Abfolge in unserer begrenzten Wirklichkeit »individuelle« Einmaligkeit besitzen muß. Das Gesetz schreibt also lediglich vor, *daß* sich etwas in einer bestimmten Richtung vollzieht, nicht aber *wie* es im einzelnen geschieht.

Gerade dieses Verhalten wird durch die Prototypen unserer statistischen Kugelspiele repräsentiert. Allerdings vermögen uns diese auch nicht annäherungsweise einen Begriff von der Komplexität der Wirklichkeit zu vermitteln.

Ganz allein die historisch bedingte Einzigartigkeit ist es, auf die Monods Feststellung vom »absoluten und blinden Zufall« zutrifft. Sie ist hier absolut, da die Auslösung einer Mutation und ihre Bewertung auf ganz verschiedenen Ebenen erfolgen, was jede nur mögliche Kausalkette zwischen beiden Ereignissen ausschließt. Nichtsdestoweniger bleibt es bei einem vom Gesetz gesteuerten Ablauf. Die Zahl der »erlaubten« Routen, so groß sie absolut sein mag, ist relativ klein, wenn man sie mit der Gesamtzahl der möglichen vergleicht. Die durch selektive Bewertung erzwungene Vorzugsrichtung bedeutet eine enorme Einschränkung der aufgrund der Verzweigungen bestehenden Möglichkeiten. Gesetz bedeutet hier Lenkung, wenn nicht gar Zähmung des Zufalls. So sind auch wir Menschen ebensosehr das Produkt dieses Gesetzes wie das des historischen Zufalls, das heißt *weder* des einen *noch* des anderen *allein.*

Nun könnte man vielleicht einwenden, daß diese Einschränkung des Zufalls *quantitativ* immer noch nicht ausreicht, aus der historischen Tatsache der Existenz des Lebens ein im Prinzip wahrscheinliches Ereignis zu machen, das sich innerhalb der räumlichen und zeitlichen Grenzen der Erde (oder des Universums) mit endlichem Erwartungswert auch tatsächlich einstellt. Monod sagt hierzu: »Unsere Losnummer kam beim Glücksspiel heraus. Ist es da verwunderlich, daß wir unser Dasein als sonderbar empfinden – wie jemand, der im Glücksspiel eine Milliarde gewonnen hat?«

Dem müssen wir aber entgegenhalten:

Auf den Haupttreffer kam es zunächst gar nicht an; es mußte lediglich *irgendein* Treffer gezogen werden.

Hierfür ist allein entscheidend, wie viele Gewinnlose – im Verhältnis zu den Nieten – sich insgesamt im Loskasten befanden. Es sind die Gesetzmäßigkeiten der Selektion und Evolution, die die Zahl der Nieten begrenzten, die aufgrund des Konkurrenzverhaltens die Mehrzahl der Nieten von vornherein »aus dem Kasten fernhielten«. Jeder Glückstreffer bedeutete »Weiterspielen«, und zwar auf einer neuen »Gewinnebene«. So kam am Ende ein ansehnlicher Evolutionsgewinn, eben der Mensch, heraus.

Unter den Molekularbiologen herrscht keineswegs Einigkeit darüber, *wie groß* die Wahrscheinlichkeit für das Eintreten der entscheidenden Ursprungsereignisse war. Letzten Endes werden solche Fragen allein durch das Experiment geklärt. Das geschieht nicht etwa, indem man versucht, die Evolution im Laboratorium nachzuvollziehen. Das wäre von vornherein ein aussichtsloses Unterfangen. Es geht vielmehr darum, das Experiment so zu gestalten, daß es eine einzelne, ausgewählte Frage an die Natur beantwortet. In den folgenden Kapiteln werden wir hierfür noch eine Reihe von Beispielen kennenlernen. Erst mit Hilfe einer Theorie können die gewonnenen Einzelantworten zu einer Gesamtaussage zusammengefaßt werden. Man lernt dabei, welche Prozesse möglich sind und welche von vornherein ausgeschieden werden können. Die *historische Ereigniskette* kann jedoch auch auf diesem Wege im Detail niemals rekonstruiert werden.

Als wesentliches Ergebnis aller bisherigen Evolutionsexperimente (s. Kap. 13, 15) finden wir eine große Fülle phänotypischer Ausdrucksmöglichkeiten auf der Ebene der biologischen Makromoleküle, und zwar nicht nur bei den funktionellen Strukturen, den Proteinen, sondern vor allem auch in den legislativen Bauplänen, den Nukleinsäuren. In jeder hinreichend großen Menge »de novo« synthetisierter Makromoleküle gibt es immer solche Varianten, die innerhalb der Population optimal den Umweltbedingungen angepaßt sind und daher reproduzierbar selektiert werden. Daraus ist zu schließen, daß die Selbstorganisationsfähigkeit der Materie bisher eher unter- als überschätzt wurde. Es ist wahrscheinlicher, daß »etwas« als daß »nichts« geschieht. Dieses Faktum verleiht der »Notwendigkeit« ein sehr viel größeres Maß an Bedeutung und damit der Tatsache der Evolution Gewißheit bzw. Unabwendbarkeit. Allerdings ist die individuelle Route dadurch nur noch unbestimmter – denn sie ist jetzt lediglich *eine von vielen möglichen.*

Erinnert uns das nicht sehr stark an eine Situation in der Statistik der Gleichgewichtszustände? Eine der wesentlichen Voraussetzungen für die Gültigkeit der Gesetzmäßigkeiten des Gleichgewichts ist die »Ergodizität«, die besagt, daß im Laufe der Zeit jeder Mikrozustand, also jede Detailkonstellation der statistischen Verteilung (in beliebiger Näherung) reproduziert wird. Beim Nachrechnen der Zeiten aber, die zur Reproduktion einer bis ins kleinste fixierten

Verteilungskonstellation nötig sind – der Physiker nennt diese die (Poincaréschen) Wiederkehrzeiten –, kommt heraus, daß diese im allgemeinen größer als das Lebensalter des Universums sind, das ist größer als zehn Milliarden Jahre. Boltzmann berechnete, daß man für eine Reproduktion der Lagekoordinaten aller Atome innerhalb von zehn Å sowie für eine Reproduktion der Geschwindigkeiten innerhalb von 0.2 Prozent ihres mittleren Wertes in einem Kubikzentimeter eines verdünnten Gases (ca. 1/30 des Atmosphärendrucks) bereits mehr als $10^{10^{19}}$ Jahre benötigen würde.

Ein anderes Beispiel ist die individuelle Verschiedenheit aller Kristalle aufgrund von Fehlordnungserscheinungen. Die in Abb. 22 gezeigten Schneekristalle unterscheiden sich deshalb voneinander, weil im Moment der Kristallisation sehr verschiedene Einbaumöglichkeiten der Wassermoleküle vorhanden sind. Eine Schneeflocke besteht aus (über) 10^{18} Wassermolekülen. Wäre nur ein Milliardstel dieser Moleküle im Kristall fehlgeordnet, so ergäbe das mehr als eine Milliarde Fehlstellen, die man in $10^{10\,000\,000\,000}$fach verschiedener Weise auf die 10^{18} Gitterplätze verteilen könnte.

Die Beispiele zeigen, daß auch *jede* mikroskopische Repräsentation eines Gleichgewichtszustandes als im Detail *einmalig* anzusehen ist. Diese individuelle »historische« Einmaligkeit widerspricht keineswegs der makroskopischen Gesetzmäßigkeit.

Auch die Evolution der Ideen und die Evolution der Gesellschaftssysteme haben ihre eigenen Gesetzmäßigkeiten, so wie sie ihre individuelle und auch »historische« Freiheit besitzen. *Wollten wir eine Ethik aus objektiver Erkenntnis allein ableiten, so sollten wir uns weder auf eine starre Ordnung eines gemäß den Eigenschaften »dialektischer Materie« vorgezeichneten (historischen) Weltablaufs noch auf die Willkür einer zufälligen Existenz berufen.*

Wenn wir von materieller »Selbstorganisation« sprechen[59], so meinen wir *nicht* eine apriorische dialektische Begabung der Materie, von der – wenn es sie gäbe – ihre frühen Apologeten nicht die geringste Ahnung gehabt haben könnten. Es ist geradezu rührend festzustellen, wie sich in diesem Punkt selbst so ausgezeichnete Philosophen und Theoretiker des Marxismus wie Max Raphael[60] winden, etwa indem sie zugestehen, daß der aller Materie innewohnende »Geist« anfänglich »sehr wenig entwickelt« gewesen sei, aber »doch schon die Fähigkeit abzubilden besessen haben müsse«, oder wie marxistische Physiker beflissen die auf die Eigenbewegung zurückzuführende »innere Widersprüchlichkeit« der Materie beschwören.

Wir verstehen – um es ganz klar zu sagen – unter »Selbstorganisation der Materie« nichts anderes als die aus definierten Wechselwirkungen und Verknüpfungen bei strikter Einhaltung gegebener Randbedingungen resultierende Fähigkeit spezieller Materieformen, selbstreproduktive Strukturen hervorzubringen. Dies ist als Voraussetzung für eine Evolution bis hin zur Ausbildung sozialer Systeme *notwendig*, doch *keineswegs hinreichend*, daraus auch die Unabdingbarkeit eines *bestimmten* historischen Ablaufs herzuleiten. So erscheint das apriorische Dogma von einer Dialektik der Materie als ein Hineininterpretieren von Eigenschaften, die erst auf höheren Organisationsstufen durch Superposition und Integration unter ganz spezifischen Bedingungen erworben werden.

Doch interpretiert auch Sartre die Materie in »animistischem« Sinne, wenn er sagt[56]:

> »Die Welt der Objekte ist nur Anlaß von Mißgeschicken, ohne jegliche Handhabe, im Grunde gleichgültig, ein dauernder Komplex von Wahrscheinlichkeiten, mit anderen Worten genau das Gegenteil von dem, was sie für den marxistischen Materialismus bedeutet.«

Sowenig »objektive Erkenntnis« für die Begründung einer gesellschaftlichen Unabwendbarkeitslehre hergibt, so unbedeutend ist ihr Beitrag für die Untermauerung einer nihilistischen Seinslehre. Sowenig die Naturwissenschaften einen Gottesbeweis hergeben, so wenig postulieren sie etwa, daß der Mensch »eines Gottesglaubens nicht bedarf«. Eine Ethik – sosehr sie mit Objektivität und Erkenntnis im Einklang sein muß – sollte sich eher an den Bedürfnissen der Menschheit als am Verhalten der Materie orientieren. Auch glauben wir nicht, daß eine ethische Ordnung absolut sein kann. Sie wird immer verschiedene Aspekte haben und kann nicht einfach von ihren historischen Wurzeln abgeschnitten werden.

Komplementarität ist von Niels Bohr klar definiert worden: Ob in der Quantenmechanik die Antwort Welle oder Korpuskel lautet, hängt im Experiment einzig und allein von der Fragestellung ab.

Der Physik ist diese Dichotomie nicht erspart geblieben, und aus der Biologie ist sie erst recht nicht fortzudenken. *Das Leben ist weder Schöpfung noch Offenbarung, es ist keines von beiden, weil es beides zugleich ist.*

Wie wollten wir dann aber den Anspruch auf absolute Gültigkeit *einer* Ethik der objektiven Erkenntnis erheben? Ob wir die »Gesetzlichkeit materiellen Daseins« oder das »All der menschlichen Ichheit« in den Vordergrund stellen, die »gerechte« menschliche Ordnung bedarf zu ihrer Verwirklichung nicht nur der objektiven – stets aber unvollkommenen – Erkenntnis, sondern auch eines auf Hoffnung, Barmherzigkeit und Liebe bauenden Humanismus.

Teil III

Grenzen des Spiels – Grenzen der Menschheit

»Ein kleiner Ring
Begrenzt unser Leben
Und viele Geschlechter
Reihen sich dauernd
An ihres Daseins
Unendliche Kette.«

Johann Wolfgang v. Goethe:
»Grenzen der Menschheit«

9. Die Parabel von den Physikern

Die Probleme, die wir in den folgenden Kapiteln behandeln, sind erst zu Ende gedacht, »wenn man sich ihre schlimmstmögliche Wendung vor Augen geführt hat«. Im Jahre 1974 beschloß eine Gruppe amerikanischer Biologen zum ersten Mal in der Geschichte ihrer Wissenschaft ein Moratorium für die Ausführung bestimmter Experimente.

»Wir sind in unserer Wissenschaft an die Grenzen des Erkennbaren gestoßen. Wir wissen einige genau erfaßbare Gesetze, einige Grundbeziehungen zwischen unbegreiflichen Erscheinungen, das ist alles, der gewaltige Rest bleibt Geheimnis, dem Verstande unzugänglich. Wir haben das Ende unseres Weges erreicht. Aber die Menschheit ist noch nicht so weit. Wir haben uns vorgekämpft, nun folgt uns niemand nach, wir sind ins Leere gestoßen. Unsere Wissenschaft ist schrecklich geworden, unsere Forschung gefährlich, unsere Erkenntnis tödlich. Es gibt für uns Physiker nur noch die Kapitulation vor der Wirklichkeit. Sie ist uns nicht gewachsen. Sie geht an uns zugrunde. *Wir müssen unser Wissen zurücknehmen.*«

Möbius, den Friedrich Dürrenmatt[61] in seiner »Komödie« *Die Physiker* diese Worte sprechen läßt, versucht seine Mitpatienten Kilton und Eisler – sie nennen sich Newton und Einstein – zu überreden, im Irrenhaus zu bleiben. Die drei Physiker wollen auf diese Weise ihr Wissen »zurücknehmen«, es jedem Mißbrauch durch eine Macht entziehen. Doch ihr Entschluß ist nutzlos. Die Macht, der sie zu entkommen suchten, hat sich gerade in diesem Irrenhaus etabliert. Die Geschichte nimmt ihre »schlimmstmögliche Wendung«: Alles Wissen der Physiker fällt in die Hände eines Syndikats, das sich anschickt, »über die Länder zu herrschen, die Kontinente zu erobern und das Sonnensystem auszubeuten«.

»Jeder Versuch eines Einzelnen, für sich zu lösen, was alle angeht, muß scheitern!«

Möbius, Kilton und Eisler – nomen est omen –, sie alle leben unter uns, nicht nur als Physiker. Für den einen ist Askese der einzig mögliche Ausweg, dem anderen geht die Freiheit über alles, so daß er bereit ist, sie zu verteidigen – *koste es, was es wolle.* Und der dritte schließlich huldigt einer Ideologie. Die Partei, die diese repräsentiert, ist ihm hinreichende Garantie dafür, daß jeder nur mögliche Mißbrauch ausgeschlossen ist.

Das Drama der Physiker ist auf der Weltbühne schon angelaufen. Bisher hat es weder seine »schlimmstmögliche« noch seine »bestmögliche« Wendung genommen.

Dürrenmatts Sinnspruch könnte man heute auch den Biologen ins Stammbuch schreiben. In der Tat können wir uns ein Irrenhaus vorstellen – oder besser eine Nervenklinik –, wohin sich ein Genetiker, ein Biochemiker und ein Virologe zurückgezogen haben. Sie können Zellen transformieren, Gene transplantieren, Erbkrankheiten heilen. Doch könnten sie auch Monster – Verhaltensmonster – erzeugen. Sie haben aber beschlossen, in der Stille zu wirken, nur zu helfen, zu heilen und ihr Wissen für sich zu behalten. Sie glauben damit, jeden Mißbrauch ausschließen zu können.

Doch läßt sich Wissen geheimhalten? Könnte Dürrenmatts Tragikomödie sich nicht gerade in dieser Klinik – oder in irgendeinem Forschungsinstitut, irgendwo in der Welt – abspielen?

»Der Inhalt der Biologie geht die Biologen an, die Auswirkung *alle* Menschen. Was alle angeht, können nur alle lösen.«*

---

* Singemäß übernommen aus Dürrenmatt[61]: »21 Punkte zu den Physikern«.

10. Von selbstreproduzierenden Automaten - und denkenden Maschinen

Die Molekularbiologie liefert heute ein hochentwickeltes Instrumentarium zur Isolierung, Charakterisierung und Modifizierung der »Bausteine des Lebens«. Dadurch ist es möglich geworden, die Spielregeln der Evolution auch auf »künstliche« Systeme anzuwenden. John v. Neumanns Idee des selbstreproduzierenden Automaten findet auf dieser Ebene ihre erste Verwirklichung. Die Analogie zum autokatalytischen Mechanismus des Lernprozesses stellt eine Entwicklung »intelligenter Automaten« auf der Grundlage der Evolutionsspiele in Aussicht. Der Menschheit eröffnen sich hier Möglichkeiten, die sie zu ihrem Wohle ausnutzen, aber auch ebenso leicht mißbrauchen kann.

10.1 »Künstliches« Leben?

Wird man Lebewesen dereinst künstlich erzeugen können?

Wenn Leben nach den Gesetzen der Physik und Chemie entsteht, so ist dies eine berechtigte, ja zwangsläufige Frage, zu deren Beantwortung wir uns nicht einfach mit einem Hinweis auf die »Science-Fiction«-Literatur begnügen können.

Im Grunde haben wir mit dieser Frage zwei verschiedene Probleme angesprochen: Es ist nämlich ein Unterschied, ob man Lebewesen »künstlich«, das heißt auf nicht-natürlichem Wege, erzeugen oder ob man gar »künstliche Lebewesen« erschaffen will – Roboter, die nur in ihrem Verhalten, nicht aber in Herkunft, Aufbau und Gestalt den natürlichen Lebewesen gleichen. Und weiter: Meinen wir Lebewesen ganz allgemein, oder haben wir ein bestimmtes Lebewesen im Sinn – nämlich den Menschen?

Natürlich denken wir letzten Endes an den Menschen. Das ist ja gerade das Aufregende und Beunruhigende an dieser Fragestellung.

Was ist Leben?

An anderer Stelle[14] haben wir uns eingehend mit der Definition dieses Begriffes befaßt und insbesondere gezeigt, daß es allenfalls möglich ist, *notwendige*, unabdingbare Voraussetzungen für den Übergang vom Unbelebten zum Belebten anzugeben, daß aber eine vollständige Umschreibung des Begriffes ohne Bezug auf ein spezielles Lebewesen – oder zumindest eine bestimmte Stufe der Lebensleiter – sinnlos ist. Die Bezeichnung Leben umfaßt eine komplexe Vielfalt von Erscheinungen, und eben diese Vielgestaltigkeit sehen wir als eins ihrer wesentlichen Merkmale an.

Mit dieser Einschränkung im Hintergrund möchten wir zwei Behauptungen aufstellen:

1. Es wird möglich sein, *jedes* Lebewesen aus seinem natürlichen Erbmaterial »künstlich«, das bedeutet auf einem anderen als dem natürlichen Wege, zu reproduzieren, und

2. es wird wohl *niemals* von Menschenhand »de novo« geschaffene Lebewesen geben, die, obwohl sie sich in Material und Aufbau von den natürlichen wesentlich unterscheiden, diesen dennoch in allen Eigenschaften gleichkommen.

Die erste Behauptung besagt, daß es genügt, die Aufbaumechanismen zellulärer Strukturen genau zu kennen, um in der Lage zu sein, die aus Zellen bestimmter Individuen isolierte genetische Information willkürlich zu vervielfachen – dabei unter Umständen auch gezielte Veränderungen vorzunehmen – und dann wieder in reale »lebende« Strukturen umzuschreiben.

So ist es heute keineswegs auszuschließen, daß man etwa durch Transplantation[62] diploider Kerne *somatischer* Zellen eines männlichen oder weiblichen Spenders in »entkernte« Eizellen eine ungeschlechtliche Vermehrung einleitet und damit eine beliebige Anzahl genetisch identischer Individuen produziert. Die auf diese Weise aus einzelnen Molekülen auf »künstlichem« Wege hervorgehenden Lebewesen wären von ihren natürlich erzeugten Artgenossen kaum zu unterscheiden.

Welch ungeheuerliche Vorstellung, wenn wir dabei an den Menschen denken. Wir fühlen uns in die Welt der Horrorfilme versetzt. Gunter Stent drückte dies in seinem Aufsatz »Molekularbiologie und Metaphysik« etwa so aus: »Es wäre vielleicht reizvoll, Marylin Monroe zur Nachbarin zu haben, ihr aber auf Schritt und Tritt in der Stadt in vieltausendfacher Kopie zu begegnen, müßte Alpträume auslösen.«[63]

Doch solche Überlegungen gehören (noch) in den Bereich der »Science-fiction«. Sehr viel mehr Bezug zur Wirklichkeit haben heute Fragen der Gentransplantation und -manipulation.

10.2 Genetische Manipulation

Die genetische Information, der Bauplan eines Lebewesens, ist in den Chromosomen in Form eines molekularen Schriftsatzes niedergelegt, der für den Menschen etwa den Umfang einer recht gut ausgestatteten Privatbibliothek hat. Das eigentliche Problem der Gentransplantation besteht darin, eine bestimmte Detailinformation in diesem umfangreichen Schriftsatz aufzuspüren und auszutauschen. Die relative Anordnung der einzelnen Gene, die Genkarte, wie auch die Syntax und Semantik dieser Molekülsprache sind – wie im 15. Kapitel noch gezeigt wird – heute weitgehend bekannt. Die Schwierigkeit der Gentransplantation liegt vor allem in der technischen Handhabung, im »engineering«. Dieser Prozeß ist durchaus mit einer Organtransplantation und allen damit zusammenhängenden diffizilen Problemen zu vergleichen; nur bewegt man sich hier in molekularen Dimensionen und braucht dementsprechend auch ein Instrumentarium von Mikrowerkzeugen.

So schienen die Molekularbiologen zunächst einem hoffnungslosen Fall gegenüberzustehen – wenn nicht die Natur ihnen zu Hilfe gekommen wäre.

Der Mensch brauchte die Gentransplantation nicht zu »erfinden«, er mußte sie lediglich »entdecken«. Das gesamte »molekulare« Instrumentarium existiert bereits, es braucht »nur« aus natürlichen Organismen isoliert zu werden.

Die »Operation« konzentriert sich vor allem auf drei Arbeitsgänge:

1. Das gezielte Herausschneiden einer Teilsequenz eines Gens bzw. einer ganzen Genfolge aus dem Donator-(= Spender-) und eventuell auch aus dem Akzeptor-(= Empfänger-)Chromosom.
2. Das Verpacken des Transplantats und das Einschleusen dieses Materials in den Akzeptororganismus.
3. Das nahtlose Einfügen des Materials, seine Fusion (oder Symbiose) mit dem Akzeptorchromosom.

Alle diese Probleme sind inzwischen nicht nur »im Prinzip«, sondern zum Teil auch »de facto« gelöst.

Von besonderer Bedeutung für die Operationen 1 und 3 ist ein Enzym, das schon vor einer Reihe von Jahren von Werner Arber an der Universität Genf sowie von Matthew Meselson und seinen Mitarbeitern an der Harvard-Universität entdeckt worden war. Heute kennt man bereits eine ganze Klasse von derartigen »Restriktionsenzymen«, mit deren Hilfe man Genmaterial in definierter Weise unterteilen kann. Die Anwendungsmöglichkeiten dieser Enzyme konnten sich aber erst entfalten, nachdem verschiedene Forscher in den USA – vor allem Herbert W. Boyer, Stanley N. Cohen und Matthew Meselson – auch den Wirkungsmechanismus erkannt hatten.

Das Restriktionsenzym setzt seinen Schnitt an einer bestimmten – für das betreffende Enzym charakteristischen – Stelle im Nukleinsäuredoppelstrang des Gens an. Die Stelle besteht aus einer palindromartigen Anordnung von sechs Buchstaben des genetischen

Schriftsatzes (s. Abb. 37). Symmetrische Sequenzen waren vor einigen Jahren von Walter Gilbert auch für die Startsignale der Genkopierung gefunden worden. Obwohl man sich über den Erkennungsmechanismus selbst noch nicht so ganz im klaren ist, scheint die Benutzung palindromartiger Sequenzen doch ein allgemeines Prinzip darzustellen, mit dessen Hilfe genetische Schriftsätze für die spezifische Erkennung durch die Exekutive der Proteine markiert werden.

Wesentlich für die Wirkungsweise der Restriktionsenzyme ist vor allem die Art der Auftrennung des Nukleinsäuredoppelstranges (s. Abb. 37). Die entstehenden Fragmente enthalten herausragende Einzelstrangenden, sogenannte »sticky« oder »cohesive ends«. Sie werden deshalb so bezeichnet, weil sie die Tendenz haben, sich mit dem komplementären Ende – wo immer sie es antreffen – wieder zu vereinigen, um sofort von entsprechenden Enzymen, sogenannten Ligasen, miteinander verschweißt zu werden.

Das Prinzip ist damit schon klar: Das Restriktionsenzym schneidet das Genmaterial im Donator und Akzeptor an der gleichen spezifisch markierten Stelle auf. Überführt man das herausgetrennte Stück vom Donator zum Akzeptor, so werden sich die beiden kohäsiven Enden automatisch aneinanderlagern. Da die genetische Molekularsprache von vier verschiedenen »Buchstaben« Gebrauch macht, könnte man sich – je nach Länge der symmetrischen Erkennungszone – eine Vielzahl von verschiedenen kohäsiven Erkennungszeichen vorstellen. Dem Molekularbiologen steht mit den Restriktionsenzymen ein vielseitiges Instrumentarium zur spezifischen Unterteilung der Chromosomen zur Verfügung.

Aber auch das Transportproblem ist bereits gelöst. Schon länger – zuerst wohl von Joshua Lederberg im Jahre 1953 entdeckt – kennt man die sogenannten Plasmide, kleine Pakete mit Genmaterial, die in Bakterien- (und anderen) Zellen ein autonomes Dasein führen, sich unter Umständen aber auch mit dem Zellkern vereinigen und ihre Information in das Genom integrieren können. Diese Partikeln sind für Phänomene wie Zelltransformation und Zellfusion von großer Bedeutung. Bei der Transformation wird eine Zelle irreversibel verändert; ein bekanntes Beispiel ist die Umwandlung einer normalen in eine maligne Krebszelle. In der Zellfusion wird Genmaterial aus zwei verschiedenen Donatorzellen (zum Beispiel aus Maus und Ratte) zu einem funktionsfähigen Hybrid vereinigt.

Dieser Plasmide bedient man sich nun bei der Gentransplantation, indem man unter Benutzung des Restriktionsenzyms das Donatorgen in sie integriert und mit ihrer Hilfe in die Akzeptorzelle einschleust. (s. Abb. 38). In der Natur erfüllen die Plasmide ganz ähnliche Aufgaben. Sie sind beispielsweise dafür verantwortlich, daß Bakterien im Laufe der Zeit einem Antibiotikum, wie etwa dem Penicillin gegenüber, resistent werden. An und für sich fehlt dem Bakteriengenom diese Flexibilität. Sie kann ihm lediglich durch eine Symbiose mit Plasmiden vermittelt werden, die über entsprechende Eigenschaften verfügen und diese unter Umständen an das Bakteriengenom vermitteln. *Selektiv* können sich dann die auf diese Weise resistent gewordenen Stämme vermehren.

Die aus diesen Erkenntnissen erwachsenden Möglichkeiten sind noch unübersehbar. Hier liegt zweifellos einer der Schlüssel zum Krebsproblem verborgen. Man denke auch an die Heilung von Erbkrankheiten, zum Beispiel des angeborenen Schwachsinns, der Phenylketonurie – oder an die Nutzbarmachung ganz neuartiger Nahrungsquellen zum Beispiel einer »zellfreien« Proteinproduktion. So kann man sich durchaus vorstellen, daß durch Kombination von Genmaterial verschiedenartigen Ursprungs vollkommen neue Arten von Lebewesen aus Evolutionsexperimenten hervorgehen. Wir denken hier weniger an »Science-fiction-Monster« als vielmehr an »Proteinfabriken« oder andere nutzbringende Anwendungen. Unsere Phantasie reicht vermutlich nicht aus, sich diese »Zukunft» auch nur auszumalen.

In dem Augenblick, in dem wir unser Wissen zur Anwendung bringen, stehen wir aber nicht mehr *jenseits* von Gut und Böse. Es

---

Abb. 37 **Wirkungsweise des Restriktionsenzyms bei der Gentransplantation.** Im oberen Teil des Schemas sind zwei Beispiele für Palindrome, das eine aus unserer Sprache und das andere aus der Nukleinsäuresprache, angeführt. Darunter sind die einzelnen Reaktionsschritte bei der Gentransplantation wiedergegeben. Das Restriktionsenzym erkennt eine palindromartige Symmetrie des genetischen Schriftsatzes. Sodann schneidet es beide Stränge in einem genau festgelegten Abstand auf, wobei zwei überstehende Haftenden entstehen. Da dieser Prozeß eindeutig definiert erfolgt, lassen sich alle mit einem derartigen Enzym geschnittenen DNS-Stränge – also Donator und Akzeptor – miteinander vereinigen. Das Enzym, das die komplementär eingepaßten Enden miteinander verschmilzt, nennt man Ligase.

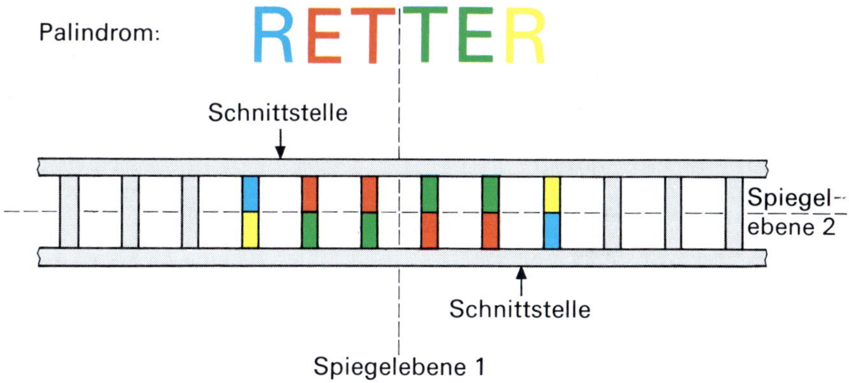

Genverschmelzung

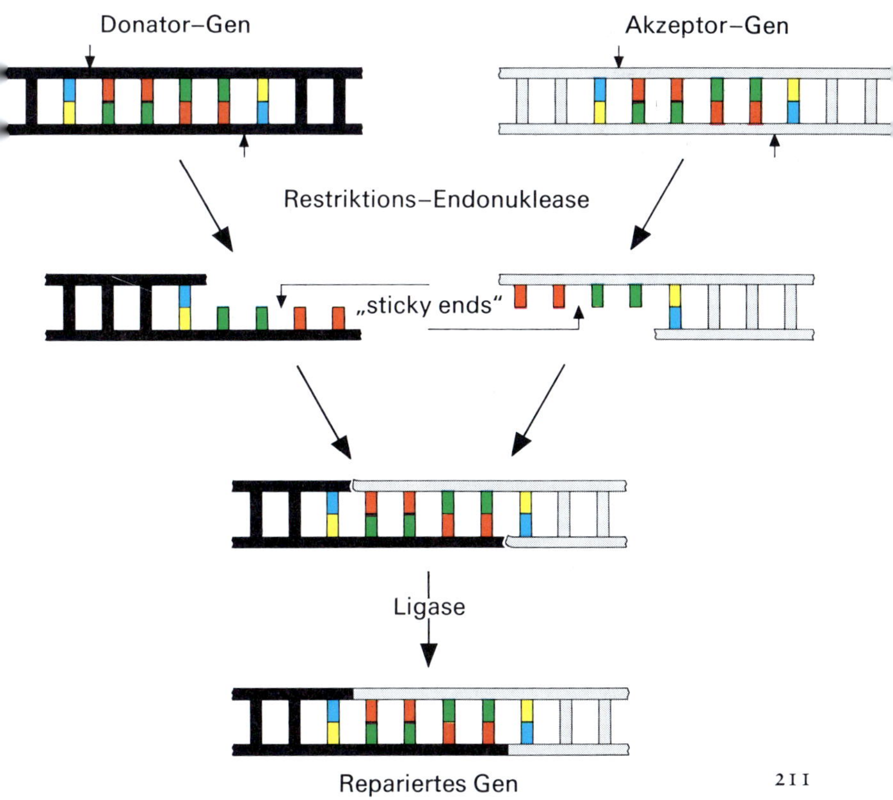

gibt hier – im Sinne Dürrenmatts – »bestmögliche« und »schlimmstmögliche« Wendungen der Geschichte.

Wer wollte Heilung verweigern, wenn diese möglich ist?

Andererseits muß man jedes Risiko ausschließen und jeden nur denkbaren Mißbrauch verhindern. Das ist ein Problem, »das alle angeht«. Ein Risiko besteht immer dann, wenn man die Folgen eines Experiments nicht absehen kann. Hier genügt es keineswegs, nur »Experimente« mit Menschen generell zu verbieten. Bei allen »erlaubten« Versuchen müssen schädliche Auswirkungen auf den Menschen wie auch seine Umwelt ausgeschlossen werden. Pathogene existieren auch in unserer natürlichen Umwelt. Sie sind jedoch im allgemeinen unter Kontrolle – eben weil der Mensch mit ihnen experimentiert hat. Wichtig ist, zu verhindern, daß durch genetische Manipulation *neue* Pathogene entstehen, deren Auswirkungen noch völlig unbekannt sind und denen wir unter Umständen schutzlos ausgeliefert sind.

Bemerkenswert ist, daß eine Anzahl amerikanischer Biologen unter der Wortführung von Paul Berg eine öffentliche Diskussion[65] einleitete und die Forschung auf dem Gebiet der Gentransplantation bis zur Klärung der offenen Fragen einem Moratorium unterzog oder daß das britische Parlament einen Ausschuß einsetzte, der die möglichen Gefahren spezifizierte und Richtlinien für ihre Vermeidung festlegte[66]. Hier wurde – weit entfernt von vordergründiger politischer Polemik – sachlich, vernünftig und verantwortungsbewußt gehandelt.

Öffentlichkeit muß aber auch »bestes Wissen und Gewissen« garantieren. Zur Beurteilung vieler Probleme bedarf es einfach fundierter Kenntnisse, die sich durch ein Plebiszit nicht ersetzen lassen.

Zur Überwindung von Krankheit, Hunger und Elend wird das Wissen der Molekularbiologen der Menschheit nur allzu willkom-

---

Abb. 38 **Transportmechanismus bei der Gentransplantation**[64]. Plasmide leben in »Symbiose« mit Zellen. Sie werden wie das genetische Material (Zellkern bzw. -kernäquivalent) bei der Teilung mitreproduziert. Eine Zelle, die diese »Symbiose« eingegangen ist, bezeichnet man als transformiert. (Oft wird die Plasmidinformation auch voll in den Kern integriert.) Mit Hilfe des Restriktionsenzyms lassen sich nach dem in Abb. 37 gezeigten Prinzip die Plasmide als Transportvehikel für die zu transplantierenden Gene verwenden.

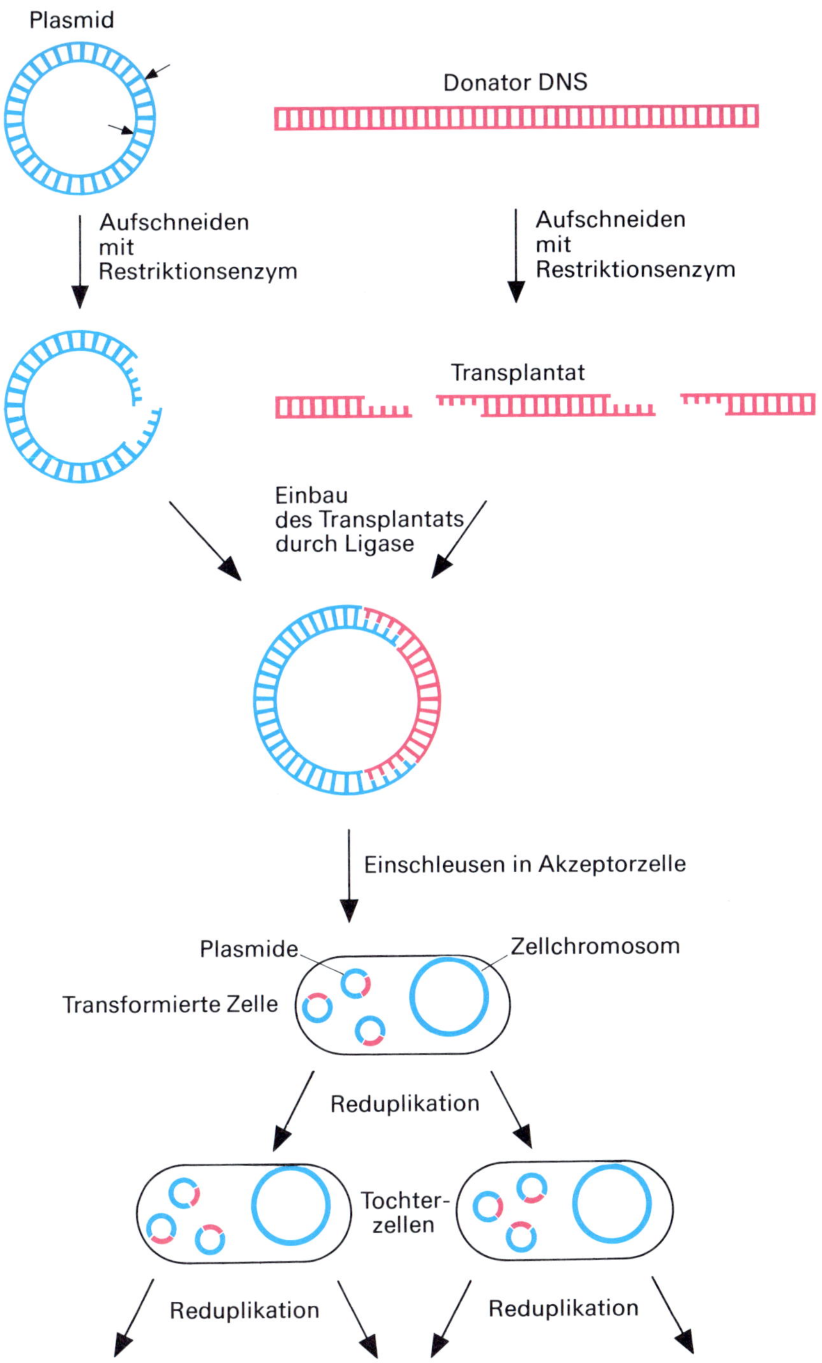
Plasmid
Donator DNS
Aufschneiden
mit
Restriktionsenzym
Aufschneiden
mit
Restriktionsenzym
Transplantat
Einbau
des Transplantats
durch Ligase
Einschleusen in Akzeptorzelle
Plasmide
Zellchromosom
Transformierte Zelle
Reduplikation
Tochter-
zellen
Reduplikation
Reduplikation

mene Gabe sein. Aber auch die Gefahren müssen jederzeit erkennbar bleiben. Wer den Mißbrauch verhindern will, darf sich nicht von der Erkenntnis ausschließen und damit das Feld denen überlassen, die mißbrauchen *wollen.* In der Forschung mag es *Moratorien* geben, innerhalb deren gewisse Fragen geklärt werden müssen. Sie mögen notwendig werden, wenn es gilt, Risiken auszuschließen. Absolute Verbote dagegen beziehen sich auf die *Anwendungen* des Wissens, auf den *Mißbrauch, nicht* auf die *Erkenntnis.*

Der aus dem Paradies vertriebene Mensch ist gezwungen, sich »vom Baum der Erkenntnis zu nähren«. Neue Erkenntnis setzt neue Maßstäbe der Ethik und Moral.

10.3 Intelligente Automaten

Steht unsere Behauptung, daß es »künstliche Lebewesen in einer den menschlichen Wesen vergleichbaren Perfektion« nicht geben werde, nicht offensichtlich im Widerspruch zur Geschichte wissenschaftlicher Entdeckungen und Erfindungen? Waren nicht Behauptungen dieser Art immer wieder, kaum ausgesprochen, schon überholt?

Vorsicht beim Umgang mit dem Wort »niemals«! Man sollte es eigentlich »niemals« gebrauchen! Aber das gilt auch für das Wort »alles«. Wir dürfen ebensowenig aus unserer Erfahrung den Schluß ziehen, daß wir dereinst einmal »alles« wissen oder gar können werden. Im Gegenteil – mit zunehmendem Wissen werden sich auch die Grenzen unseres Könnens deutlicher abzeichnen. Das wird vor allem in der Praxis offenbar.

In einem Hörsaal der Göttinger Physikalischen Institute steht in großen Lettern der eindrucksvolle Satz:

Simplex Sigillum Veri!

»Einfach« ist aber nur die Abstraktion der Wirklichkeit: das Prinzip. Die Wirklichkeit selber tritt uns in unserer Wahrnehmung in ihrer ganzen komplexen Vielgestaltigkeit gegenüber. Bei ihrer Erfassung und Bewältigung gewahren wir Grenzen, die ständig zurückweichen und für uns so unerreichbar sind wie die Peripherie des expandierenden Universums.

Wie viele Probleme sind seit langem »im Prinzip« gelöst! Die Thermodynamik ist seit ca. hundert Jahren eine in sich abgeschlossene Disziplin. Aber wie steht es zum Beispiel mit der Vorhersage des Wetters? Der Teufel steckt eben im Detail!

Unsere Generation wird weitere tiefe Einblicke in die komplizierten Zusammenhänge der funktionellen Wirkungsweisen unseres Denkorgans gewinnen. Sie wird jedoch nicht in der Lage sein, ein Gehirn auch nur auf dem Papier im Detail nachzukonstruieren.

Über die Komplexität der realen *lebenden* Strukturen vermögen wir uns kaum einen rechten Begriff zu machen. Sie liegt außerhalb unserer Vorstellungswelt. Astronomische Dimensionen reichen zu ihrer Veranschaulichung nicht aus. Wenn beispielsweise der Codetext des vererbbaren Bauplans einer einzelnen Coli-Bakterienzelle aus ca. vier Millionen Symbolen besteht, dann heißt das, daß zu seiner »Erschaffung« eine Auswahl aus etwa $10^{2\,400\,000}$ (das ist eine Eins mit 2 400 000 Nullen) Alternativen getroffen werden mußte. Dieser Codetext ist natürlich ebensowenig »von ungefähr« entstanden, wie etwa ein Meisterwerk der Literatur durch bloßes Zusammenwürfeln von Buchstaben erzeugt werden könnte.

Unser Gehirn ist ein Netzwerk aus ca. zehn Milliarden Nervenzellen, jede besitzt rund zehn- bis hunderttausend spezifische Kontakte zu Nachbarzellen. Hinter dieser Komplexität steht ein Prinzip des hierarchischen Aufbaus, an dessen Enträtselung in aller Welt fieberhaft gearbeitet wird.

Im Jahre 1936 hat der englische Mathematiker Alan M. Turing die Frage nach der möglichen Existenz eines universellen Denkautomaten gestellt, der nicht nur nach exakter Anweisung die Werte gegebener Funktionen ausrechnet, sondern selbsttätig allgemeine Rechenverfahren, sogenannte Algorithmen, auffindet. Indem er diese speichert und zum Ausgangspunkt neuer Operationen macht, sollte er jede nur mögliche »berechenbare« Funktion in einer endlichen Zahl von Schritten ableiten können.

Das Wesentliche an einer solchen Maschine ist natürlich der Speicher, die sogenannte »Turing-Tafel«. Auf ihr werden alle Rechenvorschriften notiert, sowohl die anfänglich hineinprogrammierten als auch die von der Maschine erarbeiteten Algorithmen. Diese Turing-Tafel stellt also ein praktisch unbegrenztes Rechenband dar. Die Maschine selbst führt nur vier Operationen aus: Auf dem Bande nach rechts bzw. nach links gehen, ein leeres Arbeitsfeld beschriften und abstoppen. Alle »Intelligenz« liegt in den Anweisungen, die auf den Arbeitsfeldern erscheinen. Auch bei unseren gebräuchlichen Computern, mit deren Hilfe wir die Werte gegebener Funktionen berechnen, ist alle Intelligenz in dem vom menschlichen Gehirn erarbeiteten Programm, der sogenannten »software«, verankert.

Die schöpferische Leistung in der Mathematik besteht nicht in der bloßen Anwendung, sondern im intuitiven Auffinden neuer Algorithmen. Sobald diese als allgemein gültig erkannt und in ein logisches Schema eingeordnet sind, wird ihr Einsatz zu einem zwangsläufigen, routinemäßigen Prozeß, der als solcher bei einer Maschine am besten aufgehoben ist. Unser durch spielerische Neugier und phantasiereiche Kombinationsfreudigkeit motiviertes Denkorgan kann einer eintönigen Tätigkeit nur wenig Lust abgewinnen.

So darf es nicht wundernehmen, daß der Turing-Automat vorerst eine abstrakte Idee bleibt, denn zu seiner Verwirklichung müßten wir ihn erst selber folgerichtig »durchdenken«. Den Mathematiker haben vor allem die der Existenz einer solchen Maschine zugrundeliegenden fundamentalen Probleme fasziniert, etwa die Berechenbarkeit von Funktionen in einer endlichen Zahl von Schritten, die Aufzählbarkeit ihrer Werte in einem gegebenen Argumentbereich oder die Entscheidbarkeit eines Problems (das ist die Frage, ob bei Anwendung eines Algorithmus nach einer endlichen Zahl von Schritten entschieden werden kann, daß dieser zum Ziel führt). Da es in der mathematischen Logik effektiv unentscheidbare Kalküle gibt, zeichnen sich für die Turing-Maschine prinzipielle Grenzen ab – wohlgemerkt: Grenzen in der Reflexion eines endlichen (unvollkommenen) Denkorgans. Der wohl bedeutsamste Schritt in Richtung auf eine Realisierung des Turing-Apparates ist John v. Neumanns Idee eines »sich selbstreproduzierenden Automaten«. Es handelt sich dabei zunächst nur um ein abstraktes – mathematisch exakt formuliertes – Denkmodell, doch es basiert auf einer Reihe von Voraussetzungen, die auch für die Selbstorganisation lebender Organismen als notwendig erkannt wurden.

Jede Maschine hat einen Umsatz von freier Energie – sie verbraucht elektrischen Strom oder wird von einem Verbrennungsmotor angetrieben –, kurzum: ohne diesen Metabolismus könnte sie nicht arbeiten. Eine spezifische Arbeitsleistung des v. Neumannschen Automaten ist seine Selbstreproduktion. Das erste Modell aus dem Jahre 1950 war durchaus realistisch konzipiert: Die Maschine fährt in einem großen Ersatzteillager hin und her und stellt sich die für ihren Nachbau notwendigen Elemente selbst zusammen. Das Wichtigste ist, daß sie ihr Bauprogramm, ihr »blue print«, mitreproduziert. Ihre Nachkommen sollen ja wieder die Fähigkeit zur Selbstreproduktion besitzen. Hierin liegt auch die – von den Theoretikern inzwischen längst aufgegriffene – Möglichkeit zur Vervollständigung des v. Neumannschen Automaten begründet: Durch selektive Abänderung des Programms läßt sich eine stetige Verbesserung und Erweiterung des Anwendungsbereiches im Sinne darwinistischer Evolution erzielen.

v. Neumann gelang es – im Anschluß an eine Arbeit seines Kollegen Stanislaw Ulam –, seine Beweisführung erheblich zu präzisieren und zu verallgemeinern. Das im Spiel leicht darzustellende Gedankenexperiment geht von einem homogenen, zellulär unterteilten Raum aus. Jeder Zelle – die wir uns als ein Feld auf dem Spielbrett vorstellen können – ist eine endliche Zahl von Zuständen zugeordnet, zum Beispiel: leer, besetzt, oder durch eine spezielle Farbe okkupiert. Gleichzeitig wird für jede Zelle eine »Nachbarschaft« definiert, die sich entweder auf die vier orthogonal oder sämtliche acht (ortho- und diagonal) angrenzenden Nachbarzellen bezieht. Auf jede Zelle im so definierten Raum werden sodann synchron Umwandlungsregeln (»transition rules«) angewandt, deren Ausführung im einzelnen vom Zustand der betreffenden wie auch der Nachbarzellen abhängt. v. Neumann konnte zeigen, daß eine Konfiguration aus ca. 200 000 Zellen, von denen jede 29 verschiedene Zustandsmöglichkeiten sowie eine Nachbarschaft von vier Orthogonalfeldern besitzt, allen an einen selbstreproduzierenden Automaten zu stellenden Anforderungen Rechnung trägt. Die große Zahl von Elementen resultiert vor allem daraus, daß das Modell gleichzeitig eine Turing-Maschine simulieren sollte. Der Automat kann im Prinzip jede gewünschte Rechenoperation ausführen.

Die abstrakte Idee des Zellautomaten läßt sich anhand eines Spiels sehr anschaulich darstellen. Der englische Mathematiker John Horton Conway hat es erdacht und ihm den Namen »Life« gegeben. Mit seiner Hilfe lassen sich auch Aufstieg, Zerfall und Veränderungen von Populationen lebender Organismen simulieren.

Tafel 10: Kugelspiel »Life« nach J. H. Conway

Man benutzt eine Spielfläche mit möglichst vielen Feldern. Eine Koordinatenbezifferung ist zunächst nicht notwendig. Zwei verschiedene Kugelfarben sollten in ausreichender Menge vorhanden sein. (Ein auf ein bestimmtes Feld zentrierbarer Rahmen erleichtert das »Orten« der Nachbarschaft.) Im vorliegenden Spiel zählen sowohl die angrenzenden vier orthogonalen als auch die vier diagonalen Felder zur Nachbarschaft.

Der Ablauf des Spiels erfolgt in separaten Stufen, die man als Generationen bezeichnen kann. Innerhalb jeder Generation werden die Regeln simultan auf alle Felder angewandt. Die Regeln bestimmen, ob ein Feld belegt oder geräumt wird. Im Conway-Spiel gibt es nur zwei Alternativen: Ein Feld kann entweder leer oder von einer Kugel besetzt sein.

Die Regeln lauten:

1. *Überleben:* Ein mit einer Kugel besetztes Feld überlebt zur nächsten Generation, wenn zwei oder drei Felder der Nachbarschaft ebenfalls besetzt sind. Die Kugel verbleibt also in ihrer Position.
2. *Tod:* Eine Kugel wird von ihrem Platz entfernt, wenn sich in der Nachbarschaft entweder mehr als drei oder aber weniger als zwei Kugeln befinden. Im ersten Fall ist das System übervölkert, im zweiten das Individuum zu sehr isoliert.
3. *Geburt:* Ein Leerfeld darf dann, und nur dann, mit einer Kugel belegt werden, wenn exakt drei der Nachbarfelder besetzt sind.

Jedes Feld (einer Figur) wird in jeder Generation separat entsprechend seinem Zustand (leer oder besetzt) gemäß der zutreffenden Regel umgewandelt. Aus diesem Grunde wird der Übersicht halber die Verwendung zweier Kugelfarben empfohlen. Man überprüft zunächst die Leerfelder und füllt sie mit Kugeln der zweiten Farbe (weiß) auf, wenn die Bedingungen für Regel 2 zutreffen. Danach werden – es handelt sich aber noch immer um die gleiche Generation – die von schwarzen Kugeln besetzten Felder gesichtet und entsprechend Regel 1 oder 2 umgewandelt. Dabei gelten natürlich die von weißen Kugeln okkupierten Felder nach wie vor als leer. Sind sämtliche Züge innerhalb einer Generation ausgeführt, ersetzt man die weißen Kugeln wieder durch schwarze. Damit ist diese »Lebensstufe« abgeschlossen, und man kann zur nächsten Generation übergehen, in der die genannten Operationen sinngemäß wiederholt werden.

Das Spiel geht los, sobald der (oder die) Spieler eine beliebige – etwa sechs bis zehn (schwarze) Kugeln umfassende Figur gesetzt haben. Dies ist überhaupt die einzige Möglichkeit für den Spieler, den Ablauf der Partie zu beeinflussen. Alle weiteren Züge erfolgen deterministisch nach Maßgabe der Regeln.

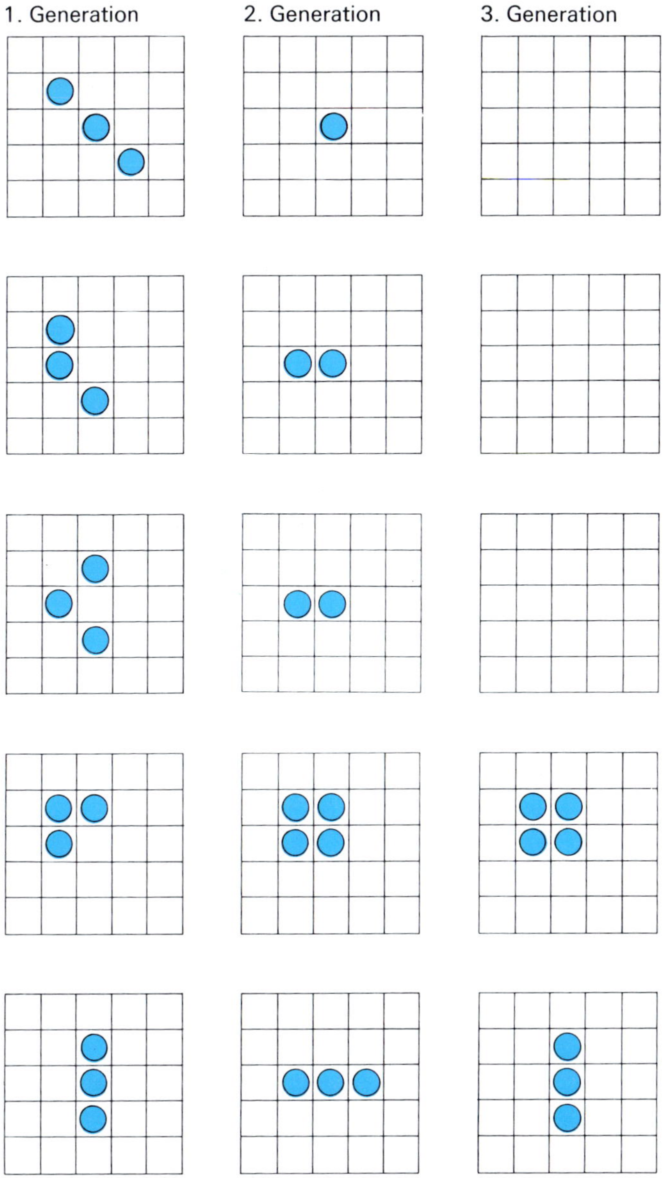

Abb. 39 **Schicksal einiger Triplett-Konfigurationen aus Conways »Life Game«.** Die ersten drei Tripletts sterben bereits nach der zweiten Generation aus. Die vierte Triplettfigur geht in der zweiten Generation in einen stabilen Block über, während die fünfte – Blinker genannt – fortwährend oszilliert.

Will man das Spiel als Konkurrenz aufziehen, so setzen die Spieler jeweils eine eigene Figur auf die ihnen zugewandte Hälfte des Spielbretts. Alle Startfiguren müssen dieselbe Anzahl von Kugeln enthalten. Zur Bewertung kommt 1. die Zahl der Generationen, die jeder Spieler mit seiner Figur errreicht, und 2. die Summe der in jeder Generation gesetzten Kugeln. Am Ende werden diese beiden Summen miteinander multipliziert.

Man mag zunächst vermuten, Conway habe seine Regeln willkürlich ausgewählt, doch ist das keineswegs so. Der Spielverlauf sollte nicht nur realistisch sein und die Auswirkungen von Isolation, Kooperation, Übervölkerung usw. darstellen, sondern darüber hinaus sollte sich auch ein möglichst interessantes Spiel ergeben. Das bedeutet aber, daß das Schicksal einer Population nicht ohne weiteres aus der Anfangssituation abzulesen sein darf. Aus diesem Grunde muß es einerseits Konfigurationen geben, die unbegrenzt wachsen, und andererseits solche, die bald wieder aussterben.

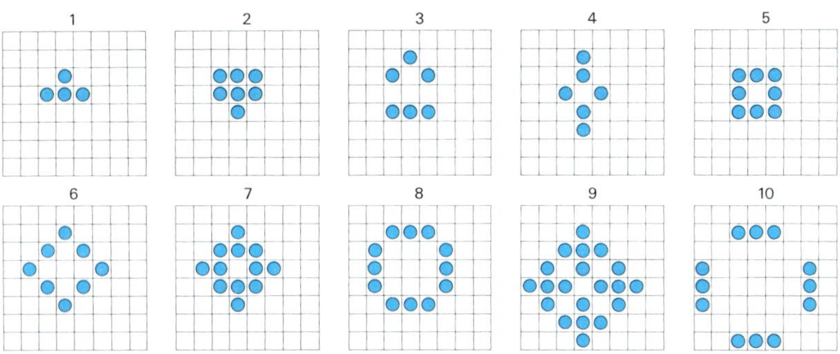

Abb. 40 **Die Entwicklung eines Tetrominos.**

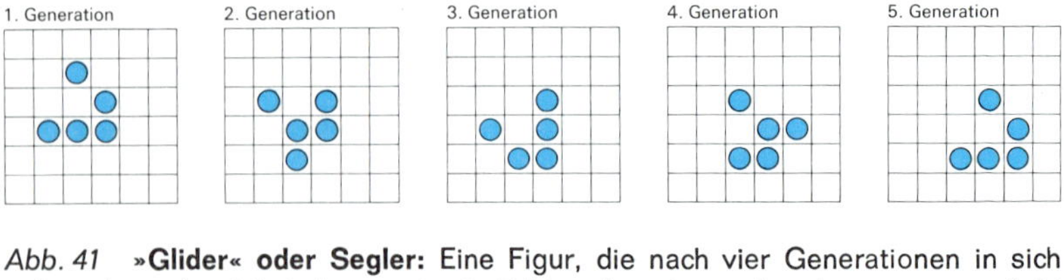

Abb. 41 **»Glider« oder Segler:** Eine Figur, die nach vier Generationen in sich selbst übergeht, dabei aber um je ein Feld nach rechts und nach unten vorgerückt ist.

Abb. 39 zeigt typische Schicksale einiger Tripelfiguren (Trominos). Das zeitliche Nacheinander einer Abfolge von Generationen erscheint hier als räumliches Nebeneinander, eine Darstellungsweise, deren wir uns noch häufiger bedienen werden. Die drei ersten Figuren sind instabil und sterben bereits nach zwei Generationen aus. Die vierte Figur geht in einen stabilen Block über, und die fünfte beginnt gar – mit einer Periode von zwei Generationen – zu oszillieren.

In Abb. 40 ist ein Muster gezeigt, das nach zehn Generationen aus einem Tetromino entsteht. Es gibt auch periodisch veränderliche Strukturen, deren Form nach mehreren Generationen wieder in sich selbst übergeht, dabei aber um eine bestimmte Zahl von Feldern vorgerückt ist. Conways »Raumgleiter« (glider) (s. Abb. 41) ist ein typisches Beispiel dafür. Es handelt sich dabei um einen Oszillator, der nach einer Periode von fünf Generationen, das heißt nach fünf Umwandlungen, wieder seine ursprüngliche Gestalt annimmt, aber um ein Feld diagonal nach rechts unten auf dem Spielbrett verschoben ist. Die maximale Geschwindigkeit, die eine Figur in diesem Spiel erreichen kann, ist die, mit der ein König im Schachspiel vorrückt. Man könnte sie als »Lichtgeschwindigkeit« bezeichnen, denn sie stellt einen absoluten oberen Grenzwert dar. Der »Raumgleiter« bewegt sich mit einem Viertel der »Lichtgeschwindigkeit« über die Spielfläche.

Martin Gardner hat in einem ausführlichen Artikel[67] in der Zeitschrift »Scientific American« eine Vielzahl von Figuren mit oftmals sehr skurrilen Eigenschaften beschrieben. Der Leser mag sie selbst ausprobieren.

Zu einem strategischen Spiel wird »Life« durch zwei Konfigurationstypen: »Kanonen«, die Geschosse abfeuern, und »Figuren-Schlucker«, die – wie ihr Name sagt – andere Figuren verschlukken, ohne dadurch verändert zu werden. Der Entdeckung dieser Konfigurationen geht eine kuriose Geschichte voraus. Conway hatte die Vermutung geäußert, daß es infolge der »Übervölkerungsregelung« keine Figuren gibt, die unbegrenzt wachsen. Da er seine Behauptung aber nicht beweisen konnte, setzte er eine Belohnung von fünfzig Dollar aus, die derjenige haben sollte, der die Behauptung beweisen oder aber widerlegen konnte. (In der Mathematik gilt ja eine Behauptung schon dann als widerlegt, wenn sich auch nur ein einziges Gegenbeispiel anführen läßt.) Der Preis ging an ein Team junger Forscher vom »Project of Artificial Intelligence« am berühmten »Massachusetts Institute of Technology«, die dem Computer einfach die Aufgabe stellten, ein Gegenbeispiel zu suchen (was dem Namen ihres Projektes durchaus angemessen war). Heraus kam dabei die sogenannte »glider gun« (s. Abb. 42), eine Kanone, die in regelmäßigen Abständen einen Raumgleiter »abfeuert«. Die Kanone selbst ist ein stationärer, das heißt räumlich fixierter Oszillator, der jeweils nach dreißig Generationen in seine ursprüngliche Gestalt übergeht. In jeder Phase stößt er einen Raumgleiter aus, der über das Spielfeld hinwegwandert. Da die »gun«-Konfiguration unbegrenzt oszilliert, produziert sie auch eine unbegrenzte Zahl von Raumgleitern. Das ist aber gleichbedeutend damit, daß es Figuren gibt, die unbegrenzt wachsen.

Alle diese Entdeckungen haben einen wahren Rausch unter Computer-Ingenieuren und Mathematikern ausgelöst. Fachzeitschriften und Nachrichtenmagazine haben eingehend darüber berichtet. Mit Hilfe des Computers kann man natürlich große und strategisch raffinierte Konkurrenzen austragen und neue, immer phantastischere Kombinationen entdecken.

Dem Spiel in seiner Gesamtkonzeption liegt aber ein durchaus seriöses Motiv zugrunde. Wir sehen hier eine neue experimentelle Mathematik entstehen. Man hofft, auf diesem Wege eines Tages auch die Turing-Idee in ihrer Anwendung auf eine neue Generation von Computern schließlich zu realisieren.

Der Name »Life« allerdings ist in einem Punkte nicht gerechtfertigt. Das Spiel zeigt zwar in hervorragender Weise, wie aus einfachen Grundregeln eine überaus komplexe »reale Welt« aufgebaut werden kann, komplex nicht nur hinsichtlich seiner räumlichen Struktur, seiner Morphologie, sondern vor allem auch hinsichtlich seines funktionellen Verhaltens. Wir finden in der Tat viele Eigenschaften, die an den Begriff Leben – im positiven wie auch im negativen Sinne – erinnern. Jedoch ein wesentliches Charakteristikum fehlt: der »schöpferische« Zufall. Der Ablauf des Life-Spiels ist ein Musterexempel für einen deterministischen Prozeß. Alles folgt strikt kausal aus den Anfangsbedingungen. Hinter allem steht ein »voll informierter Schöpfer«. Das Spiel offenbart lediglich seine Ideen. Der Zufall ist einfach nicht vorgesehen.

Die ungeheure Komplexität natürlicher Lebewesen wäre im Sinne *dieses* Spiels physikalisch nicht begreifbar. Ja, würden sich die Spiel-

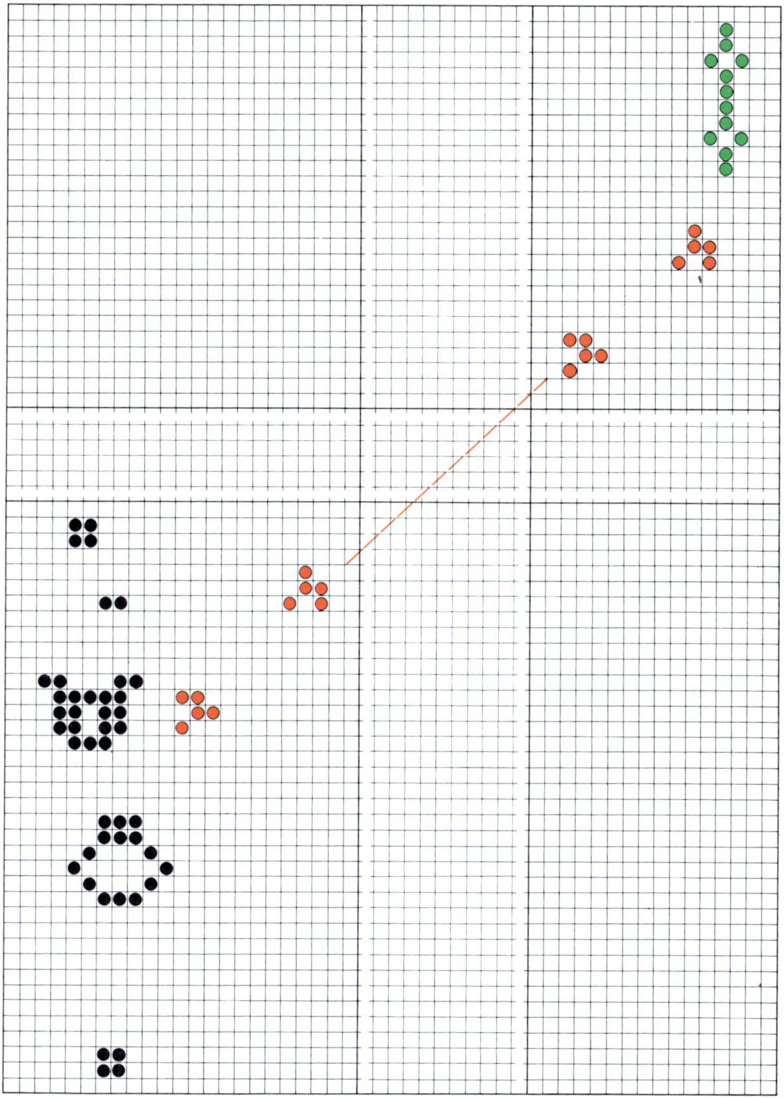

Abb. 42 **Die »Gun«-Konfiguration** (schwarz) ist ein räumlich fixierter Oszillator, der nach dreißig Generationen wieder die ursprüngliche Gestalt annimmt und innerhalb dieser Periode einen »Glider« (rot) ausstößt. Der »Glider« wandert über die Spielfläche und trifft auf einen »Eater« (grün) (einen Fünfzehn-Generationen-Oszillator), der ihn »verschluckt«, ohne sich irreversibel zu verändern.

regeln der Evolution als identisch mit den Conwayschen Regeln entpuppen, so wäre dies ein unmittelbarer Hinweis auf die Existenz eines voll informierten Schöpfers, ein Gottesbeweis. Unser gesamtes Wissen um die molekulare Struktur der Lebewesen und ihre evolutionären Veränderungen spricht gegen diesen Trivialschluß. Es ist widersinnig, einen Gott vorauszusetzen, der nicht in Übereinstimmung mit den Naturgesetzen steht, ja dieser wäre im Widerspruch mit sich selbst. Was Physik und Biologie seit Kant zum Thema »Gottesbeweis« zu sagen haben, hat Eike Christian Hirsch[68] kürzlich in einer Serie von Interviews zusammengefaßt. Er folgert:

> »Der Ursprung des Lebens ist nicht mehr der geheimnisvolle Ort, an dem Gott mehr zu finden wäre als anderswo. Entweder man glaubt an Gott, oder man tut es auch hier nicht. Ein Gottesbeweis findet nicht statt.« (Vgl. hierzu auch Georg Picht[69]: »Der Gott der Philosophen«.)

Conways Spiel repräsentiert ausschließlich das deterministische Mittelwertverhalten der Dynamik eines aus vielen einzelnen Individuen bestehenden, genetisch unveränderlichen Ensembles. Freilich kann man auch in dieses Spiel den Zufall hineintragen, doch resultieren daraus wieder die im 5. Kapitel beschriebenen Selektionsspiele.

Ingo Rechenberg[70] hat in seinem Buch »Evolutionsstrategie« sehr anschaulich dargelegt, daß eine »trial-and-error«-Methode (Versuch-und-Irrtum-Methode) in einem multidimensionalen Entscheidungsraum sehr viel schneller zum Ziel führt als ein deterministisch kausales Vorgehen, das auf einem Ausloten der Wertgradienten in allen Koordinaten des Raumes basiert. Nachdem wir im vorangehenden Kapitel gesehen haben, wie Moleküle sich selbst organisieren und funktionelle Eigenschaften selektiv ausnützen können, verstehen wir nun auch, wie eine gerichtete Entwicklung in einem komplexen, multidimensionalen Zustandsraum in Gang kommen kann, ohne daß sie von einem im vorhinein abgefaßten Plan gesteuert werden muß.

Wenn wir heute an die Verwirklichung eines Turing-Automaten denken, so würden wir annehmen, daß er ähnlich wie ein Lebewesen konzipiert sein müßte. Das ist eine Einschränkung der zweiten zu Beginn dieses Kapitels aufgestellten Behauptung. Allerdings würden ja nicht *wir* diesen Automaten konstruieren, er würde es selber tun, und mit Sicherheit käme bei der Bewertung der Zufallsentscheide etwas anderes als eins der herkömmlichen Lebewesen heraus – allein wegen der komplexen Vielfalt möglicher Alternativen.

Wie sähe eine solche Maschine aus?

Zunächst einmal müßte sie die Eigenschaften eines selbstreproduzierenden Automaten haben, und zwar in der von v. Neumann ursprünglich entworfenen Form, das heißt mit einem hinreichend großen Speicher zur Entwicklung von Algorithmen. Dann brauchte sie unbedingt noch adaptive Fähigkeiten, um ihr Programm laufend umordnen und erweitern zu können. Das ist aber nur möglich – wie wir im 5. Kapitel gezeigt haben –, wenn ein der Maschine innewohnendes Bewertungsschema existiert.

Im Evolutionsprozeß kommt jede Verbesserung des Bauplans erst den daraus entstehenden Generationen zugute. Es gibt keine Modifikation des Bestehenden, dieses stirbt aus. Für den Bau einer Maschine wäre das jedoch ein sehr kostspieliges Verfahren. Die Natur hat durch die Schaffung von Rezeptoren, die Umweltsignale aufnehmen, und in der Entwicklung von Nervensystemen, die solche Signale verarbeiten und speichern, einen ökonomischeren Weg vorgezeichnet. Lernen ist ebenfalls ein selektiver Vorgang, der Reproduktion, Bewertung und Modifizierung der im lernenden System ablaufenden Elementarprozesse beinhaltet. Neue Ideen mögen zwar auf Kosten älterer entstehen. Verworfen werden allenfalls die älteren Ideen, nicht jedoch die Maschinerie, der sie ihre Entstehung verdanken.

Der Turing-Automat müßte also ein inhärentes, selbsttätig wirksames Bewertungsschema erhalten, das ihn »motiviert«, bestimmte Dinge zu tun und andere zu lassen. Er benötigte ein Lust- und ein Schmerzzentrum, er müßte sich fürchten und sich freuen können. So jedenfalls lernt ein »beseeltes« Wesen.

Es besteht kein Zweifel, daß man – nachdem die Existenz solcher Zentren in Gehirnen höherer Lebewesen sichergestellt ist – auch bald das Prinzip ihres Wirkungsmechanismus verstehen wird.

Phänomene hören nicht dadurch auf zu existieren, daß man sie physikalisch interpretieren kann. Auch wird ihnen damit nichts von ihrer Großartigkeit genommen. Der Mensch wird in seinen individuellen Eigenschaften durch solche Überlegungen keineswegs zu einer berechenbaren Quantität degradiert. Ja, für den denkenden Menschen hat die Erkenntnis, daß seine Existenz »Eingebettetsein« in einer einheitlichen Natur bedeutet, daß sein Leben Episode der universellen »Geschichte des Lebens« ist, eher etwas Tröstliches. Sie nimmt ihm die Einsamkeit eines »Zigeuners am Rand des Universums«[52]. Er ist Teil einer Gesamtheit und aufgrund seines Bewußtseins gar Zentrum.

Ist es sinnvoll, Maschinen mit der (wahrscheinlich nur sehr begrenzten) Fähigkeit zur Selbstreflexion auszurüsten? Wäre es nicht viel wichtiger, die menschliche *Gesellschaft* – als die dem einzelnen Menschen übergeordnete Evolutionsstufe – zu einem vernünftig reagierenden »Lebewesen« zu gestalten, das aufhört, sich selbst zu zerstören?

11. »Aus eins mach zehn...«

Die Hybris des Lebensspiels ist die Wachstumsexplosion der menschlichen Bevölkerung. In der Natur finden wir unterschiedliche Formen des Wachstums, die aufgrund genormter Spielstrategien klassifiziert werden können. Exponentielles Wachstum hat seine Ursachen in einem autokatalytischen Vermehrungsmechanismus. Die Verdopplungszeit ist hier eine für die Spezies charakteristische Konstante. Der Mensch hat die Möglichkeit, sie durch Geburtenkontrolle zu beeinflussen. Gegenwärtig verkürzt sich diese Verdopplungszeit ständig, so daß die Erdbevölkerung nach einem hyperbolischen Gesetz anschwillt. Eine solche Situation ist katastrophengeladen, da die infolge der Begrenzung unseres Lebensraumes notwendigerweise einsetzende Selbstregelung inhuman ist und in verheerendem Maße sich vor allem auf die Sterberate auswirken wird.

11.1 Ratenansatz und Wachstumsgesetz

In den ersten sechzehnhundert Jahren unserer Zeitrechnung hat sich die Erdbevölkerung von etwa zwei- bis dreihundert Millionen auf ca. fünfhundert Millionen Menschen vermehrt. In den folgenden zweihundert Jahren wuchs sie auf eine Milliarde an, um sich bereits nach Ablauf von weiteren hundert Jahren wieder zu verdoppeln. Die Zweimilliardengrenze wurde um 1930 erreicht. Heute leben bereits nahezu vier Milliarden Menschen auf der Erde (s. Abb. 43).

Wenn eine Menge in aufeinanderfolgenden Zeitabschnitten gleicher Länge sich jeweils verdoppelt oder um den gleichen Faktor vervielfacht, liegt ein exponentielles Wachstumsgesetz vor. Seine Ursache ist Selbstreproduktion oder Autokatalyse. Die vorhandene Menge – zum Beispiel Neutronen in einem Uranblock, Bakterien im Nährmedium, Menschen, Kapital, Information oder Wissen – katalysiert, instruiert und steuert die eigene Vermehrung.

Die Erdbevölkerung wächst zur Zeit *stärker* als exponentiell. Nicht nur, daß die Geburtenrate die Sterberate weit übertrifft, die durchschnittliche Zahl der Geburten pro Einwohner nimmt – vor allem in den weniger entwickelten Ländern – ständig zu. Die Erhöhung der mittleren Lebenserwartung aufgrund der rückläufigen Säuglings- und Kindersterblichkeit wirkt sich entscheidend auf diese Zahl aus. Die Zeitperiode, in der sich die Erdbevölkerung verdoppelt, wird somit immer kürzer. Sie liegt heute schon unterhalb des Lebensalters eines Menschen; ihre Abfolge entspricht nahezu dem Generationswechsel. Das ist das »Hexeneinmaleins« der Wachstumsgesetze.

Der Mathematiker klassifiziert Wachstum entweder anhand der integralen Zunahme der Menge oder aber nach deren differentiellen zeitlichen Veränderungen, *den Raten*. Hier sind grundsätzlich zwei Darstellungen zu unterscheiden, nämlich

- die Änderung der *Menge als Funktion der Zeit*
  – wir nennen diese das *Wachstumsgesetz* – und
- die Abhängigkeit der Wachstumsgeschwindigkeit
  von der Menge – wir bezeichnen diese als *Ratenansatz.*

Ist der *Ratenansatz konstant* – das heißt, die Geschwindigkeit oder die zeitliche Veränderung hängt *nicht* von der jeweils vorhandenen Menge ab –, so nimmt die Gesamtmenge direkt proportional

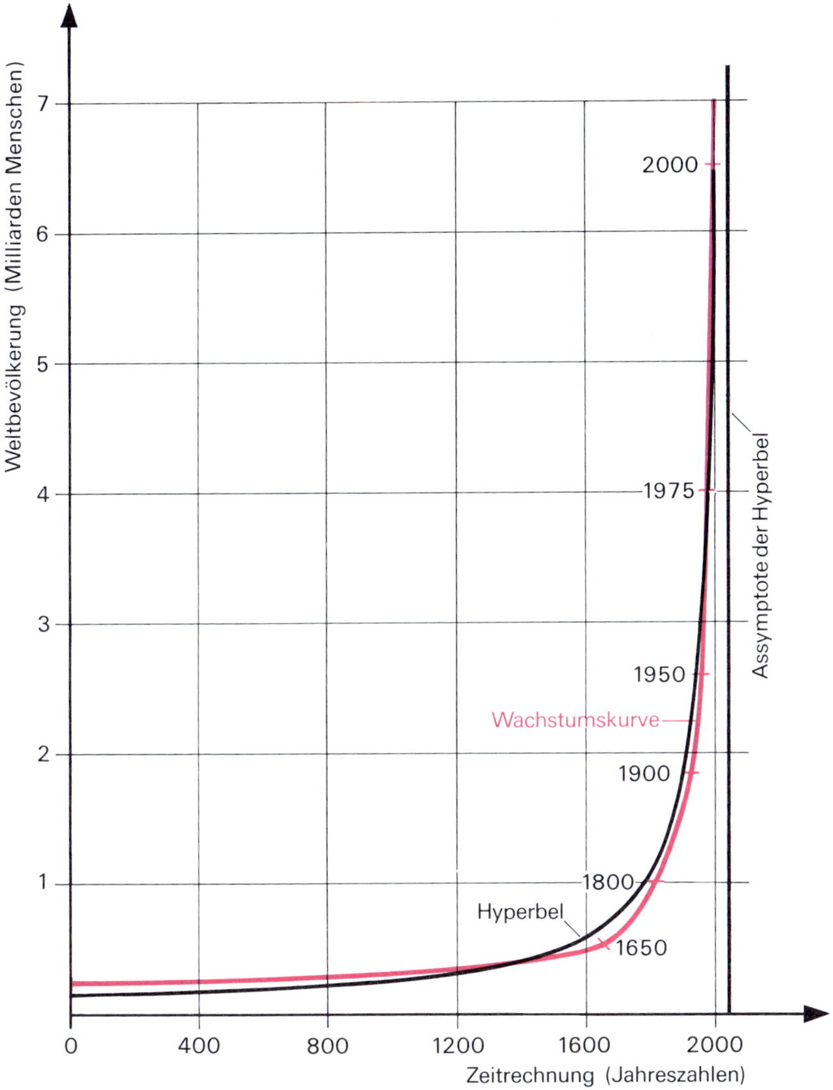

Abb. 43 **Wachstumskurve der Weltbevölkerung**[75], extrapoliert bis zum Jahre 2000 (rote Kurve). Die eingezeichnete Hyperbel (schwarz) verläuft mit dieser über einen großen Zeitbereich fast deckungsgleich. Die Hyperbel verschwindet etwa im Jahre 2040 im Unendlichen (siehe Asymptote). Aus diesem Tatbestand wird einerseits die bedrohliche Explosivität des Bevölkerungswachstums drastisch vor Augen geführt, und andererseits erkennt man, wie sinnlos Extrapolationen – insbesondere in der Nähe von Singularitäten – sein können.

zur Zeit zu, wir erhalten ein *lineares Wachstumsgesetz.*

Ist dagegen der *Ratenansatz linear,* das heißt, die Geschwindigkeit ist proportional zur Menge, so wächst das System *exponentiell* mit der Zeit.

Steigt die Rate *stärker als linear,* zum Beispiel mit dem Quadrat der Menge, an, so resultiert ein überexponentielles oder *hyperbolisches Wachstumsgesetz.* Hier werden die Zeitabschnitte, innerhalb deren sich die Menge jeweils verdoppelt, ständig kürzer. In Abwesenheit von Begrenzungen müßte die Menge schon nach *endlicher* Zeit *unendlich* groß werden. Die drei fundamentalen Wachstumsgesetze und die ihnen zugrundeliegenden Ratenansätze sind in Abb. 44 graphisch dargestellt.

Voraussetzung für Wachstum jeder Art ist, daß die Erzeugung den Abbau übersteigt. Sind beide Raten einander gleich – das heißt, wird die Erzeugung durch den Abbau gerade kompensiert –, so bezeichnen wir das System als stationär. Es verändert sich dann in seiner Zusammensetzung nicht weiter.

Allerdings ist das, was wir in einer Population als Auf- oder Abbaurate bezeichnen, nur der statistische Mittelwert der Geschwindigkeiten einer riesengroßen Zahl von Einzelereignissen. Das bedeutet, daß die Kompensation der Raten im stationären Zustand nur im zeitlichen Mittel erfüllt ist. Es stellt sich hier wieder die schon im 3. und 4. Kapitel wiederholt diskutierte Frage nach der Stabilität eines stationären Systems. Diese Frage ist von ganz allgemeiner, für die Bevölkerungs-, die Währungs- und Wirtschaftspolitik sogar von größter Bedeutung. In den genannten Fällen sind die Einzelergebnisse, auf die sich die globalen Auswirkungen beziehen, autokatalytischer Natur. Beschränkungs- wie auch Belebungsmaßnahmen oh-

---

Abb. 44 **Wachstumskurven** (= Abhängigkeit der Menge von der Zeit) **sind hier den zugrunde liegenden Ratenansätzen** (= Abhängigkeit der zeitlichen Änderung der Menge von der Menge selbst) *gegenübergestellt.* Charakteristika der Wachstumskurven sind: *Linear* (oben), die Menge wächst in gleichen Zeitabschnitten um gleiche Beträge. *Exponentiell* (Mitte), die Menge wächst in gleichen Zeitabschnitten um den gleichen Faktor. (Trotz eines solchen lawinenartigen Anschwellens wird die Menge erst nach unendlich langer Zeit unendlich.) *Hyperbolisch* (unten), die Verdopplungsperioden nehmen mit fortschreitender Zeit ab. (Die Menge wird bereits bei endlichen Zeiten unendlich.)

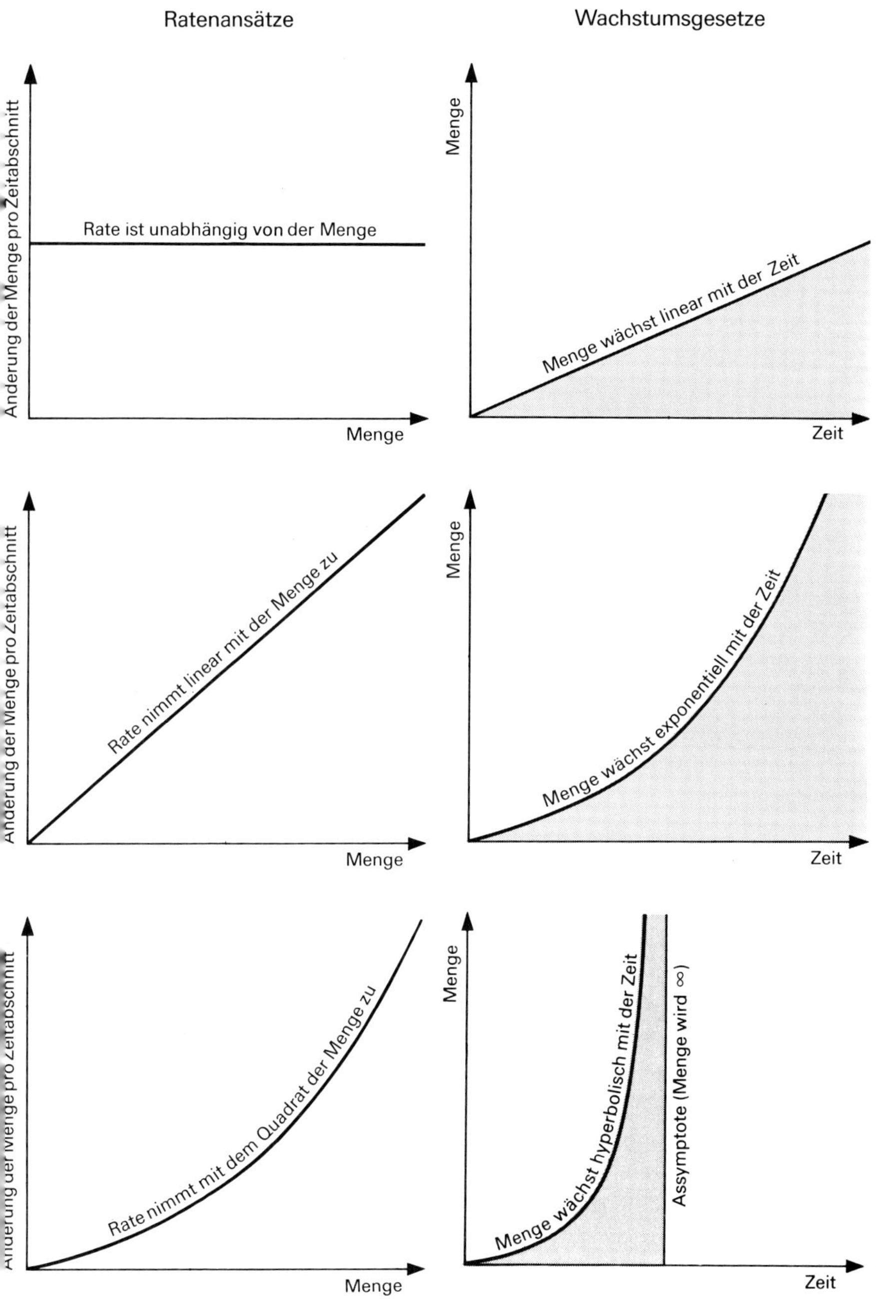
Ratenansätze
Wachstumsgesetze
Anderung der Menge pro Zeitabschnitt
Rate ist unabhängig von der Menge
Menge
Menge
Menge wächst linear mit der Zeit
Zeit
Anderung der Menge pro Zeitabschnitt
Rate nimmt linear mit der Menge zu
Menge
Menge
Menge wächst exponentiell mit der Zeit
Zeit
Rate nimmt mit dem Quadrat der Menge zu
Menge
Menge
Menge wächst hyperbolisch mit der Zeit
Assymptote (Menge wird ∞)
Zeit

ne rückkoppelnde Steuerung durch die hervorgerufenen Effekte können in solchen Systemen erhebliche Gefahren heraufbeschwören. Entscheidend ist, wie die Differenz zwischen Auf- und Abbaurate von der Population bzw. ihrer Schwankung abhängt.

Nehmen wir einmal an, daß diese Differenz in einheitlicher Weise mit der Veränderung der Menge korreliert ist. Der einfachste Fall liegt vor, wenn die Differenz der Raten im Mittel konstant ist. Hat die Aufbaurate die Überhand, so wird das, was *hinzukommt*, jeweils in gleichen Zeitabschnitten gleich sein. (Diese Relation ist nicht zu verwechseln mit der, bei der in gleichen Zeitabschnitten die jeweils vorhandene Menge verdoppelt oder vervielfacht wird.) Ein solches lineares Wachstum läßt sich relativ leicht unter Kontrolle halten, solange man die äußeren Bedingungen im Griff hat. Hier können die auftretenden Schwankungen keine internen Katastrophen auslösen, da sie nicht lawinenartig anschwellen und sich somit leicht abfangen lassen. Man darf von einem linearen Anstieg allein jedoch nicht schon auf den Mechanismus schließen – jedenfalls dann nicht, wenn man nur einen beschränkten Zeitbereich betrachtet. Auch das exponentielle Wachstumsgesetz hat einen linearen Bereich, und zwar in der sogenannten Anlaufphase (s. Abb. 44). Das heißt: Ist die Beobachtungszeit klein gegenüber der Verdopplungsperiode, wird man stets eine (nur) lineare Zunahme der Besetzungsmenge registrieren. Die für die Menschheit unmittelbar bedrohliche Situation ist vor allem darin zu sehen, daß die Zeitperiode, in der sich die Erdbevölkerung verdoppelt, heute bereits vergleichbar mit der Generationsperiode ist.

Auch interne Gegensteuerung kann ein zunächst exponentielles Wachstum auf lineare Progressionen begrenzen. Während die auf Selbstreproduktion basierende Vemehrung von Bakterien in überschüssigem Nährmedium auch wirklich exponentiell verläuft, ist das (ebenfalls auf Zellreproduktion zurückzuführende) Längenwachstum eines Baumes so weit eingeschränkt, daß lediglich – abgesehen von den sehr frühen Zellvermehrungsstadien – ein (mit zunehmendem Alter noch zurückgehendes) lineares Wachstum verbleibt.

In vielen Gesellschaftsspielen werden lineare Wachstumsverhältnisse – bewußt – über längere Phasen des Spielablaufs aufrechterhalten. Erst im Endstadium sollten exponentielle Veränderungen auftreten bzw. wirksam werden. Andernfalls würde ja gleich zu Beginn des Spiels der Verlierer feststehen. Er müßte dann in dieser Rolle bis zum bitteren Ende durchhalten, und das könnte – wie man heute so gern sagt – »Frustrationserlebnisse auslösen«. Das weltbekannte japanische Gesellschaftsspiel »Go« oder seine triviale, aus England stammende Variante »Go-bang« sind klassische Beispiele, die zeigen, wie in einem linearen Spielaufbau sich erst allmählich Katastrophensituationen anbahnen.

Das Go-Spiel zeigt einmal mehr, wie Komplexität aus der iterativen Anwendung einfachster Grundprinzipien entsteht. Die Spielregeln sind in der Tat so einfach, daß jedermann sie ohne weiteres erlernen und auch unmittelbar praktizieren kann – doch bleibt die vollständige Beherrschung letztlich auch dem begabtesten Spieler versagt. In Japan hat sich eine ganze Wissenschaft um das Go herumgewoben. Bis zum Jahre 1868 gab es sogar eine besondere Go-Akademie.

Eine gute Partie zwischen gleichstarken Spielern kann sich über Tage hinziehen. Die Gewinnchancen werden aufgrund der linearen Zunahme der Flächenbesetzung über eine längere Spieldauer offengehalten. Erst aus der Umzingelungsstrategie erwächst eine »Nichtlinearität«, die schließlich für eine Dramatisierung des Spielverlaufs sorgt. Die Abweichung vom linearen Wachstum ist in der mathematischen Formulierung recht kompliziert. Schließlich sind die Regeln nicht mathematisch konzipiert worden, sondern historischen Ursprungs, sie gehen auf ein strategisches Konzept zurück. Im Vergleich hierzu sind die im 5. Kapitel eingeführten Kugelspiele in ihrer mathematischen Struktur sehr viel durchsichtiger. Sie beinhalten fast ausschließlich rein exponentielle Wachstumsgesetze, denen wir uns nunmehr auch ausführlicher zuwenden wollen.

Für ein rein exponentielles Wachstumsgesetz ist notwendige und hinreichende Voraussetzung, daß die Differenzrate für Auf- und Abbau positiv und direkt proportional zur schon vorhandenen Menge ist. Besteht diese aus individuellen Einheiten, so wird sich deren Zahl in gleichen Zeiträumen jeweils verdoppeln. Diese Verdopplungsperiode ist eine für das betreffende System charakteristische Konstante. Der *individuelle* Verdopplungsprozeß selber ist zunächst diskontinuierlich. Bei hinreichend großer Individuenzahl jedoch wird daraus ein praktisch kontinuierlich in der Zeit ablaufender Vor-

Tafel 11: Kugelspiel »Go« und »Go-bang«

Go – oder I-go, wie es im Japanischen genannt wird – ist ein Brettspiel für zwei Personen. Jeder Spieler erhält 181 Steine (schwarze bzw. weiße). Das Spielbrett ist durch je 19 senkrechte und waagerechte sich kreuzende Linien unterteilt, so daß sich 361 Kreuzungspunkte ergeben, auf die die Spieler ihre Steine setzen.

Go-bang, das für zwei und mehr Personen geeignet ist, kann auf einem Brett mit 13 × 13 Feldern gespielt werden. Alle Spielvarianten beginnen, indem die Spieler abwechselnd eine Kugel ihrer Farbe in ein beliebiges leeres Feld setzen.

Beim Go-bang muß jeder Spieler danach trachten, eine zusammenhängende Sequenz von fünf Kugeln seiner Farbe zu legen. Es zählen sowohl waagerechte, senkrechte als auch diagonale Folgen. Sie müssen aber zusammenhängend sein. Der Spieler, dem dies zuerst gelingt, hat gewonnen. Man kann auch weiterspielen, bis die gesamte Spielfläche ausgefüllt ist. Am Ende entscheidet dann die Zahl der zusammenhängenden Sequenzen, die jeder Spieler erzielt hat. In einer weiteren Variante kann man jeweils bei Besetzung eines vierten Kreuzungspunktes dem Gegner eine Kugel fortnehmen. Gewonnen hat der, der die meisten Kugeln erobert.

Das Mini-go entspricht genau dem originalen Go, nur daß es eben auf einem kleineren Brett (13 × 13 Linien) gespielt wird. Es gelten die Regeln:

1. Die Spieler setzen abwechselnd eine Kugel ihrer Farbe. Jede Kugel verbleibt so lange auf dem Spielfeld, bis sie vom Gegner eingeschlossen und »gefangengenommen« wird.
2. Die Kugeln, die sich in vollständig eingeschlossenen Regionen befinden, können »gefangengenommen«, das heißt vom Gegner vereinnahmt werden. Die Spieler sind aber nicht gezwungen, von einer Möglichkeit der Umzingelung Gebrauch zu machen.

Die Anwendung der zweiten Regel ist eindeutig, solange es sich um vollständig besetzte, eingeschlossene Regionen handelt. Am Spielbrettrand genügt es, wenn die Einschließung von den zur Spielfläche hin offenen Seiten aus vorgenommen wird. Sind die umschlossenen Regionen nicht vollständig von der gegnerischen Farbe ausgefüllt oder ergeben sich Möglichkeiten zur Überlappung von Einschlußregionen, so muß nach den in Abb. 45 dargestellten Grundtypen jeweils sinngemäß verfahren werden. Das Spiel endet, wenn alle gewinnfähigen Positionen besetzt sind. Es zählen als Gewinnpunkte alle vom Spieler eingenommenen Positionen. Davon werden die vom Gegner gefangenen Kugeln als Verlustpunkte abgezogen. Sieger ist, wer die höchste Punktzahl erreicht hat.

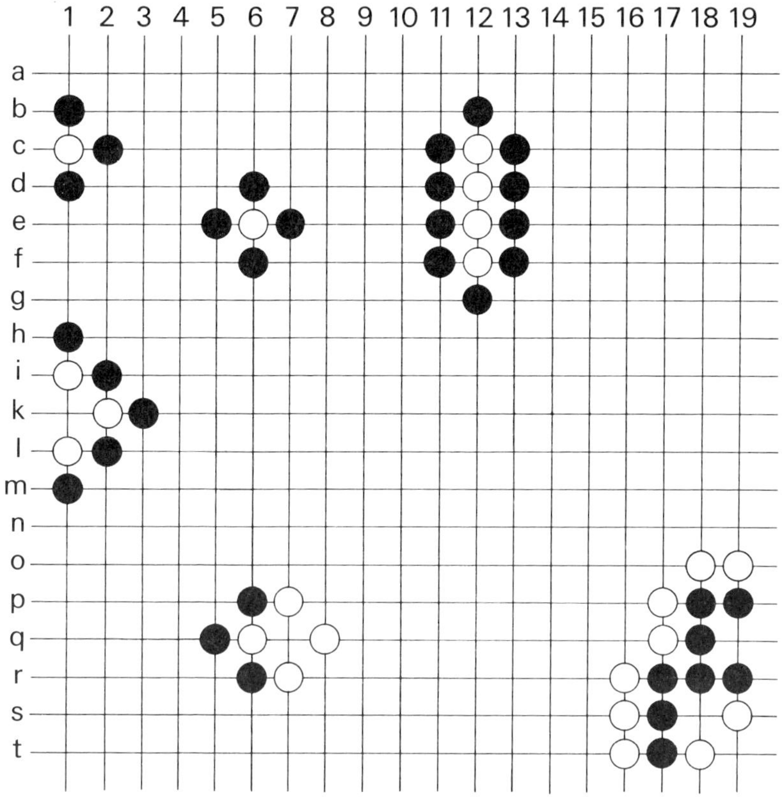

Abb. 45 **Die wichtigsten Situationen und Spielbegriffe für Go.** In den beiden Spielsituationen – oben links – ist jeweils ein weißer Stein von schwarzen vollkommen eingeschlossen und wird daher von Schwarz gefangengenommen. Es können auch gleichzeitig mehrere Steine gefangengenommen werden, wenn sie wie im Beispiel oben rechts in einer Kette stehen. Im Beispiel links Mitte wäre es für Weiß fatal, das noch freie Feld (k 1) zu besetzen, hingegen kann Schwarz durch Besetzen dieses Feldes alle drei weißen Steine gefangennehmen. In der Figur unten Mitte kann Schwarz durch Besetzen von q 7 Weiß auf q 6 gefangennehmen. Weiß kann jedoch durch Wiederbesetzung von q 6 Schwarz auf q 7 gefangennehmen – das würde immer so weitergehen. Daher besagt die Regel, daß ein Stein, der einen einzigen Stein getötet hat, als einzelner im nächsten Zug nicht wieder genommen werden darf. In der Ecke unten rechts ist eine »Seki-Situation« gezeigt. Die drei Kreuzungspunkte können weder von Schwarz noch von Weiß besetzt werden.

gang, der sich durch eine stetige Funktion adäquat beschreiben läßt. Diese Funktion besitzt die vom Ratenansatz geforderte Eigenschaft, nämlich, daß die zeitliche Ableitung wieder die gleiche Zeitabhängigkeit aufweist wie die Funktion selber. Anstelle der charakteristischen Wachstumskonstante gibt man auch oft die Zeit an, in der die Menge auf den jeweils *e*-fachen Betrag ansteigt. Die transzendente Zahl $e = 2.718$ ist die Basis der Exponentialfunktion.

Was der Wachstumsfunktion recht ist, muß der Abklingfunktion billig sein. Dominiert die Abbaurate und ist die Differenz von Auf- und Abbaurate wiederum der Menge selbst proportional, so erhält man für die zeitliche Mengenveränderung eine exponentiell *abklingende* Funktion. Ein bekanntes Beispiel ist der radioaktive Zerfall. Die sogenannte »Halbwertszeit«, das ist jene Zeitspanne, in der die Hälfte der jeweils vorhandenen Atome zerfällt, ist ein charakteristisches Maß für die mittlere Lebensdauer des einzelnen Atoms.

Auch beim Selektionsspiel treten exponentielle Abklingfunktionen in Erscheinung. Die Endphase verläuft für den unterlegenen Spieler nach einem exponentiellen Abklinggesetz, während infolge der Begrenzung des Spielbretts nur in der Anfangsphase – zum Beispiel aufgrund einer Glückssträhne – exponentielles Wachstum auftreten kann.

Eine weitere typische Eigenschaft der Exponentialfunktion ist, daß sie erst nach unendlich langer Zeit die Grenzwerte null (Abklingfunktion*) bzw. unendlich (Wachstumsfunktion) tatsächlich erreicht – wie ungestüm auch immer der Prozeß selbst ablaufen mag. Dieses asymptotische Verhalten ist mit der Konstanz der Halbwertszeit unmittelbar korreliert. Ungestümes Wachstum bedeutet, daß die Verdopplungsperioden einander schnell ablösen.

Was geschieht aber, wenn diese Verdopplungszeit nicht mehr konstant ist, sondern mit fortschreitender Zeit laufend kleiner wird? Gerade das erleben wir in der gegenwärtigen Bevölkerungsexplosion.

---

* Eine kontinuierliche Menge wird durch fortgesetztes Halbieren erst nach einer unendlichen Zahl von Schritten zu null.

Hier überstürzen sich die Ereignisse. Wäre das Wachstum unbegrenzt, so würde die Wachstumskurve schon bei *endlichen* Zeiten unendlich erreichen. Der Mathematiker spricht dann von einer Singularität und meint damit die Stelle, an der die Funktion – zum Beispiel eine Hyperbel – im Unendlichen verschwindet. Natürlich kann dieser Fall nie wirklich eintreten, da aufgrund der Endlichkeit der Welt automatisch Beschränkungen wirksam werden, die das Unendlichwerden einer Menge verhindern. Doch können die damit erzwungenen Restriktionen sich für das einzelne Individuum so katastrophal auswirken, daß seine Lebensfähigkeit in Frage gestellt wird.

11.2 Explosives Wachstum

Wir wollen die verschiedenen Fälle von exponentiellen und hyperbolischen Wachstumsgesetzen anhand eines Kugelspiels analysieren.

Tafel 12: Kugelspiel »Wachstum«

Das Spiel ist für zwei bis vier Spieler bestimmt. Man benötigt ein Brett mit Koordinateneinteilung und zugehörigen Koordinatenwürfeln. Am besten eignet sich ein Brett mit 8 × 8 Feldern. Jeder Spieler erhält eine genügend große Menge von Kugeln einer von ihm gewählten Farbe.

Das Spiel beginnt damit, daß zunächst für (zum Beispiel) exakt sechs Runden abwechselnd und reihum gewürfelt wird, wobei jeder Spieler eine Kugel in das von ihm erwürfelte Feld setzt. Ist das Feld schon von einer anderen Kugelfarbe besetzt, so muß der Spieler passen. (Diese Regelung gilt übrigens für den gesamten Spielablauf!) Ist das Feld dagegen von der eigenen Kugelfarbe besetzt, so darf er diese, seine Kugel auf ein beliebiges (strategisch vorteilhaftes) Feld plazieren. (Benachbarte Kugeln bedeuten im weiteren Spielverlauf einen gewissen Vorteil.)

Am Ende dieser Phase hat jeder Spieler maximal sechs Kugeln auf dem Brett. Jetzt erst beginnt das eigentliche Spiel. Jeder Spieler muß sich für eine – ihm aufgrund der Verteilung seiner Kugeln am günstigsten erscheinende – Strategie entscheiden und diese ankündigen. An diese ist er im weiteren Spielverlauf so lange gebunden, bis er die »nächsthöhere« Strategie ansagt. Folgende Strategien stehen zur Verfügung:

1. Der Spieler, der an der Reihe ist, darf jeweils *einmal* würfeln. Wenn er dabei ein von ihm besetztes Kugelfeld oder eins der vier an ein solches rechtwinklig angrenzenden (orthogonalen) Nachbarfelder erwürfelt (s. Abb. 46), so darf er *eine* weitere Kugel auf ein zu erwürfelndes Feld setzen.
2. Der Spieler darf jeweils *zweimal* hintereinander würfeln (unabhängig davon, wie erfolgreich er ist). Trifft er dabei ein Feld, das gleichzeitig zum Nachbarschaftsbereich von (mindestens) *zwei* eigenen Kugeln gehört, so darf er auch *zwei* weitere Kugeln ins Spiel bringen und auf zwei (zu erwürfelnde) Felder verteilen. Zur Nachbarschaftsregion zählen hier das von einer Kugel besetzte Feld selbst sowie die vier orthogonal *und* diagonal angrenzenden Felder (Conway-Nachbarschaft). Das getroffene Feld *muß* im Überschneidungsbereich zweier Nachbarschaften liegen (s. Abb. 46).
3. Der Spieler darf jeweils *dreimal* hintereinander würfeln. Er muß jedoch ein Feld treffen, das im Überlappungsbereich von (mindestens) drei Nachbarschaftsregionen der eigenen Kugelfarbe liegt (s. Abb. 46). Dann darf er gleich drei neue Kugeln auf dem Spielbrett unterbringen.

(Das geht so weiter für vier bis maximal neun Felder. Der Spieler darf jeweils so oft würfeln und so viele Kugeln im Erfolgsfalle einsetzen, wie es der angesagten Strategie entspricht.)

Gewonnen hat, wer bei vollständiger Besetzung die meisten Kugeln auf dem Brett hat. Die Anwendung der Nachbarschaftsregeln in der zweiten Spielphase wird durch die Anwesenheit gegnerischer Kugeln nicht beeinflußt – bis auf die Einschränkung, daß über ein schon vom Gegner besetztes Feld nicht mehr verfügt werden kann. (Ein Hinauswerfen von Kugeln gibt es in dieser Spielversion nicht.) Für die Verteilung der neu hinzukommenden Kugeln ist jeweils so lange zu würfeln, bis ein freies Feld getroffen wird.

Anmerkung: Der vorsichtige Spieler wird zunächst nach der relativ sicheren Regel 1. vorgehen, die ihm bei gleichmäßiger Verteilung der Kugeln die höchste Setzchance einräumt. Liegen jedoch in der Ausgangsverteilung bereits solche Konfigurationen vor, die die Voraussetzung für eine »ranghöhere« Strategie bieten, so empfiehlt es sich, schon sehr bald auf diese umzusteigen.

In diesem Spiel sind die zur Wahl stehenden Strategien repräsentativ für bestimmte Wachstumsmechanismen. Natürlich ist es nicht möglich, auf einem *begrenzten* Spielbrett einen *unbegrenzten* Vermehrungsprozeß über viele Generationen hinweg zu simulieren. Lediglich in der Anfangsphase, in der die Kugeldichte noch relativ

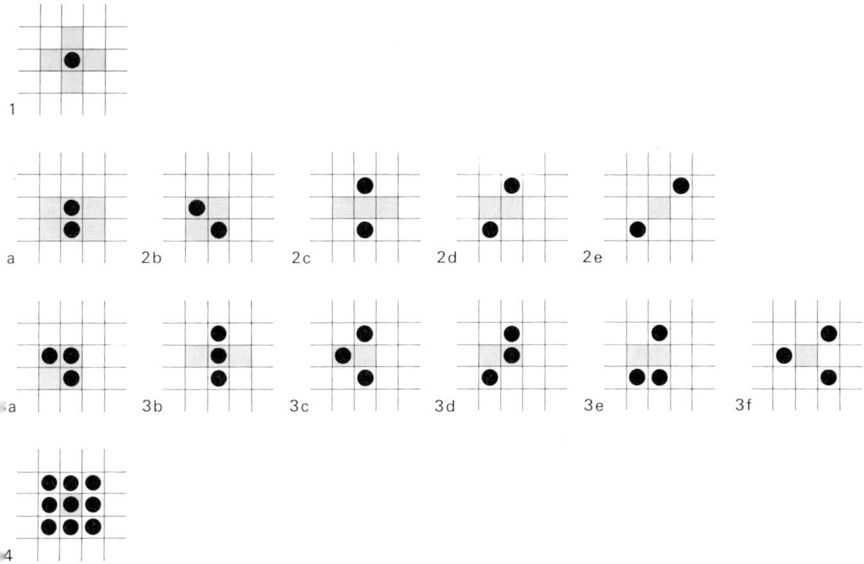

Abb. 46 **Definition der Nachbarschaftsbereiche im Wachstumsspiel.**
1. Bei der Ein-Kugelstrategie gilt lediglich die v. Neumannsche Nachbarschaft, die außer dem besetzten Zentralfeld dessen vier orthogonale Nachbarfelder (grau) einschließt.
2. und 3. Für Zwei- und Mehr-Kugelstrategien gilt dagegen Conways Nachbarschaftsdefinition, die sowohl die vier orthogonal als auch die vier diagonal an das Zentralfeld angrenzenden Felder umfaßt. Die Regeln beziehen sich hier jedoch ausschließlich auf die Felder, die sich im Überlappungsbereich (grau) der in Frage kommenden Kugeln befinden.
4. Im Falle der Neun-Kugelstrategie muß man das Mittelfeld (grau) der von neun Kugeln besetzten Region treffen.

---

gering ist, sind die für die einfachen Wachstumsgesetze gültigen Voraussetzungen einigermaßen erfüllt. Es ist instruktiv, eine solche Phase einmal bewußt durchzuspielen. Man muß dabei allerdings etwas Geduld aufbringen.

Für eine detaillierte Analyse der ersten Spielstrategie ist es am günstigsten, mit nur einer einzigen Kugel zu beginnen. Sie besetzt ein Feld und hat überdies eine definierte Nachbarschaft, die aus den vier orthogonal angrenzenden Feldern besteht. Es kommt jetzt darauf an, eins der insgesamt fünf Felder zu treffen, damit diese Kugel verdoppelt werden kann. Die Wahrscheinlichkeit dafür ist bei einem aus 64 Feldern bestehenden Spielbrett 5/64. Man braucht also im Mittel etwa 13 Würfe.

Genaugenommen müßte man für jede der beiden Kugeln in allen folgenden Runden separat würfeln, denn beide Vermehrungsprozesse sind ja voneinander unabhängig. Im Spiel behelfen wir uns aber damit, daß wir die Würfe nicht auf gegebene Kugeln beziehen, sondern jeweils einmal würfeln und dabei die von der Besetzung abhängigen höheren Gewinnchancen ausnutzen. Solange die Endlichkeit des Spielbretts nicht zu einer nennenswerten Überlappung der Nachbarschaftsregionen führt – das läßt sich de facto nur auf einem »großen« Spielbrett erreichen – verdoppelt sich die Zahl der Kugeln (im Mittel) jeweils nach einer gegebenen Zahl von Würfen (z.B. 13). Das ist das typische Merkmal des exponentiellen Wachstumsgesetzes.

Mit zunehmender Besetzung der Spielfläche bewirkt die Tatsache der Begrenzung eine deutliche Abweichung vom einfachen Exponentialgesetz. Ist die Spielfläche erst einmal von so vielen Kugeln belegt, daß alle verbleibenden leeren Felder irgendeiner Nachbarschaft angehören, so ist *jeder* Wurf erfolgreich. In jeder Runde kommt also mit Sicherheit eine neue Kugel hinzu. Die Vermehrungsgeschwindigkeit ist jetzt zwar maximal, jedoch konstant, und die Menge wächst nur noch *linear* an.

Ähnliche Beschränkungen ergeben sich auch für die zweite und dritte Strategie, bei denen die Aufbaurate proportional zum Quadrat bzw. zum Kubus der auf dem Spielbrett vorhandenen Kugelmenge ist. Eine einigermaßen korrekte Simulation der »höheren« (überexponentiellen) Vermehrungsgesetze erfordert analoges Vorgehen wie im Falle der ersten Strategie. Wir müssen wiederum eine hinreichend große »Verdünnung« voraussetzen und von einem Keim mit mindestens zwei (bzw. drei) Kugeln, inklusive der – von der nichtlinearen Vermehrungsregel geforderten – speziellen Nachbarschaftsregion ausgehen. Sonst kann bei der betreffenden Strategie der Wachstumsprozeß erst gar nicht einsetzen. Die Wahrscheinlichkeit, auf einen solchen Keim zu stoßen, ist im Falle einer Zufallsverteilung von zwei (bzw. drei) Kugeln auf 64 Felder relativ gering, wird aber im Verlauf des Spiels zunehmend größer*.

* Für eine korrekte Simulierung eines bestimmten hyperbolischen Wachstumsgesetzes müßte man noch in jeder Runde alle Kugeln auf dem Spielfeld statistisch umverteilen. Nur dann wird die Wahrscheinlichkeitsverteilung für die Paar- bzw. Tripel- usw. -Konfigurationen auch korrekt wiedergegeben.

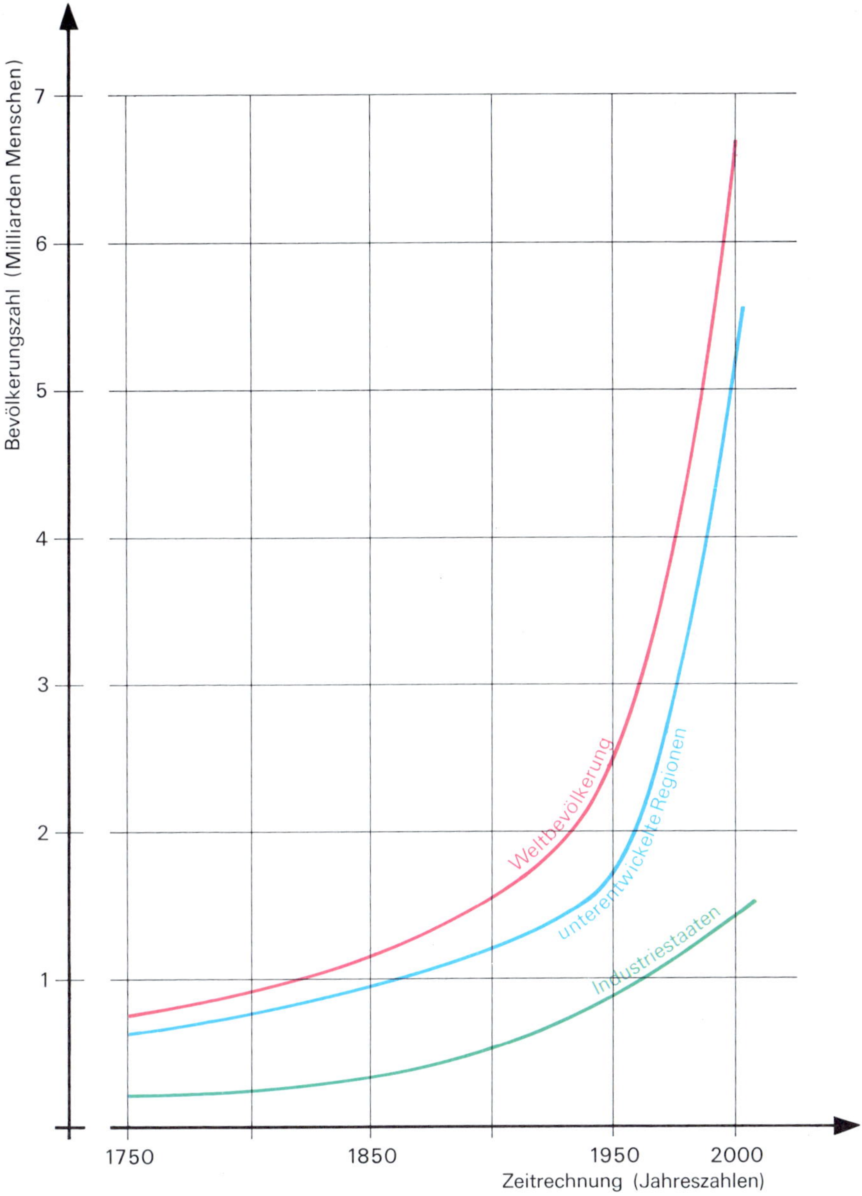

Abb. 47 Die Wachstumskurve der Weltbevölkerung (rot) ist hier nach Industrienationen (grün) und Entwicklungsländern (blau) aufgeschlüsselt. Die Zuordnung der verschiedenen Länder zu diesen beiden Kategorien ist einer Aufstellung von Paul Demeny[71] entnommen.

Das Spiel bringt die explosionsartige Charakteristik des »überexponentiellen« Wachstums klar zum Ausdruck. Die Verdopplungsperioden werden – wenn man die »höheren« Strategien von einem frühen Stadium an spielt und beibehält – jedenfalls drastisch kürzer, während sie im Falle der ersten Strategie über eine lange Spielphase hinweg nahezu konstant bleiben. Das ständige Schrumpfen der Verdopplungsperioden ist das auffälligste Merkmal für hyperbolisches Wachstum. Die Ursache hierfür liegt in einem nichtlinearen Ratenansatz: das heißt, die Vermehrungsrate steigt relativ schneller an als die vorhandene Menge.

Nun könnte man an dieser Stelle einwenden, daß der Unterschied zwischen exponentiellem und hyperbolischem Wachstumsgesetz vom praktischen Standpunkt aus unerheblich sei. Da die Singularität der hyperbolischen Funktion bei endlicher Begrenzung ohnehin nie erreicht werden kann und andererseits das Exponentialwachstum vermittels einer entsprechenden Zeitkonstante beliebig steil gemacht werden kann, wäre das Gesetz per se allenfalls von »theoretischem« Interesse. Wir werden aber im nächsten Kapitel sehen, daß bei einer *Begrenzung* des Wachstums die für das hyperbolische Gesetz kennzeichnende Verkürzung der Verdopplungsperioden bedeutende qualitative und quantitative Auswirkungen auf das selektive Verhalten des Systems hat.

Wodurch können Veränderungen der Reproduktionsbedingungen bewirkt werden? Im Falle des Wachstums der Erdbevölkerung ist eine ganze Reihe von Faktoren maßgebend. Aufgrund einer effizienteren Versorgung mit Medikamenten sowie der Verbesserung der hygienischen Bedingungen verzeichnen wir einen enormen Rückgang an Krankheiten und Seuchen. Die Säuglings- und Kindersterblichkeit verringert sich, so daß die durchschnittliche Lebenserwartung steigt. Geburtenanstieg und Sterblichkeitsrückgang sind natürlich nur so lange unmittelbar miteinander korreliert, wie eine Erhöhung des Lebensalters sich noch auf den für die Fortpflanzung wesentlichen Lebensabschnitt auswirkt. Überexponentieller Bevölkerungsanstieg tritt daher in den weniger entwickelten Gebieten besonders kraß in Erscheinung, wie aus Abb. 47 hervorgeht.

Bei einer Steigerung der Lebenserwartung jenseits des fertilen Lebensabschnittes (vgl. die »Alterspyramiden« in Abb. 48 bleibt die Verdopplungsperiode unverändert. Hier würde schließlich wieder

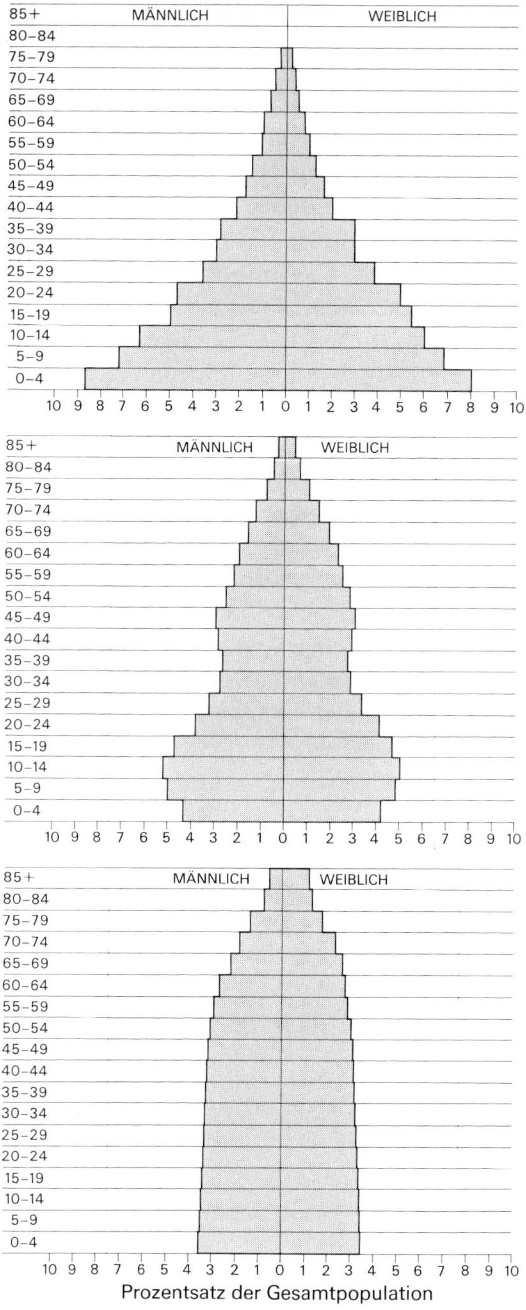

Abb. 48 **Altersverteilung innerhalb einer Gesamtpopulation:** (oben) für die Bevölkerung von Costa Rica, 1950 (charakteristisch für ein unterentwickeltes Land). (Mitte) für die Bevölkerung der USA, 1970[72] (Einschnitte in der Alterspyramide spiegeln Rezessionen wider). (unten) für die stationäre Bevölkerung eines Landes mit hohem Lebensstandard (die sich mindestens zwei Generationen lang «katastrophenfrei« entwickeln konnte).

das Wachstum einen exponentiellen Verlauf nehmen – solange die Geburtenrate die Sterbeziffer übertrifft.

Wie Abb. 47 zeigt, können globale Statistiken die tatsächlichen Verhältnisse sehr verzerrt wiedergeben. Maßnahmen zur Erhaltung der Stabilität sollten stets differenziert angesetzt werden. So ist für Indien zum Beispiel eine drastische Geburteneinschränkung geboten, während für Argentinien gar ein Anstieg der Geburtenziffer erstrebenswert wäre. Das überproportionale Bevölkerungswachstum in den unterentwickelten Ländern hat bereits zu einer erheblichen Störung des natürlichen Gleichgewichts in vielen Gebieten geführt. Das liegt im wesentlichen daran, daß die von der Weltgesundheitsorganisation geförderten Maßnahmen wie Seuchenbekämpfung, Reduzierung der Säuglings- und Kindersterblichkeit, die ein Hochschnellen der Geburtenrate bewirkt haben, nicht auch gleichzeitig durch Maßnahmen ergänzt wurden, die die entsprechenden Existenzbedingungen für die sich rapide vermehrenden Massen garantierten. So kommt es, daß die *Lebensqualität* in unterentwickelten Regionen ständig absinkt und im Durchschnitt bereits unterhalb jeder Erträglichkeitsgrenze für ein menschenwürdiges Dasein liegt. Dabei darf nicht verkannt werden, daß eine hohe Nachkommenzahl unter armseligsten Verhältnissen für die betreffende *einzelne Familie* auch gewisse Vorteile im Konkurrenzkampf mit sich bringt. Hilfsmaßnahmen müssen darauf abgestellt sein, diesen Teufelskreis zu durchbrechen. Sicher ist, daß die Hilfe nicht allein »von außen« kommen kann. Der Kontrast Indien–China sollte in diesem Zusammenhang den um Hilfe bemühten Industrienationen zu denken geben. Sicher ist, daß realisierbare *Ideen* wie auch *Ideale* sehr viel wichtiger sind als die Festlegung auf bestimmte *Ideologien*.

12. Begrenzter Lebensraum

Im begrenzten Lebensraum führt Wachstum zur »Sättigung«. Die Gesamtmenge ist auf eine maximale Größe festgelegt. Die einzelnen Untermengen legen hingegen – je nach Wachstumsgesetz – höchst differenziertes Verhalten an den Tag:

Koexistenz bei linearer Zunahme oder gegenseitiger Stabilisierung,

Konkurrenz und Selektion bei exponentieller Vermehrung.

Alles-oder-Nichts-Entscheidung bei hyperbolischem Wachstum.

Beim exponentiellen Gesetz können in der Sättigung selektiv vorteilhafte Varianten hochwachsen. Die Kriterien für ihre Qualifikation sind durch eine »Sperrklausel« festgelegt. Beim hyperbolischen Gesetz ist dagegen die einmal getroffene Selektionsentscheidung praktisch endgültig. Auf dem Spielbrett läßt sich das Verhalten in der »Sättigung« unter Vorgabe verschiedener Wachstumsgesetze simulieren.

In der Evolution des Lebens sind sämtliche Wachstumsphasen durchlaufen worden. Globale Begrenzungen führen nicht nur zu einer erbarmungslosen Konkurrenz, sondern auch zu einer drastischen Beschneidung der Entwicklungsmöglichkeiten. So dringlich eine Lösung des Problems der Populationskontrolle ist, so eindeutig ist es auch, daß diese regional und nicht global erfolgen muß.

12.1 Koexistenz

Bei den im vorangegangenen Kapitel beschriebenen Kugelspielen zur Darstellung der drei fundamentalen Wachstumsgesetze stellte sich heraus, daß die *Begrenzung* des Spielbretts einen entscheidenden Einfluß auf die hochwachsenden Populationen ausübt. Die Wachstumscharakteristik weicht schon sehr bald von ihrer ursprünglichen Tendenz ab, um in der Sättigung schließlich ganz neuartige Gesetzmäßigkeiten zu offenbaren. Ein solcher Effekt ist keineswegs nur eine besondere Eigenart des Spiels, sondern in der Wirklichkeit gang und gäbe. Er soll deshalb eingehender analysiert werden.

In der Welt, in der wir leben, gibt es keine unbegrenzten Räume. Die Grenzen unseres Planeten sind – zumindest auf nicht absehbare Zeit – auch die Grenzen unseres Lebensraumes. Würde die Erdbevölkerung mit der gegenwärtigen Geschwindigkeit weiter zunehmen, so stünde in fünfhundert bis sechshundert Jahren jedem Menschen nur noch ein Quadratmeter Lebensraum zur Verfügung.

Natürlich haben derartige Extrapolationen, so berechtigt sie vom normativen Standpunkt aus sein mögen, keinerlei Aussagewert für die tatsächlich eintretenden Sachverhalte. Futurologie darf sich nicht in Extrapolationen erschöpfen. Das hat uns die erst kurz zurückliegende Ölkrise einmal mehr vor Augen geführt. Voraussagen wie: »Japan die größte Wirtschaftsmacht der Zukunft«, erschienen über Nacht in einem völlig neuen Licht. Andererseits sind Extrapolationen durchaus geeignet, Trends anzuzeigen und auf mögliche, sich anbahnende Katastrophen frühzeitig aufmerksam zu machen. Quantitative Zahlenangaben sind jedoch nur dann von Wert, wenn gleichzeitig Fehlergrenzen abgesteckt werden. Jede Voraussage im stationären autokatalytischen System ist zeitlich begrenzt. Ja, man sollte ihr grundsätzlich mißtrauen, wenn sie nicht auch Aussagen über den Zeitpunkt enthält, zu dem der prophezeite Wert von den sich erweiternden Fehlergrenzen eingeholt wird.

Wachstumsbeschränkung in einem System mit unterscheidbaren, sich selbstreproduzierenden Individuen löst Konkurrenzverhalten unter diesen aus – auch wenn sie primär friedlich eingestellt sind. Die von Conway für das Life-Spiel eingeführten Regeln, zum Beispiel, enthalten keinerlei »kämpferisches« Element, und doch erschaffen sie, wie wir gesehen haben, ein ganzes Arsenal von

»Waffen« und »Vernichtungswerkzeugen«. Wie die Geschichte der Menschheit zeigt, werden aber Waffen, sind sie erst einmal vorhanden, auch eingesetzt. Beschränkung des Lebensraums führt unausweichlich zur gegenseitigen Beeinträchtigung, und zwar ohne daß dahinter unbedingt böse Absicht steht. Wenn man sich in einem vollbesetzten Zugabteil eine Zigarette anzündet, so doch nicht, um den Mitreisenden absichtlich die Luft zu verpesten. Einer *zuviel* in einem besetzten Raum bedeutet die Beschneidung der Freiheit der anderen, sie ist die erste Stufe zur Aggression. Im Tierreich wird das Revier auf Leben und Tod verteidigt, und auch den Menschen hat die Natur nicht dafür ausgerüstet, in einer überfüllten Welt zu leben. Sein aggressives Verhalten hat naturgesetzliche Wurzeln.

Die verschiedenen Wachstumsrelationen wirken sich bei einer *Mengenbegrenzung* unterschiedlich auf die Repräsentanz der Individuen aus. Man könnte zunächst annehmen, daß die Art des Vermehrungsgesetzes hierbei relativ unerheblich ist. Nicht »wie«, sondern »wie schnell« die Konkurrenten sich vermehren, scheint – auf den ersten Blick wenigstens – allein ausschlaggebend zu sein. Das ist insofern nicht ganz falsch, als bestimmte Klassen von Individuen, solange sie schneller wachsen als ihre Mitbewerber, durch diese – ohne eine unmittelbar interferierende Wechselwirkung – nicht verdrängt werden können. Trotzdem kommen für die Repräsentanz der einzelnen Spezies im Falle der drei genannten Wachstumsgesetze qualitativ ganz unterschiedliche Ergebnisse heraus. Das mag für die lineare und exponentielle Zunahme nicht so sehr überraschen, denn beiden liegen verschiedene Aufbaustrategien zugrunde. Wir möchten hier nur daran erinnern, daß *lineares Wachstum sich aus einer konstanten*, das heißt von der jeweiligen Besetzungsmenge *unabhängigen Aufbaurate* ableitet. In der Auszahlungsmatrix auf S. 44 hatten wir die zugehörige Spielstrategie als »indifferent« (S_0) bezeichnet. *Exponentielles Wachstum* ist dagegen auf einen von der vorhandenen Menge (linear) *abhängigen Ratenansatz* zurückzuführen. Das ist ein Spezialfall der konformen Strategie.

Wie immer die Begrenzung erfolgt, bei *linearem Wachstum* gibt es *keine echte Konkurrenz*. Die (konstante) Aufbaurate wird einfach durch eine Abbaurate kompensiert, in der die Einzelmengen proportional zu ihrer Präsenz nach einem natürlichen Zerfallsgesetz verschwinden. Daraus entsteht dann eine stabile Verteilung (Zu-

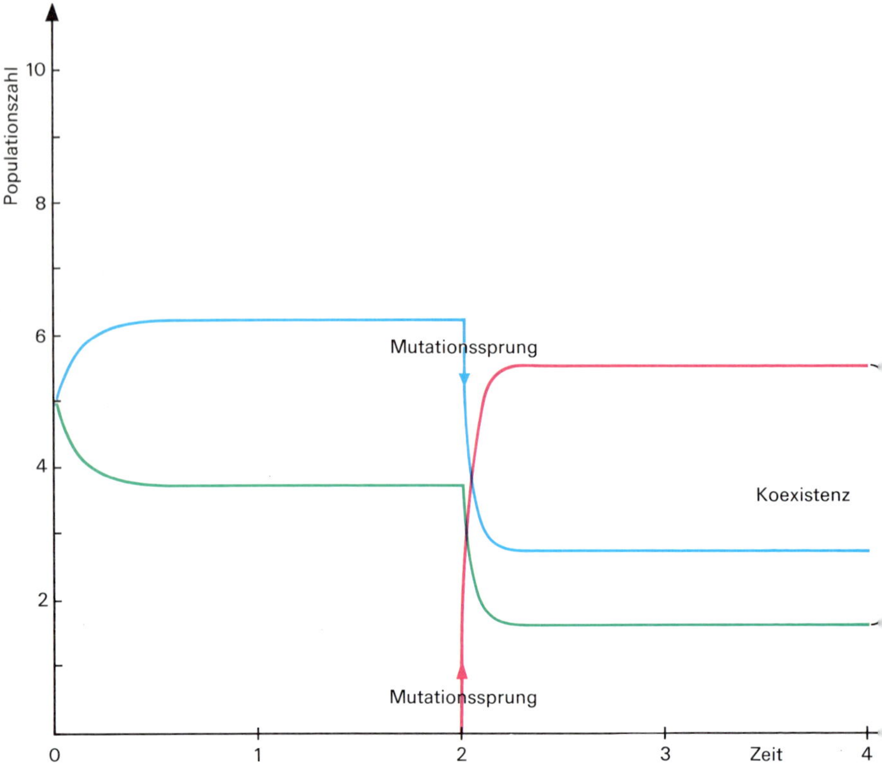

Abb. 49 **Koexistenz zweier Spezies** (Blau und Grün) resultiert aus einer Begrenzung linearen Wachstums. In dem hier dargestellten Beispiel ist das Verhältnis der Wachstumsraten Blau : Grün wie 5 : 3. Da die Summe beider – zunächst gleichen – Teilmengen konstant gehalten wird, muß Grün um soviel abnehmen, wie Blau zunimmt. Dieser Prozeß ist abgeschlossen, sobald beide Teilmengen im Verhältnis der Wachstumsraten präsent sind. Eine neu auftretende Mutante (Rot) kann (unabhängig von ihrer Effizienz) unter diesen Bedingungen leicht hochwachsen. Die Mengenverhältnisse aller vorhandenen Spezies stellen sich auf die jeweils vorliegenden Ratenverhältnisse ein.

stand +° in der Matrix auf S. 44) mit konstanten Proportionen der Populationszahlen. Ist dagegen auch die Abbaurate konstant, das heißt unabhängig von der Zahl der Individuen, so ist das System indifferent (°°) und driftet regellos durch alle möglichen Populationszahlen. In keinem der beiden Fälle kommt es zu einer eindeutigen Selektion, sondern das Ergebnis heißt Koexistenz sämtlicher unterscheidbarer Individualsysteme, die in durchaus unterschiedlichen Proportionen vorliegen können (s. Abb. 49). Für selbstreproduzierende Individuen, die unter Selektionsdruck stehen, verlangt Koexistenz immer eine besondere, stabilisierende Wechselwirkung, auf die wir noch zu sprechen kommen.

12.2 Konkurrenz

Zu einem ganz anderen Resultat führt globale Begrenzung bei exponentiellem und hyperbolischem Wachstum (s. Abb. 50 und 51). Hier bewirkt die *Proportionalität zwischen Aufbaurate und der vorhandenen Menge* eine *eindeutige Selektion*. Eine Koexistenz verschiedener Populationen ist nach Erreichen der »Sättigung« ausgeschlossen. Das war im vierten Kugelspiel klar demonstriert worden. Die exponentiellen Wachstumsgesetze sind die Grundlage für Selektion im Sinne Darwins. In der Wirklichkeit treten natürlich mannigfache Abwandlungen in Erscheinung, da im allgemeinen keine eindeutigen Begrenzungsbedingungen vorliegen.

Voraussetzung für eindeutig selektives Konkurrenzbestreben sind:

1. Die Individuen sind aus dem gleichen Material aufgebaut, d. h. sie sind (zumindest mittelbar) von den gleichen Nahrungsquellen abhängig.
2. Die Begrenzung erzwingt stationäres Verhalten der Gesamtheit. Das bedeutet, die Summe aller Mitbewerber ist konstant. Eine Klasse kann nur jeweils auf Kosten der anderen wachsen.
3. Es fehlen stabilisierende Wechselwirkungen zwischen verschiedenen Spezies.

Man sieht anhand dieser Bedingungen, warum es trotz selbstreproduktiver Vermehrung in der Biosphäre zu einer Mannigfaltigkeit von Arten kommen konnte, obwohl *keine* der Arten mit *absolu-*

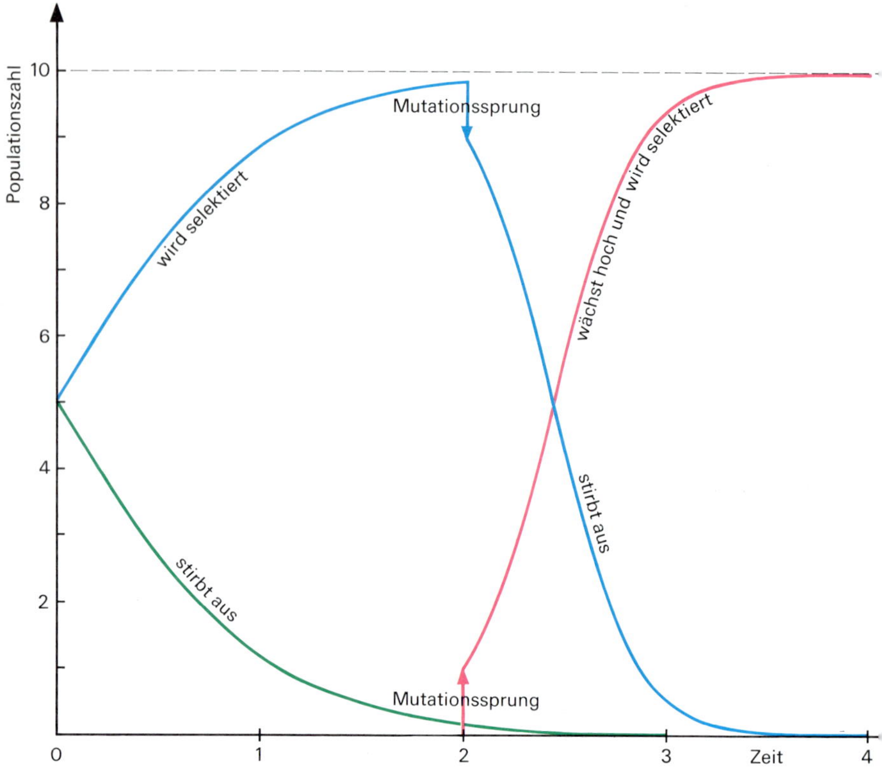

Abb. 50 **Selektion** ist das Ergebnis der Konkurrenz zweier Spezies (Blau und Grün) unter Zugrundelegung exponentieller Wachstumsgesetze: Das Verhältnis der Geschwindigkeitsparameter (anfängliche Raten) für Blau und Grün ist wiederum 5 : 3. In diesem Fall gibt es keine Koexistenz, sondern die unterlegene Komponente Grün stirbt aus. Eine auf Kosten von Blau entstehende Mutante (Rot) kann hochwachsen, sofern sie nur einen eindeutigen Selektionsvorteil aufweist. Im vorliegenden Fall ist die (anfängliche) Wachstumsrate von Rot doppelt so hoch wie die von Blau. Unter diesen Bedingungen wächst Rot hoch und verdrängt dabei Blau vollständig.

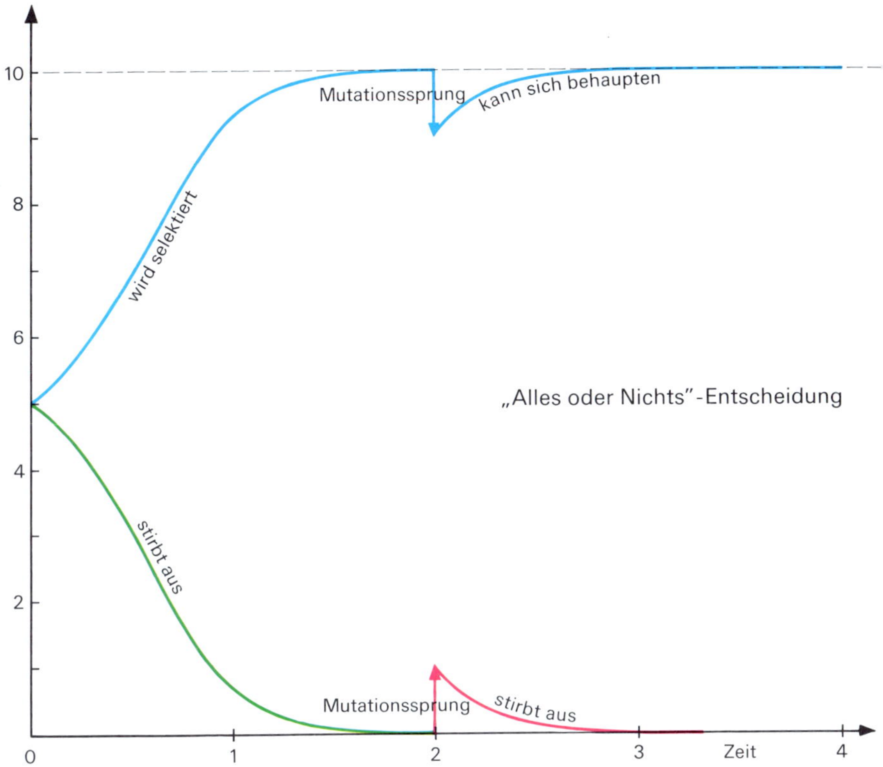

Abb. 51 **Eine »Alles-oder-Nichts«-Selektionsentscheidung** resultiert aus der Konkurrenz unter hyperbolischen Wachstumsbedingungen. Die Geschwindigkeit (anfängliche Rate) von Blau verhält sich zu der von Grün wie 5 : 3. Hier erfolgt wie im Beispiel von Abb. 50 Selektion – allerdings in sehr viel abrupterer Form. Diese einmal gefällte Entscheidung ist nicht mehr zu revidieren, sobald die selektierte Spezies in genügend großer Menge vorliegt. Eine Mutante (Rot), selbst wenn sie sich durch einen Geschwindigkeitsparameter auszeichnet, der doppelt so hoch ist wie der von Blau, kann hier nicht hochwachsen. Ihr selektiver Vorteil ist lediglich ein scheinbarer, denn erst bei (nahezu) *gleicher Populationszahl von Blau und Rot* könnte er sich auswirken. Um Blau zu verdrängen, müßte die Einzelkopie von Rot einen Geschwindigkeitsparameter besitzen, der das Verhältnis der Populationszahl von Blau zu Rot ausgleicht. Solange eine solche Situation nicht eintritt, wird Rot immer aussterben.

ter Stabilität ausgestattet ist. Einer weiteren Erläuterung bedarf vielleicht noch die dritte Bedingung. Eine stabilisierende Wechselwirkung kann beispielsweise darin bestehen, daß eine selbstreproduzierende Spezies eine andere in ihrem Reproduktionsprozeß unterstützt. Eine solche Wechselwirkung garantiert aber keineswegs die Existenz der anderen Spezies. Stirbt diese – etwa infolge einer ungünstigen Fluktuation – aus, so kann sie nicht mehr neu entstehen, denn es fehlt für ihre Reproduktion die Matrize.

Anders ist das hingegen in einem Reaktionszyklus, in dem die Einzelspezies nicht mehr selbstreproduktiv ist. Hier kommt es allein auf zyklische Geschlossenheit an. A katalysiert die Bildung von B, B die von C usw., bis irgendein Produkt X schließlich wieder auf die Bildung von A zurückwirkt.

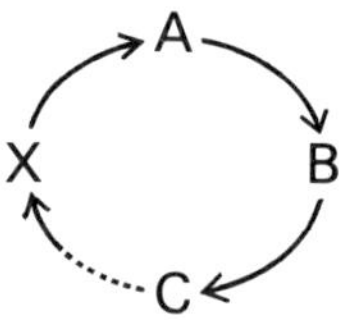

Schließt dieser Kreis genügend viele Partner ein, so wird es auch keine Fluktuationskatastrophe mehr geben, es sei denn, alle Partner sterben gleichzeitig aus. Die Nukleinsäuren vermehren sich nach einem komplementär zyklischen Schema. Jeder Strang fertigt eine komplementäre Kopie an, ein »Negativ«, das seinerseits wieder zum »Positiv« umgekehrt wird. In seiner Gesamtheit ist ein solcher Zyklus selbstreproduktiv. Darüber hinaus stabilisieren sich die Partner wechselseitig.

Gerade im Zusammenhang mit den Voraussetzungen für die Selektion muß noch etwas zum Begriff »globale Begrenzung« gesagt werden. In einem aus verschiedenartigen Individuen bestehenden System, die sich eventuell auf voneinander getrennte Regionen verteilen, lassen sich zum einen die verschiedenen Arten bzw. Regionen direkt selektiv begrenzen. Zum anderen kann man aber auch »global« steuern, das heißt die integrale Menge *aller* Individuen konstant halten und es den inneren Verhältnissen im System, nämlich den einzelnen Individuen selber überlassen, wie sie sich in der Gesamtbegrenzung zurechtfinden.

Im ersten Bericht an den »Club of Rome«, der Wachstumsstudie von Dennis und Donella Meadows[73], war durchweg von globaler Begrenzung die Rede. Die sehr berechtigte Kritik an dieser Empfehlung bezieht sich auf die äußerst ungemütlichen Konsequenzen einer *globalen* Restriktion. Eine solche würde *ohne* eine *»globale Regierungsform«* oder ohne *global bindende Verträge* einfach zu chaotischen Zuständen führen. Sich selbst überlassen, müßte die globale Begrenzung einen erbarmungslosen Konkurrenzkampf auslösen – mit dem möglichen Ergebnis einer totalen Selbstzerstörung des gesamten Systems. Wir werden auf diesen Aspekt im nächsten Kapitel noch einmal zurückkommen, insbesondere da das Selektionsverhalten sehr davon abhängt, wie und was man beschränkt. Man kann nämlich den Zufluß von Energie sowie die Reproduktionsraten, andererseits aber auch die Potentiale bzw. Mengen limitieren. Aufgrund der enormen Unterschiede der natürlichen Gegebenheiten in den einzelnen Regionen der Erde ist sehr wohl abzuwägen, ob man die Populationszahlen stabilisiert oder ob man sie der Nahrungsmittel- und Energieerzeugung (das heißt den Zuflüssen) angleicht. In unterentwickelten Gebieten kann man auf die Produktion nur geringen Einfluß nehmen. Es wäre also angezeigt, die Populationszahlen zu senken und den Gegebenheiten anzupassen. In Industrienationen lassen sich die Bevölkerungszahlen hingegen ohne weiteres (ungefähr) konstant halten, während man die Produktionsraten für alle Gebrauchsgüter darauf einstellt und entsprechend reguliert. Bevölkerungswachstum, Güterproduktion, Schadstoffemission oder Kapitalinvestition, sie alle haben ihre eigenen Gesetzmäßigkeiten und erfordern entsprechend angepaßte Steuerungsmaßnahmen.

Doch nun zum dritten Fall, dem nichtlinearen Ratenansatz. Zunächst würde man nicht vermuten, daß die Resultate exponentiellen oder hyperbolischen Wachstums in einem begrenzten System wesentlich voneinander abweichen. Beide Wachstumsgesetze basieren auf der konformen Strategie S_+ (s. S. 42). Mathematisch gesehen weist zwar die hyperbolische Funktion im Gegensatz zur exponentiellen »Singularitäten«, das sind Unendlichkeitsstellen bei endlichen Zeiten, auf (s. Abb. 44), aber eine begrenzte Menge kann ja nicht unendlich werden. Mit anderen Worten, lange bevor die Wirksamkeit der Singularität einsetzt, wird sie infolge der Begrenzungen aufgehoben. Der wesentliche Unterschied zwischen exponentiellem und hyperbolischem Wachstum kann somit gar nicht erst zum Tragen kommen. Die exponentielle Vermehrung der Neutronen im Uran ist zum Beispiel für die unermeßliche Gewalt einer Atombombenexplosion ausreichend. Was könnte ein Anschwellen, das stärker als exponentiell ist, dem noch hinzufügen? Auch das Exponentialgesetz der Zellvermehrung ist hinreichend, um im begrenzten Lebensraum eindeutige Selektion hervorzurufen; was könnte bei einer hyperbolischen Vermehrung darüber hinaus noch geschehen?

Es gibt in der Tat einen ganz entscheidenden Unterschied zwischen exponentiellem und hyperbolischem Wachstum. Die Bilanz des hyperbolischen Wachstums ist »endgültige« Selektion (s. Abb. 51). Exponentielles Wachstum dagegen führt bei Begrenzung zur Reproduktion *der* Komponente, die als »fittest« *relativ zu den in der Verteilung vorhandenen Konkurrenten* anzusehen ist. Tritt aber eine neue, besser adaptierte Variante auf, so kann sie – wenn nur der Vorteil genügend groß ist – hochwachsen und ihre Vorgängerin ablösen (s. Abb. 50).

Bei nicht zu starkem Selektionsdruck, wie er durchweg in der Natur vorherrscht, ist es bei exponentiellem Wachstum ohne weiteres möglich, daß mehrere Varianten einander tolerieren. Nur so ist der Artenreichtum in der Biologie zu verstehen. In der Evolution verlief die Reproduktion, nachdem die Phase der Individualisierung der Zellen abgeschlossen war, im wesentlichen exponentiell. Wären die Wachstumsbedingungen hyperbolisch gewesen, so gäbe es nicht diese Mannigfaltigkeit, diese großartige »Symphonie« der belebten Natur.

Im Spiel lassen sich die Folgen einer globalen Begrenzung bei konkurrierendem Wachstum unmittelbar vor Augen führen.

Tafel 13: Kugelspiel »Wachstumsbegrenzung«

Wir gehen von einem Spielbrett mit 64 Feldern und dem dazugehörigen Oktaederwürfelpaar aus. Das Spiel ist nur für eine Person gedacht. Es sollten 64 schwarze und ebenso viele weiße Kugeln vorhanden sein. Am besten ist es, die verschiedenen Versionen gleich hintereinander durchzuspielen, wenn möglich, recht oft. Denn auf diese Weise gewinnt man einen Überblick über die Effekte globaler Wachstumsbegrenzungen.

1. Version: Es werden 62 Felder mit schwarzen und nur ein Feld mit einer weißen Kugel besetzt; ein Feld bleibt leer. Man würfelt nun alternierend für Auf- und Abbau und verfährt nach der einfachen konformen Strategie $S^{\Uparrow}$. Das heißt: Jede getroffene Kugel wird im Aufbau verdoppelt, im Abbau entfernt. (Wird zufällig das Leerfeld getroffen, so darf der Wurf wiederholt werden.) Die strikte Alternierung von Auf- und Abbau sorgt für eine konstante Sättigung der Besetzungsdichte. Das Spiel endet mit dem Aussterben einer der beiden Kugelsorten.

2. Version: Man verfährt wie unter 1. Der einzige Unterschied ist folgender: Wird im Abbauwurf eine *weiße* Kugel getroffen (und nur in diesem Falle), so muß noch zusätzlich eine »Ja-oder-Nein«-Entscheidung (zum Beispiel durch das Werfen einer Münze) erfolgen. Nur bei »ja« wird sie vom Spielbrett genommen. Diese zusätzliche Regelung läßt sich beliebig variieren, indem man die »Ja-oder-Nein«-Entscheidung mit einem normalen Würfel herbeiführt und so die Wahrscheinlichkeit für »ja« nicht mehr mit $^{1}/_{2}$ ansetzt, sondern zwischen $^{1}/_{6}$ bis $^{5}/_{6}$ auffächert. Bei einer Abbauwahrscheinlichkeit von $^{5}/_{6}$ wird die weiße Kugel nur dann nicht entfernt, wenn eine Sechs gewürfelt wird, während es für Eins bis Fünf bei der Abbauentscheidung bleibt.

3. Version: Hier gilt das Reglement von 2, aber man startet mit einer anderen Spielbrettbesetzung. Wenn die Zusatzentscheidung für die Entfernung der weißen Kugel die Wahrscheinlichkeit $^{1}/_{2}$ hat, beginnt man mit zwei weißen und entsprechend mit 61 schwarzen Kugeln. Hat die Wahrscheinlichkeit der Zusatzentscheidung den Wert $^{5}/_{6}$, so muß man mehr weiße Kugeln setzen. Man probiere es mit zwei, fünf und acht anfänglichen weißen Kugeln.

4. Version: Man besetzt sechs Felder mit weißen und 48 mit schwarzen Kugeln. Es verbleiben zehn Leerfelder. Nun wird gewürfelt und nach folgenden Regeln gesetzt: Für den *Aufbau* wird jeweils zweimal hintereinander gewürfelt. Man darf aber nur beim zweiten Wurf setzen, und auch nur dann, wenn beide Male die gleiche Farbe getroffen wurde. (Werden Leerfelder getroffen, darf der Wurf wiederholt werden). Wird dabei Weiß zweimal getroffen, so darf man gleich zehn weiße Kugeln setzen, während bei Schwarz lediglich eine dazukommt. Der Abbau ist hingegen wie in den vorangegangenen Versionen geregelt: Ob Schwarz oder Weiß, die Kugel wird entfernt. Allerdings kann jetzt nicht mehr strikt zwischen Auf- und Abbau alterniert werden. Es muß vielmehr jeweils so gewürfelt werden, daß immer zehn Leerfelder für einen erfolgreichen Aufbauwurf von weiß zur Verfügung stehen.

Wir müssen den Leser warnen: Dieses Spiel hat lediglich Lehrfunktion und ist in seinem Ablauf nicht sehr abwechslungsreich. Den Versionen 1 bis 3 liegt offensichtlich ein exponentielles, und nur der Version 4 ein hyperbolisches Wachstumsgesetz zugrunde. Auf- und Abbaurate sind für Schwarz wie auch für Weiß ihrer jeweiligen Besetzungsdichte direkt proportional.

In der ersten Version hat jede individuelle Kugel die gleiche Wahrscheinlichkeit, auf- oder abgebaut zu werden. Dagegen ist in der zweiten Version die individuelle Abbauwahrscheinlichkeit für Weiß geringer als für Schwarz, und außerdem ist das Verhältnis von Aufbau- zu Abbauwahrscheinlichkeit für jede weiße Kugel doppelt so groß wie für jede schwarze. Trotzdem wird Weiß in der ersten Version nahezu immer und in der zweiten Version etwa in der Hälfte aller Spiele verlieren. Erst in der dritten Version darf es mit einem Sieg rechnen. Hier können wir eine interessante Relation kennenlernen, wenn wir – wie vorgeschlagen – die Proportionen von Auf- und Abbauwahrscheinlichkeit für Weiß sowie seine anfängliche Kugelzahl etwas variieren. Wir werden feststellen, daß Weiß erst dann eine Gewinnchance von über 50 % hat, wenn seine anfängliche Kugelzahl in einer bestimmten Relation zum Verhältnis der individuellen Auf- und Abbauraten steht.

Beispiel: Die Aufbauwahrscheinlichkeit für ein gegebenes weißes und schwarzes Feld beträgt $^1/_{64}$, die Abbauwahrscheinlichkeit für das weiße Feld $^5/_6 \cdot {}^1/_{64}$, für Schwarz dagegen $^1/_{64}$. Folglich müssen ca. sechs weiße Kugeln zu Beginn vorhanden sein, damit Weiß mit einer Wahrscheinlichkeit von ca. 60 % gewinnen kann.

Das Beispiel zeigt zum einen, daß aufgrund exponentiellen Wachstums eine neue Komponente jederzeit hochwachsen und ihre Vorgängerin verdrängen kann, wenn sie nur einen genügend hohen Grad an »fitness« aufweist. Zum anderen stellt sich aber auch heraus, daß eine dominante Population gegen Minderheiten durch eine Qualifikationsklausel geschützt ist. Beträgt der selektive Vorteil einer neu auftretenden Mutante nur ein hundertstel des Selektionswertes des vorhandenen Wildtyps, so müßte diese gleich in hundertfacher Kopie erscheinen, um sich mit mehr als fünfzigprozentiger Wahrscheinlichkeit durchsetzen zu können. Beträgt der relative Vorteil 10 %, so wären für den gleichen Effekt nur noch zehn Kopien nötig. Bei hundertprozentigem Vorteil wird schon in der Mehrzahl der Fälle die Einzelmutante hochwachsen.

Die neue Variante muß also *eindeutige* Vorteile mitbringen, wenn sie die Konkurrenz erfolgreich bestehen will. Das erinnert etwas an Sperrklauseln (zum Beispiel die Fünfprozentklausel des Bundestages), mit der sich Parlamente gegen kleine Splittergruppen abschirmen, die nur von einer Minorität von Wählern unterstützt werden. Der Evolution ist auf diese Weise mancher Umweg, manche Sackgasse erspart geblieben. Es wäre nämlich sehr unökonomisch, um jedes geringen Vorteils willen ein bereits vorhandenes System vollständig aufzulösen und komplett zu ersetzen. Trotzdem ist nie auszuschließen, daß auch eine Mutante mit geringem oder gar keinem Vorteil durch einen zufälligen Driftprozeß hochkommt. Das geschieht um so häufiger, je weniger Selektionsdruck ausgeübt wird, das heißt, je öfter eine Vermehrung über den stationären Wert hinaus lokal zugelassen ist.

12.3 Entscheidungsspiel

Aber nun zur vierten Version des Spiels, die vom hyperbolischen Wachstumsgesetz ausgeht. Die Chance, bei zwei aufeinanderfolgenden Würfen eine bestimmte Kugelsorte zu treffen, ist proportional zum Quadrat der Wahrscheinlichkeit für jeden einzelnen Treffer. Diese ist ihrerseits durch die relative Besetzungsdichte der betreffenden Kugelsorte repräsentiert. Die Perioden, in denen sich die Kugeln verdoppeln, werden nunmehr mit steigender Kugelzahl laufend kürzer.

Der Anschaulichkeit halber betrachten wir wiederum ein konkretes Beispiel: Mit sechs weißen und 48 schwarzen Kugeln auf dem Spielbrett ist die Wahrscheinlichkeit, eine Kugelfarbe *zweimal hintereinander* zu treffen für Weiß $({}^{6}/_{54})^2$ und für Schwarz $({}^{84}/_{54})^2$. (Im Nenner erscheint die Zahl 54, nicht 64, da Leerfelder nicht zählen.) Obwohl die weißen Kugeln im Falle zweier erfolgreicher Treffer um zehn Exemplare vermehrt werden, während Schwarz bloß um eine Kugel ergänzt wird, kann die effizientere weiße Kugelsorte hier praktisch doch niemals hochwachsen, es sei denn, es gelingt dem Spieler, gleich zu Beginn durch einen Glückstreffer zehn zusätzliche weiße Kugeln ins Spiel zu bringen. Dann allerdings wird Weiß in seiner Gesamtheit schneller anwachsen als abnehmen, und dieser Trend wird sich verstärken, bis Schwarz schließlich verloren ist. Die Zahlen in diesem Beispiel wurden mit Absicht so gewählt, daß zwar das eine Resultat die Regel, das andere aber doch nicht ganz auszuschließen ist.

Das Ergebnis dieses Spiels wäre bei Verwendung einer wesentlich größeren Kugelzahl, zum Beispiel Tausend oder gar eine Milliarde, sehr viel markanter. Es gäbe dann eine eindeutig definierte Schwelle in der Anfangsverteilung, die für die »Alles-oder-Nichts«-Entscheidung sorgt, und die als Sieger hervorgehende Spezies würde im weiteren Verlauf keinen Rivalen mehr dulden. Das ist eine typische Konsequenz des hyperbolischen Wachstumsgesetzes. Hier ist die Vermehrungsrate jeder individuellen Spezies nicht einfach eine für diese charakteristische Konstante (wie etwa die Verdopplungsfrequenz beim exponentiellen Wachstumsgesetz), sondern sie enthält obendrein als Faktor die Zahl der schon vorhandenen (gleichartigen) Spezies, denn diese sind ja ihre Reaktionspartner. Hat sich also einmal eine Population etabliert, das heißt, ist die Zahl ihrer Individuen auf eine Million, eine Milliarde oder höher angestiegen (das wäre zum Beispiel die kleinste Menge von Makromolekülen, die sich experimentell überhaupt nachweisen ließe), so kann eine zunächst als Einzelkopie auftretende neue Mutante gegen diese Übermacht nicht mehr anrennen. Ihre Vermehrungsrate wäre im Anfangsstadium viel zu klein, welchen Vorteil auch immer sie mitbrächte.

Ganz anders ist das bei den exponentiellen Wachstumsmechanismen. Hier braucht der Vorteil nur die relativ geringfügige statistische Sperrklausel (s. S. 257) zu überwinden, um gleich hochwachsen zu können. Diese Sperrklausel mißt nur nach Prozenten und nicht, wie beim hyperbolischen Wachstumsgesetz, nach vielen Zehnerpotenzen.

In der Entwicklung der Arten haben die aus der einfachen Zellteilung bzw. die aus der sexuell-rekombinativen Fortpflanzung hervorgegangenen Wachstumsgesetze durchweg exponentiellen Charakter. Die hyperbolische Phase der gegenwärtigen Bevölkerungsexplosion ist nicht auf einen inhärent nichtlinearen Ratenansatz zurückzuführen, sondern hat ihre Ursache in der Erhöhung der mittleren Lebenserwartung, was bedeutet, daß mehr Menschen das geschlechtsreife Alter erreichen. Sie ist als ein Übergangsstadium anzusehen.

In den Frühstadien der Lebensentwicklung, als es um die molekulare Selbstorganisation reproduktionsfähiger Systeme ging, hat es aber mit Sicherheit dem System innewohnende Mechanismen gegeben, die eine hyperbolische Wachstumsphase auslösten. Die Aufgabenverteilung zwischen den Nukleinsäuren und Proteinen im Sinne einer Legislative und einer Exekutive mußte von einem nichtlinearen Reproduktionsgesetz ausgehen. Die Vermehrungsrate des Ursystems hängt einmal von der Präsenz der Nukleinsäuren ab, die die Information für den Aufbau dieses Systems enthalten, zum anderen ist sie aber auch proportional zur Menge der funktionellen Proteine, die ihrerseits mit der Menge der sie kodierenden Nukleinsäuren korreliert ist. Der Zusammenschluß der beiden Molekülsysteme zu einem »lebenden«, sich selbstreproduzierenden Individuum, etwa einer Ur-Zelle, brauchte sich zwar nicht in einem einzigen Schritt zu vollziehen, mußte aber irgendwann durch eine übergeordnete zyklische Verknüpfung zwischen den molekularen Partnern besiegelt werden. Jede Nukleinsäure stellt einen kleinen selbstreproduktiven Zyklus (Positiv $\rightleftharpoons$ Negativ) dar. In dem aus der Verknüpfung entstehenden »Hyperzyklus« vermitteln die Proteine die funktionelle Kopplung zwischen den reproduktiven Einzelzyklen der Nukleinsäuren (die mit den heutigen Genen vergleichbar sind). Es läßt sich allgemein zeigen, daß nur dann eine kooperative Gesamtheit entstehen kann, wenn die übergeordnete Verknüpfung selbst wieder zyklisch geschlossen ist, wenn also das Ende auf den Anfang rückkoppelt.

Dadurch wird zweierlei bewirkt:

1. Die miteinander verkoppelten Individuen sind aufeinander angewiesen und damit koexistent. Im Existenzbereich des gesamten Zyklus ist jedes einzelne Mitglied stabil.
2. Der Zyklus als Ganzes ist nach außen hin äußerst wettbewerbsfreudig und fordert eine irreversible »Alles-oder-Nichts«-Entscheidung heraus.

Die Eigenschaften eines solchen Systems lassen sich besonders gut in einem Spiel studieren.

Tafel 14: Kugelspiel »Hyperzyklus«

Ein Hyperzyklus stellt eine zyklische Verknüpfung von sich selbst reproduzierenden Einzelzyklen dar.

Die Einzelzyklen 

usw. werden durch die überlagerte zyklische Verknüpfung zu einer neuen Organisationsform zusammengeschlossen:

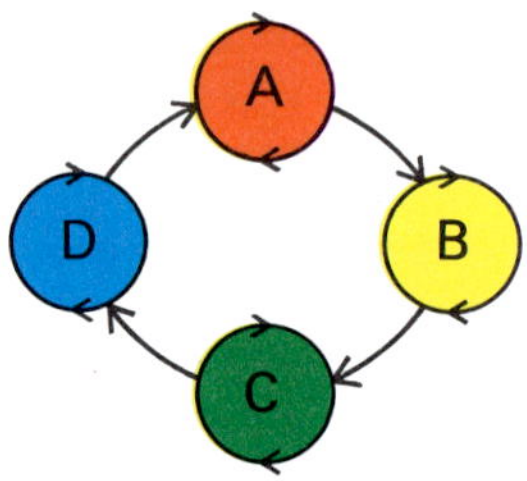

Die vorher bestehende Konkurrenz zwischen den Einzelzyklen wird durch die Verknüpfung in eine Kooperation umgewandelt. Aufgrund der nichtlinearen autokatalytischen Vermehrungsrate wird zwischen verschiedenen Hyperzyklen eine »Alles-oder-Nichts«-Selektion erzwungen.

Unserem Spiel legen wir einen einfachen, aus vier Teilnehmern bestehenden Hyperzyklus zugrunde, den wir durch das abstrakte Reaktionsschema

$$\begin{aligned} A + B + M &\rightarrow A + 2B \\ B + C + M &\rightarrow B + 2C \\ C + D + M &\rightarrow C + 2D \\ D + A + M &\rightarrow D + 2A \end{aligned}$$

beschreiben.

A = rot, B = gelb, C = grün, D = blau.

M ist nur der Form halber aufgeführt. Es ist das Material, aus dem A, B, C und D in autokatalytischer Reaktion entstehen.

Wir benutzen ein Spielbrett mit 8 × 8 Koordinateneinteilung und den dazugehörigen Oktaederwürfeln. Es wird ein genügend großer Vorrat von Kugeln mit vier verschiedenen Färbungen benötigt. Man setzt zu Beginn des Spiels je 16 Kugeln jeder Farbe auf das Spielbrett, so daß alle Kugelfelder ausgefüllt sind. Nunmehr wird gewürfelt, und zwar alternierend für Herausnahme und Verdoppelung. Zuerst wird die auf den erwürfelten Koordinaten befindliche Kugel entfernt. Dann wird wieder gewürfelt. Die nunmehr getroffene Kugel darf dann, und nur dann, verdoppelt werden, wenn auf einem der vier *orthogonalen* Nachbarfelder eine Kugel der im »Spektrum vorangehenden« Farbe sitzt. Das ist:

rot (A) für gelb (B), gelb (B) für grün (C), grün (C) für blau (D) und schließlich blau (D) für rot (A).

Die neue Kugel – die mit der getroffenen Kugel gleichfarben ist – kommt auf das beim vorhergehenden Wurf entstandene Leerfeld. Diese beiden Prozeduren werden abwechselnd ständig wiederholt.

Das Spiel hat eine gewisse Ähnlichkeit mit dem Selektionsspiel. Aufgrund der übergeordneten Kopplung kommt es aber nicht zur systematischen Selektion einer Kugelfarbe. Trotzdem ist das Aussterben einer Kugelfarbe infolge einer extremen Schwankung nicht ganz ausgeschlossen. Die Zahl der Kugeln nimmt auch bei strikter Abwechslung von Abbau und Verdopplung zunächst ständig ab. Das kann man dadurch verhindern, daß man den Abbau erst dann ausführt, wenn es eine erfolgreiche Verdopplung gegeben hat. In diesem Modell spielt die Ortskoordinate nur mittelbar eine Rolle. Die Tatsache, daß die bei einer Verdopplung neu hereinkommende Kugel auf das unabhängig entstandene Leerfeld gesetzt wird, entspricht einer ständigen Vermischung der Reaktionspartner. In diesem Spiel ist das »Werden und Vergehen« der einzelnen Kugelfarben dargestellt. Das zeitliche Auf und Ab ist für einen solchen Zyklus typisch. Es besteht in einer Oszillation der Kugelverteilung auf dem Spielbrett, wobei alle Farben jeweils in zyklischer Reihenfolge durchlaufen werden (s. Abb. 52).

Die nun folgende Spielvariante beschreibt die Konkurrenz zwischen zwei Hyperzyklen. Mit vier Kugelfarben können zwei voneinander unabhängige Hyperzyklen definiert werden:

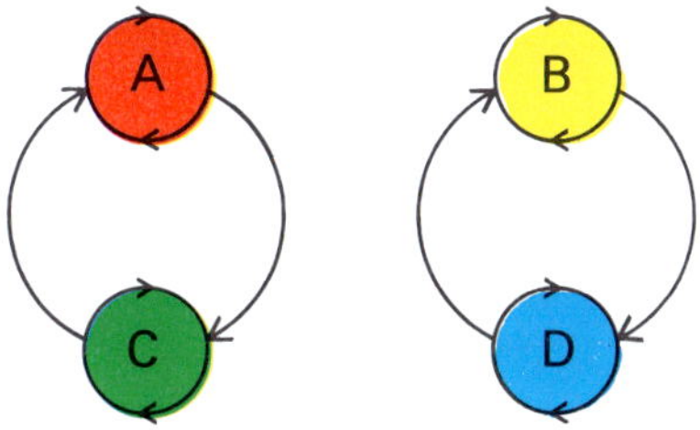

Zwei Spieler setzen abwechselnd ihre Kugeln, wobei der eine Spieler rot (A) und grün (C), der andere gelb (B) und blau (D) hat. Was die Nachbarschaft betrifft, so begünstigen sich hier jeweils die komplementären Farben gegenseitig. Man würfelt abwechselnd um Abbau und Aufbau seiner Kugeln. Das bedeutet, daß jeder Spieler nur ziehen kann, wenn er ein Feld mit einer seiner beiden Kugelfarben getroffen hat, sonst muß er passen. Bei einem erfolgreichen Aufbauzug (Verdopplung) darf er eine beliebige Kugel des Gegners entfernen. Das Spiel endet, wenn einer der Konkurrenten nicht mehr ziehen kann.

Diese Variante ist ein weiteres Beispiel für die Konkurrenzentscheidung bei hyperbolischem Wachstum. Oszillationen treten im Falle von Zweierzyklen noch nicht auf.

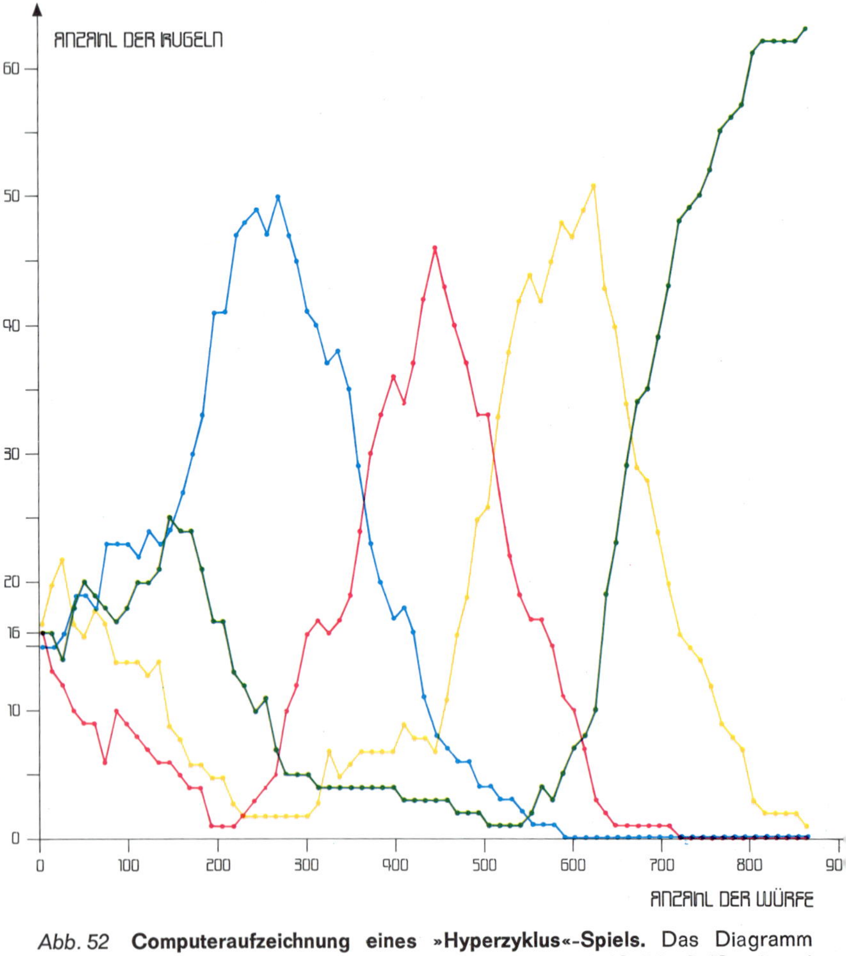

Abb. 52 **Computeraufzeichnung eines »Hyperzyklus«-Spiels.** Das Diagramm zeigt, wie sich die einzelnen Populationen von A (Rot), B (Gelb), C (Grün) und D (Blau) in Abhängigkeit von der Zahl der Würfe verändern. Der Zyklus stirbt aufgrund einer Fluktuationskatastrophe aus.

Wir haben das Spiel in seiner ersten Version einmal vom Computer über eine große Zahl von Zügen hinweg spielen lassen. Das Ergebnis ist in Abb. 52 gezeigt. Man beachte die ausgeprägten Oszillationen der vier Kugelsorten und ihr Ende infolge einer Schwankungskatastrophe. Dieser Zyklus bricht zusammen, wenn auch nur *eine* Komponente ausstirbt. Denn diese kann nicht neu entstehen, da sie zu ihrer Reproduktion eine schon vorhandene Kopie benötigt.

Wir können uns eine ganze Reihe verschiedenartiger Hyperzyklen vorstellen. Peter Schuster von der Universität Wien hat diese nach ihren mathematischen Eigenschaften (wie zum Beispiel der Art der Nichtlinearität, dem Kopplungsgrad der Komponenten usw.) klassifiziert. Die Voraussetzungen für die Entstehung von Hyperzyklen waren in der präbiotischen Entwicklungsphase durchaus erfüllt. Welcher individuelle Zyklus auch immer den historischen Prozeß der Lebensentstehung in Gang gesetzt hat, er mußte auf einen Mechanismus gründen, der einen nichtlinearen Ratenansatz beinhaltete. Ein einfacher linearer Ansatz – aus dem sich exponentielles Wachstum ergibt – wäre nicht in der Lage, die Entstehung der Wechselbeziehung zwischen Legislative und Exekutive zu erklären. Aus dieser Wechselwirkung ist der genetische Code hervorgegangen. Seine Entstehung muß somit auf eine »Alles-oder-Nichts«-Entscheidung zurückgehen. Alle Lebewesen, vom Coli-Bakterium bis zum Menschen, benutzen das gleiche universelle Code-Schema wie auch die dazugehörige Proteinmaschinerie. Aus dieser Tatsache hatte man zunächst gefolgert, daß es a) einen gemeinsamen Ursprung des Lebens geben müsse und daß b) dieses Ursprungsereignis so selten war, daß es im Verlauf der kritischen Entwicklungsphase nur ein einziges Mal erfolgte (vgl. auch die Diskussion über den »Ursprung der Chiralität« im 7. Kapitel, S. 145).

Die erste Folgerung muß zweifellos als richtig erachtet werden. Hätten sich mehrere voneinander unabhängige Ursprungsereignisse durchsetzen können, dann sollten auch verschiedene Code- und Strukturschemata unter den Lebewesen existieren.

Die zweite Folgerung ist aber keineswegs zwingend und mit großer Wahrscheinlichkeit falsch. Es wäre außerordentlich bemerkenswert, wenn alle Einzelereignisse, die zur Entwicklung des Lebens erforderlich waren, obwohl sie als absolut einmalig anzusehen sind, dennoch immer im richtigen Moment eintraten. Wir haben eher

Grund zu der Annahme, daß sie alle im Prinzip relativ häufig auftraten und dabei natürlich auch viele Alternativen, sich zu kombinieren, zuließen. So ist auch die Vielfalt der Arten entstanden. Die historische Einzigartigkeit von Code und Chiralität wäre dann nicht ein *Indiz* für die *Einmaligkeit* einer Lebensentstehung, sondern die *Konsequenz* einer »Alles-oder-Nichts«-Entscheidung zwischen einer Vielzahl von Alternativen, die in der hyperbolischen Wachstumsphase eindeutig und ein für allemal gefällt wurde.

Spiele wie das soeben beschriebene Kugelspiel werden heute in vielen Laboratorien gespielt, aber nicht mit Glaskugeln, sondern mit Molekülen: mit Nukleinsäuren als molekularen Informationsspeichern sowie mit Replikations- und Spaltungsenzymen als molekularen Näh- und Schneidemaschinen. Bakterien und Viren können isoliert und – wie noch im 13. Kapitel gezeigt wird – im »Bioreaktor« unter kontrollierten physikalischen Bedingungen wieder »in Betrieb genommen« werden. Das Spiel der Natur wird hier vom Menschen nachvollzogen. Die Regeln sind dieselben wie in unseren Kugelspielen, doch erfordert die Ausführung dieses »Spiels des Lebens« unendlich viel Detailwissen, Geschicklichkeit und Phantasie des Forschers.

Die Ergebnisse unserer Kugelspiele im Hinblick auf eine globale Begrenzung bei definierten Wachstumsgesetzen lassen sich wie folgt zusammenfassen:

1. Lineares Wachstum führt immer zur Koexistenz mit Populationsdichten, die (im Mittel) vom Verhältnis der Auf- und Abbauraten bestimmt werden.
2. Exponentielles und hyperbolisches Wachstum haben eindeutige Selektion einer Art zur Folge, solange nicht stabilisierende Wechselwirkungen zwischen verschiedenen Spezies deren Koexistenz erzwingen.
3. Im Falle exponentiellen Wachstums können »qualifizierte« Konkurrenten (das sind Mutanten mit klar definiertem selektiven Vorteil) jederzeit hochwachsen. Bei hyperbolischem Wachstum ist dies dagegen praktisch ausgeschlossen, sobald sich einmal eine Spezies qualifiziert und etabliert hat.
4. Die Regeln 2 und 3 gelten in eindeutiger Weise nur, wenn *keine* funktionellen Verknüpfungen zwischen den Konkurrenten bestehen. Derartige Verknüpfungen können sowohl eine wechsel-

seitige Stabilisierung der betreffenden Partner als auch eine Verschärfung der Konkurrenz oder gar die vollständige Auslöschung aller Spezies verursachen.

Die überexponentielle (hyperbolische) Bevölkerungszunahme, die wir zur Zeit in einigen Teilen der Welt beobachten, ist auf einen kooperativen Effekt zurückzuführen, der nur in einem bestimmten Stadium des Wachstums zur Auswirkung kommt. Dieses Stadium wird beendet sein, sobald überall in der Welt aus der Alterspyramide (s. Abb. 48) eine zylinderförmige Verteilung geworden ist. Ob friedliche Koexistenz oder schärfere Konkurrenz oder gar globale Katastrophen daraus resultieren, hängt sehr empfindlich von den natürlichen Randbedingungen (Rohstoff- und Energiequellen, Ideen zur ökologisch-gerechten Nutzbarmachung) und entsprechend adaptierten Steuerungsmaßnahmen der Menschen ab.

13. Vom Ökosystem zur industriellen Gesellschaft

Ein Wirtschaftssystem wird – ähnlich wie ein natürliches Ökosystem – von einer Vielzahl von Parametern beeinflußt. Optimierungsbeziehungen, die in den exakten Relationen der Thermodynamik ihre Entsprechung haben, lassen sich aus der Spieltheorie herleiten und begründen eine quantitative, analytische Ökonomie.

Ein dynamisches System wird im wesentlichen von Flüssen und Kräften bzw. Potentialen gelenkt. Für die Wachstumssteuerung im begrenzten System gibt es subtile Methoden der Fluß- oder Potentialregelung, die der Eigenart des betreffenden Vermehrungsprozesses angepaßt sind und Instabilitäten oder Katastrophen ausschließen.

Spiele wie Life, Schach oder Go zeigen, wie leicht aus einer iterativen Kombination einfachster Prinzipien komplexe Situationen erwachsen. Der Ökonom geht jedoch von der Wirklichkeit aus und muß herausfinden, inwieweit sich die Fakten durch die als gültig erkannten und unter exakt definierten Randbedingungen bekannten Grundmechanismen analysieren und gegebenenfalls auch beeinflussen lassen. Es gibt eindrucksvolle Beispiele für die erfolgreiche Analyse sehr komplexer wirtschaftlicher oder gesellschaftlicher Erscheinungen auf der Grundlage einfacher Gesetzmäßigkeiten.

Der am Massachusetts Institute of Technology lehrende Ökonom Paul A. Samuelson hat in seiner Nobelrede[74] die Möglichkeiten einer quantitativen analytischen Ökonomie aufgezeigt und – am Beispiel des Le-Chatelier-Prinzips – die Parallelen zwischen den Optimalkriterien der Wirtschaft und den Gleichgewichtsbeziehungen der Thermodynamik (wie wir sie im 8. Kapitel kennengelernt hatten) hervorgehoben.

Das Le-Chatelier-Prinzip oder das Prinzip des kleinsten Zwanges, wie es auch genannt wird, ist ein allgemein gültiges – leider oft fehlinterpretiertes – Prinzip der Thermodynamik. In seiner auf Carl Wagner und Max Planck zurückgehenden exakteren Formulierung macht es allgemeingültige Aussagen darüber, wie ein materielles System auf die Entwicklung einer äußeren Kraft reagiert, wenn gleichzeitig mehrere Kraft- und Stoffvariablen beeinflußt werden.

Wird Luft in einer Fahrradpumpe komprimiert, so verringert sich dabei nicht nur ihr Volumen, sondern die Luft erwärmt sich auch. Was im Le-Chatelier-Prinzip vor allem zum Ausdruck kommt, ist weniger die triviale Konsequenz der Volumenabnahme als vielmehr die Tatsache, daß diese absolut größer ist, wenn man die Luft so langsam zusammenpreßt, daß ein Temperaturausgleich mit der Umgebung stattfinden kann, als wenn man die Pumpe so isoliert, daß keine Wärme abfließen kann und die Luft sich entsprechend erwärmen muß. Dies ohne weiteres einzusehen, bedeutet eine gewisse Beanspruchung unserer Intuition. Vielleicht hilft die Überlegung, daß ja eine in einem bestimmten Volumen eingesperrte Gasmenge bei höherer Temperatur auch einen höheren Druck auf die Wandung ausübt. Wenn man also die Temperatur des Gases bei der Kompression ansteigen läßt, so genügt eine geringere Volumenänderung zur Kompensation des von außen angewendeten Druckes.

Aber was hat dieses thermodynamische Prinzip mit der Wirtschaft zu tun? Samuelson fand heraus, daß analoge Relationen zwischen Kräften und ihren Auswirkungen auch in der Wirtschaft gültig sind.

Betrachten wir hierzu ein Beispiel: Arbeitslohn und Beschäftigungszeit oder Güterpreis und Gütermenge stehen zueinander in einem ähnlichen Verhältnis wie Kraft- und Mengenvariable in der Thermodynamik, also wie Druck und Volumen oder Temperatur und Entropie. In der freien Wirtschaft wird eine Lohn- oder Preiserhöhung immer auch Konsumreduzierungen zur Folge haben. Wenn beispielsweise der Stundenlohn für eine Haushaltshilfe von sechs auf acht D-Mark steigt, so wird man sich – unter dem Zwang ökonomischen Verhaltens, das heißt bei optimalem Einsatz der eigenen als konstant vorausgesetzten Mittel – künftig weniger Hilfe im Haushalt leisten können. Das ist trivial.

Doch nun unterscheiden wir zwei mögliche Grenzsituationen:

1. Es bleiben trotz der Lohnerhöhungen alle Preise für Konsumgüter konstant.
2. Das dem Käufer zur Verfügung stehende Warenangebot ist rationiert, bzw. der Käufer hat aufgrund eines generellen Lohn- und Preisanstiegs keine Veranlassung, seine *relativen* Konsumgewohnheiten zu verändern.

Die Rationierung von Gütern haben die meisten von uns schon in Kriegs- oder Nachkriegszeiten erlebt. Ähnliche Verhältnisse gibt es heute noch in vielen Ländern, nämlich, daß man trotz Einsparungen sein Geld aufgrund fehlenden Warenangebots nicht anderweitig ausgeben kann und somit gezwungen ist, den Konsum konstant zu halten.

In dem angeführten Beispiel der Hausangestellten ist es offensichtlich so, daß man im ersten Fall die Arbeitszeit drastischer verkürzen wird als im zweiten, denn dadurch wird ein *relativ* größerer Anteil des eigenen Budgets für den Konsum von Gütern – die ja in ihrem Preis konstant geblieben sind – zur Verfügung stehen. Im Zweifelsfalle wird man den Konsum gar nicht einschränken und die Lohnkostenerhöhung der Angestellten ganz durch Reduzierung ihrer Arbeitszeit abfangen (wenn nicht gar vollständig auf ihre Hilfe verzichten).

Wohlgemerkt, das alles funktioniert nur, wenn zwei Bedingungen eingehalten werden:

- Alle restlichen – durch Lohnbewegungen eventuell beeinflußbaren – Parameter stehen unter Kontrolle, das heißt, sie werden konstant gehalten. Das ist in der Thermodynamik die Voraussetzung für ein abgeschlossenes System.
- Man hat – vor und nach der Lohnbewegung – die eigenen Ausgaben (aufgrund persönlicher Bewertung) optimal verteilt. Dieser Sachverhalt bedeutet in der Thermodynamik: eingestelltes Gleichgewicht.

So wie die Gleichgewichtsbeziehungen zwischen Druck und Volumen oder Temperatur und Entropie für jeden Stoff individuell durch die jeweilige Kompressibilität oder spezifische Wärme geregelt sind, so wird auch jeder von uns die Kriterien für die Aufteilung seiner Konsumausgaben nach persönlichem Geschmack festlegen. Wichtig ist lediglich, daß man sich dann auch an seine eigenen Normen hält und diese nicht ständig willkürlich verändert. Sonst ist eine verbindliche Voraussage nicht möglich.

Im Wirtschaftsleben hat man es – ähnlich wie in einem System komplizierter chemischer Zusammensetzung – mit einer Vielzahl von solchen »konjugierten« Variablenpaaren, die in mannigfacher Art wechselseitig untereinander verknüpft sind, zu tun. Wir brauchen nur an die Rohstoff-Fertigprodukt-Lohn-Preis-Beziehungen eines großen Konzerns zu denken. Der Bedingung minimaler freier Energie für die Einstellung des thermodynamischen Gleichgewichts (s. Kap. 8) entspricht die Forderung nach Optimierung des Umsatzes oder Ertrages, und diese wiederum läßt sich auf der Grundlage der Spieltheorie (s. Kap. 2) realisieren. Wenn eine große Zahl von Variablenpaaren die Wirtschaftlichkeit eines Unternehmens mitbestimmt, so ist das Problem kaum durch Intuition zu lösen. Hier zählen allein Fakten und exakte Korrelationen, die den Weg des »kleinsten Zwanges« klar markieren. Die aus der Spieltheorie hervorgegangenen und von Samuelson und anderen Wirtschaftstheoretikern abgeleiteten Gesetze haben die Ökonomie zu einer analytischen Wissenschaft gemacht, deren Erfolge unbestritten sind. Natürlich muß immer wieder betont werden, daß eine strenge Gültigkeit der Relationen nur dann zu erwarten ist, wenn auch die Voraussetzungen exakt erfüllt oder zumindest von dominantem Einfluß sind. Im physikalischen Experiment kann man dafür leicht Sorge tragen. Der Ökonom, der eine Wirtschaftsprognose aufstellen soll, muß dagegen oft von (mehr oder weniger zutreffenden) Annahmen ausgehen.

Die Verhältnisse werden noch komplizierter, wenn es um zeitlich variable Abhängigkeiten geht, also um Nicht-Gleichgewichtssituationen. In der Wirklichkeit hat man es fast nie mit reversiblen Beziehungen zu tun, wie sie der thermodynamischen Theorie des Gleichgewichts zugrunde gelegt sind. Auch in der Wirtschaft spielt nicht so sehr die absolute Menge einer Ware, sondern ihre *Produktions-* und *Absatzrate* eine Rolle. Für die innerbetriebliche Bilanz ist vor allem der »cash flow« in seiner Relation zum gesamten Betriebskapital von Bedeutung. Der »cash flow« ist, wie der Name sagt, eine Flußgröße, die sich aus Gewinn, Abschreibungen und Rückstellungen *innerhalb eines bestimmten Zeitraumes* zusammensetzt. Die (von außen einwirkenden) Kräfte bestimmen hier nicht einfach statische Verlagerungen, sondern dynamische, in der Zeit fortschreitende Veränderungen.

13.2 Flüsse und Kräfte

In der Physik wird das Le-Chatelier-Prinzip heute auch zur Charakterisierung der vielseitigen Wechselbeziehungen zwischen Flüssen und Kräften im stationären Zustand verwandt. Die exakte Formulierung des verallgemeinerten Prinzips geht auf Reinhard Schlögl und Ilya Prigogine zurück.

Auf die abstrakte Formulierung des Prinzips wollen wir hier nicht näher eingehen. Wir begnügen uns damit festzustellen, daß es eine Ordnung postuliert. Es gibt erstens an, mit welchem Vorzeichen eine Kraftänderung vom zugehörigen Fluß beantwortet wird, und zweitens, wie die relative Größe dieses Effekts von den restlichen Kraft- und Flußparametern abhängt.

Begrenzung läßt sich im dynamischen System sowohl dadurch erzwingen, daß man die Kraft kontrolliert, als auch dadurch, daß man den Fluß konstant hält. Ist die Beziehung zwischen Kraft und

Fluß variabel, so können beide Methoden sehr unterschiedliche Auswirkungen haben. Begrenzung ist dann nicht gleich Begrenzung. Man muß jeweils sorgfältig entscheiden, welche die angemessenere Methode ist.

Der Einfluß einer Kraft- bzw. Flußkontrolle auf die Beschränkung des Wachstums läßt sich im »begrenzten Ökosystem« des Evolutionsreaktors experimentell studieren. Im Reaktor – dessen Schema in Abb. 53 dargestellt ist – findet eine Konkurrenz zwischen individuell verschiedenen, hochwachsenden Spezies statt. Es handelt sich dabei um Nukleinsäuren mit alternativen Sequenzen, die im zellfreien Medium als Matrizen für ihre eigene Reproduktion dienen (vgl. auch S. 306). Sie bedürfen dazu einer molekularen Maschinerie, bestehend aus Enzymen und Steuerfaktoren. Diese werden ihnen entweder durch konstanten Zufluß von »nativem« Material – sozusagen im Rahmen der Umweltbedingungen – zur Verfügung gestellt, oder aber sie sind als Evolutionsfaktoren selbst Teil des Produktionszyklus. Der für das Wachstum verantwortliche *Kraftparameter* ist die chemische Affinität, die durch die Mengenverhältnisse der am Umsatz beteiligten Moleküle – insbesondere der energiereichen Bausteine – festgelegt wird und durch Konzentrierung oder Verdünnung regelbar ist. Der *Fluß* dieses Synthesematerials *in* den Reaktor (sowie die Entfernung der Reaktionsprodukte *aus* dem Reaktor) stellt somit die Regelgröße dar. Sie ist relativ leicht zu handhaben.

Für die Steuerung eines Systems mit limitiertem Wachstum sind zwei Grenzfälle zu berücksichtigen: In dem einen hält man die Flüsse konstant. Dadurch stellen sich je nach Umsatzgeschwindigkeit »automatisch« die Mengen und damit auch die Reaktionskräfte ein. Mit anderen Worten: Bei einer hohen Umsatzgeschwindigkeit im Reaktor spielt sich der Konzentrationspegel niedrig ein. Bei Verlangsamung des Umsatzes steigt er an. Im zweiten Falle hält man die integralen Mengen auf konstantem Niveau, indem man je nach Umsatzgeschwindigkeit die Flüsse kontinuierlich nachregelt. Entstehen beispielsweise Mutanten mit hoher Reproduktionsrate, so muß der Nachschub an energiereichem Baumaterial entsprechend forciert werden.

An diesem Modell sind die unterschiedlichen Auswirkungen beider Regelungsverfahren unmittelbar zu erkennen. Bei der Flußbe-

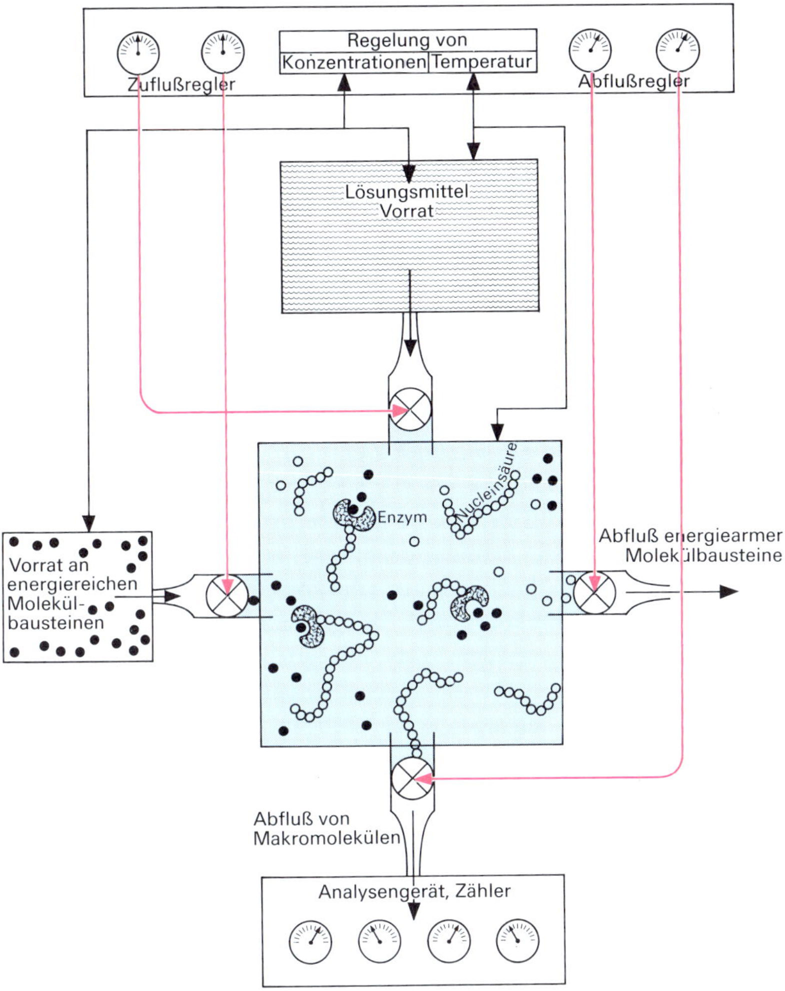

Abb. 53 **Schema eines Evolutionsexperiments.** In den Reaktor fließen geregelte Mengen von energiereichen Molekülbausteinen (●) (Nukleosidtriphosphate der Bausteine A, U, G und C) sowie von einem Lösungsmittel, das die notwendigen Puffer-, Salze und sonstigen Faktoren enthält. Aus dem Reaktor fließen die synthetisierten Makromoleküle (○○○○○○○ = RNS) und energiearme Abbauprodukte (○) (Nukleosidmonophosphate und Pyrophosphat). Im System liegt außerdem noch – in genau dosierter Konzentration – ein Enzym (Replikase) vor, das die Nukleinsäurebausteine zu einer Kette verknüpft. Das Baumaterial ist zum Zwecke einer ständigen Kontrolle und Analyse der molekularen Zusammensetzung des Reaktorinhalts radioaktiv markiert. Die Evolutionsmaschine kann sowohl unter konstanter Zugabe von energiereichem Baumaterial als auch unter Aufrechterhaltung konstanter Konzentrationen im System betrieben werden.

grenzung ist der Energieaufwand festgelegt, die Produktionsrate gleicht sich an. Bei der Mengen- oder Kraftbegrenzung muß der Energieaufwand stetig angepaßt werden. Je höher die katalytischen Umsatzraten (bei konstanter Reaktionskraft) sind, um so stärker steigt auch der Energiebedarf an. Eine derartige Regelung setzt einen unbegrenzten Vorrat an energiereichem Baumaterial (Nahrung) voraus. Sie ist dafür auch weniger krisenanfällig. Eine Konstanthaltung der Flüsse führt dagegen leicht zu größeren Schwankungen in der Präsenz der sich autokatalytisch vermehrenden Spezies. Zur Erhaltung der Lebensfähigkeit des Hyperzyklus zum Beispiel, ist ein Konzentrationspegel bestimmter Höhe erforderlich (s. S. 263). Bei einer größeren Konzentrationsschwankung könnten einzelne Partner aussterben, wodurch der gesamte Zyklus in sich zusammenbrechen würde.

Im Pflanzen- und Tierreich ist das Wachstum von vielfältig miteinander verflochtenen ökologischen Regelprozessen begleitet. Diese müssen sich auf Randbedingungen sehr komplexer Art einstellen, in denen die Grenzfälle konstanter Mengen oder Flüsse nur noch selten Verwirklichung finden. Das gilt auch für alle natürlichen Wachstumsprozesse in Wirtschaft und Gesellschaft. Die Frage nach dem Gewicht des Beitrages einer Mengen- oder Flußbegrenzung stellt sich in dem Augenblick, in dem wir versuchen, selber regelnd einzugreifen. Hier muß man die für jeden Einzelfall gültigen Voraussetzungen sehr genau prüfen, um herauszufinden, welche Art der Regelung die zweckmäßigste ist. Wachstumsbeschränkung darf auf keinen Fall die Stabilität eines Systems in Frage stellen.

Der Unterschied zwischen Fluß- und Mengenkontrolle tritt auch im Selektionsspiel hervor. Die Kugeln haben »selbstreproduktive« Eigenschaften, eine getroffene Kugel darf abwechselnd verdoppelt bzw. entfernt werden. Die Regel, nach der die Verdopplungsrate *nur* von der jeweils vorhandenen Menge der betreffenden Kugel abhängt, nicht aber von der Verfügbarkeit irgendeines »Baumaterials«, ist nur vernünftig, wenn dieses überall in ausreichender, nicht erschöpfbarer Menge vorliegt. Das Alternieren von Verdoppeln und Entfernen sorgt für eine Konstanz der Gesamtzahl der Kugeln im Spiel. Vor allem in der dritten Spielversion kommt die Variabilität der Flußgeschwindigkeit deutlich zum Ausdruck: Je höher die »Wertigkeit« der ins Spiel gelangenden Kugel ist, um so häufiger muß dann zum Ausgleich während der Abbauperiode gewürfelt werden. Das Spiel imitiert in der Tat ein Evolutionsexperiment, wie man es jederzeit im Reaktor ablaufen lassen könnte.

Auch der andere Grenzfall – nämlich Flußkonstanz – läßt sich im Spiel simulieren. Man muß dazu Auf- und Abbau dem »Zufall« überlassen und nur die Wahrscheinlichkeiten einander angleichen. Selbst wenn die Kugeln dann *im Mittel* genausooft verdoppelt wie entfernt werden, muß es immer irgendwann zu einer Schwankungskatastrophe kommen, bei der die gesamte Population ausstirbt. Bei strikter Alternierung von Auf- und Abbau ist das nicht möglich. Beim Roulette bekommt jeder, der mit begrenztem Einsatz spielt und nicht früh genug aufhört, diese »Instabilität« zu spüren. In der Statistik nennt man diese Situation daher auch den »Ruin des Spielers«. Lediglich bei einer kontinuierlichen Mengenregelung – die jedoch unbegrenzte Vorräte voraussetzt – könnte ein solcher Ruin mit Sicherheit vermieden werden.

In der historischen Evolution gab es natürlich keinerlei Zwang für die Einhaltung irgendwelcher *bestimmter* Regelungsmechanismen. Aufgrund der natürlichen Randbedingungen wird sich im allgemeinen irgendeine Kombination von Fluß- und Mengenregelung eingestellt haben.

Sicherlich ist die Ausgangssituation in der Evolution eher ein Zustand konstanter Mengen gewesen. Energiereiches Material zum Aufbau der Makromoleküle konnte sich zunächst relativ »ungestört« anreichern. Erst durch die Selbstvermehrung der mit einem primitiven Metabolismus ausgerüsteten Ur-Lebensformen, der Eobionten, wurde dieses angereicherte Material planmäßig verbraucht und mußte nun mit (mehr oder weniger) konstanter Rate nachgeliefert werden. Aus den »paradiesischen« Verhältnissen eines nahezu konstanten Mengenüberschusses wurde mit zunehmendem Verbrauch die durch die Flußbegrenzung bedingte Mangelsituation – in der die Individuen sozusagen »von der Hand in den Mund« leben. Pflanzenwachstum ist an den im Tages- bzw. Jahreszyklus von der Sonne eingestrahlten mittleren Lichtquantenfluß gebunden. Das ökologische Gleichgewicht in der Natur hat sich auf diesen Rhythmus eingestellt.

Der Mensch hat mit seiner Technologie dieses Gleichgewicht vielfach empfindlich gestört. Der von der Natur gespeicherte Vorrat an fossilen Brennstoffen – angereicherter Sonnenenergie – wird in absehbarer Zeit erschöpft sein. Kohle und Öl sind nicht-ersetzbare Rohstoffe für die chemische Industrie. Lange wird man es sich nicht mehr leisten können, diese einfach zu verbrennen, zumal sie als Brennmaterial substituierbar sind. Bei vielen Rohstoffen wird die Wirtschaft sich auf einen Kreislauf einstellen müssen. Doch dazu bedarf es einer weiteren Erhöhung des Energieumsatzes.

Die Menschheit steht am Scheidewege.

Will sie in Zukunft ihren Energiebedarf (im wesentlichen) aus der Sonnenenergie decken, dann muß sie sich auf den Dauerzustand einer Flußbegrenzung mit all seinen Stabilitätsrisiken einlassen.

Oder soll der Mensch – wie Mihailo Mesarović und Eduard Pestel[75] es nennen – den faustischen Pakt mit der Kernenergie eingehen? Er würde sich damit von allen Vorratssorgen befreien, müßte dafür allerdings einige Imponderabilien in Kauf nehmen.

Die Sonne strahlt eine Leistung von 1.3 Kilowatt auf jeden Quadratmeter der äußeren Erdatmosphäre. Davon erreicht nur etwa die Hälfte die Erdoberfläche, der Rest wird schon in der Atmosphäre diffus gestreut und reflektiert oder zur Unterhaltung atmosphärischer Strömungen verbraucht. Mittelt man über die Tages- und Jahreszeiten, so bleibt unter günstigen Voraussetzungen – etwa in den großen Wüstenregionen – nur eine Leistung von ca. 250 Watt pro Quadratmeter der Erdoberfläche zur Nutzung übrig. In der Bundesrepublik liegt bei einer mittleren Sonnenscheindauer, die nur 30 bis 40 % der gesamten Einstrahlungszeit beträgt, dieser Wert noch bedeutend niedriger. Der Wirkungsgrad der Umwandlung in eine »transportfähige« Energieform wäre vielleicht mit 10–20 % realistisch eingeschätzt. Um für jeden der 50 Millionen Bürger der Bundesrepublik im Durchschnitt eine Leistung von zwei Kilowatt – das ist etwa die Hochrechnung des Pro-Kopf-Bedarfs für das Jahr 1980 und entspricht einer Gesamtleistung von 100 Millionen Kilowatt – zur Verfügung zu haben, müßte man also 2 % der Fläche der Bundesrepublik lückenlos mit einem Auffangsystem für die Sonnenenergie überziehen. Denken wir an den erhöhten Bedarf, den eine

Kreislaufwirtschaft in Anspruch nehmen müßte, so wäre bald schon ein Areal vonnöten, das der gesamten gegenwärtig *bebauten* Fläche der Bundesrepublik (ca. 7 %) entspricht. Die Autoren des Berichts an den »Club of Rome« schlagen daher auch vor, diese Einrichtungen in den großen Wüstengürteln der Erde zu installieren. Dann aber würde der Energietransport über weite Entfernungen und über Ländergrenzen neue Probleme aufwerfen, ganz zu schweigen von der Tatsache, daß das Funktionieren derartiger globaler Maßnahmen weitgehend von einer globalen Machtkontrolle abhängig wäre.

Wo immer solch ein Projekt realisierbar ist, sollte man nicht zögern, es zu verwirklichen. Angesichts der gigantischen Dimensionen und der vielen noch ungelösten Probleme scheint uns aber ein Abraten vom »faustischen Pakt« im gegenwärtigen Zeitpunkt weder geboten noch überhaupt verantwortbar zu sein. Die mit Rohstoffen keineswegs reichlich gesegneten europäischen Staaten jedenfalls würden mit einer derartigen »Askese« sich ihr Todesurteil als Industrienationen sprechen.

Es ist heute so viel die Rede von den Risiken und Gefahren, die aus einer Nutzung der Kernenergie erwachsen. Diese sollen und dürfen nicht herabgespielt werden. Die Bedrohung liegt in der durch einen Unfall ausgelösten möglichen Kontaminierung unserer Umwelt. Ein Risiko besteht in der Erzeugung von »Bombenmaterial«, das mißbraucht werden könnte. Dieses entsteht vor allem im schnellen Brüter (s. S. 65), der allein die ökonomische Nutzung der Kernenergievorräte verspricht. Ob es wirklich einmal notwendig sein wird, auf den gesamten Vorrat an radioaktivem »Brennstoff« zurückzugreifen, hängt allein davon ab, ob es gelingt, den ungefährlicheren Fusionsreaktor zur technischen Reife zu bringen. Materialsorgen gäbe es für diesen kaum, aber frei von Risiken wäre man auch dann noch nicht. Ein ganz wesentliches Umweltproblem ergibt sich für jede Art von Energieerzeugung aus der Tatsache, daß die gesamte Energie letztlich in Wärme umgewandelt wird und als solche von der Natur aufgenommen und verkraftet werden muß. All dies sind ernstzunehmende, doch lösbare Probleme.

Dagegen ist zu fragen: Welche Gefahren werden heraufbeschworen, wenn wir die Entwicklung und Erprobung von Atomkraftwerken zurückstellen oder gar unterlassen? Es geht nicht darum, *ob* es ein Risiko gibt, sondern *welches Risiko größer* ist: das zu handeln, oder das, *nicht* zu handeln. Die Folgen muß in jedem Falle eine andere Generation tragen. Unsere Fehler, unsere Unterlassungen sind dann kaum oder nur schwer wiedergutzumachen.

Eine absolut risikofreie Zukunft wird es niemals geben. Es wäre eine Illusion zu glauben, daß eine nach Milliarden zählende Weltbevölkerung – selbst als »Mangelgesellschaft« – risikofrei dahinleben könnte. Es läßt sich ja auch nicht ausschließen, daß die Erde noch einmal von einem riesigen Meteor getroffen und dadurch in eine Katastrophe vom Ausmaß eines Atomkrieges gerissen wird. Diese Gefahr ist – wie Wolfgang Gentner kürzlich erst berichtete – verschwindend klein, aber eben doch nicht gleich Null. Auch der große Reaktorunfall – so rechnen uns die Experten vor – käme im Mittel nicht öfter als einmal in Millionen Jahren vor.

Schließlich sollte noch ein Wort zu den verschiedenen, im Laufe der letzten Jahre – vor allem auf Initiative des »Club of Rome« – ausgearbeiteten Projektstudien gesagt werden. Hervorzuheben sind die Modelluntersuchungen, die Jay W. Forrester und seine Mitarbeiter am Massachusetts Institute of Technology ausführten und die die Grundlage der von Dennis L. und Donella H. Meadows[73] veröffentlichten »ersten« Wachstumsstudie bilden, sowie der sogenannte »zweite«, von Mihailo Mesarovic und Eduard Pestel[75], verfaßte Bericht an den »Club of Rome«. Den Autoren dieser Publikationen kommt – ohne Einschränkung – das Verdienst zu, die Weltöffentlichkeit erreicht und aus ihrer Lethargie gerissen zu haben. Allerdings vermögen die Autoren dieser Berichte selber auch nicht zu sagen, was nun eigentlich zu tun sei, *ohne daß dabei die Stabilität des Gesamtsystems in Gefahr gerät.*

Viel wäre gewonnen, wenn die genannten Berichte der jungen Generation klar vor Augen führten,

- wie wichtig es ist, sich mit diesen Fragen sachlich und im Detail auseinanderzusetzen,
- welche Fülle aufregender Probleme hier auf eine Lösung wartet – wobei neue Ideen benötigt werden und nicht lediglich Computer mit Daten zu füttern sind, und schließlich,
- wie wenig damit geholfen ist, mit Schlagworten auf der Bühne der Politik zu erscheinen, ständig Begrenzungen zu fordern, ohne zu wissen, wo der Hebel sachgerecht anzusetzen ist, und damit die Stabilität des gesamten menschlichen Öko- und Sozialsystems leichtfertig aufs Spiel zu setzen.

Immer wieder wird auf die natürliche Regelung im ökologischen Bereich verwiesen. Man übersieht dabei nur gar zu oft, wie komplex bereits die Lösungen von relativ einfachen ökologischen Sachverhalten aussehen und wie wenig erstrebenswert – weil inhuman – ihre Konsequenzen sind. Wenn wir eine rein ökologische Regelung anstreben wollten, brauchten wir nur den Dingen ihren Lauf zu lassen. Das sich von selbst einstellende Gleichgewicht würde jedoch nicht das sein, was wir als menschenwürdiges Dasein bezeichnen.

Eine pauschale Betrachtung des Problems der Wachstumsbegrenzung ist nicht angemessen, wenn es sich um so verschiedenartige Phänomene wie

- Bevölkerungszunahme
- Energiedissipation
- Kapitalinvestition
- Güterproduktion
- Umweltbelastung

usw. handelt. Wir müssen differenzieren.

Auch in einer Prioritätenliste würde »Populationskontrolle« – wir wählen mit Absicht diesen, dem englischen Schlagwort »population control« am nächsten kommenden Ausdruck – an erster Stelle stehen. Sie enthält den Schlüssel zur Lösung all der anderen Probleme. Das sollten wir klar erkennen. Man macht es sich zu leicht, wenn man die Umweltmisere – beispielsweise – einfach auf eine überhandnehmende Technisierung und Industrialisierung abschiebt. Hat man sich einmal überlegt, welchen Umweltproblemen eine Millionenstadt gegenüberstände, wenn alle, die heute mit ihrem Auto zur Arbeit fahren, mit dem Pferd vorgeritten kämen? Wenn überhaupt, so kann *nur* die Technik der steigenden Umweltverschmutzung Einhalt gebieten. Technik ist hier in weitestem Sinne zu verstehen; sie mag durchaus (vom Menschen gesteuerte) biologische und ökologische Kontrollverfahren einschließen.

Auch bei totalem Stop des Bevölkerungswachstums blieben wir eine Mangelgesellschaft. Im gegenwärtigen Zeitpunkt könnte sich die menschliche Gesellschaft in ihrer Gesamtheit keinesfalls einen Investitionsstop oder gar eine Reduzierung des Energieverbrauchs leisten. Das wäre nur bei drastischer Reduzierung der Erdbevölkerung möglich – angesichts der Wirklichkeit eine reine Utopie. Paradiesische Zustände werden kaum je wiederkehren. Diese Einsicht beginnt auch bei denen zu dämmern, die von der klassenlosen Gesellschaft träumen. Eine Mangelgesellschaft kann aber allenfalls ihre Klassen*einteilung* ändern – denn sie wird weiterhin Leistungsgesellschaft bleiben müssen.

Und hier kommen wir zu einem weiteren Problem, das uns nicht nur mittelbar tangiert: Wachstum von Macht. Machtausbreitung ist ein eigengesetzlicher Vorgang, nicht etwa weil Macht, wie Jakob Burckhardt es ausdrückte, »ihrem Wesen nach böse sei« – sie ist gerade dann am gefährlichsten, wenn ihre Anhänger sich von idealistischen Vorstellungen leiten lassen –, sondern weil Macht schlichtweg autokatalytischer Natur ist: Je mehr Kräfte sie in sich vereint, um so schneller breitet sie sich weiter aus, um so stabiler wird sie. Hat sie sich erst einmal durchgesetzt, so sorgt sie für ihre Erhaltung, ähnlich wie die etablierte Kugelverteilung im »Alles-oder-Nichts«-Spiel.

Überzeugung basiert auf einem mentalen Optimierungsprozeß. Man hält die eigenen Meinungen und Entscheidungen für die besten, sonst hätte man sich nicht mit ihnen identifiziert. Das bedeutet aber auch, daß man die eigenen Ansichten höher bewertet als den *Mittelwert* aller übrigen Meinungen. Und hier liegt die Gefahr für die Demokratie, die aus einer Mittelwertbildung resultiert.

Der Mittelwert einer Zahlenreihe ist zwar immer größer als ihr kleinster, aber auch kleiner als ihr größter Wert. Demokratie gründet nicht auf der Überzeugung, daß ihre Entscheidungen die besten aller möglichen sind, sondern auf der Disziplin, die aus der Einsicht resultiert, daß *subjektives* menschliches Beurteilungsvermögen *objektiv begrenzt* ist. Beim Machtstreben ist es gerade umgekehrt. Macht ist vor allem deshalb autokatalytisch, weil ihre Adepten subjektiv von der Lauterkeit ihrer Motive überzeugt sind – unabhängig davon, ob diese objektiv gut oder schlecht sind.

Ein demokratischer Staat darf seinen Bürgern alle Freiheit zugestehen – man sehe uns diese Übertreibung nach – bis auf die eine, die seine Existenz in Frage stellt. Seine Gesetze müssen Freiheit und Spielraum des einzelnen schützen und dürfen keiner organisierten Machtausbreitung Vorschub leisten.

Teil IV

Im Reiche der Ideen

»Die Wahrheit, meine Kinder, ist, daß wir alle in einem Marionettenstück mitspielen. Wichtiger als alles andere ist in einem solchen Puppenspiel, die Idee des Autors klar im Auge zu behalten.«

Max Delbrück: Nobelrede 1969 (übersetzt aus dem Schwedischen)

14. Poppers drei Welten

In seiner Einteilung der realen Welt in drei Fundamentalkategorien stellt Karl Popper den Menschen in den Mittelpunkt und unterscheidet die subjektive Welt der Empfindungen und Ideen von ihren materiellen Voraussetzungen einerseits und ihren objektivierbaren Produkten, dem Kulturgut der Menschheit, andererseits. John C. Eccles ist der Lokalisation und Manifestation dieser drei Welten im Zentralnervensystem des Menschen nachgegangen. Die Selbstorganisationsprozesse innerhalb der drei Welten gründen auf universellen Mechanismen selektiver Bewertung.

Wenn wir von der »Einheit der Natur« sprechen, so bedeutet dies nicht, daß wir gleichzeitig auch glauben, die komplexe Wirklichkeit ließe sich in einem Satz von einheitlichen Gleichungen einfangen oder gar auf eine einzige Welt-Formel reduzieren. Der Einheitlichkeit der Naturgesetze steht eine Vielschichtigkeit im Aufbau der realen Welt gegenüber[76].

»Der Aufbau der realen Welt ist ein Schichtenbau. Nicht auf die Unüberbrückbarkeit der Einschnitte kommt es hier an – denn es könnte sein, daß diese nur für uns besteht –, sondern auf das Einsetzen neuer Gesetzlichkeit und kategorialer Formung, zwar in Abhängigkeit von der niederen, aber doch in aufweisbarer Eigenart und Selbständigkeit gegen sie.«

Konrad Lorenz zitiert diese – wie er sagt – »wunderschönen Sätze« Nicolai Hartmanns aus einem Gefühl der Übereinstimmung, das den Ethologen und Phylogenetiker mit dem Ontologen verbindet[77]. Die Vielgestaltigkeit der verschiedenen Integrationsstufen und die Unterschiedlichkeit ihrer kategorialen Eigenschaften sind einer vergleichenden Analyse eher zugänglich als die Einheit der Prinzipien, nach denen sich der Aufbau der Welt vollzieht. »Schichtung« erfordert Selbstorganisation und Integration der durch Superposition entstandenen komplexen Strukturen. Betrachten wir die *Gesetzmäßigkeiten*, die hinter dem Ordnungsbestreben innerhalb der verschiedenen Bereiche stehen, so offenbart sich in ihnen sehr viel mehr Übereinstimmung als in den *Strukturen* und ihren integralen Leistungen.

Nicolai Hartmann postuliert vier »große Schichten des realen Seins«: das Anorganische, das Organische, das Seelische und das Geistige. Die Sonderstellung, die wir Menschen als Fragende wie auch als Ziel der Fragestellung einnehmen – »das Studium der Menschheit ist der Mensch«[22] –, kommt noch deutlicher in Karl Poppers[78] *Dreiteilung* der Welt zum Ausdruck (s. Abb. 54). Das *ego*, die subjektive Welt des Fragestellers, steht gewissermaßen als Spiegel zwischen der Welt 1 der Objekte, auf die sich die Fragen beziehen, und der Welt 3 der Antworten, die wir formulieren und materiell fixieren. Zur ersten Welt gehören außer den Objekten – einschließlich der lebenden, also auch der Menschen, soweit ihre materielle Existenz angesprochen ist – noch die Beziehungen zwischen den Objekten. Zur dritten Welt zählen dagegen die Ideen,

Lehren, Reflexionen, soweit sie niedergelegt sind und als Zeugnis oder Kulturgut der Menschheit gelten und damit auch – wie die Gegenstände der Welt 1 – objektiv existieren.

Sinn und Grenzen einer Lehre werden erst deutlich, wenn man versucht, eindeutige Korrelationen aufzufinden. Wir müssen somit den Wechselbeziehungen der drei Welten im Bewußtsein der Menschen nachgehen. Einer der großen Neurobiologen unserer Zeit, John C. Eccles[79], begeisterter Anhänger von Poppers Drei-Welten-Lehre, hat einen solchen Versuch: die Liaison der drei Welten im Gehirn des Menschen zu lokalisieren, unternommen (s. Abb. 55). Doch gerade in dieser Objektivierung wird auch die Beschränkung, der jede schematische Aufteilung unterliegt, deutlich. Welt 2 ist nur sinnvoll als subjektive Welt des Ichs; als solche kann sie nicht objektiv dargestellt werden. Oder anders ausgedrückt: Alle Erscheinungen der Welt 2, kann man sie erst einmal objektivieren, gehören im gleichen Augenblick schon zur Welt 1 oder 3. Nichtsdestoweniger ist es durchaus legitim, Phänomene aus dem Bereich der Welt 2 an Objekten zu studieren oder gar an Modellen zu simulieren. Den Versuch, auf diese Weise »hinter den Spiegel« zu schauen, hat Konrad Lorenz erst kürzlich unternommen[77]. Er resümiert:

Abb. 54 **Tabellarische Darstellung der drei Welten,** wie sie von Karl Popper unter Einbeziehung alles Existierenden und aller Erfahrungen definiert wurde (nach J. C. Eccles[79]).

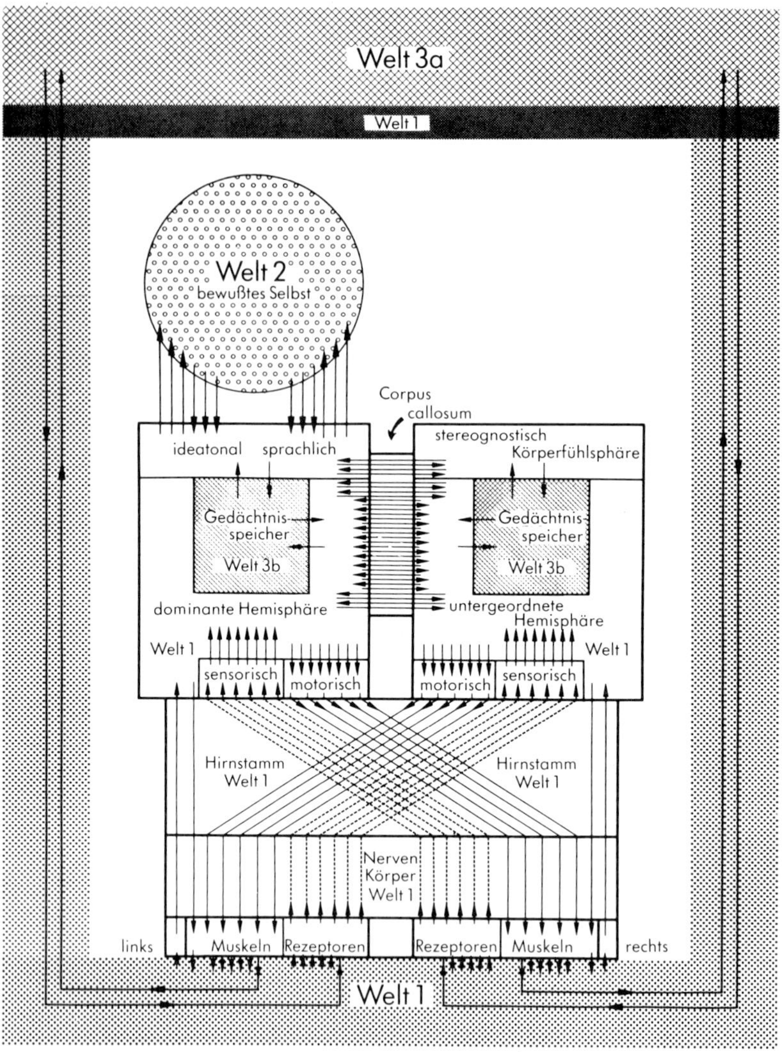

Abb. 55 **Schema der verschiedenen Kommunikationsmöglichkeiten zum und vom Gehirn sowie innerhalb des Gehirns.** Die wichtigsten Kommunikationslinien führen von den peripheren Rezeptoren zu den sensorischen Rinden und weiter zu den Großhirnhemisphären. Eingezeichnet ist auch der Output, der die Großhirnhemisphären über die motorischen Rinden mit den Muskeln verbindet. Das Corpus callosum ist als mächtige Verbindung zwischen der linken, dominanten, und der rechten, untergeordneten, Gehirnhälfte dargestellt. Im Schema sind außerdem noch die Wechselwirkungen zwischen den Welten 1, 2 und 3 angedeutet (nach J. C. Eccles[79]).

»Die naturwissenschaftliche Erforschung des Wirkungsgefüges, das die menschliche Sozietät und ihre Geistigkeit trägt, hat eine schier unabsehbar große Aufgabe vor sich. Die menschliche Sozietät ist das komplexeste aller lebenden Systeme auf unserer Erde. Unsere wissenschaftliche Erkenntnis hat kaum die Oberfläche ihrer komplexen Ganzheit angekratzt, unser Wissen steht zu unserem Unwissen in einer Relation, deren Ausdruck astronomische Ziffern erfordern würde. Dennoch aber glaube ich, daß der Mensch als Spezies an einer Wende der Zeiten steht, daß eben jetzt potentiell die Möglichkeit zu ungeahnter Höherentwicklung der Menschheit besteht.

Gewiß, die Lage der Menschheit ist heute gefährlicher, als sie jemals war. Potentiell aber ist unsere Kultur durch die von ihrer Naturwissenschaft geleistete Reflexion in die Lage versetzt, dem Untergange zu entgehen, dem bisher alle Hochkulturen zum Opfer gefallen sind. *Zum erstenmal* in der Weltgeschichte ist das so.«

Wir wollen uns im folgenden weniger mit Inhalt und Grenzen der drei Welten auseinandersetzen als vielmehr nach den Regeln fragen, nach denen das Spiel der Selbstorganisation auf den verschiedenen Ebenen abläuft.

Lebewesen entstehen aus ungeordneter, nichtorganisierter Materie. Dazu bedurfte es der Entwicklung einer molekularen Sprache, mit deren Hilfe sich Information ordnen und übertragen ließ. Dazu bedurfte es darüber hinaus eines genetischen Gedächtnisses, aus dem heraus sich ein so kompliziertes Programm wie der Bauplan eines Menschen *schrittweise* entwickelte. All diese Prozesse finden innerhalb der Welt 1 statt.

Analog vollzieht sich der Lernprozeß im Zentralnervensystem der (höheren) Tiere. Auch hier bedarf es eines Kommunikationsmittels, einer »inneren« Sprache zur Weitergabe und Verarbeitung der von den Sinnesorganen aufgenommenen Umwelteindrücke. Diese werden in Form von elektrischen Erregungsmustern im Netzwerk der Nervenzellen kodiert. Das Elektroencephalogramm ist ein nach außen ableitbares (schwaches) Echo der ständig unterhaltenen, äußerst vielgestaltigen Kommunikation zwischen den Nervenzellen. Das im Netzwerk der Schaltkontakte, oder Synapsen, lokalisierte Gedächtnis sorgt für eine selektive Bewertung der einfließenden Information. Die daraus resultierende ständige Modifikation der

Gedächtnisstruktur, des Engramms, bedingt den Aufbau des subjektiven Erfahrungsschatzes der Welt 2.

Und schließlich die geistige und kulturelle Evolution: Unter allen Lebewesen hat nur der Mensch eine nach logischen Prinzipien aufgebaute Sprache entwickelt, mit deren Hilfe er die ihm von den Sinnesorganen übermittelten, jedoch sehr begrenzten subjektiven Erfahrungen und Gedanken weitergeben, austauschen und neu kombinieren kann.

Wenn wir sagen, daß die Sprache und die dadurch vermittelte Erweiterung des subjektiven Erfahrungsbereiches das entscheidende Kriterium für die Entwicklung des Menschen war, so müssen wir uns gleichzeitig darüber im klaren sein, daß es sich hier nicht um eine einfache »Ursache/Wirkung-Beziehung«, sondern um einen vielstufigen Rückkopplungsprozeß handelt. In einem sehr frühen Stadium der Evolution hat es schon einmal eine vergleichbare »Erweiterung des Horizontes« gegeben, als nämlich aus dem einfachen, auf bloßer Zellteilung beruhenden, ein sexuell-rekombinativer Fortpflanzungsmechanismus hervorging.

Bei der einfachen Teilung kommt ein Evolutionsgewinn allein der direkten Nachkommenschaft, der Zellinie, zugute, bei den rekombinativen Mechanismen dagegen profitiert die gesamte Art. Aufgrund der ständigen Durchmischung – deren Gesetzmäßigkeiten Gregor Johann Mendel schon vor über hundert Jahren erkannt hatte – ist der Genpool der Spezies *in seiner Gesamtheit* »Angriffsfläche« für erbändernde Mutationen. Sichtbares Ergebnis der durch diese genetische Kommunikation eingeleiteten »Beflügelung« der Evolution ist die ungeheure Fülle und Mannigfaltigkeit der Arten[14]. Auch diese Entwicklung hat sich Schritt um Schritt vollzogen. In den frühen phylogenetischen Stadien finden wir beide Möglichkeiten der Fortpflanzung noch nebeneinander vor.

Die »Horizonterweiterung«, die aus der sprachlichen Kommunikation hervorging, weist deutlich erkennbare Parallelen auf. Sie befreit den Menschen schließlich von den durch das Darwinsche Prinzip gesetzten Zwängen. Aufgrund seiner sehr intensiven und multiplen »geistigen« Wechselwirkungen hat jeder Mensch teil am gesamten Erfahrungsschatz der kulturellen Entwicklung. Dieses Erbe kann er – parallel zu, jedoch völlig unabhängig von der genetischen Informationsübermittlung – von Generation zu Generation weiterreichen und dabei ständig vervollkommnen. Allerdings fehlt diesem, in der Welt 3 ablaufenden Prozeß der Informationsspeicherung und Zugewinnung die einheitliche, *inhärente* Bewertung, die für die genetischen Lernprozesse so charakteristisch ist.

In der Evolution – und schon in ihren frühesten subzellulären Stadien – ist selektive Bewertung ein integraler Bestandteil des Wettbewerbs der selbstreproduktiven Strukturen. Das dem System eigene Bewertungsprinzip, das die Auslese der – in bezug auf effiziente Reproduktion – optimalen Struktur gewährleistet, ist ursächlich mit dem zugrundeliegenden autokatalytischen Mechanismus sowie mit den aufgezwungenen Randbedingungen gekoppelt. Die Bewertungsskala psychischer Information ist in Verbindung mit der zentralnervös gesteuerten Reizverarbeitung aus der Evolution hervorgegangen. Anfänglich stützte sie sich allein auf die Selektion vorteilhafter, genetisch vorprogrammierter Verhaltensmuster. Die Ausbildung von Bewertungszentren, in denen Schmerz, Angst und Lust lokalisiert sind, erweitern den Spielraum für die gezielte Beantwortung von Umweltreizen aller Art. Auch hier ist die Übereinstimmung mit dem auf Überleben ausgerichteten Selektionsprinzip zunächst noch vollkommen. Erst beim Menschen erlangt das Bewertungsschema der psychischen Information individuelle Eigenständigkeit.

Wollte man ein gleichartiges Schema für die Welt 3 aufstellen, so dürfte man nicht die vielfältigen, subjektiv ausgerichteten Wertskalen der individuellen Ich-Welten unberücksichtigt lassen. Gerade in dieser Forderung offenbart sich aber das Dilemma unserer sozialen Wirklichkeit. Es gibt keinen den Ideen *innewohnenden* Mechanismus, der automatisch die Korrelation der selektiven Bewertung zwischen den Welten 1, 2 und 3 bewirken könnte.

Die in Welt 3 gespeicherte Information ist nicht durch eine automatische Sperre vor einer mißbräuchlichen Verwendung zur Selbstzerstörung des Lebens geschützt. *Das Überleben der Menschheit, auch wenn die natürlichen Voraussetzungen hierfür weiterhin gewährleistet sind, ist nicht durch irgendwelche wie auch immer geartete Gesetze der Materie garantiert.* Wir wiederholen daher: Eine Ethik muß sich an den Bedürfnissen der Menschheit orientieren. Sie muß die Erhaltung der Menschheit garantieren, ohne dabei die individuelle Freiheit des einzelnen Menschen über Gebühr zu beschneiden. Eine solche Ethik kann nicht aus irgendwelchen Gesetzen der Materie unterhalb der Organisationsstufe des Menschen hergeleitet werden.

Die geistige Auseinandersetzung mit der in kontinuierlicher Veränderung begriffenen Welt 3 ist eine Aufgabe der Religionswissenschaften. Die Theologie, soweit sie als Wissenschaft hervortritt, begnügt sich jedoch vornehmlich mit der Überlieferung und Auslegung historischen Gedankenguts. Beiträge zur Moral- und Sittenlehre sind heute eher aus Wissenschaftszweigen abseits der Theologie zu erwarten. Die Kirche steht den Erkenntnissen der modernen Biologie zwar argwöhnisch, doch indifferent gegenüber. Sie hat ihre seit eh und je fixierte Auffassung vom *Leben*. Teilhard de Chardin[80] ist vielleicht der einzige Theologe der Neuzeit, der den Versuch einer Integration wissenschaftlicher Erkenntnis in das Weltbild des christlichen Glaubens unternommen hat. Doch hat auch er sich eher von »animistischen Projektionen« als von objektiver Erkenntnis leiten lassen. Für die von ihm vertretene Auffassung einer Konvergenz der Evolution gibt es keinerlei objektiv registrierbare Anzeichen.

In der Weltpolitik wächst die Einsicht, daß es angesichts der historisch begründeten, regionalen Verschiedenartigkeiten der Welten 2 auch eine Koexistenz der Weltanschauungen geben sollte. Doch müssen wir hier an die Eigengesetzlichkeit der Machtausbreitung erinnern, die wir im vorangehenden Kapitel bereits angesprochen hatten. Wollen wir *unsere* Wertvorstellungen erhalten, von denen wir glauben, daß sie nur in einer freiheitlichen Demokratie zu verwirklichen sind, so müssen wir sie auch klar und vernehmbar definieren und für ihre Erhaltung Sorge tragen. Solange dies nicht geschieht, werden wir in ständiger Defensive vor jedem konsequent vorgehenden System zurückweichen. Auch die »kleinen Schritte« sind irreversibel, sobald sie eine Einschränkung der Freiheit beinhalten.

»Was nämlich jeder voraussieht,
Lange genug.
Dennoch geschieht es am End.
Blödsinn,
Der nimmer zu löschende jetzt,
Schicksal genannt.«*

---

* Max Frisch: »Biedermann und die Brandstifter«.

15. Vom Symbol zur Sprache

Die Existenz einer »Sprache« ist für die materielle Selbstorganisation der Lebewesen, die Kommunikation zwischen den Menschen wie auch für die Evolution der Ideen gleichermaßen von Bedeutung. Voraussetzung für die Ausbildung einer Sprache ist eine eindeutige Symbolzuweisung. In den molekularen Sprachen hat sie ihre Entsprechung in definierten physikalisch-chemischen Wechselwirkungen, in der Kommunikation zwischen den Menschen basiert sie auf der Phonemzuordnung und ihrer bildlichen Fixierung. Die Sinnzuweisung zu den Symbolkombinationen wie auch deren gegenseitige Beziehungen entstammen einem aus funktioneller Bewertung resultierenden Evolutionsprozeß. Nach Chomsky weisen alle Sprachen – ähnlich wie die aus molekularen Mechanismen hervorgegangene Sprache der Genetik – in ihren Tiefenstrukturen Gemeinsamkeiten auf, welche die in der Wirkungsweise des Zentralnervensystems begründete funktionelle Logik widerspiegeln. Die Parallelen zwischen einer molekularen Genetik und einer generativen Grammatik der sprachlichen Kommunikation lassen die Spielregeln evolutiver Prozesse deutlich hervortreten.

15.1 Information und sprachliche Kommunikation

Der Begriff Information ist – nicht nur aufgrund seiner sprachlichen Herkunft – mit dem Form- und Gestaltbegriff eng verwandt. Information kann als Abstraktion von Gestalt, als ihre Darstellung in den Symbolen einer Sprache aufgefaßt werden. So wie sich im Wesen der »Gestalt« Gegenständlichkeit *und* Funktionalität treffen, so hat auch Information zwei komplementäre Aspekte: einen quantitativen, mengenmäßigen, und einen qualitativen, nach Sinn und Bedeutung der Symbolanordnung fragenden.

Der letztere ist im Sprachgebrauch wohl der geläufigere. Jemanden *informieren* heißt, ihn in Kenntnis setzen. Dabei müssen Sinn und Bedeutung der Nachricht offenbar werden.

Für die Erfassung des quantitativen Aspekts – den wir bereits im Zusammenhang mit dem Verteilungsmaß Entropie auf S. 168 eingeführt hatten – ist es nötig zu wissen, *wieviel* Information bzw. Detailwissen man braucht, um eine gegebene Symbolanordnung exakt identifizieren zu können. Der Sinn der in den Symbolen enthaltenen Nachricht steht dabei nicht unmittelbar zur Debatte, es sei denn, bestimmte an den Sinn geknüpfte Erwartungen – vor allem, daß es überhaupt einen solchen gibt – spielen für die Auswertung eine Rolle. Dieses Quantitätsmaß der Information ist im einfachsten Fall durch die Zahl der »ja-nein«-Entscheidungen gegeben, die zur Identifizierung aller Symbole in einer Sequenz nötig wäre. (Am besten geht man so vor, daß man die Nachricht von vornherein durch eine Folge binärer Zeichen – also etwa 0100110101111010 – darstellt und dann einfach die »ja-nein«-Entscheidungen zählt, die für eine exakte Festlegung der Symbolfolge notwendig sind.) Jedes Schriftsymbol unserer Sprache kann bei Benutzung binärer Zeichen durch ein fünfstelliges Codewort – zum Beispiel 00110 – repräsentiert werden. Insgesamt gibt es $2^5 = 32$ derartige Kombinationen bzw. Codewörter, deren sich auch der Fernschreibecode (s. Abb. 2) bedient.

Wären wir vor die Aufgabe gestellt, einen uns vollkommen unbekannten Text zu erraten, so könnten wir auf diese Weise jeden Buchstaben mit maximal fünf Fragen (die mit ja oder nein zu beantworten wären) eindeutig festlegen. Tatsächlich kommt man aber schon mit sehr viel weniger Fragen zum Ziel, wenn nur der Text, der erraten werden soll, auch sinnvoll ist. Die Auswertung des auf S. 171 beschriebenen Spiels zeigt, daß wir in Wirklichkeit nicht mehr als *durchschnittlich* zwei Fragen pro Symbol benötigen, und zwar aufgrund folgender Effekte:

- Unsere Sprache macht von den verschiedenen Buchstaben mit stark unterschiedlicher Häufigkeit Gebrauch.
- Es gibt bevorzugte Folgen von Symbolen (zum Beispiel treten Vokale zumeist in Gesellschaft von Konsonanten auf).
- Es bestehen Vereinbarungen über den Sinn von Symbolkombinationen (Wörtern), so daß viele Kombinationen von vornherein als sinnlos ausgeschlossen werden können.
- Die Wörter haben eine gewisse mittlere Länge.
- Es existiert eine Syntax und Grammatik, also eine Gesetzmäßigkeit für die Abfolge und Zusammenstellung der Wörter zu Sätzen.
- Jeder Satz muß einen Sinn ergeben (oder gar bestimmten Erwartungen entsprechen).

In vielen Fällen ist es möglich, allein mit Hilfe dieser Nebenbedingungen eine als Symbolfolge vorgegebene, verschlüsselte Nachricht vollständig zu entziffern. Der Wert der Entropie ist dann auf Null abgesunken. Das heißt: man benötigt keinerlei Information zur Identifizierung der Nachricht mehr. Die Entropie – und damit auch die für eine Identifizierung notwendige Informationsmenge – ist maximal, wenn jeder nur möglichen Symbolkombination die gleiche a-priori-Wahrscheinlichkeit zukommt. Jede Abweichung von der Gleichverteilung der Symbole aufgrund irgendwelcher Nebenbedingungen reduziert die Zahl der für eine endgültige Zuordnung erforderlichen »ja-nein«-Entscheidungen. Man bezeichnet diese, die Ungewißheit einschränkenden Bedingungen als *Redundanz*. Es ist in der Tat so, als kehre eine gewisse Information wie eine »Welle« (lateinisch *unda*) immer wieder. Bei der Übermittlung einer redundanten Nachricht ließe sich denn auch ein Teil der Symbole einsparen. Umgekehrt wird man eine Nachricht absichtlich redundanter machen, wenn man befürchten muß, daß bei der Übertragung (durch Überlagerung von »Rauschen«) Information verlorengeht. Shannons Informationstheorie lehrt uns, wie dies optimal geschehen kann.

Daß wir überhaupt zwischen einem *absoluten*, mengenmäßigen und einem sinnfestlegenden, *semantischen* Informationsaspekt unterscheiden, hat letztlich seine Ursache in der Komplexität der Sprache. Diese Komplexität läßt auch heute noch eine computergesteuerte, rein maschinelle Sprachschöpfung als Utopie erscheinen. Kompetente Sprachforscher, wie der israelische Mathematiker und Philosoph Yehoshua Bar-Hillel, erhoffen Fortschritte eher aus der Neurobiologie. Unser geistiges Kommunikationssystem mit seinen ca. zehn Milliarden Nervenzellen (von denen eine jede wiederum hundert- bis zehntausendfach mit anderen Zellen verschaltet ist) hat eine nahezu unbegrenzte Aufnahme- und Kombinationsfähigkeit für Informationen aus der Umwelt. Um seine Kapazität auch nur angenähert abschätzen zu können, müßten wir sehr viel mehr über den Elementarprozeß der Informationsspeicherung und seine Lokalisation und Manifestation im Netzwerk der Nervenzellen und Synapsen in Erfahrung bringen. Sicherlich wird ein Teil dieses Wissens innerhalb einiger Jahre zur Verfügung stehen, aber auch dann wird es nicht möglich sein, die schöpferische Kraft unseres Denkorgans durch eine Maschine zu substituieren.

Das Schema der sprachlichen Kommunikation kann vermittels eines Stufendiagramms charakterisiert werden (s. Abb. 56). A stellt eine Nachrichtenquelle von praktisch unbegrenzter Ergiebigkeit dar. Die durch die Sinnesorgane einfließende Umweltinformation wird nach Bewertung aufgrund »einprogrammierter« Mechanismen mit der im Gedächtnis gespeicherten Erfahrung vereinigt. Daraus resultiert eine immense Kapazität für die Zusammenstellung von Nachrichten, die im Zentrum B erfolgt und von C in Form physikalischer Signale ausgesandt wird. A', B' und C' sind die A, B und C entsprechenden Systeme auf der Empfängerseite.

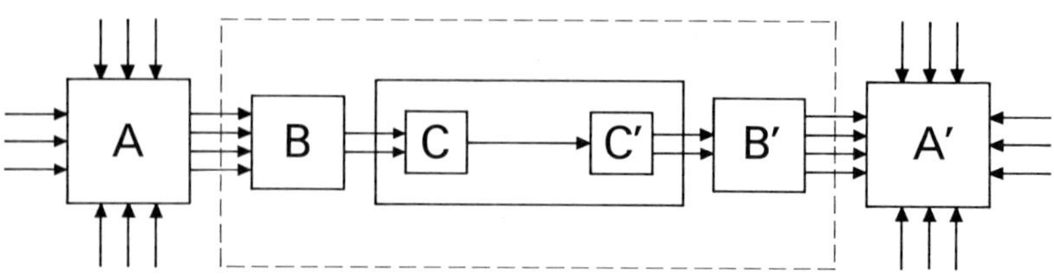

Abb. 56 **Kommunikationsdiagramm.**

Die Kommunikation zwischen C und C' kann eine Reihe technischer Prozesse einschließen, wie die Codierung der Nachricht zum Zwecke maschineller Verarbeitung, ihre Weitergabe über große Entfernungen und die Wiedergewinnung der Nachricht durch Aussonderung von überlagerten Störeffekten aller Art. Die mathematische Theorie der Kommunikation, oft schlechthin als Informationstheorie bezeichnet, findet vor allem in diesem Bereich ihre Anwendung. Zu ihren großen Wegbereitern gehören Ronald Aylmer Fisher, Norbert Wiener, Claude Shannon, Andrej Nikolajewitsch Kolmogorow und León Brillouin[42]. Soweit die Informationstheorie für verschiedene Aspekte der Sprache zuständig ist, befaßt sie sich auch mit Geschehnissen, die den Zentren B und B' zuzuordnen sind, oder zumindest mit deren strukturellen Auswirkungen. Andererseits grenzt sie sich in ihrer Anwendbarkeit deutlich von allen mit dem Bereich A bzw. A' zusammenhängenden Problemen ab, die damit zunächst allein den Psychologen und Philosophen vorbehalten zu sein scheinen.

Jürgen Habermas[81] unterscheidet nicht nur zwischen sensorischer Erfahrung (= Beobachtung) einerseits und kommunikativer Erfahrung (= Verstehen) andererseits, also zwischen Prozessen, die in den Zentren B' und A' ablaufen, sondern schließt auch folgerichtig, daß Verstehen selbst als eine Art Rückkopplung zwei Stufen einschließen muß:

> »Das Sinnverstehen (hingegen) ist zweistufig. Auf der ersten Stufe ist es an die nicht-objektivierende Einstellung der Performanz von Sprechakten gebunden: nur wenn wir eine interpersonale Beziehung performativ herstellen, *verstehen* wir, welche Behauptung oder Frage oder Aufforderung, welches Versprechen, welchen Ratschlag usw. jemand mir gegenüber äußert. Das, was wir in dieser nicht-objektivierenden Einstellung verstanden haben, also die Erfahrung selbst, wird, indem wir sie auf der nächsten Stufe zum Inhalt einer Behauptung machen, eigentümlich objektiviert.«
> Oder: »Um den Satz: Peter gibt Hans einen Befehl *verstehen* zu können, muß ich irgendwann einmal als Teilnehmer an einer Kommunikation erfahren haben, was das heißt: einen Befehl geben oder erhalten.«

Immerhin sieht Habermas ein Paradoxon in »einer Physik, deren Geltung transzendental begründet wird, obgleich sie ihrerseits die transzendentalen Leistungen des erkennenden Subjekts soll erklären können«, und beruft sich dabei vor allem auf Kants Analyse der notwendigen subjektiven Bedingungen möglicher Erfahrungen.

Man kann sehr wohl als bloßer Teilnehmer an einem Spiel dessen Regeln begreifen. Das und nichts anderes, nämlich hinter die »Spielregeln« der Natur zu kommen, versucht die Physik, und es gibt keinen Grund zur Annahme, daß ihr dies nicht auch für die Leistungen des menschlichen Zentralnervensystems gelingen sollte. Voraussetzung ist die Beobachtbarkeit der in Frage stehenden Vorgänge, wobei wesentliche Erkenntnisse an Modellobjekten gewonnen werden können. Es ist ein Trugschluß zu glauben, dies sei deshalb nicht möglich, weil in derartigen Studien der Mensch *Subjekt* und *Objekt* zugleich sei. Paradoxa liegen im allgemeinen allein in der Art der Fragestellung begründet.

Gerade innerhalb der letzten Jahre sind entscheidende Erkenntnisse über das Phänomen der Selbstorganisation in den verschiedenen Bereichen der Biologie gewonnen worden. Um Prozesse eben dieser Art handelt es sich bei den Gedächtnis- und Bewußtseinsleistungen des Zentralnervensystems. Fragen wie »wer organisiert« oder »wer informiert wen« – Varianten der alten, scholastischen Frage nach dem »zuerst« von Henne oder Ei – erweisen sich als ebenso sinnlos wie etwa das Suchen nach Anfang und Ende einer geschlossenen Kreislinie. Paradoxa finden zumeist ihre Erklärung, sobald man eine neue Dimension in die Betrachtung einbezieht.

John C. Eccles hat in seinem Buch »Das Gehirn des Menschen« die derzeitigen Kenntnisse über Bau und Wirkungsweise unseres Zentralnervensystems zusammengefaßt[79]. Hiernach müssen wir davon ausgehen, daß die in Abb. 58 schematisch abgegrenzten Bereiche nicht streng lokalisiert sind und sich insbesondere auf beide Hemisphären des Gehirns verteilen (s. Abb. 57). Das Sprachzentrum liegt in der dominanten (meist der linken) Hirnhälfte, ist aber eng mit den übrigen, speziell den sensorischen und motorischen Zentren verknüpft. Die Verbindung zwischen den beiden Hirnhälften wird vom Corpus callosum hergestellt, in dem ca. zweihundert Millionen Nervenfasern zusammengefaßt sind, die in der Sekunde an die vier Billionen elektrische Impulse übertragen können. Aus Untersuchungen an Patienten mit Schädigungen im Bereich dieses in-

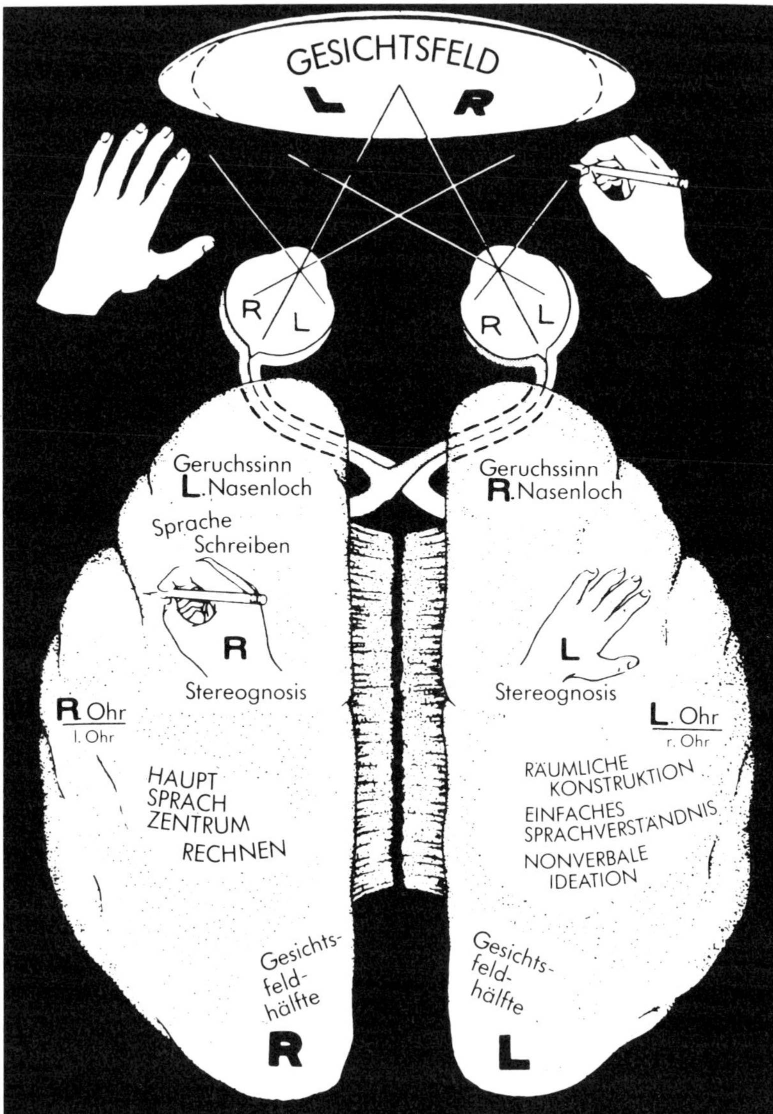

Abb. 57 **Schematische Projektion des wahrgenommenen Gesichtsfeldes** auf die beiden Sehrinden (nach J. C. Eccles[79]).

Dominante Hemisphäre	Untergeordnete Hemisphäre
Verbindung zum Bewußtsein	keine derartige Verbindung
verbal	fast nonverbal musikalisch
ideational	Sinn für Bildliches und Muster
analytisch	synthetisch
sequential	holistisch
arithmetisch und computerartig	geometrisch und räumlich

Abb. 58 **Lokalisation verschiedener Fähigkeiten und Leistungen** in den beiden Hemisphären des Gehirns (nach J. C. Eccles[79]).

tercerebralen Kommunikationsorgans konnte Roger W. Sperry eine präzisere Zuordnung spezifischer Bewußtseinsleistungen zu den verschiedenen Regionen des Gehirns vornehmen. Doch kommt es uns hier nicht so sehr auf die Lokalisation als vielmehr auf die funktionelle Manifestation der in Abb. 55 dargestellten Bereiche an.

15.2 Strukturen der Sprache

Die Symbolzuordnung in der sprachlichen Kommunikation ist jeweils eindeutig definiert. Die relativ große Zahl von Schriftzeichen hat ihren Ursprung in den funktionellen Bedürfnissen der phonetisch begründeten Gebrauchssprachen. Die Buchstaben unseres Alphabets sind durch Abstraktion aus ca. fünfzig (und mehr) Phonemen hervorgegangen. Für die Gebrauchssprache eines Computers ist es zweckmäßiger, nur zwei Schriftzeichen zu verwenden. Die maschinell vermittelbare Wechselwirkung zwischen Sender (C) und Empfänger (C') basiert auf der Eindeutigkeit einer Symbolzuweisung.

»Fast eindeutig« ist die *Sinnzuordnung* für die verschiedenen Symbolfolgen. Die phonetische Kapazität der Sprachen ist gewaltig. Mit vierzig Phonemen lassen sich allein 1.600 Zweier-, 64.000 Dreier-, 2.560.000 Vierer-, 102.400.000 Fünfer- und über 4.000.000.000 Sechserkombinationen herstellen. Einsilbige Wörter können ohne weiteres aus sechs Phonemen bestehen (zum Beispiel glänzt [g · l · ε · n · ts · t]). Jede Sprache bedient sich nur eines winzigen Bruchteils solcher Kombinationen. Die Sinnzuweisung – die wir als »fast« eindeutig bezeichneten – ist in den modernen Sprachen keineswegs abgeschlossen; sie unterliegt weiterhin einem »Spiel« mit Phonemen.

Meister des Sprachspiels ist James Joyce, wie überhaupt in dieser Hinsicht die englische Sprache von Shakespeare über Shaw bis in die Gegenwart eine große Tradition aufzuweisen hat. Die Aufzählung aller Wortneuschöpfungen von James Joyce würde viele Seiten füllen[82]. Kunstworte wie Quark – das in »Finnegan's Wake« erscheint[83] –

»- Three quarks for Muster Mark!
Sure he hasn't got much of a bark
And sure any he has it's all beside the mark.«*

haben gar Eingang in den exakten Sprachgebrauch der Wissenschaften gefunden. Murray Gell-Mann benutzte dieses Wort zur Charakterisierung dreier hypothetischer Elementarzustände der Materie, mit deren Hilfe er die Fülle der bisher aufgefundenen Elementarteilchen und ihre Symmetrien zu ordnen versuchte**. Andere Wortspielereien wie »Helterskelterpelterwelter« sind von einer unübertrefflichen Darstellungskraft: Dem Wort »helter-skelter« =

* »Dreimal ›quark‹ für Mister Mark.
Gewiß hat er nicht viel zuvermelden (bellen),
und was er zu sagen, geht mit Sicherheit am Ziel vorbei.«
Es handelt sich um einen Spottvers, in dem auf die Sage von Tristan und Isolde Bezug genommen wird. Mister Mark ist der alte (vertrottelte) König Marke, der von Tristan hintergangen wird. »Drei Quarks« bedeutet einen Toast (wie dreimal hoch), jedoch wird mit »Quark« das Schreien der Möwen und anderer Seevögel imitiert. Wie weit Joyce, der – als er »Finnegan's Wake« schrieb – bereits in Zürich lebte, und der eine Vorliebe für die Verwendung phonetisch interessanter Wortkombinationen aus anderen Sprachen hatte, hier auch das deutsche Wort Quark (= Käse) mit einbezog, sei dahingestellt. In der englischen Sprache existiert dieses Wort nicht.

** Gell-Mann kam es offensichtlich auf die Verwendung eines reinen Kunstwortes zur Charakterisierung seiner neuartigen Hypothese an.

Holterdiepolter werden einfach zwei Verben – »to pelt« (mit Steinen) bewerfen, bombardieren und »to welter« = rollen, wälzen – angehängt. Joyce beschreibt damit eine schreiende und Steine werfende Verfolgermeute.

(Wortkreationen gelingen oft auch ungewollt. Wir erinnern uns, daß nach einem Musikabend – als wir bei einer Flasche Wein zusammensaßen und dieser schon etwas die Zunge gelockert hatte – auf einmal nur noch von dem herrlichen Späthoven die Rede war.)

Die *Zusammenstellung* von *Worten zu Sätzen* hätte sicherlich ebensogut schon im Zusammenhang mit der Kategorie B des in Abb. 56 gezeigten Kommunikationsdiagramms erwähnt werden können. Wie schwer es ist, die Bereiche A und B klar voneinander abzugrenzen, mag das Diagramm in Abb. 59 verdeutlichen, in dem William G. Moulton[84] das Kommunikationssystem der menschlichen Sprache typisiert.

Unübersehbar groß ist die Zahl von möglichen Satzkombinationen. Bilden wir einmal einfache Sätze, in denen jeweils ein Verb mit zwei Hauptwörtern verknüpft ist, und benutzen aus jeder Wortklasse nur je tausend Ausdrücke, so ergeben sich insgesamt eine Milliarde alternativer Sätze, die natürlich nicht alle sinnvoll sind. Moulton rechnet vor, daß eine redefreudige junge Dame, die – wenn sie nicht gerade schläft oder ißt – ständig ohne Unterlaß und sehr schnell plappert, auch bei größter Höflichkeit nicht mehr als jung bezeichnet werden kann, bevor sie auch nur einen geringen Bruch-

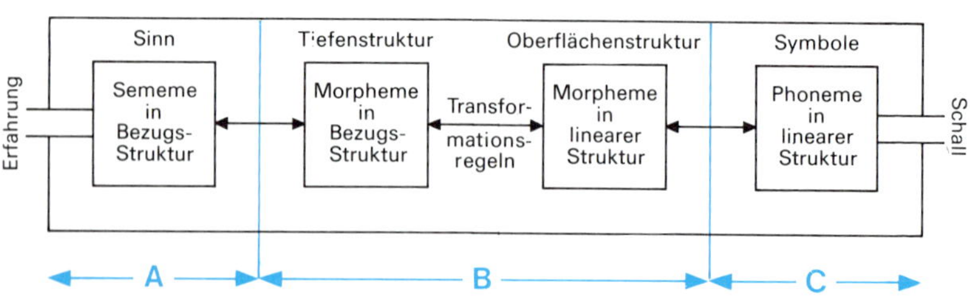

Abb. 59 **Das Kommunikationssystem der menschlichen Sprache** wurde von William G. Moulton durch das oben wiedergegebene Diagramm charakterisiert. Sein Zusammenhang mit dem Formalschema in Abb. 56 ist angedeutet.

teil dieser relativ trivialen Sätze ausgesprochen hat. »Hyperastronomische« Größenordnungen ergäben sich, würde man typische Satzkonstruktionen von Immanuel Kant zugrunde legen. (Nach Wilhelm Fucks[85] steht Kant in bezug auf Länge und Verschachtelung seiner Sätze weitaus an der Spitze.)

Noam Chomsky[86] hat dargelegt, daß die Satzstrukturen, wenn man von den spezifischen Eigenarten der verschiedenen Sprachen absieht, Parallelen aufweisen, die universelle, offensichtlich in der Organisation des menschlichen Gehirns begründete Gesetzmäßigkeiten andeuten. Chomskys Thesen finden Rückhalt in den Vorarbeiten seines Mentors Roman Jacobson und dessen Schule und werden gestützt durch die Ergebnisse von Beobachtungen des Spracherwerbs bei Kindern, wie sie von Eric Lenneberg[87] und anderen ausgeführt wurden. Diese deuten auf einen generellen Syntaxaufbau hin, wie er auch dem Spracherwerb in der Evolution zu eigen gewesen sein mag.

Chomsky gründet seine generative Grammatik auf die Allgemeingültigkeit einer Reihe von »inneren« Regeln. Zwei Arten werden unterschieden: Erzeugungsregeln und Transformationsregeln. Ein Satz kann zum Beispiel im Sinne eines Entscheidungsbaumes (s. Abb. 60) – Chomsky nennt diese Art Diagramm einen Phrasen-Marker – in eine Nominalphrase und eine Verbalphrase zerlegt werden. Die Verbalphrase läßt sich ihrerseits wieder – zum Beispiel – in ein Verb und eine weitere Nominalphrase (Objekt des Satzes) aufspalten. Auf diese Weise wird die »Oberflächenstruktur« des Satzes einer Analyse bzw. Synthese zugänglich.

Die »Tiefenstruktur« eines (komplizierteren) Satzes wird erst durch Anwendung der Transformationsregeln deutlich. Mit ihrer Hilfe kann man einen Satz aus seiner sprachenabhängigen, nur durch kompliziertere Phrasen-Marker darstellbaren Oberflächenstruktur befreien und in eine Reihe einfacher (durch entsprechende Phrasen-Marker ausdrückbarer) Kernsätze zerlegen. Dazu bedarf es eines sogenannten Transformations-Markers, bzw. eines vollständigen Schemas von einzelnen Transformationen. Beispiele für solche Transformationen sind: Relativtransformation (eingeleitet durch ein Relativpronomen), Einbettungstransformation (Schachtelung), Passivtransformation usw. Ein Beispiel für eine solche Transformation ist in Abb. 60 dargestellt.

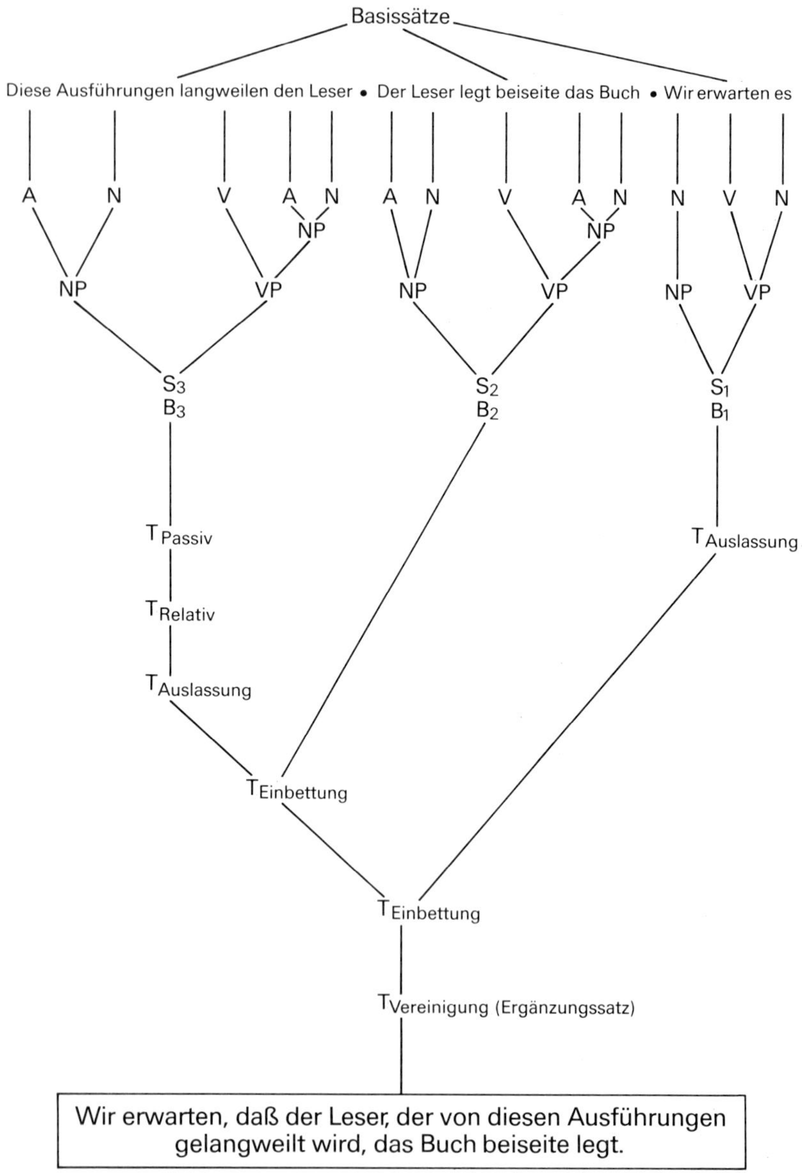

Abb. 60 **Transformation eines Satzes in drei Basissätze nach N. Chomsky.** A = Artikel, N = Nomen, V = Verb, P = Phrasenmarker, NP = Nominalphrase, VP = Verbalphrase, S = Satz, B = Basis-Phrasen-Marker, T = Transformationsmarker.

Wie weit eine derartige Formalisierung der Wirklichkeit der Sprache Rechnung trägt, ist umstritten. Allzu leicht vergessen Kritiker, daß Gesetzmäßigkeiten immer *zwischen* den Ereignissen liegen. So mag sich – womit wir einen in anderem Zusammenhang schon einmal benutzten Vergleich nochmals bemühen – auch Chomskys Linguistik zur Wirklichkeit der Sprache ähnlich verhalten wie die Thermodynamik zum Wetter. (Das Wetter entsteht aufgrund bestimmter Temperatur- und Luftdruckverhältnisse nach den Gesetzen der Thermodynamik. Obwohl wir diese seit langem beherrschen, sind langfristige Wettervorhersagen auch heute noch »Glückssache« – allein wegen der äußerst komplizierten und schwer übersehbaren Randbedingungen.)

Die Wirklichkeit der Sprache spiegelt ihre Nichtabgeschlossenheit wider. In seinem Vorwort zu Ludwig Wittgensteins »Tractatus« spöttelt Bertrand Russell ein wenig über Wittgensteins apodiktische Forderung: »Wovon man nicht sprechen kann, darüber muß man schweigen«: »What causes hesitation is the fact that, after all, Mr. Wittgenstein manages to say a good deal about what cannot be said, thus suggesting to the sceptical reader that possibly there may be some loophole through a hierarchy of languages or by some other exit«*.

Alfred Tarski[88] hat klar die Grenzen für die Eindeutigkeit sprachlicher Zuordnungen durch die Logik dargelegt. Für die Formulierung einer Objektsprache, deren Beziehungen exakt festgelegt sind, bedarf es der Semantik einer Metasprache. Und auch wenn man diese wieder objektivieren wollte, brauchte man – wie v. Weizsäcker[89] es nennt – eine Meta-Metasprache, und es wäre kein Ende für eine so aufzubauende Sprachhierarchie abzusehen.

---

* Was zu Bedenken Anlaß gibt, ist die Tatsache, daß Mr. Wittgenstein es schließlich fertigbringt, eine ganze Menge über das zu sagen, worüber sich »nichts sagen läßt«. Das ruft beim skeptischen Leser die Vermutung wach, daß es möglicherweise doch noch irgendein Schlupfloch, etwa über eine Hierarchie von Sprachen, oder irgendeinen anderen Ausweg gibt.

15.3 Molekulare Semantik

Der Begriff *Information* hat auch in der Molekularbiologie zentrale Bedeutung erlangt. Carl Friedrich v. Weizsäcker[89] merkt – nicht ohne Verwunderung – an:

»Hier ist aber niemand, der spricht, niemand, der etwas mitteilt oder das Mitgeteilte versteht«, allerdings, um gleich wieder einzuschränken: »Vielleicht ist hier die naivste Ausdrucksweise auch wirklich die sachgemäßeste: diejenige, die sprachliche Kategorien auch dort anwendet, wo kein sprechendes und kein hörendes Bewußtsein ist. Chromosom und heranwachsendes Individuum stehen in einer solchen Beziehung zueinander, *als ob* das Chromosom spräche und das Individuum hörte.«

Im Individuum ist dieser Sprechverkehr vom Chromosom zum Organismus einseitig ausgerichtet und gleicht eher einer Befehlsausgabe. *Miteinander* sprechen die Moleküle allenfalls auf der phänotypischen Ebene, und hier in einer nach funktionellen Optimalkriterien ausgerichteten »Objektsprache«.

Die phänotypische, molekulare Funktionalsprache weist gewisse Analogien zu den phonetisch begründeten menschlichen Gebrauchssprachen auf. Wie diese benötigt auch sie ein ausdrucksstarkes Alphabet. Es besteht aus ca. zwanzig Symbolen, den sogenannten »natürlichen« Aminosäuren, deren jede eine spezifische chemische Funktion trägt. Wir wollen dieses Proteinalphabet den Phonemen bzw. den daraus abstrahierten ca. dreißig Buchstaben unseres Schriftalphabets gegenüberstellen.

Die »Wörter« der Proteinsprache repräsentieren alle im Organismus anfallenden Exekutivfunktionen: Reaktionsvermittlung, Steuerung oder Transport. Wie in den Wortkombinationen unserer Sprache treten jeweils mehrere – etwa vier bis acht – Symbole zu einer kooperativen Einheit zusammen. Diese funktionell wirksamen Symbole sind in den Wortgebilden der Proteinsprache nicht einfach linear aneinandergereiht, sondern entsprechend ihrer chemischen Aufgabe in bestimmter räumlicher Koordination angeordnet. Das wiederum ist nur dadurch möglich, daß zwischen den funktionell wichtigen Aminosäuren (vgl. auch Abb. 11) spezifisch faltbare Kettenstücke eingelassen sind, die allein dazu dienen, die strategisch wichtigen Aminosäuren exakt im Raum zu fixieren.

Obwohl also das aktive Zentrum – das eigentliche dreidimensionale Wortkorrelat der Proteinsprache – nicht mehr Schriftzeichen umfaßt als die Tätigkeitswörter unserer Sprachen, muß ein Proteinmolekül insgesamt ca. ein- bis fünfhundert Kettenglieder in sich vereinen, um ein solches aktives Zentrum aufbauen zu können. Jedes dieser Moleküle repräsentiert eine bestimmte Tätigkeit, und man könnte die Enzyme als die »Tätigkeitswörter« der Molekülsprache bezeichnen.

Alle Funktionen im Organismus sind minuziös aufeinander abgestimmt. Das bedeutet: Alle Wörter der Molekülsprache sind zu einem sinnvollen Text zusammengesetzt, der sich nach Sätzen gliedern läßt. Die Weitergabe dieses Textes von Generation zu Generation und die Nachrichtenübermittlung zwischen Legislative und Exekutive innerhalb der Zelle können jedoch nicht mit dem auf funktionelle Effizienz zugeschnittenen Alphabet der Proteine verwirklicht werden.

Das Alphabet der legislativen Sprache, der Nukleinsäuren, ist nach ökonomischen Gesichtspunkten aufgebaut, ähnlich wie das Alphabet unserer Computer oder irgendeiner maschinellen Nachrichtenübermittlung. Es benutzt für jeden Buchstaben ein Codewort, wobei die Zuordnung von Codewort zum Buchstaben (nicht aber umgekehrt) eindeutig ist. Die Tatsache, daß der genetische Code nicht wie der Computer- oder der Fernschreibcode mit binären Zeichen arbeitet, sondern ein aus vier Buchstaben bestehendes Alphabet anwendet und außerdem noch redundant ist, hat seine Ursache darin, daß er nicht wie die Codeschemata unseres Maschinenzeitalters nach logischen Gesichtspunkten konzipiert wurde, sondern in Korrelation zum Proteinalphabet auf natürlichem Wege entstehen mußte. Dazu war ein reichhaltigeres Repertoire an phänotypischen Merkmalen notwendig, als sich durch ein einzelnes komplementäres Buchstabenpaar erreichen läßt. Mit Hilfe eines einzigen Bausteinpaares können nur sehr homogene Nukleinsäure-Doppelstrangketten aufgebaut werden. Erst die Hinzunahme eines zweiten Paares erlaubt aufgrund der nunmehr sehr vielfältigen Kombinierungsmöglichkeiten der beiden Buchstabenpaare innerhalb einer längeren Sequenz den Aufbau eines großen Repertoires von Strukturen individuell sehr unterschiedlicher Stabilität, ohne daß dabei der »teleonomischen« Forderung nach weitgehender Ökonomisierung der genetischen Nachrichtenübermittlung und eines universellen Konzepts der codeverarbeitenden enzymatischen Maschinerie Abbruch getan wird.

Der vektorielle Charakter des Sprechverkehrs vom Chromosom zum Organismus wird durch ein Schema geregelt, das Arthur Kornberg einmal als »zentrales Dogma« der Molekularbiologie so formulierte:

DNS→RNS→Protein→»everything else«

– wohl die (in dieser Knappheit) aufregendste Kurzgeschichte, die je erzählt wurde.

DNS = Desoxyribonukleinsäure ist der Speicher, das Gedächtnis für die genetische Information, RNS = Ribonukleinsäure der Nachrichtenübermittler, Protein die Exekutivform der Nachricht, die in eine Funktion umgesetzt wird und aus der »alles Weitere«, das heißt der gesamte Lebensprozeß, resultiert. Natürlich ist dieses Schema eine grobe Vereinfachung der Wirklichkeit, die heute im Detail nicht einmal mehr ganz richtig ist.

Erst vor wenigen Jahren wurde von den Amerikanern Howard Temin und David Baltimore ein Enzym gefunden, das die labile RNS-Nachricht wieder in stabile DNS-Information umschreibt. Dieses Umkehr-Enzym, Revertase genannt, wurde aus Viren isoliert, von denen bekannt ist, daß sie Tumoren auslösen. Im Hinblick auf mögliche praktische Auswirkungen – vor allem im Zusammenhang mit dem Krebsproblem – ist diese Entdeckung von allergrößter Bedeutung; vom Standpunkt reiner Erkenntnis war sie jedoch nicht überraschend. Schon lange – vor allem durch Arbeiten von Paul Doty und Sol Spiegelman (der auch die Erforschung der Revertase um entscheidende Beiträge bereicherte) – war bekannt, daß ein einzelner RNS-Strang mit seiner entsprechenden DNS-Komplementärkopie zu einem Hybrid vereinigt werden kann, ganz ähnlich wie sich üblicherweise auch die beiden komplementären DNS-Einzelstränge zur Doppelhelix ergänzen. Wahrscheinlich ist die Molekülform der DNS überhaupt erst später, nämlich in einem schon fortgeschrittenen Stadium der Evolution, aufgetaucht und hat einen Teil der Aufgaben der RNS übernommen. Aufgrund ihrer stärker ausgeprägten Tendenz, lineare Doppelstränge zu bilden, eignet sich die DNS eher für die dauerhafte Bewahrung der genetischen Information als ihre weniger stabile und »geschwätzigere« Schwester, die RNS.

Reden, mitteilen, lesen und *verstehen* heißt auf dieser Ebene einfach, die richtigen komplementären Molekülbausteine (= Sprachsymbole) zu binden (= erkennen) und diese informationsgetreu zu einem makromolekularen Band (= Schriftsatz) zu verknüpfen. Eine solche Umkopierung oder Transskription von Information sollte ohne weiteres in beiden Richtungen, das heißt sowohl von der DNS zur RNS als auch von der RNS zur DNS möglich sein, da ja beide Moleküle von den gleichen Wechselwirkungen Gebrauch machen, wenngleich die Kopierungsmaschinerie der Zellen so eingerichtet ist, daß der Vorgang normalerweise nur in der einen Richtung abläuft.

Strenger – im chemischen Sinne – festgelegt ist die Flußrichtung der Information in der Stufe RNS→Protein. Hier gibt es keinen Mechanismus – und ein solcher wäre aufgrund der Struktur der Proteine auch kaum denkbar –, der die Translation einfach umkehrt. Trotzdem sollte man sich vor einer »dogmatischen« Auslegung des Prinzips hüten. Es gibt nämlich spezielle Enzyme, die ohne Instruktion durch RNS-Matrizen sowohl (kurzkettige) »Proteine« (genauer gesagt: definierte, antibiotisch wirksame Polypeptide) als auch (langkettige) Nukleinsäuren reproduzierbarer Sequenz herzustellen in der Lage sind.

Erst kürzlich konnte Fritz Lipmann an der Rockefeller-Universität zeigen, daß gewisse aus Mikroorganismen isolierte Enzyme – nach einem ähnlichen Mechanismus, wie er von Feodor Lynen für die Fettsäuresynthese gefunden worden war – Aminosäuren ohne Instruktion durch eine RNS-Matrize in spezifischer Reihenfolge aneinanderhängen und die entstandenen relativ kurzkettigen Proteinsegmente zu makromolekularen Ringen verschweißen.

Andererseits gelang es Manfred Sumper in unserem Laboratorium, auch längere *RNS-Ketten* definierter Sequenz – allein durch Vermittlung eines Enzyms, ohne Steuerung durch eine RNS-Matrize – entstehen zu lassen. Sol Spiegelman hatte einige Jahre zuvor einen Enzymkomplex isoliert, der selektiv die RNS eines bakterientötenden Phagen – genannt Qβ – reproduziert. Offensichtlich besitzt die Phagen-RNS ein spezifisches Erkennungsmerkmal. Diesen »Ausweis« läßt sich das Kopierungsenzym immer erst vorzeigen, bevor es mit der Reproduktion der RNS beginnt. Bernd Küppers und Manfred Sumper konnten dieses Erkennungszeichen identifizieren. Es läßt sich nunmehr synthetisieren und beliebigen anderen RNS-Molekülen anhängen, die dadurch prompt vom Qβ-Kopierungsenzym akzeptiert und spezifisch reproduziert und vervielfacht werden. In der natürlichen Umwelt der Phagen, insbesondere in den Genen der vom Phagen befallenen Bakterienzellen, kommt dagegen dieses Erkennungszeichen kaum vor. Dringt der Phage in die Coli-Zelle ein, so fabriziert das Kopierungsenzym praktisch nur die RNS des Phagen, nicht aber bakterieneigene Nukleinsäuren. Der Phage vermehrt sich so ungestüm, daß die Wirtszelle daran zugrunde geht.

Manfred Sumper beobachtete nun, daß dieses Enzym im zellfreien Nährmedium, das alle zum Aufbau von RNS notwendigen Bausteine in energiereicher Form enthält, bei sorgfältigem Ausschluß von RNS-Molekülen jeglicher Art in der Lage ist, sich Matrizen für die Reproduktion selber zu »stricken«. Es beginnt mit kürzeren Segmenten, die offensichtlich in einer allein durch das Protein instruierten Sequenz hergestellt werden, und heftet diese zu langen Ketten von einigen hundert Gliedern zusammen. Das Erstaunliche ist, daß zum einen die entstandenen RNS-Ketten – wenigstens zum großen Teil – mit dem richtigen Erkennungszeichen ausgerüstet sind und daß zum anderen unter der Vielfalt der Phantasieprodukte eine eindeutige Auswahl vorgenommen wird. Sobald nämlich verschiedene Ketten in genügender Menge vorliegen, benutzt das Enzym diese als Matrizen, um sie – sehr viel effizienter – direkt zu reproduzieren.

Offenbar entstehen primär – das heißt in der Phase der de-novo-Synthese – sehr viele verschiedene Phantasieprodukte. Unter Selektionszwang wird jedoch nur die *bestangepaßte* Sequenz ausgewählt. Das Prinzip hatten wir ja bereits anhand des Selektionsspiels (s. S. 70) demonstriert. Bestangepaßt ist die Sequenz, die sich am schnellsten und genauesten vervielfältigen läßt und gleichzeitig eine genügend hohe Stabilität besitzt. All diese den Selektionswert bestimmenden Faktoren hängen empfindlich von der jeweiligen Faltungsstruktur der zur Reproduktion gelangenden Matrize ab. Durch Veränderungen des Milieus kann man sie beeinflussen. Setzt man dem Medium beispielsweise ein Enzym zu, das RNS-Ketten abbaut, so gelangt allein die RNS-Kette schließlich zur Selektion, die sich durch spezielle Faltung gegen den Angriff des Enzyms am wirksamsten zu schützen weiß. Diese Experimente zeigen klar und deutlich, daß Information in beschränktem Umfange auch vom Protein zur Verfügung gestellt werden kann. Eben diese Möglichkeit muß in den frühen Perioden der Evolution, wie sie sich auch experimentell in der Evolutionsmaschine simulieren lassen, von großer Bedeutung gewesen sein. Die Rollenverteilung zwischen Genotypus und Phänotypus war im Frühstadium der Lebensentstehung offensichtlich noch nicht so eindeutig fixiert wie in den uns heute zugänglichen Produkten der Evolution.

Dennoch: Eine systematische Instruktion durch das Protein im Sinne einer Umkehrung des Übersetzungsprozesses – also eine kontinuierliche Ablesung der Aminosäuresequenzen des Proteins – liegt hier nicht vor. Eine wirkliche »bit-für-bit«-Anweisung kann nur nach dem von Kornberg angegebenen Schema erteilt werden. Stellen wir uns einmal vor, durch selektive de-novo-Synthese mit Hilfe eines »Urenzyms« sei eine RNS-Matrize angefertigt worden, die gerade mit der Information für die spezielle enzymatische Synthesefunktion identisch wäre, und es gäbe eine Translationsmaschinerie, mit deren Hilfe sich diese Information in die funktionelle Proteinstruktur zurückübersetzen ließe. Eine solche zufällige Koinzidenz in der Erfüllung zweier verschiedener Aufgaben könnte natürlich nur sehr unvollkommen sein. Die Wahrscheinlichkeit dafür, daß sich auf diese Weise praktisch gleich ein optimal angepaßtes Enzym ergibt, ist sehr klein und kaum realisierbar. Damit also aus dem unvollkommenen de-novo-Produkt ein wirksameres, effizienteres Enzym entstünde, müßte sich sogleich ein evolutiver Anpassungs- und Optimierungsprozeß anschließen. Hier aber landet man in einer Sackgasse. Optimierung der enzymatischen Funktion und Selektion der bestangepaßten und daher bevorzugt reproduzierten RNS-Matrize unterliegen jeweils Kriterien, die *vollkommen unabhängig* voneinander sind. So ist der de-novo-Synthese-Mechanismus sehr wohl wichtig für die Herstellung einer Korrespondenz zwischen Proteinen und Nukleinsäuren. Doch müssen gleichzeitig alle Komponenten zu einem selbstreproduktiven System integriert werden, das nach einheitlichen Wertkriterien selektiert werden kann. Ein mögliches Modell einer solchen Einheit, der »Hyperzyklus«, wurde im 12. Kapitel beschrieben.

Erst mit der Vervollkommnung des Übersetzungsmechanismus

konnte es mehr und mehr zu einer klaren Rollenaufteilung zwischen Geno- und Phänotypus kommen.

Die Abbildung phänotypischer Wirklichkeit in der genetischen Sprache – wir könnten sie in Analogie zur psychischen Gedächtnisleistung als »genetische Reflexion« bezeichnen – ist ein Ergebnis der Evolution in toto. Hier geht es um die *Entstehung* von Information. Auch in unserem Gehirn kann Information nur evolutiv, das heißt aufgrund von Selektion, entstehen, nur daß wir es hier bei den zugrundeliegenden physikalischen Elementarvorgängen mit Zeiten im Bereich von Millisekunden zu tun haben.

15.4 Irreversibilität und die Entstehung von Information

Kann Information überhaupt entstehen, oder offenbart sie sich lediglich? Es ist wieder die Dichotomie: Schöpfung oder Offenbarung, die hier angesprochen wird. Für den Prozeß der Lebenswerdung hatten wir uns klar von Monod distanziert (s. S. 190): Evolution ist Schöpfung *und* Offenbarung zugleich. Ja, erst die Verquickung beider macht das Wesen des *evolutiven* Vorganges aus.

Eine Nachricht, die man empfängt, soll verstanden werden. Dazu muß sie ihren Sinn »offenbaren«, das heißt an gewisse existierende Erfahrungen oder Vereinbarungen anknüpfen und diese reproduzieren. Gleichzeitig kann sie jedoch auch unsere Erfahrungen bereichern. Das Herstellen des Zusammenhanges, das Einordnen, das Verstehen ist dann zugleich ein Akt der Schöpfung.

Der Unterschied zwischen absolutem und semantischem Aspekt der Information würde verschwinden, sobald man in der Wahrscheinlichkeitsverteilung *alle* für den Sinn wesentlichen Faktoren berücksichtigen und ausdrücken könnte. »Verstehen« erscheint dann unmittelbar als die »Umkehrung« des Entstehens von Information. Es bedeutet eine ständige Einengung der Wahrscheinlichkeitsverteilung, bis schließlich eine einzige Alternative übrigbleibt. Claude Shannon und der ungarische Mathematiker Alfréd Rényi haben den Begriff des Informationsgewinns quantitativ definiert, indem sie von den beiden Wahrscheinlichkeitsverteilungen vor und nach Eintreffen einer zusätzlichen »Auskunft« ausgingen und durch Vergleich der modifizierten Einzelwahrscheinlichkeiten den mittleren

Informationsgewinn errechneten. Identifizieren bedeutet dann, daß allen möglichen Alternativen, *bis auf einer*, die Realisierungswahrscheinlichkeit null zugeordnet werden kann. Physikalisch läßt sich eine derartige Eingrenzung der Wahrscheinlichkeitsverteilung nur durch irreversible Prozesse realisieren. Ein zunächst möglicher Zustand, den man durch eine bestimmte Wahrscheinlichkeit charakterisieren kann, wird aufgrund eines plötzlich eintretenden Ereignisses instabil, er bricht zusammen. Es entsteht somit eine neue Situation, in der Alternativen, die vorher noch in Frage kamen, ausgeschlossen sind.

Auch die durch einen Ablesefehler im genetischen Programm – also durch eine statistische Fluktuation – entstandene selektiv vorteilhafte Mutante läßt eine vorher stabile Population *irreversibel* zusammenbrechen. Die »neue« Information verdankt ihren Ursprung einem nicht umkehrbaren Ereignis, sie geht dabei aus einer »Sinnbewertung« – denn das ist Selektion schließlich – hervor. Man könnte auch mit Karl Popper sagen: Gewisse, vorher noch mögliche Alternativen werden falsifiziert. Im Falle einer Beobachtung oder beim Lesen einer Nachricht muß ein analoger Prozeß im Gehirn ablaufen.

An dieser Stelle wollen wir eine kleine Geschichte erzählen, deren Rahmenhandlung wir Dürrenmatts tragischer Komödie »Die Physiker« entlehnt haben. Wir erzählen sie aber nicht ihrer Handlung wegen. Vielmehr geht es uns um ein Denkspiel, daß wir in die Handlung eingebaut haben und dessen Lösung den Prozeß der Informationsentstehung aus einer sprunghaft erfolgenden, irreversiblen Änderung einer Wahrscheinlichkeitsverteilung beispielhaft charakterisiert. Die Geschichte selbst ist – um mit Dürrenmatt zu sprechen – »zwar grotesk, aber nicht absurd, das heißt sinnwidrig«.

»Drei Physiker sind in einem Irrenhaus untergetaucht, um ihr Wissen vor der Welt zu verbergen und es auf diese Weise jedem nur möglichen Mißbrauch zu entziehen. Daß sie in diesem Irrenhaus zusammentreffen, kommt nicht von ungefähr. Sie hatten sich bestimmten Ideologien verschrieben und waren von ihren jeweiligen Regierungen (ohne deren wahre machtpolitische Absichten zu durchschauen) als Agenten gegeneinander angesetzt worden*.

* In Dürrenmatts Geschichte trifft dies nur für Eisler und Kilton zu, deren (ursprünglicher) Auftrag lautete, Möbius auszuhorchen.

Ein jeder von ihnen hatte den Auftrag, das Wissen der beiden anderen zu ergründen und damit seiner Regierung die Allmacht des Wissens zu sichern, was für diese die absolute Vorherrschaft bedeuten würde. Jedem der drei Physiker, denen bei Todesstrafe verboten ist, über die eigenen Kenntnisse auch nur irgend etwas verlauten zu lassen, gelingt es sehr bald, durch indirekte Fragen, geschickt geäußerte Zweifel oder provozierende Behauptungen das *gesamte* Wissen der beiden anderen in seinen Besitz zu bringen. ›Selbstverständlich‹ glaubt jeder von ihnen, daß dies nur ihm selber gelungen sei.
Obwohl damit alle drei ihren eigentlichen Auftrag erfüllt hatten, halten sie das Resultat ihrer Recherchen vor ihren Auftraggebern geheim und verbleiben weiterhin im Irrenhaus. Inzwischen nämlich sind ihnen Zweifel an der Lauterkeit der Absichten ihrer Regierungen gekommen.
Natürlich werden die drei von den Geheimdiensten ihrer Länder ständig beschattet. Sollte also irgendwie herauskommen, daß einer von ihnen – auch nur unbewußt – sein Wissen preisgegeben habe, so würde das für ihn das sichere Todesurteil bedeuten. Als letzte Chance bliebe ihm allenfalls, schleunigst zu fliehen. Alle drei haben nämlich herausgefunden, daß es jeden Tag zur Stunde der Dämmerung eine Gelegenheit zur Flucht in ein neutrales Nachbarland gibt.
Das war also die Situation: Jeder der drei Physiker schwebte in höchster Gefahr, sobald bekannt würde, daß er sein Wissen preisgegeben habe, und er müßte sofort versuchen zu fliehen. Jeder ging jedoch davon aus, daß nur er allein im Besitze des Wissens der beiden anderen sei und sich somit nicht in unmittelbarer Gefahr befände.
Wie lange konnte das gutgehen?
Eines Tages kam die Vermutung auf, die auch bald als Gerücht zu den drei Physikern drang: Es sei bekannt geworden, daß *mindestens einer* von ihnen im Besitz des Wissens der beiden anderen sei.
Zunächst schien dieses Gerücht keinerlei *neue* Information zu beinhalten. Es sagte nichts aus, was nicht jeder von ihnen schon längst wußte: Mindestens einer – das konnte man nur selber sein – war im Besitz des Wissens der beiden anderen. Und doch enthielt die

Nachricht für jeden von ihnen eine neue Information: Man wußte ›etwas‹ nicht nur selber, sondern man wußte auch, daß der andere ebendasselbe wußte. Diese Erkenntnis setzte sofort einen Mechanismus in Gang, der weitere Information erzeugte und automatisch zur vollständigen Gewißheit für alle drei Beteiligten führte.
Nach Bekanntwerden des Gerüchts wartete man den ersten Tag ab.
Nichts geschah. Keiner der drei nutzte die Gelegenheit zur Flucht. Doch das war das Signal für alle, nunmehr schleunigst das Weite zu suchen. Am Abend des folgenden Tages trafen sich die drei Physiker im neutralen Nachbarland wieder.
Wie ist der glückliche Ausgang dieser Geschichte zu erklären?
Das Gerücht hatte eine Querverbindung hergestellt und bei jedem gleichzeitig den folgenden Denkprozeß ausgelöst. Angenommen, einer von ihnen sei *noch nicht* im Besitz des Wissens der beiden übrigen, dann hätte ihn das sofort zur Flucht veranlassen müssen, da zweifellos er selbst derjenige war, dessen Wissen den anderen (oder zumindest einem von ihnen) bekannt war. Jedes weitere Abwarten hätte für ihn ein tödliches Risiko bedeutet. Da aber *niemand* am ersten Tag floh, wurde allen zur Gewißheit, daß das, was für mindestens einen behauptet worden war, für alle zutreffen mußte. So zog jeder die Konsequenz.
(Diese Version ist die einfachst mögliche unter einer großen Anzahl ähnlicher Denkspiele, in denen es anstatt um ›Physiker‹ zumeist um ›Diplomaten‹, ›Kannibalen‹ usw. geht.)«

15.5 Molekulargenetik und generative Grammatik

Eine Gegenüberstellung der *molekularen* und *phonetischen* Sprache, wie wir sie in den vorangehenden Abschnitten vorgenommen haben, ist nur so lange sinnvoll, als durch Hervorkehrung der Parallelen nicht auch der Blick für die essentiellen – aus der Verschiedenartigkeit der Funktionen resultierenden – Unterschiede getrübt wird.

Beide Sprachen spiegeln in allererster Linie die charakteristische Eigenart der ihnen jeweils zugrundeliegenden Kommunikationsmaschinerie wider. Die Aussageform der Genetik sind Sätze, deren Struktur durch Steuerungsfunktionen bestimmt sind. So sind im Operon-Abschnitt eines Bakteriengenoms mehrere funktionell miteinander in Beziehung stehende Strukturgene durch Steuereinheiten, sogenannte Operatoren, zusammengefaßt (s. Abb. 61). Die gesamte genetische Nachricht des Bakteriums, das Genom, besteht aus derartigen Sätzen, die zu einem einzigen Riesenmolekül miteinander verbunden sind. Die Chromosomen der höher entwickelten Lebewesen haben eine stark aufgefächerte Struktur, die bereits im Elektronenmikroskop gut sichtbar ist, deren »Syntax« aber im einzelnen noch keinesfalls aufgeklärt ist.

Der Satzbau der phonetischen Sprachen weist ebenfalls allgemeine Strukturprinzipien auf. Nach Chomsky wird in den Tiefenstrukturen eine universelle generative Grammatik sichtbar, die in unmittelbarer Beziehung zum »generativen« Organ der Sprache, dem Gehirn, steht.

Auf alle Fälle kann man sagen, daß die beiden großen Evolutionsprozesse der Natur: die Entstehung aller Formen des Lebens und die Evolution des Geistes, die Existenz einer Sprache zur Voraussetzung hatten. Das molekulare Kommunikationssystem der Zelle grün-

Abb. 61 **»Sätze« und »Schriftsätze« der genetischen Sprache.**
Im rechten Teil des Bildes ist ein typischer Satz der genetischen Sprache dargestellt. Er wird als »Operon« bezeichnet und besteht aus dem Operator-Gen sowie mehreren miteinander in Beziehung stehenden Strukturgenen (Literatur: Hans Joachim Bogen[90]). Die Ablesung der ganzen Gen-Einheit wird durch einen Repressor kontrolliert (der nicht in unmittelbarer Nachbarschaft des durch ihn gesteuerten Operons codiert zu sein braucht). Sie resultiert in der Synthese einer RNS-Nachricht, die in die Proteinsprache übersetzt wird und sich in der Synthese der in der Genfolge kodierten Enzyme manifestiert. Diese Enzyme üben im Stoffwechsel verschiedene, aufeinander abgestimmte Funktionen aus. Stoffwechselprodukte, die aus solchen Funktionen hervorgehen, sind die Steuersubstanzen, die den Repressor entweder blockieren (rechte Bildhälfte oben) und damit die Genablesung freigeben bzw. die den Repressor aktivieren (rechte Bildhälfte unten) und damit die Genablesung stoppen. Dieser Mechanismus der Regulation bei der Genablesung wurde von J. Monod und F. Jacob aufgeklärt.
In der linken Bildhälfte ist der gesamte »Schriftsatz« eines Bakteriengenoms aufgrund der Daten von W. Hayes zusammengestellt. (Die Bildvorlage wurde freundlicherweise von Carsten Bresch[91] zur Verfügung gestellt.) Die markierten Positionen sind Abkürzungen für bereits lokalisierte Gene.

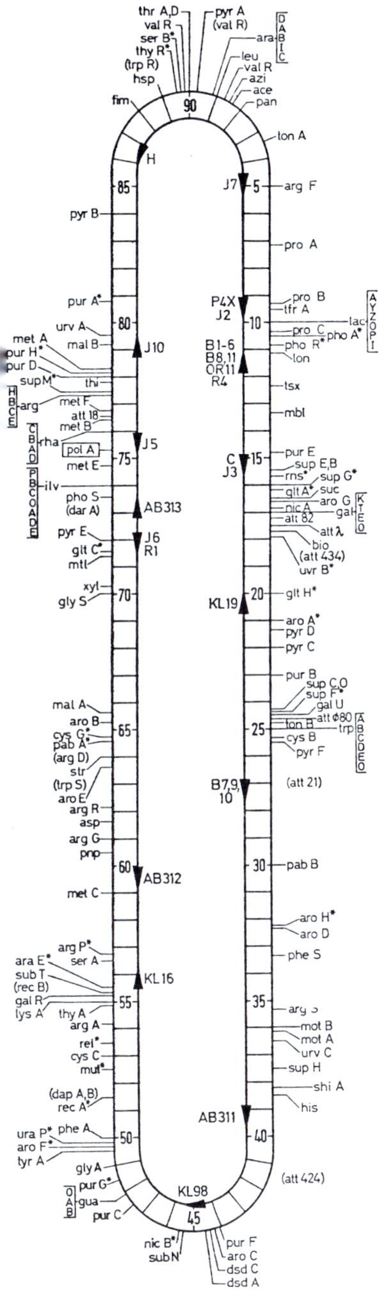

thr A,D
val R
ser B*
thy R*
(trp R)
hsp
fim
pyr A
(val R)
ara
leu
val R
azi
ace
pan
lon A
90
H
85
pyr B
arg F
J7
5
pro A
P4X
J2
pro B
tfr A
lac
10
pro C
pho A*
pho R*
lon
B1-6
B8,11
OR11
R4
tsx
mbl
pur A*
80
urv A
mal B
J10
met A
pur H*
pur D
supM*
thi
arg
met F
att 18
met B
rha
pol A
J5
75
met E
C
J3
15
pur E
sup E,B
rns*
sup G*
glt A*
suc
aro G
nic A
gal
att 82
att λ
bio
(att 434)
uvr B*
ilv
pho S
(dar A)
AB313
pyr E
J6
R1
glt C*
mtl
xyl
70
gly S
KL19
20
glt H*
aro A*
pyr D
pyr C
pur B
sup C,O
sup F*
gal U
att φ80
trp
ton B
cys B
pyr F
mal A
aro B
65
25
cys G*
pab A*
(arg D)
str
(trp S)
aro E
arg R
asp
arg G
pnp
B7,9,
10
(att 21)
60
AB312
30
pab B
met C
aro H*
aro D
phe S
arg P*
ser A
ara E*
sub T
(rec B)
gal R
lys A
thy A
KL16
55
35
arg A
mot B
mot A
urv C
rel*
cys C
mut*
sup H
shi A
his
(dap A,B)
rec A*
AB311
ura P*
phe A
aro F*
50
40
tyr A
gly A
pur G*
gua
pur C
(att 424)
KL98
45
nic B*
sub N
pur F
aro C
dsd C
dsd A

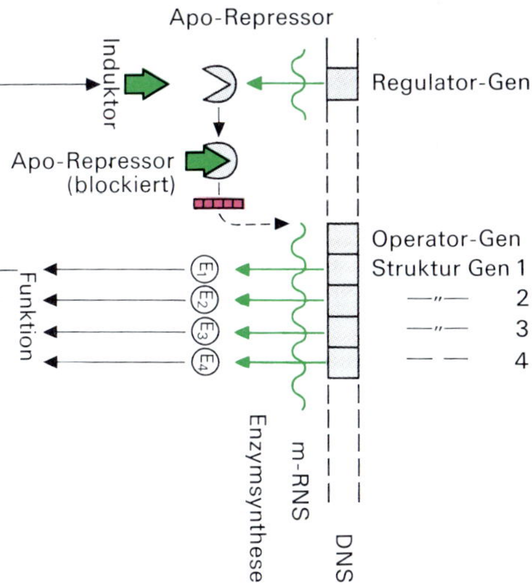

Apo-Repressor
Induktor
Regulator-Gen
Apo-Repressor
(blockiert)
Operator-Gen
Struktur Gen 1
— " — 2
— " — 3
— — 4
Funktion
E1
E2
E3
E4
Enzymsynthese
m-RNS
DNS

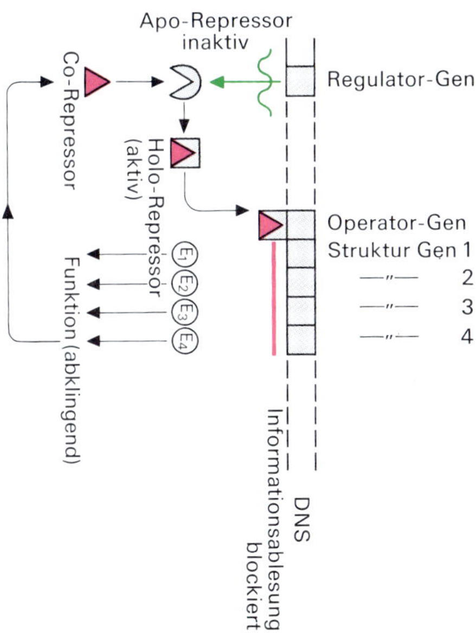

Apo-Repressor
inaktiv
Co-Repressor
Regulator-Gen
Holo-Repressor
(aktiv)
Operator-Gen
Struktur Gen 1
— " — 2
— " — 3
— " — 4
E1
E2
E3
E4
Funktion (abklingend)
Informationsablesung
blockiert
DNS

det sich auf die reproduktiven und instruktiven Eigenschaften der Nukleinsäuren wie auch auf die katalytische Effizienz der Proteine. Die durch die integrierte Funktion repräsentierte Sprache stellt eine neue, aus den *Einzelleistungen* der Vorläufer nicht ohne weiteres ableitbare Eigenschaft dar.

Etwas Ähnliches wird von Chomsky[86] auch für die Sprache des Menschen behauptet:

> »Soweit wir wissen, ist der Besitz der menschlichen Sprache mit einem spezifischen Typ von mentaler Organisation verbunden, nicht einfach ein höherer Grad von Intelligenz. Es scheint mir kein Grund zu der Annahme zu bestehen, daß die menschliche Sprache nur ein komplexerer Fall von etwas ist, was anderswo in der Tierwelt gefunden werden kann.
>
> In diesem Falle aber ist es eine vernünftige Vermutung, daß, wenn empirisch adäquate generative Grammatiken konstruiert und die universalen Prinzipien, die ihre Struktur und Organisation beherrschen, festgelegt werden können, diese dann wesentliche Beiträge zur Humanpsychologie darstellen werden ...«

16. Gedächtnis und komplexe Wirklichkeit

Die Evolution als solche entspricht einem Lernvorgang, der auf reproduktiven Gedächtnisleistungen beruht. Wenn wir das Wort »Gedächtnis« im Zusammenhang mit so verschiedenartigen Phänomenen wie »genetischer Invarianz«, »Immunität« oder »psychischem Erinnerungsvermögen« benutzen, so wird uns dadurch lediglich die große Fülle von Ausdrucksmöglichkeiten selektiver Lernmechanismen vor Augen geführt. Das Grundprinzip eines solchen Prozesses läßt sich im Spiel simulieren.

»Das augenfälligste Merkmal des Lebenden ist die ungeheure und komplexe Vielfalt seiner Erscheinungsformen«[92].

Im Spiel kann die Komplexität so weit reduziert werden, daß der Optimierungsprozeß (nahezu) deterministisch abläuft und somit auch reproduzierbare Endprodukte hervorbringt. In der Natur war jedoch schon in den frühen Evolutionsstadien die Zahl der Kombinationsmöglichkeiten, und unter diesen wiederum die Zahl selektiv vorteilhafter Varianten, so groß, daß dem historischen Ablauf der Evolution keine bestimmte, reproduzierbare Route zugeordnet werden kann.

Die historische Route ist einmalig. Festgelegt war lediglich ein Wertgradient, wodurch auf jeder Entwicklungsstufe viele Strukturen von vornherein ausgeschlossen wurden. Es ist übrigens interessant zu sehen, daß, je größer die jeweils realisierbare Zahl selektiv vorteilhafter Alternativen, das heißt, je wahrscheinlicher der Fortschritt ist, um so unbestimmter die individuelle Evolutionsroute wird. Gäbe es dagegen auf jeder Stufe nur *einen* einzigen realisierbaren Vorteil, so wäre der zugehörige Mutationsprozeß zwar sehr unwahrscheinlich, und die Evolution würde nur sehr langsam voranschreiten, in ihrem Werdegang wäre sie aber vollkommen determiniert.

Unbestimmtheit der Route ist gleichbedeutend mit Unbestimmtheit der Zielstruktur. Der Punkt »omega« des Paters Teilhard de Chardin findet als *wissenschaftliche* These in den Ergebnissen molekularbiologischer Forschung keinerlei Rückhalt. Die Krone des Evolutionsbaumes besteht aus unbeschreibbar vielen Ästchen und Zweigen.

Angesichts der enormen Zahl möglicher Routen ist es immer wieder erstaunlich, wie schnell Evolutionsprozesse zum Ziel optimal angepaßter Strukturen führen. Wir wollen dies an einem Spiel, dem sogenannten RNS-Spiel, erläutern. Es läßt sich wie folgt skizzieren:

Tafel 15: Das RNS-Spiel

Jeder Spieler bekommt eine Kette mit insgesamt achtzig Gliedern, die aus einer regellosen Folge von roten, grünen, blauen und gelben Perlen besteht. Der Name RNS-Spiel läßt erraten, daß die Farbgebung der Perlen sich auf die vier Bausteine der Ribonukleinsäure (RNS) bezieht. Die Komplementärfarben: rot-grün und blau-gelb bezeichnen jeweils die Nukleobasen, die sich in der Natur bevorzugt aufgrund spezifischer Kraftwirkungen zu Komplementärpaaren aneinanderlagern. Zwei Arten von Kupplungsverbindungen: die eine verknüpft die rote mit der grünen und die andere die blaue mit der gelben Perle, repräsentieren die Wasserstoffbrücken, die die komplementären Nukleobasen zusammenhalten.

Da es sich hier um ein »Evolutionsspiel« handelt, gibt es auch einen Mutationswürfel, und zwar in Form eines Tetraeders, dessen vier Flächen die Farben rot, grün, blau und gelb tragen. Mit diesem Würfel wird in jeder Spielrunde eine in einer bestimmten Position befindlichen Perle entsprechend der erwürfelten Farbe »mutiert«.

Ziel des Spiels ist nun, aus einer Zufallsanordnung der Kette möglichst schnell eine (ebene) Faltungsstruktur herzustellen, die sich durch eine maximale Zahl von komplementären Paaren auszeichnet. Der Mutationswurf gilt jeweils für die vorher vom Spieler angesagte Perle, und nur diese darf entsprechend der erwürfelten Farbe ausgewechselt werden, wann immer es vorteilhaft erscheint. Dabei müssen die folgenden Spielregeln strikt beachtet werden.

1. Sterische Regel
Die Ausbildung von Basenpaaren zwischen verschiedenen Regionen einer Sequenz kann nur durch Faltung der Kette in der Ebene bewirkt werden, wobei notwendigerweise Schlaufen entstehen müssen. Aus sterischen Gründen dürfen jeweils fünf Perlen in einer solchen Schlaufe *keine* Paarbindungen eingehen.

2. Komplementaritätsregel
Wenn in der gefalteten RNS-Struktur zwei Perlen mit komplementären Farben (also rot-grün bzw. blau-gelb) einander gegenüberliegen und gleichzeitig die dritte Regel erfüllt ist, gelten sie als Paar und werden durch eine Kupplung zusammengefügt.

3. Kooperativitätsregel
Die Verkopplung zueinander komplementärer Perlen zu einem Paar darf erst dann erfolgen, wenn in ununterbrochener Reihenfolge mindestens vier rot-grüne oder zwei rot-grüne und ein blau-gelbes oder zwei blau-gelbe Paare auftreten. Für diese stabilen Basenpaare braucht nicht weitergewürfelt zu werden. Sie gelten als selektiert.

Abb. 62 **Das RNS-Spiel.** Im Bild (oben) ist eine zum Spielbeginn vorliegende beliebige Sequenz von achtzig Nukleotiden, A (Rot), U (Grün), C (Gelb) und G (Blau), gezeigt. Mit Hilfe eines Tetraeders, dessen Flächen entsprechend gefärbt sind, werden Mutationen erwürfelt. Diese Mutationen gelten als selektiert, sobald sie ein komplementäres Basenpaar ergeben (vgl. Spielregeln). Aus der Gegenüberstellung der »Haarnadel«- und der »Kleeblatt«struktur geht klar hervor, daß die Kleeblattfaltung der Zufallssequenz mehr Basenpaare enthält und somit eine günstigere Ausgangsbasis darstellt als die Haarnadelfaltung.

Bewertung: Das Spiel endet nach einer vorgegebenen Zahl von Runden oder »vorzeitig«, sobald ein Spieler eine vollständig gepaarte Struktur vorweist. Gewinner ist in jedem Falle, wer die höchste Punktzahl erreicht. Jedes rot-grüne Paar (A=U) ergibt einen, jedes blau-gelbe Paar (G≡C) zwei Punkte. Diese Art der Bewertung entspricht exakt der Wirklichkeit: Die Stabilität kooperativer G≡C-Paare ist doppelt so hoch wie die der A=U-Paare. Es zählen aber nur die Kombinationen, die sich in kooperativen Regionen befinden, denn Einzelpaare sind bei Raumtemperatur instabil.

Bevor das Würfeln einsetzt, sucht jeder Spieler zuerst einmal seine Kette nach zufällig vorhandenen Komplementärpartnern ab, indem er die Kette irgendwie faltet und ausprobiert, welches Faltungsmuster die meisten »verborgenen« Komplementaritäten enthält. Das einfachste Muster wäre die Haarnadel (s. Abb. 62); sie hat nur eine Schlaufe und bietet damit die maximal mögliche Zahl von Paaren. Aber es kommt nicht allein darauf an, *so viele* Paare *wie möglich* zu bilden, sondern auch *so schnell wie möglich* eine gepaarte RNS-Struktur fertigzustellen. So wird man also bald herausfinden, daß man mit Mustern, die einem drei- oder vierblättrigen Kleeblatt entsprechen (s. Abb. 62), schneller das Ziel erreicht. Mit Hilfe dieser Strukturen gelingt es am ehesten, sich aufgrund einer relativ hohen Zahl von zufällig vorhandenen Komplementärpaaren eine optimale Ausgangsposition zu schaffen. Allerdings muß wegen der Kooperativitätsregel jedes »Blatt« noch eine bestimmte Mindestmenge von Perlen enthalten. Da pro Blatt jeweils fünf Perlen in der Schlaufenregion für die Bildung von komplementären Paaren verlorengehen, ergibt sich ein optimales Faltungsmuster, das von der Länge der Kette abhängt. Bei achtzig Perlen sind es gerade drei- bis vierblättrige Kleeblätter.

Das Reizvolle an diesem Spiel ist sein Bezug zur Wirklichkeit. Alle Regeln (zum Beispiel über die Stabilität der Komplementärpaare oder die Länge der kooperativen Region) wurden aus experimentell ermittelten Daten zusammengestellt und spiegeln daher in durchaus realistischer Weise das Verhalten von RNS-Molekülen wider. So mag es nicht überraschen, daß die Strukturen, die aus diesem Spiel als Sieger hervorgehen, genau diejenigen sind, die auch in der Evolution »gewonnen« haben und die in der Natur – wo immer die Voraussetzungen für ihre Selektion aufgrund der Stabilitätskriterien erfüllt waren – vorzufinden sind. So wurden die – aus ca. achtzig Bausteinen bestehenden – Transfernukleinsäuren selektiert.

Diese führen ausschließlich exekutive Aufgaben aus, indem sie die korrekte Adaptation eines Proteinbausteins an sein Codewort in der Nukleinsäuresprache besorgen. In den frühen Stadien der Evolution, als es zur Ausbildung des Translationsapparates kam, waren den Nukleinsäuremolekülen noch sehr viel mehr Funktionen zugeordnet. In dieser Phase erwiesen sich gerade die maximal gepaarten und in spezieller Weise gefalteten Nukleinsäurestrukturen gegen Abbau jeglicher Art als besonders stabil und somit als vorteilhaft. Sie waren besser geschützt als einsträngige Molekülketten und konnten daher leichter »überleben«. Die in späteren Evolutionsstadien auftretenden doppelsträngigen Nukleinsäuren allerdings, die ausschließlich als Informationsspeicher dienen, wurden allein nach der funktionellen Wirksamkeit der durch sie repräsentierten Proteinstrukturen bewertet und nicht nach ihrer eigenen strukturellen Stabilität.

Symmetrie in bezug auf das äußere Erscheinungsbild des Moleküls ist ein weiterer vorteilhafter Faktor. Das ist leicht einzusehen. Die Evolution schließt nämlich viele Schritte der Reproduktion, Mutation und Selektion ein. Bei der Reproduktion entsteht – infolge der komplementären Wechselwirkung – immer zuerst eine Negativkopie, die im zweiten Schritt wieder zum Positiv umgekehrt wird. Jeder stabilisierende Strukturvorteil kann in einem symmetrischen Molekülaufbau von der Positiv- *und* Negativkopie, die sich ja wie Bild und Spiegelbild zueinander verhalten, in gleichem Maße ausgenutzt werden. (Einen ähnlichen Fall von »Symmetrie a posteriori« hatten wir bereits im 7. Kapitel kennengelernt (s. S. 151).

In unserem Spiel kommt die *Selektion* darin zum Ausdruck, daß in jeder Würfelrunde lediglich vorteilhafte Mutationen ausgeführt werden. Eigentlich müßte die Kette abwechselnd als Negativ- bzw. als Positivkopie dargeboten werden. Das wäre aber viel zu langwierig. Daher sind von vornherein nur solche Strukturen zugelassen, bei denen die Enden glatt abschließen.

Was lernen wir aus dem Spiel?

Die Tatsache, daß der Gewinner in der Regel ein drei- bis vierblättriges Kleeblattmuster vorweisen wird, verschleiert etwas die dahinterstehende Komplexität der Detailstrukturen. Es wird niemals – auch wenn man sein ganzes Leben lang spielen wollte – vorkommen, daß eine *bestimmte* Anordnung der Perlen exakt ein zweites Mal erscheint.

Wenn wir von einer Haarnadelstruktur mit etwa vierzig möglichen Komplementärpaaren ausgehen, beträgt die Wahrscheinlichkeit, auf Anhieb irgendeine vollständig gepaarte Form anzutreffen, etwa $1 : 10^{24}$. Bei vierzig Paaren muß nämlich für *jede* der vierzig Perlen die richtige, komplementäre – das ist jeweils eine von vier Perlen – gefunden werden. Es gibt also zum einen insgesamt $4^{40} \approx 10^{24}$ verschiedene Sequenzen und zum anderen zu jeder fest vorgegebenen Sequenz nur eine von $4^{40} \approx 10^{24}$, die exakt komplementär ist.

In der Evolution ist infolge eines Gradienten des Selektionswertes die (auch von Monod apostrophierte) teleonomische Zielstrebigkeit gewährleistet. In jeder Verteilung ist *die* Sequenz, die eine maximale Zahl von komplementären Paaren beinhaltet, die stabilste und wird daher selektiv reproduziert. Sehen wir einmal von den durch die Kooperativitätsregeln bedingten Einschränkungen ab, so würde bei konsequenter zielstrebiger Evolution im Mittel nach (weniger als) $4 \times 40 = 160$ Würfelrunden die vollständig gepaarte Struktur vorliegen. (Daß es im Mittel weniger als 160 Schritte sind, liegt daran, daß die regellose Anfangssequenz bereits einige »verborgene« Komplementärpaare enthält.)

Man könnte dieses RNS-Spiel auch als »Sprach-Evolutionsspiel«, als echtes »Lernspiel« ausführen. An die Stelle der Kraftwirkungen zwischen Molekülbausteinen treten nunmehr Sinnbeziehungen zwischen Buchstaben. Unter einer großen Anzahl von zufälligen Buchstabenfolgen würden wir immer solche erkennen und auswählen, die sich leichter als andere zu einem sinnvollen Satz ergänzen lassen. Viele bekannte Spiele – wie Scrabble oder Typ-Dom – machen von ähnlichen Kriterien Gebrauch, die in der Natur unserer Sprache begründet sind.

Tafel 16: Kugelspiel »Information«

1. Version

Man benutzt ein Spielbrett, das in 8 × 8 Felder unterteilt ist (s. Abb. 63). Jedes Feld hat einen Buchstaben bzw. ein Zwischenraumsymbol oder einen Joker eingezeichnet. Die Häufigkeit der Buchstaben und Zwischenraumsymbole entspricht der Wahrscheinlichkeitsverteilung ihres Vorkommens in der deutschen Sprache. Zum Spiel gehört auch noch ein Oktaederwürfelpaar. Es wird reihum gewürfelt, und jeder Spieler setzt jeweils eine Kugel seiner Farbe auf das erwürfelte Feld. Ist dieses bereits von einer eigenen Kugel belegt, so darf ein zweites Mal gewürfelt werden. Befindet sich dort jedoch eine gegnerische – noch nicht »stabilisierte« – Kugel, so wird diese entfernt und durch eine eigene ersetzt. Sobald man aus einer Gruppe von Buchstaben ein Wort bilden kann, darf man – muß aber nicht – die betreffenden Kugeln vermittels einer speziellen Markierung (beispielsweise eines Pünktchens aus selbsthaftender Folie) »stabilisieren« wodurch sie »unantastbar« werden. Sieger ist, wer als erster einen kompletten Satz erwürfelt hat.

Dieses Sprachspiel hat seinen Regeln zufolge ebenfalls direkten Bezug zur Wirklichkeit. Wie beim RNS-Spiel aus einer willkürlichen Anordnung von Perlen infolge Selektion eine stabile Struktur resultiert, entsteht auch hier aus einer willkürlichen Mischung von Buchstaben schon bald ein sinnvoller Satz – dessen a-priori-Wahrscheinlichkeit äußerst klein ist. Oder anders ausgedrückt: Es gibt singuläre Buchstabenmengen, die durch einen besonders hohen Selektionswert ausgezeichnet sind. Die Mutationen, die sich auch in dieser Version des Spiels ständig durch das Hinauswerfen »nichtstabilisierter« Kugeln und ihre anschließende Selektion ergeben, spielen hier eine untergeordnete Rolle, da die Spieler die Buchstaben nach eigenem Ermessen zu Wörtern kombinieren dürfen.

2. Version

Hier wird eine Spielfläche verwendet, auf der jeweils fünf zusammenhängende Felder einer Codeeinheit entsprechen. Der eine Spieler legt darauf mit Hilfe schwarzer und weißer Kugeln – nach einem dem Gegner nicht bekannten Code – einen Satz aus, der aus 20 bis 25 Buchstaben (100–125 Codesymbolen) besteht. Der Gegner – der sich Notizen machen darf – muß nun den Sinn des Satzes durch Erraten der einzelnen Symbole herausbekommen. Für jede Frage, auf die nur mit ja oder nein geantwortet werden darf, muß er eine Kugel aus seinem Vorrat abtreten. Für jeden erratenen Buchstaben erhält er vom Kontrahenten eine Kugel. (Er kann beliebig viele Buchstaben mit einer Frage erraten.) Am Ende wird die verdoppelte Zahl der »Fragekugeln« von der Zahl der »erratenen« Kugeln abgezogen. Die

Differenz wird *dem* Spieler gutgeschrieben, *für den* sie positiv ausfällt. Zu jeder Runde gehören natürlich zwei Spiele, so daß jeder Spieler einmal die Rolle des Ratenden übernimmt.

Der Code, der ähnlich dem Fernschreibcode mit fünf Symbolen pro Buchstabe strukturiert ist, kann mit Hilfe eines einfachen Kombinationsschemas variiert werden, indem man beispielsweise zwei aufeinander zentrierte runde Papierscheiben gegeneinander verdreht, wobei der innere Ring die Buchstaben enthält und der äußere die fünfstelligen Codewörter. Es ist zweckmäßig, das Codeschema von vornherein so zu wählen, daß einander ähnliche Buchstaben wie f und v auch ähnliche Codewörter haben, die sich lediglich in der fünften Stelle unterscheiden. (Der genetische Code ist nach diesem Prinzip aufgebaut.) Man kommt mit Hilfe eines solchen gegen Fehler unempfindlichen Schemas schneller zum Ziel.

	1	2	3	4	5	6	7	8	
0	D	E	A	J	U	R	Y	N	0
1	Ö		T	S	N	G		Q	1
2	T	C	P	I	E	H	V	R	2
3	N	E	Ä			Ü	E	G	3
4	L	D	K			S	N	I	4
5	H	R	E	B	Z	O	A	T	5
6	X		M	L	U	R		F	6
7	N	D	C	I	S	E	W	E	7
	1	2	3	4	5	6	7	8	

Abb. 63 Spielbretteinteilung für das Wort-Spiel.

Am besten beginnt man beim Raten damit, die Zwischenraumsymbole zur Wortabgrenzung ausfindig zu machen und dann bei den Fragen soviel Information über Symbolhäufigkeit, Wortlängen, Syntax etc. wie eben möglich zu verwerten.

3. Version
Der einzige Unterschied zur vorangegangenen Spielvariante ist, daß hier das Codeschema (zum Beispiel in Form des Fernschreibcodes) als bekannt vorausgesetzt wird (der Ratende orientiert sich anhand einer Codetabelle). Dafür kann er die Anordnung der Symbole nicht einsehen. Wiederum muß der ratende Spieler Fragen stellen, auf die nur mit ja oder nein geantwortet werden darf, und für jede gestellte Frage eine Kugel abgeben. Für jedes erratende Symbol (bzw. eine Folge davon bis maximal fünf Symbole = ein Buchstabe) werden ihm die entsprechenden Kugeln ausgehändigt. Die Bewertung erfolgt wie in der 2. Version.

Dieses Modell ist Shannons Sprachspiel sehr ähnlich, das bereits auf S. 170 ausführlicher diskutiert wurde. Der vorsichtige Spieler kann mit Sicherheit jeden Buchstaben nach spätestens fünf Fragen identifizieren. Das bringt ihm aber noch keinen Gewinn ein. Er sollte also versuchen, möglichst viel Wissen über den Aufbau der Sprache in seine Fragen einzuflechten, um mit einem Minimum an Fragen auszukommen.

16.2 »Lernende« Netzwerke

Jedes materiell fixierte Gedächtnis ist aufgrund thermischer Prozesse der ständigen Destruktion ausgesetzt. Es bedarf daher zur Erhaltung der in ihm niedergelegten Information einer stetigen *Reproduktion. Lernen* erfordert zusätzlich (teleonomisch) ausrichtbare Modifizierbarkeit.

Ein gutes, heute in groben Umrissen verstandenes Beispiel ist das Immungedächtnis (s. hierzu auch S. 97). Ursprünglich glaubte man, die *Lernfähigkeit* des Immunsystems beruhe auf einer strukturellen Adaptationsfähigkeit der globulären Proteinmoleküle, der Antikörper. Man stellte sich vor, sie könnten sich der Form des Eindringlings, des Antigens, anpassen und es durch Bindung, Fällung und Abbau unschädlich machen. Doch diese zuerst von Linus Pauling vorgetragene Theorie fiel mit der Erkenntnis, daß das Gedächtnis für die Reproduktion der Proteine ausschließlich in den

Nukleinsäuren lokalisiert ist. Darüber hinaus fand man auch sehr bald die Bestätigung für die zuerst von Frank Macfarlane Burnet geäußerte Hypothese, daß jeder spezifische Antikörper von einem eigens für ihn programmierten Zelltyp des Lymphsystems produziert wird. Die daraus zu ziehende Schlußfolgerung, daß das Immungedächtnis vollständig vorprogrammiert, also mit dem genetischen Gedächtnis identisch sei, ist naheliegend, stößt aber auf eine Reihe von Schwierigkeiten. Die Programmierung des Immungedächtnisses würde eine enorme Genkapazität für sich in Anspruch nehmen. Für jeden möglichen Fremdkörper, das heißt, für jede nur mögliche molekulare Struktur, müßte ein spezielles Antikörper-Gen existieren, und auch dann bliebe die enorme »Plastizität« dieses Gedächtnisses noch rätselhaft.

Das Immunsystem ist nämlich äußerst anpassungsfähig. Es erzeugt vor allem keine Abwehrstoffe gegen körpereigene Strukturen. Sodann vermag es auch zu lernen, fremde Substanzen, die entweder in sehr niedriger oder aber in sehr hoher Dosis angeboten werden, zu tolerieren. Ohne diesen zuerst von Peter Medawar gründlich studierten Lerneffekt wären beispielsweise Organtransplantationen von vornherein zum Scheitern verurteilt.

Der molekulare Aufbau der Antikörper ist heute – vor allem aufgrund der proteinchemischen Untersuchungen von Rodney Porter, der vergleichenden Aminosäuresequenzbestimmungen durch Norbert Hilschmann sowie der integrierenden Studien von Sequenz, Struktur und Erkennungsfunktionen durch Gerald Edelman – bis in die molekularen Einzelheiten aufgeklärt. Die Antikörper setzen sich aus mehreren, chemisch miteinander verbundenen Proteinketten zusammen. Jede Kette besitzt sogenannte konstante und variable Regionen. Das heißt, ein Teil des Moleküls ist für alle Antikörper (bzw. für bestimmte Klassen von Antikörpern) identisch, während gewisse Regionen – speziell in der Umgebung des Bindungszentrums – individuelle Eigenart aufweisen. Man nimmt heute an – es ist allerdings noch Hypothese –, daß das gewaltige Repertoire dieser variablen Regionen nicht im Detail vererbbar ist (dann wäre die Kapazität des genetischen Programms überbeansprucht), sondern daß es jeweils in einem frühen ontogenetischen Stadium des Lebewesens aus einer beschränkten Zahl genetisch programmierter Grundmuster zusammengesetzt wird. Diese Kombination – man stellt sich dazu einen *somatischen* Mutationsprozeß vor, für dessen Existenz es einige Hinweise gibt – ließe die Ausbildung eines individuellen Immungedächtnisses zu, das die körpereigenen Eiweißmoleküle toleriert.

Die verschiedenen Zelltypen des Immunsystems sind darauf eingestellt, jeweils nur *eine* bestimmte Art eines Antikörpers zu produzieren und diesen gleichzeitig auch auf ihrer Oberfläche als Rezeptor vorzuweisen (s. S. 98). Erscheint ein Antigen, so werden alle (normalerweise nur in niedriger Konzentration vorhandenen) Zellen, deren Rezeptoren das Antigen – mehr oder weniger – stabil binden können, angeregt, sowohl Antikörper herzustellen als auch sich selbst durch Teilung zu vermehren. Der Rezeptor dient also als Antenne, die das Auftauchen von Antigenen ins Zellinnere signalisiert und dadurch die verstärkte Antikörperproduktion auslöst.

Jedes individuelle Immunsystem hat damit seine eigene »Sprache«. Der »Wortschatz« wird durch das Spektrum antikörperproduzierender Zellen festgelegt. Der *richtige* Gebrauch dieser Sprache geht erst aus einem Lernprozeß hervor und ist ständiger Modifikation unterworfen. Natürlich muß ein solches Gedächtnis sich irgendwie organisieren.

Niels Jerne hat zur Erklärung ein Netzwerkmodell aufgestellt, das davon ausgeht, daß Antikörper selber antigene Eigenschaften besitzen und damit spezifische Verstärkungs- wie auch Repressionswirkungen – zum Beispiel Blockieren der »Antennen« – ausüben. Es war vor allem rätselhaft, wie ein fixiertes Programm in dem unübersehbar großen Repertoire an molekularen Mustern, in dem es sehr viele Ähnlichkeiten und Überschneidungen geben muß, zwischen den körpereigenen und den körperfremden Stoffen unterscheiden könnte. Nach Jernes These ist dies zunächst auch gar nicht notwendig. Jedes körpereigene Protein, damit auch jeder vom Organismus hergestellte Antikörper, ist selber Zielscheibe für ein anderes Antikörpermolekül. Damit wird zwischen *allen* Antikörpern des Immunsystems eine funktionelle Verbindung hergestellt und somit die Möglichkeit zu einer organisierten und gesteuerten Produktion geschaffen. Diese Wechselwirkungen verknüpfen sowohl Antikörpermoleküle als auch die mit Rezeptoren ausgerüsteten Zellen zu einem Netzwerk, das antigene Reize kooperativ und unter Berücksichtigung der in ihm gespeicherten Erfahrung beantwortet. Die

Lernfähigkeit des Immunnetzwerkes resultiert aus einem Reaktionsverhalten, das wir schon im 3. Kapitel (s. die Auszahlungsmatrix für das Spiel von »Leben« und »Tod« S. 44) als wesentlich für jede Art von Selbstorganisation erkannt hatten. Es schließt autokatalytische Verstärkung und simultan dazu »besetzungsabhängige« Repression ein. Prozesse dieser Art sind explizit in Netzwerktheorien des Immunsystems berücksichtigt, wie sie von Peter Richter, Geoffrey Hoffmann und Gerold Adam innerhalb der letzten Jahre ausgearbeitet wurden[93].

Wenn wir den Begriff »Netzwerk« hören, so stellen wir uns im allgemeinen ein vielfältig verflochtenes, netzartiges Gebilde vor. Im Immunnetzwerk sind die Verflechtungen jedoch – ähnlich wie in der molekularen Reproduktionsmaschinerie innerhalb der Zelle – rein funktioneller Art.

Dagegen werden im Zentralnervensystem die Verknüpfungen zwischen den einzelnen Nervenzellen – beim Menschen sind es ca. zehn Milliarden – durch echte Schaltkontakte, den sogenannten Synapsen, hergestellt, und zwar in multipler Weise, so daß jedes Neuron mit ca. hundert bis zehntausend anderen verschaltet ist (s. Abb. 64). Diese Kontakte vermitteln sowohl chemische als auch elektrische Signale. Das Zentralnervensystem ist also ein »echtes« Netzwerk aus elektrischen (und chemischen) Schaltelementen. Elektrische Kommunikation ist über größere Entfernungen natürlich sehr viel schneller zu bewerkstelligen als eine durch Materietransport vermittelte chemische Kommunikation. Lernvorgänge, die im Immunnetzwerk Stunden oder Tage benötigen, erfolgen im Gehirn in Bruchteilen von Sekunden. Allerdings ist die Fixierung des »Erfahrenen« oder »Erlernten« wiederum ein materieller Prozeß. Die Schaltkontakte, die Synapsen, sind – im Gegensatz zu den (im ausgewachsenen Gehirn) in ihrer Anzahl nahezu konstanten und invarianten Nervenzellen – äußerst variabel. Sie entstehen, vergehen und ändern ständig aufgrund der Kommunikation ihre Kontakteigenschaften. Der Verschaltungsprozeß der Gehirnzellen beginnt im Embryo und ist bei der Geburt noch keineswegs abgeschlossen. Er ist besonders ausgeprägt im postnatalen Stadium und schreitet kontinuierlich fort, bis etwa im zweiten bis dritten Lebensjahr alle Hauptverbindungen geknüpft sind. Sodann stellt sich ein stationärer Zustand ein, was jedoch nicht bedeutet, daß damit der gesamte

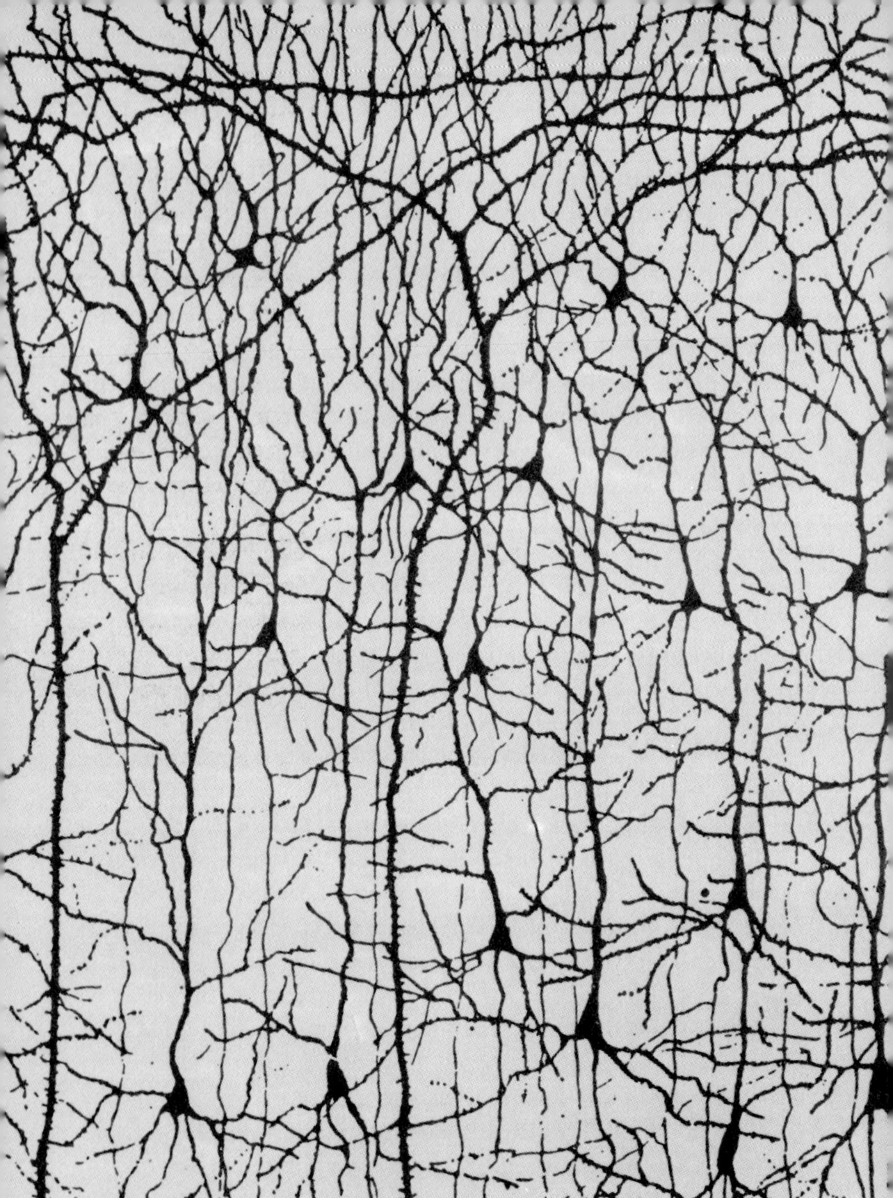

Abb. 64 Diese Zeichnung eines Ausschnitts aus dem **Nervennetzwerk** des visuellen Cortex eines Kindes wurde von Ramón y Cajal nach einem »Golgigefärbten« Präparat angefertigt. Sie zeigt nur wenige Nervenzellen mit ihren weitverzweigten Verknüpfungen und mag daher einen anschaulichen Eindruck von der Komplexität eines nach Milliarden von Zellen zählenden Netzwerkes vermitteln[94]. Anders als in einem Entscheidungsbaum (Abb. 1 und 2) bilden die Verzweigungen mannigfach verflochtene Zyklen aus.

Vorgang zum Stillstand gekommen ist. Es halten sich lediglich Auf- und Abbau von Verknüpfungen die Waage (bis schließlich im Alter der Abbau überwiegt). Vor allem finden in den Eigenschaften der Schaltkontakte (Erregungsschwellen) ständig Veränderungen statt. Gedächtnis und Lernfähigkeit haben ihren Sitz im Netzwerk, das heißt in der Art der Verschaltung und nicht, wie im Genom, in einzelnen Molekülen. So ist denn auch die im Engramm gespeicherte Information – im Vergleich zur Ablesung und Transkription des genetischen Programms – sehr viel schneller verfügbar.

Die *stabile* Speicherung der Information im Gehirn ist allerdings ein relativ langsamer Prozeß und keineswegs – wie die bloße Kommunikation – in Millisekunden zu bewerkstelligen. Sie erfordert Plastizität der Kontakte, die ihrerseits auf chemischen Veränderungen beruht. Die Neuronen haben unter allen Körperzellen den vergleichsweise höchsten Stoffwechsel, das heißt, sie erzeugen fortwährend Ribonukleinsäuren und Proteine – jedoch nicht um *in* diesen Molekülen die Information zu speichern, sondern um mit ihrer Hilfe ein modifizierbares *funktionelles* Netzwerk aufzubauen. Wiederum ist die Voraussetzung für eine Selbstorganisation, die Fähigkeit dieser Schaltelemente, sich gegenseitig aufgrund zyklischer Verknüpfungen autokatalytisch anzuregen und zu hemmen, gegeben.

Haldan Keffer Hartline[95] und Floyd Ratliff gelang es, durch »Anzapfen« einzelner Fasern des Sehnervs der Königskrabbe (limulus polyphemus) die elektrische Interkommunikation zwischen Einzelelementen des Nervennetzwerkes zu belauschen. Jedes einzelne Lichtempfangselement (omatidium) des Facettenauges gibt bei optischer Reizung ein elektrisches Signal an die nächsthöhere Schaltzentrale, das Ganglion, ab. Diese Technik der Ableitung einzelner Nervenfasern war vor allem von Lord Adrian und seiner Schule entwickelt worden. Werner Reichardt[96] konnte zeigen, wie durch wechselseitige Inhibition und Verstärkung auf der höheren Ebene des Netzwerks die Abbildung scharfer Konturen des wahrgenommenen Objektes zustande kommt. Im Prinzip ließe sich das elektrische Erregungsmuster auf dem Bildschirm eines Fernsehempfängers wieder optisch rekonstituieren.

Die Analogien in den Voraussetzungen für eine Selbstorganisation der verschiedenen Netzwerke molekularer, molekular-zellulärer oder interzellulärer Art, wie sie im genetischen Apparat, im Immunsystem sowie im Zentralnervensystem vorliegen, spiegeln sich in der einheitlichen Grundstruktur der zu ihrer Beschreibung verwandten theoretischen Ansätze wider*. Erfassen kann der Physiker lediglich die gesetzmäßigen Beziehungen *zwischen* den Ereignissen.

Ohne Gedächtnis, ohne ständige Reproduktion und Bewertung oder Filterung der duplizierten Produkte gäbe es weder eine Evolution der Lebewesen noch eine solche der Ideen.

---

* Theoretische Ansätze zur Beschreibung der Selbstorganisation im Zentralnervensystem von Säugetieren wurden von David Marr, Jack Cowan, Hugh Wilson und Christoph v. d. Malsburg ausgearbeitet.[30] Sie knüpfen an die klassischen elektrophysiologischen Untersuchungen von David Hubel und Torsten Wiesel über die Orientierungswahrnehmung im visuellen Cortex an.

17. Die Kunst der (richtigen) Frage

Wir lernen durch Erfahrung. Nach Karl Popper ist die Methode der empirischen Wissenschaften Deduktion. Theorien können niemals verifiziert, wohl aber falsifiziert werden. Eine Analyse verschiedener von der Natur praktizierter Mechanismen der Falsifizierung zeigt, daß Deduktion noch einen quantitativen Aspekt enthält, der in einer bloßen Konfrontation mit der Induktion keine Berücksichtigung findet.

»Einem Zoologiestudenten war es gelungen, Küchenschaben zu dressieren. Stolz führte er seinem Professor das Ergebnis seiner monatelangen Bemühungen vor.
Er stellte die Küchenschaben in Reih und Glied auf und gab den Befehl: ›Küchenschaben, vorwärts marsch!‹ – Die Küchenschaben setzten sich in Bewegung. ›Links um!‹ – Und alle drehten sich links herum.
Der Professor wollte sich gerade anerkennend über die großartige Dressurleistung seines Studenten äußern, da fiel ihm dieser schon ins Wort: ›Aber, warten Sie, jetzt kommt ja erst das Wesentliche.‹
Der Student packte eine Küchenschabe aus der letzten Reihe, entfernte ihre Beine und setzte sie wieder auf ihren Platz zurück. Und nun wiederholte er: ›Küchenschaben, vorwärts marsch!‹
Die Küchenschaben setzten sich wieder in Bewegung, bis auf die eine natürlich, die platt am Boden lag. ›Links um!‹ Alles geschah wie vorher, nur die eine Schabe lag bewegungslos, wohin sie gelegt worden war.
Fragend schaute der Professor seinen Studenten an.
Der sagte voller Selbstbewußtsein: ›Damit habe ich eindeutig bewiesen, daß die Küchenschaben mit den Beinen hören!‹

Die *Pointe* (siehe Überschrift).

Die Schaben – eine der ältesten Insektenordnungen – gehören wie ihre nahen Verwandten, die Heuschrecken und Grillen, zur Familie der Geradflügler (Orthopteroidea). Zumindest von einigen dieser Arten ist bekannt, daß ihr Hörorgan in den Schienen der Vorderbeine untergebracht ist.«

17.1 Deduktion contra Induktion

Welchen Wert haben Analogien?

Sie lehren uns, bessere – vielleicht gar die richtigen – Fragen zu stellen.

Es gibt eine Analogie zwischen der Evolution des Lebens und der Evolution der Ideen.

Fragt man den Biologen, was die Methode der Evolution sei, so wird man zur Antwort bekommen: Selektion.

Karl Poppers Methode der kritischen Nachprüfung einer Theorie[8] ist nicht minder »Selektion«. Falsifizierbar oder nichtfalsifizierbar – so lauten die beiden Alternativen seiner Erkenntnislogik.

Nichtfalsifizierbar ist aber keineswegs mit verifizierbar gleichzusetzen:

»Theorien sind *niemals* verifizierbar«,

oder – und dieser weniger apodiktischen Formulierung möchten wir eher zustimmen –:

»Ein empirisch-wissenschaftliches System muß an der Erfahrung scheitern können.«

Unzulässig – weil mit den Methoden der Erkenntnislogik nicht entscheidbar – scheinen uns solche Extrapolationen in bezug auf die *Entstehung der Ideen,* etwa die »Auffassung, daß es eine logisch-rational nachkonstruierbare Methode, etwas Neues zu entdecken, *nicht gibt*«. Nicht, daß wir das Gegenteil behaupten wollten, wir befürchten lediglich, daß sich daraus infolge der naheliegenden Analogie zum Selektionsphänomen der Biologie Fehlschlüsse (oder präzise ausgedrückt: nicht zulässige Analogieschlüsse) ergeben könnten, die zum Beispiel jede Art von rationell begründbarer *Intuition* bei der Entstehung der Ideen in Abrede stellen. Daraus wiederum könnte gefolgert werden, daß Ideen genau wie Mutationen, unabhängig von einer Zielvorstellung, quasi von einem Zufallsgenerator produziert und erst im Zuge der deduktiven Überprüfung einer selektiven Bewertung unterworfen werden.

In der Tat, Mutationen finden unabhängig von jeglicher Zielvorstellung statt. Die Mutationsauslösung einerseits und die deduktive Überprüfung des Phänotyps andererseits müssen zwei völlig voneinander getrennten Ereignisketten zugeordnet werden. Alle Mutanten, die das von der Population festgelegte Selektionsniveau nicht erreichen, sterben aus, werden von der Population selbst falsifiziert. Umgekehrt kann die existierende Population damit nicht als verifiziert gelten, da sie selbst wieder der nächsten selektiv vorteilhafteren Generation zum Opfer fallen wird.

Hier wird ganz deutlich, daß die Ausdrucksweise mit einem Mangel behaftet ist, indem die Fragestellung dem Problem nicht mehr optimal angepaßt ist. Selektion hat eben mehr Aspekte als nur den einer binären logischen Entscheidung: falsch oder nicht-falsch.

Der Begriff »fittest« (= bestangepaßt) kann heute durch einen physikalisch meßbaren Wertparameter *quantifiziert* werden und stellt damit nicht notwendigerweise – wie früher einmal behauptet wurde – nur eine mit der Tatsache des »survival«, des Überlebens, tautologe Eigenschaft dar. Erst unter bestimmten Randbedingungen – zum Beispiel bei einer Flußbegrenzung im Evolutionsreaktor (s. S. 273) – wird sich die *am besten angepaßte* Komponente auch als die allein übrigbleibende erweisen. Unter den in der Wirklichkeit üblichen Umweltbedingungen kann es aber auch zur Wachstumsexplosion (fast) *aller* Mutanten oder zur einfachen Koexistenz oder gar zur Kooperation verschieden-»wertiger« Komponenten kommen. Der historische Prozeß der Evolution hat durch die »wert«-gesteuerte Verknüpfung der einzelnen Selektionsakte schließlich eine Menge an »Intuition« entwickelt. Die bewußte Äußerung (oder schon das Bewußtwerden) einer Idee ist als Gesamtleistung durchaus mit einem (mehrstufigen) Evolutionsprozeß zu vergleichen. Der im Gehirn ablaufende Vorgang schließt die durch Erregung und Inhibierung vermittelte Kommunikation zwischen einer Vielzahl von Nervenzellen sowie die bewertende Filterung durch das hierarchisch gegliederte Netzwerk ein, bevor das Resultat, die *Idee*, sich als einheitliches Ganzes, das mehr als die Summe seiner Teile ist, im Bewußtsein abbildet. Gewiß gibt es in diesem Mechanismus auch den Zufallsgenerator sowie die falsifizierende Bewertung seiner Signale. Doch die Tatsache, daß der Gesamtprozeß sich auf ein hierarchisches Organisationsschema und nicht auf ein einfaches »entweder-oder« gründet, nimmt der Unterscheidung deduktiv-induktiv ihren eigentlichen Sinn.

Falsifikation kann auf verschiedene Weise verwirklicht werden. Die einfachste Methode wurde von Theseus zum Aufspüren des Minotauros im Labyrinth von Knossos angewandt. Ariadne hatte ihm einen Faden mitgegeben, dessen Länge ausreichte, bis zur Mitte des Labyrinths vorzudringen. Sie wollte damit sicherstellen, daß der Geliebte nach glücklich bestandenem Kampf auch wieder den Weg zu ihr zurückfände. Plutarch[97] berichtet – sehr prosaisch und lapidar – lediglich von einer »Belehrung«, die Ariadne Theseus mit auf den Weg gab: »wie er sich (mit Hilfe des Fadens) durch die Windungen des Labyrinths hindurchfinden könne«. Der Göttinger Mathematiker und Pädagoge Walter Lietzmann[98] hat sich überlegt, worin diese Belehrung wohl bestand. Er kam zu dem Schluß, daß der Faden einfach zur Falsifizierung solcher Routen diente, die Theseus bereits einmal gegangen war. Dieser mußte sie jeweils kennzeichnen und dann den Faden wieder aufspulen, so daß er damit auch wirklich bis ans Ziel vordringen konnte.

Ein derartiges *negatives* Auswählverfahren läßt natürlich für die jeweilige Entscheidung viele Alternativen offen. Sehr viel effizienter sind Methoden, die sich auf eine *komparative* Auslese stützen. Aufgrund selektiver Bewertung wird hier nicht nur das schon einmal Getestete ausgeschlossen, sondern auch alles, was im Vergleich hierzu sich nicht durch einen eindeutigen Vorteil auszeichnet. Unter den vorteilhaften Alternativen wird wiederum nach selektiven Maßstäben die optimale Variante ausgewählt, solange nur die Zielroute durch irgendeinen Wertgradienten gekennzeichnet ist. Nichts hindert uns, auch diesen Prozeß als deduktiv zu bezeichnen. Aber sind es dann nicht die hier sichtbar werdenden graduellen Unterschiede der Deduktion, die wir schließlich mit dem Begriff Induktion umschreiben?

Um wieviel mehr trifft dies zu, wenn die Veränderungen selbst zielgerichteter Steuerung unterworfen werden. Wir brauchen dabei bloß an Spiele wie Schach oder Go zu denken, in denen das Mutationselement – der unvorhersehbare Zug des Gegners – durch eigene Initiative gelenkt werden kann. Das Ideenspiel der empirischen Wissenschaften gehört sicherlich in diese Kategorie von Deduktion.

Gewiß sollte man Analogien nicht überspannen, und man könnte uns vorwerfen, daß wir Erkenntnispsychologie und Erkenntnislogik nicht genügend auseinanderhalten. Aber Poppers Ausspruch: »Nach unserer Auffassung gibt es *keine* Induktion«*, ist geradezu eine Herausforderung, auf diese Analogien hinzuweisen, auch wenn sie sich auf (scheinbar) so verschiedenartige Probleme wie die Evolution des Lebens, die Entstehung der Ideen im Zentralnervensystem oder die kritische Auslese der Theorien durch die Wissenschaft beziehen.

Natürlich müssen wir mit unseren Fragen ständig Konturverschärfungen vornehmen – ganz ähnlich wie diese auch in der korti-

---

* Popper bezieht sich hiermit auf die empirischen Wissenschaften.

kalen Abbildung unserer Sinneswahrnehmungen automatisch bewirkt werden. In der physikalischen Beobachtung werden solche Konturverschärfungen durch die Wahl spezieller Randbedingungen direkt provoziert.

17.2 Das Experiment

Nicht jedes Experiment kann so gestaltet werden, daß ihm eine nur mit »ja« oder »nein« zu beantwortende Frage zugrunde liegt. Entscheidungsfragen dieser Art setzen sehr viel Wissen über die Natur des Problems voraus und lassen sich immer erst dann stellen, wenn man von »der Natur« bereits als Diskussionspartner »akzeptiert« worden ist. Der Michelson-Morley-Versuch, in dem es um die Frage ging, ob die Bewegung der Erde einen Einfluß auf die Größe der Lichtgeschwindigkeit hat, war ein solches *experimentum crucis**, dessen eindeutiges »nein« den Weg zur Relativitätstheorie freimachte. Ein modernes Beispiel ist das von Lee und Yang vorgeschlagene und von Madame Wu ausgeführte Paritätsexperiment, das wir im 7. Kapitel ausführlicher beschrieben haben.

Weitaus häufiger geht es in den Experimenten der Naturwissenschaftler darum, neue Einsichten zu gewinnen, sich einfach von der Natur belehren zu lassen. Zu diesem Zweck muß das Arsenal der Methoden ständig erweitert und verfeinert werden, damit der Forscher beobachtend, messend und analysierend in immer neue Bereiche von Raum, Zeit und Komplexität vordringen kann.

Galilei gilt als der Urvater der physikalischen Meßmethodik. Es ist zwar umstritten, ob er gerade in den Jahren 1589 bis 1592 während seines Aufenthaltes in Pisa die ihm zugeschriebenen Fallversuche am Schiefen Turm auch wirklich ausgeführt hat. Die korrekte Form der Fallgesetze fand er vermutlich später, und zwar – wie ein erst kürzlich aufgefundenes Dokument zeigt – um die Mitte des Jahres 1604**. Er schrieb sie aber erst nach seiner Verurteilung (1633)

* Der Ausdruck wurde von Francis Bacon (1561–1626) geprägt.

** Diese Dokument widerlegt die verbreitete Ansicht, daß Galilei zunächst eine falsche Form des Fallgesetzes abgeleitet habe, in der er von einer Proportionalität zwischen Geschwindigkeit und zurückgelegter Wegstrecke (anstelle der abgelaufenen Zeit) ausging[99].

während des Arrestes in seinem Landhaus in der Nähe von Florenz nieder. Es waren Riccioli und Grimaldi in Bologna, die die Gesetze des freien Falls durch direkte Versuche bestätigten.

Quantitatives Experimentieren ist keineswegs auf die Physik beschränkt. Aus der Alchimie hat sich eine exakte Wissenschaft entwickelt, die man eher mit dem Wort »Molekülarchitektur« umschreiben könnte. Sie äußert sich in den Synthesen ihrer großen Meister, eines Robert Woodwards, eines Albert Eschenmosers oder eines Hans Muxfeldts, um nur einige Namen zu nennen. Es ist nicht so sehr das molekulare »Kunstwerk«, das den Chemiker fasziniert und in dessen Synthese – wie zum Beispiel im Falle des Vitamins B_{12} – er oftmals Jahre unermüdlichen Schaffens investiert. Es ist die Systematik der Natur, die er auf dem Syntheseweg, wenn auch »spielerisch«, so doch quantitativ kennenlernen will, um sie dann jederzeit souverän einsetzen zu können. Die Natur weist ihm dabei den Weg. Der Naturstoff birgt in sich die interessantesten funktionellen Eigenschaften, nur deshalb ist er in der Evolution zur Auslese gelangt – so etwa charakterisierte es einmal Vladimir Prelog, Mitbegründer der großen Zürcher Schule der organischen Chemie.

Auch das Gesicht der modernen Biologie ist durch quantitative Fragestellungen geprägt. Hier galt es zunächst einmal, aus der komplexen Fülle der Möglichkeiten die von der Natur bevorzugten, durch Optimalkriterien ausgezeichneten Lösungen ausfindig zu machen. Am Anfang stehen die großartigen Strukturaufklärungen, etwa der Nukleinsäuren durch James Watson, Francis Crick, Maurice Wilkins, Ghobind Khorana, ... oder der Proteine durch Frederic Sanger, Max Perutz, John Kendrew, ... sowie die konsequenten Anwendungen der neuen molekularbiologischen Erkenntnisse in der Genetik durch Sidney Brenner, Seymour Benzer oder Charles Yanofsky.

In der Biologie finden wir heute eine analoge Situation vor, wie sie um die Jahrhundertwende in der Chemie bestand. Der große Brückenschlag zwischen Physik und Chemie durch die Atommechanik Bohrs und Rutherfords und durch die Quantenmechanik der Göttinger Schule stand unmittelbar bevor. Es waren die Chemiker, die das Periodensystem der Elemente zunächst empirisch gefunden hatten, bevor dieses dann durch eine einheitliche physikalische Theorie erklärt wurde. So zählt denn auch heute bei den jungen Molekularbiologen das empirische »wie« (noch) mehr als das (erkenntnis-)theoretische »warum«.

Keineswegs verlaufen die Wege der Forschung in der Wirklichkeit so geradlinig wie in der Rückschau. Daß zum Experimentieren Glück gehört und daß es auch heute – wie Karl Popper es ausdrückt – (noch) »keine rational nachkonstruierbare Methode, etwas Neues zu entdecken«, gibt, sei abschließend an einer Episode aus der Forschung – diesmal einer wahren Begebenheit – dargelegt.

Die Behandlung manischer und depressiver Kranker konnte vor wenigen Jahren durch die Einführung der Lithium-Therapie in ein völlig neues Stadium gebracht werden. Die wesentliche Pionierleistung in der quantitativen Ausarbeitung dieser – auf Beobachtungen des Australiers John F. J. Cade zurückgehenden – Methode wurde von dem dänischen Psychiater Mogens Schou erbracht.

Was allerdings die Fachwelt aufhorchen ließ, war eine Nachricht aus dem amerikanischen Bundesstaat Texas.

Ein Forscherteam hatte eine Statistik veröffentlicht, derzufolge an Orten, an denen der Lithiumgehalt des Trinkwassers besonders hoch ist, eine geringere Anzahl psychisch Kranker, als dem amerikanischen Durchschnitt entspricht, registriert wurde. Man brachte beide Erscheinungen in einen Zusammenhang und stellte die (waghalsige) Behauptung auf, daß Lithium eine heilsame Wirkung auf (nicht näher spezifizierte) psychische Erkrankungen habe.

Es stellte sich erst später klar heraus, daß Lithium bei manisch und depressiven Kranken – und nur bei diesen – die gewünschten Eigenschaften aufweist. Allerdings liegt seine Wirksamkeit innerhalb eines sehr engen Konzentrationsbereiches. Zu niedrige Dosen sind auch bei längerer Anwendung völlig wirkungslos, zu hohe aber gefährlich toxisch. Wie Mogens Schou fand, muß eine bestimmte, weit über dem natürlichen Pegel liegende Lithium-Ionen-Konzentration im Blut erreicht und *aufrechterhalten* werden. Solange dieser künstliche Lithium-Pegel exakt eingehalten wird, treten die typischen Symptome der Krankheit nahezu vollständig zurück – so daß der Patient keiner klinischen Dauerbehandlung bedarf. Sobald der Pegel jedoch absinkt, kehren die oftmals extremen Beschwerden mit pünktlicher Regelmäßigkeit wieder.

Über den Wirkungsmechanismus der Lithium-Ionen ist fast nichts bekannt. Als erwiesen ist anzusehen, daß es sich bei der Krankheit um eine erblich bedingte Schädigung handelt. Andererseits deuten die Absolutwerte der wirksamen Lithium-Konzentrationen, die um Größenordnungen *über* den natürlichen, andererseits aber um Größenordnungen *unter* den intra- und extrazellulären Konzentrationen anderer, chemisch verwandter und daher zumeist als Konkurrenten wirkender Ionen wie Natrium und Kalium liegen, auf eine *spezifische* Rezeptorwirkung hin. Wahrscheinlich handelt es sich um die Kompensation eines durch Erbschädigung verursachten Funktionsverlustes des natürlichen Rezeptors, der (vermutlich) eher zu den in kleineren Mengen vorhandenen, spezifisch wirkenden Erdalkali-Ionen wie Calcium oder Magnesium als zu den in hoher Konzentration vorhandenen Alkali-Ionen Natrium und Kalium in Beziehung steht.[100] Wie dem auch sei, man wird all diese außerordentlich interessanten Fragen über kurz oder lang beantworten können.

Doch was ist von der Statistik aus Texas zu halten?

Eine Nachprüfung in einem anderen Bundesstaat mit ähnlichen Trinkwasserverhältnissen (North Carolina) ergab für die in Frage kommenden manischen und depressiven Erkrankungen keinerlei gleichermaßen signifikante Korrelation zum Lithiumgehalt des Trinkwassers. Eine solche ist nach den quantitativen klinischen Studien auch gar nicht zu erwarten, denn selbst die höchsten im Trinkwasser zu erwartenden Konzentrationen von Lithium liegen weit unterhalb jeder Wirksamkeitsschwelle.

18. Mit der Schönheit spielen

Rainer Maria Rilke bezeichnete Musik als »Sprache, wo Sprachen enden«. Die Formalstrukturen einer Sprache lassen sich analysieren. Das trifft auch für die Ausdrucksmittel der Kunst zu. Im Kunstwerk wird das strenge, auf optimale Funktionalität gründende Konzept der Evolution verlassen. Der spielerische Charakter des Zufälligen tritt stärker hervor. Die Mitteilungskraft eines Kunstwerks hängt allein vom Genie des Künstlers ab. Doch ebenso wie Evolution das Ergebnis von Zufall und *Notwendigkeit ist, unterliegt auch die Schöpfung des Kunstwerks strengen Kriterien mentaler Bewertung – oder wie Theodor W. Adorno sagt: »Wo Kunst ganz und gar spielt, ist vom Ausdruck nichts übrig.«*

18.1 Sinn und Grenzen einer Theorie der ästhetischen Information

Die Fähigkeiten des Menschen, das von ihm Wahrgenommene unter Berücksichtigung seiner bereits gespeicherten Erfahrungen neu zu kombinieren und zu reflektieren, sind – trotz materieller Begrenzung seines Denkorgans – praktisch unerschöpflich. Das Zentralnervensystem ist ein »offenes System«, in das ständig Information einfließt, die sofort nach hierarchischen Gesichtspunkten gefiltert, gewandelt und eingegliedert wird. Information unterliegt keinem Erhaltungsgesetz. Aufgrund der im Gehirn ablaufenden dynamischen Prozesse *entsteht* sie selektiv, irreversibel und evolutiv. Sie ist gestalthaft im Sinne des von der Psychologie geprägten Begriffes[31] (s. 6. Kap.).

Jede reflektierte Information ist zunächst subjektiv. Sie hat drei, allerdings nicht scharf voneinander zu trennende Aspekte, die in unmittelbarer Beziehung zu Poppers und Eccles' trialistischem Weltbild stehen, nämlich

- einen absoluten, der die Quantität der Symbolmenge und ihre Redundanzen betrifft,
- einen semantischen, der nach Sinn und Bedeutung im Rahmen genereller Übereinkunft und Absprachen fragt, sowie
- einen subjektiven, der die Anlagen, persönlichen Erfahrungen und Erkenntnisse des Individuums widerspiegelt.

Abraham A. Moles[43] nennt diesen letztgenannten Aspekt den ästhetischen und definiert:

> »Ästhetische Information ist nicht übersetzbar, bezieht sich nicht auf ein universales Repertoire, sondern auf ein Repertoire von Kenntnissen, die Sender und Empfänger gemeinsam sind; sie läßt sich theoretisch nicht in eine andere ›Sprache‹ oder in ein anderes System logischer Zeichen übersetzen, weil diese andere ›Sprache‹ nicht existiert. Sie kommt dem Begriff einer persönlichen Information nahe.«

Das Dilemma einer wirklichen *Theorie der ästhetischen Information* ist das gleiche wie das einer *Theorie der Semantik*. Es besteht darin, daß Sinnentstehung und Sinnzuweisung – wie jeder Wahrnehmungs- und Lernvorgang – dynamische Selbstorganisationsprozesse sind. Eine angemessene theoretische Behandlung müßte die Zeitvariable explizit enthalten und dürfte sich nicht allein auf stationäre Wahrscheinlichkeitsverteilungen von Symbolmengen stützen. Gleichzeitig müßte sie der potentiellen Komplexität des offenen Systems Rechnung tragen. Diese Anforderungen sind bisher von keiner Theorie in befriedigender Weise erfüllt worden.

Analysen von Kunstwerken auf der Grundlage der Informationstheorie haben so nur den Charakter von »Momentaufnahmen«, mit deren Hilfe sich allenfalls einige sinnvoll begründbare Redundanzen einfangen lassen. Oftmals versucht man, diesen Mangel durch übertriebene Mathematisierung der Theorie auszugleichen, indem man der Shannonschen Entropieformel eine nahezu fetischhafte Bedeutung zuschrieb. Das Shannonsche Konzept erweist sich aber nur dort als leistungsfähig, wo ein abgeschlossenes System mit festlegbarer Symbolmenge und definierter Wahrscheinlichkeitsverteilung vorliegt. Die Objekte ästhetischer Untersuchungen sind im allgemeinen nicht normierbar, und ihr wahrer Informationsgehalt geht gerade bei der Mittelwertbildung verloren.

Exemplarisch in dieser Hinsicht sind die Untersuchungen über die »soziokulturelle Originalität musikalischer Programme« durch Abraham A. Moles. Es sind nicht die in mühevoller Kleinarbeit zusammengestellten Tabellen für die Wahrscheinlichkeiten der Aufführung bestimmter Werke der Musikliteratur, die den Gegenstand unserer Kritik bilden. Solche Tafeln sind äußerst aufschlußreich, vor allem als Spiegel eines sich stetig wandelnden Zeitgeschmacks. Es ist auch weniger das Außerachtlassen der Normierungsbedingungen bei der Berechnung von Entropiewerten – an sich ein leicht zu behebender Mangel –, es ist vielmehr die *Sinnlosigkeit* des Versuchs, die auf verschiedene Ursachen zurückführbare vielparametrige und subtile Aussage auf eine einzige »Kennzahl« zu reduzieren. Welchen Sinn hat ein »Originalitätsparameter«, der das eine Mal aus der Wahrscheinlichkeit einer Reihe wenig aufgeführter, weil höchst anspruchsvoller Werke resultiert, das andere Mal aber – mit gleichem Zahlenwert – die Kombination einer sehr häufig gespielten, beliebten, mit einer nahezu in Vergessenheit geratenen, unbedeutenden Komposition repräsentiert. Durch eine solche Mittelwertbildung wird nicht Information *zusammengefaßt*, sondern einfach *zerstört*.

Eine weitere »magische« Größe der Informationsästhetik gründet auf ein von George David Birkhoff[101] eingeführtes »Maß der ästhetischen Ordnung«. Man könnte diese Größe als subjektive Redundanz beschreiben, denn sie erfaßt die *relative* Änderung der Entropie, die beim Beobachter durch das Betrachten eines Objekts entsteht. Als – möglicherweise sehr kleine – Differenz zweier mit einem gewissen Fehler behafteten Mittelwerte macht diese Größe aber nur eine sehr unscharfe Aussage. Zweckmäßiger wäre es, anstelle der Differenz der Mittelwerte den Mittelwert der Differenzen zu bilden. Hierzu müßte man die auf die Beobachtung zurückzuführenden *Veränderungen* der Einzelwahrscheinlichkeiten bestimmen und dann erst über all diese Differenzwerte mitteln.

Doch auch hier stellt sich die gleiche Frage: Warum mitteln, wenn Einzelheiten wahrgenommen und mithin auch angegeben werden können. Allein diese sind für ein Kunstwerk maßgebend. In der Physik benutzt man den (statistischen) Entropiebegriff, weil gerade die Einzelheiten (bzw. Mikrozustände) der Beobachtung *nicht* zugänglich sind und weil – bei hinreichend großer Anzahl von Mikrozuständen – der Mittelwert das makroskopische Verhalten wesentlich beschreibt.

Das alles bedeutet keineswegs, daß ein Kunstwerk sich etwa grundsätzlich der informationstheoretischen Analyse entzieht. Doch darf diese nicht Selbstzweck bleiben, sondern muß aus einer engen Kooperation zwischen dem analysierenden Wissenschaftler und dem schöpferischen Künstler hervorgehen*.

Wie beim Spiel stehen einer Analyse nur die Regeln oder Regelmäßigkeiten zur Verfügung, die zum einen in der Art des Kunstwerks begründet sind und zum anderen durch den Stil der Zeit sowie die Persönlichkeit des Künstlers geprägt werden.

* Der Versuch, eine solche Zusammenarbeit – etwa im Rahmen eines »Max-Planck-Instituts für Musik« – in Gang zu bringen, ist dem »Relevanzdenken« unserer Zeit zum Opfer gefallen. Dem sogenannten »Hinterzartener Arbeitskreis« gehörten an: Pierre Boulez, Frieder Eggers, Manfred Eigen, Wolfgang Fortner, Reinhold Hammerstein, Werner Heisenberg, Aurèle Nicolet, Edith Picht-Axenfeld, Georg Picht, Paul Sacher (als Vorsitzender), Friedrich Schneider, Carl Seemann, Carl Friedrich v. Weizsäcker, Otto Westphal, Carl Wurster, Konrad Zweigert, sowie als beratende (passive) Mitglieder Dietrich Fischer-Dieskau, Yehudin Menuhin und Rudolf Serkin. Zur Zeit versucht Pierre Boulez einen Teil der Pläne im Rahmen des in Paris entstehenden Centre Beaubourg zu verwirklichen.

Als Beispiel einer Ordnungsbeziehung untersuchen wir die Häufigkeit von Tonintervallen in einer Reihe von Kompositionen.

Die Tonübergänge oder Intervalle sind für einen Komponisten und seine Epoche charakteristischer als die Verteilung der Töne selber, die – zumindest in der »Musik bis Schönberg« – wesentlich durch die Tonart der Komposition bestimmt ist. Die Häufigkeitsverteilung der Abstände zweier aufeinanderfolgender Töne dagegen ist, abgesehen vom Tongeschlecht (Dur oder Moll), weitgehend unabhängig von der Tonart. Sie wird eher durch die Art der Komposition bestimmt und spiegelt vor allem die Rolle der jeweiligen *Stimme* – Melodieführung oder Begleitung – wider.

In Abb. 65 sind die Ergebnisse einiger der von Wilhelm Fucks ausgeführten Analysen zusammengestellt[85]. Ausgewertet wurde jeweils die Violinstimme. In den klassischen Werken der Kammermusik ist der Violine ein großer Teil der Stimmführung übertragen; sie tritt jedoch nicht in gleichem Maße wie in einem Konzert mit brillanten Skalen und Passagen hervor. Das ist wichtig für die Beurteilung der erhaltenen Ergebnisse.

Fucks wählte für die Darstellung der Tonkorrelation ein Schema, wie wir es etwa von einer Entfernungstabelle her kennen. In einer solchen sind auf den beiden Koordinatenachsen die Städte in gleicher Reihenfolge gegeneinander aufgetragen, so daß – abgesehen von der Hauptdiagonalen – jeder Position der Tabelle ein Städtepaar und damit ein Entfernungswert zugeordnet ist. Bei den in Abb. 65 wiedergegebenen Korrelogrammen sind es die Häufigkeiten des Vorkommens der betreffenden Intervalle, die durch die Größe der jeweiligen Kreisfläche repräsentiert sind. Zum Unterschied von einer Entfernungstabelle enthält aber die Diagonale hier ebenfalls eine sinnvolle Information: Der gleiche Ton kann durchaus mehrere Male hintereinander erscheinen, ja, die Prime ist sogar in vielen Kompositionen eins der am häufigsten vorkommenden Intervalle. Interessant ist, daß bei Anton Webern dieses »Nullintervall« (s. Hauptdiagonale in Abb. 65) – neben dem Elf- und Dreizehn-Halbtonintervall – die einzige ins Auge stechende Korrelation darstellt. Nur wenn man sehr genau hinschaut, bemerkt man – im Vergleich zur Zufallsverteilung (s. Abb. 65) – einige weitere Korrelationen, und zwar wieder die nochmals um eine Oktave verschobenen [großen] Septimen und [kleinen] Nonen.

Ebenfalls abweichend von einer Entfernungstabelle enthalten die beiden Hälften oberhalb und unterhalb der Diagonalen verschiedene Informationen. Ein Übergang in aufsteigender Richtung erfolgt durchweg mit einer anderen Wahrscheinlichkeit als seine Umkehrung (während die Entfernung von a nach b gleich der von b nach a ist). Schon Jean Philippe Rameau wies auf die bevorzugte Tendenz der absteigenden Quinten in der Führung des Grundtons im Generalbaß hin (s. u.).

Die hier wiedergegebenen Analysen fördern im übrigen aber ein eher triviales Ergebnis zutage. Es läßt sich folgendermaßen zusammenfassen:

- In der klassischen Musik sind die verschiedenen Tonintervalle sehr viel ungleichmäßiger berücksichtigt als in der modernen, insbesondere der sogenannten Neuen Musik. Arnold Schönberg hat – durch seine Forderung nach Gleichberücksichtigung der zwölf Halbtöne der Oktave – die Intervalle, die in der klassischen Musik noch einem hierarchischen Herrschaftsverhältnis unterworfen waren, gewissermaßen »sozialisiert«. Aber, wie so oft bei einer Revolution, kehren sich anschließend die Herrschaftsverhältnisse sehr bald um. Wie Abb. 65 zeigt, räumt Webern den Dissonanzen – insbesondere den Elf- und Dreizehn-Halbtonintervallen – gegenüber den restlichen Intervallen, vor allem auch gegenüber der Oktave, eindeutige »Vorrechte« ein.
- Die ungleiche Verteilung der Intervallhäufigkeiten, wie sie in den Korrelogrammen für das Bachsche Doppelkonzert und das Beethovensche Streichquartett zum Ausdruck kommen, sind hinsichtlich ihrer quantitativen Aussage mit Vorsicht zu interpretieren. Die Bevorzugung der großen Sekunde deutet die Skalenhaftigkeit des konzertanten Solo-Violinparts an, ist aber nur wenig aufschlußreich in bezug auf den Stil des Künstlers oder die Epoche. Man kann daraus keineswegs folgern, daß Bach etwa eine besondere Vorliebe für die Sekunde oder Beethoven gar für die Prime hatte.

Lejaren A. Hiller und Calvert Bean haben für die Klaviersonate C-Dur (KV 545) von Wolfgang Amadeus Mozart eine Analyse ausgeführt, in der sie anstelle der Intervalle die absolute Verteilung der Töne registrierten. Das mittlere Häufigkeitsverhältnis der Töne der C-Dur-Leiter

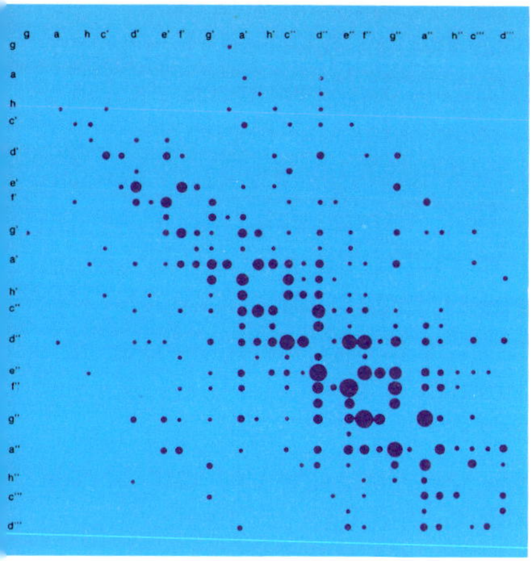

Übergangshäufigkeit bei Bach,
Konzert für 2 Violinen (1. Violine)
Anzahl der Elemente: 1000
Prozentualer Anteil der Elemente ≠ 0 : 23%

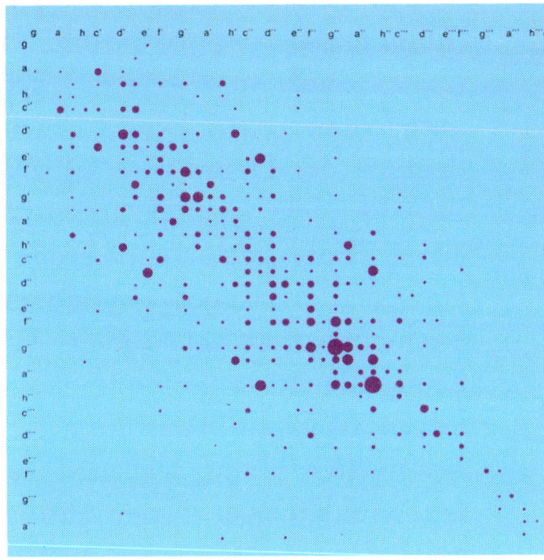

Übergangshäufigkeit bei Beethoven,
Streichquartett op. 74 (1. Violine)
Anzahl der Elemente: 1000
Prozentualer Anteil der Elemente ≠ 0 : 16%

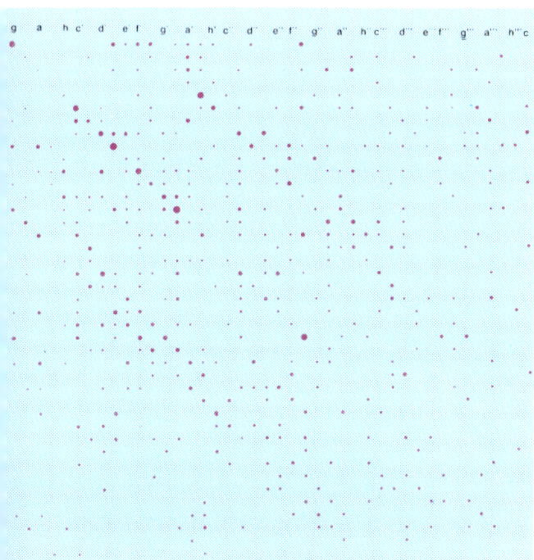

bergangshäufigkeit bei Webern,
treichtrio op. 20 (Violine)
nzahl der Elemente: 635
rozentualer Anteil der Elemente ≠ 0 : 24%

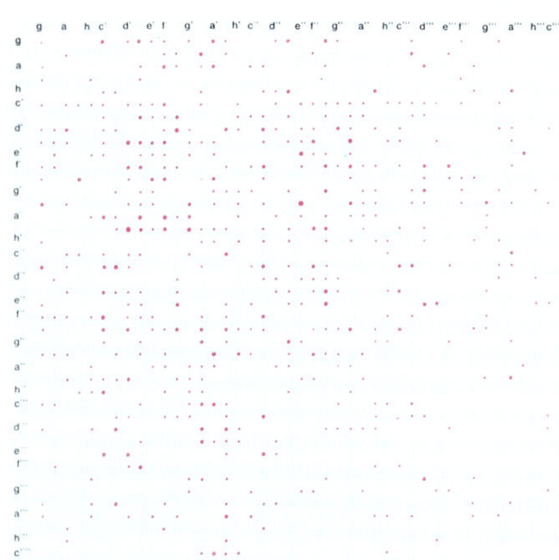

Übergangshäufigkeit völlig regelloser
Tonfolge
Anzahl der Elemente: 635

Abb. 65 **Korrelogramme für Intervallbeziehungen nach Wilhelm Fucks**[85]. Miteinander korreliert wurden jeweils zwei aufeinanderfolgende Töne der Violinstimme.

c : d : e : f : g : a : h ist hier 29 : 5 : 19 : 7 : 40 : 12 : 8. (Die Töne fis, cis, gis, dis und b treten zwar in gelegentlichen Modulationen auf, sind jedoch – gemessen an den genannten Zahlen – vernachlässigbar.) Dieses Ergebnis zeigt klar die überragende Bedeutung der Dominante (g). Daß die Hierarchie der restlichen Intervalle nicht so klar hervortritt, liegt daran, daß alle Töne »in einen Topf« geworfen wurden. Man müßte die Stimmführung im einzelnen verfolgen, Füllnoten aussortieren und eventuelle Gewichtsfaktoren verwenden. Führt man in derselben Sonate eine Intervallanalyse getrennt nach Stimmen aus, so resultiert die Sekunde als Charakteristikum für die brillanten Passagen und Skalen der rechten Hand, während Terzen, Quarten, Quinten und Sexten sehr viel häufiger in der Abfolge der Grundtöne der Begleitstimme zu finden sind.

Dies alles ist den genannten Autoren natürlich keineswegs verborgen geblieben. So merkt Wilhelm Fucks ausdrücklich an:

> »Der Musikwissenschaftler kann zu unseren Häufigkeitsverteilungen natürlich viele kritische Fragen stellen: Der Part der ersten Violine kann in verschiedenen Teilen einer Komposition sehr verschieden wichtig sein. Er kann in dem einen Abschnitt Melodie, Rhythmus und Harmonie entscheidend bestimmen, an anderen Stellen aber eine musikalisch ganz untergeordnete Rolle spielen. Derartige und andere wichtige Sachverhalte müssen natürlich in einem quantitativ forschenden Zweig der Musikologie auch berücksichtigt werden.«

18.2 Rameau und Schönberg

Was neu ist, ist nicht immer gut, und was gut ist, oftmals nicht neu.

Im Jahre 1722 erschien im Verlag von Jean-Baptiste-Christophe Ballard in Paris das bisher wohl bedeutendste Werk der Analyse ästhetischer Information: *Jean Philippe Rameaus »Traité de l'harmonie«*[102]. Es kodifizierte für nahezu zwei Jahrhunderte die Gesetze der Harmonie, indem es diese – wie es im Untertitel des Buches heißt – auf ihre natürlichen Prinzipien reduzierte. Die bei Rameau vorherrschende Anschauung, daß Melodie sich auf Harmonie gründe, ist zwar durch die »Serien« der Neuen Musik – die ebenfalls Tonbeziehungen fixieren – ad absurdum geführt worden. Daß andererseits aber die totale Aufhebung der Harmonie, die wir die »Sozialisierung« der Intervalle genannt hatten, den Weg zu größerer »Einheit der Ordnung« der Musik freimache, wird ebenso unerfüllbarer Anspruch einer Tontechnik bleiben, die von den meisten Menschen auch nach der hundertsten Wiederkehr des Geburtstages ihres Begründers noch als »neue« Musik empfunden wird. Dazu Rudolf Stephan[103]:

»Vielleicht meint Schönberg, die Zwölftontechnik ermögliche an sich die Gestaltung größerer Formen, vielleicht aber war er auch nicht willens, die Zwölftontechnik und die thematische Arbeit auseinanderzuhalten. Was von Schönberg und seinen Schülern bewiesen wird, ist jedenfalls nicht mehr, als daß die Zwölftontechnik zusammen mit strenger motivischer Arbeit größere Formen zuläßt.«

Die sensorischen, vor allem aber die psycho-physikalischen Voraussetzungen unserer Wahrnehmungs- und Gedächtnisleistungen setzen zwar nicht der Mutations- und Kombinationsfähigkeit, wohl aber der (von den Motivationszentren »geforderten«) selektiven Bewertung natürliche Grenzen. Interessant in diesem Zusammenhang ist, daß auch die neuere Sprachforschung universell gültige Prinzipien in den Tiefenstrukturen postuliert (s. S. 301). Dieser Vergleich scheint uns begründet, wenn auch die Entstehung sprachlicher und musikalischer Funktionen – die einen analytisch sequentiell, die anderen mehr synthetisch gestalthaft – in verschiedenen Hemisphären unseres Gehirns stattfindet. Wenn wir im folgenden wieder gewisse Regelmäßigkeiten in den Vordergrund stellen, so sind wir uns darüber vollkommen im klaren, daß sie nicht die vollständige ästhetische Information des Kunstwerkes ausmachen. Ja, sie verhalten sich zu diesem lediglich wie (einige) Spielregeln zum wahren Spiel.

Rameau ist bei der Aufstellung seiner Harmoniegesetze vor allem von der fundamentalen Rolle des Generalbasses ausgegangen. Die Progression der Grundtöne vollzieht sich in der Tat nach reproduzierbaren Wahrscheinlichkeitsgesetzen. Allen Irvine McHose[104] hat (vor Einführung des Computers) über fünftausend »Tonbewegungen« – sie entsprechen den Übergängen, die auch Fucks in seinen Korrelogrammen aufzeichnet – in Werken von Johann Sebastian Bach (1685–1750), Georg Friedrich Händel (1685–

1759), Karl Heinrich Graun* (1704–1759) und Georg Philipp Telemann (1681–1767) analysiert und ausgewertet. Die Ergebnisse sind in der nachstehenden Tabelle zusammengefaßt. In den hintereinander auftretenden Grundtönen des Generalbasses werden die verschiedenen Intervalle mit folgenden relativen Häufigkeiten benutzt:

	Prime	Sekunde	Terz	Quinte
J. S. Bach	16	21	11	52
G. F. Händel	6	29	6	59
K. H. Graun	6	18	12	64
G. Ph. Telemann	12	23	10	55
Mittelwert	10 %	23 %	10 %	57 %

Bei dieser Studie wurden Oktavenbeziehungen unberücksichtigt gelassen. Das bedeutet andererseits, daß man innerhalb einer Oktave die (reine) Quarte als Inversion der (reinen) Quinte, das heißt, als Kombination einer absteigenden Quinte mit einer aufsteigenden Oktave auffassen kann. Analoges gilt für die Sexte und Terz einerseits sowie die Septime und Sekunde andererseits, bei denen speziell noch die großen und kleinen Intervalle zu beachten sind. Allgemein lautet dann das Inversionsschema innerhalb einer Tonart:

Prime		⟷	Oktave
(reine) Quinte		⟷	(reine) Quarte
große kleine	Terz	⟷	kleine große Sexte
große kleine	Sekunde	⟷	kleine große Septime

Die Grundtonbewegungen im Generalbaß sind vektoriell, das heißt richtungsgebunden. Rameaus Konzept erfaßt nicht nur die Richtungen, sondern auch ihre Persistenz über größere Phasen. Die Auswahlregeln für die Grundtonprogressionen sind aus dem Schema in Abb. 66 zu ersehen. Allen Irvine McHose hat seine statisti-

* Seit 1740 Hofkapellmeister Friedrichs des Großen und für den Ausbau der Berliner Oper verantwortlich, die er vorwiegend mit eigenen Werken versorgte.

Die häufigsten Progressionen

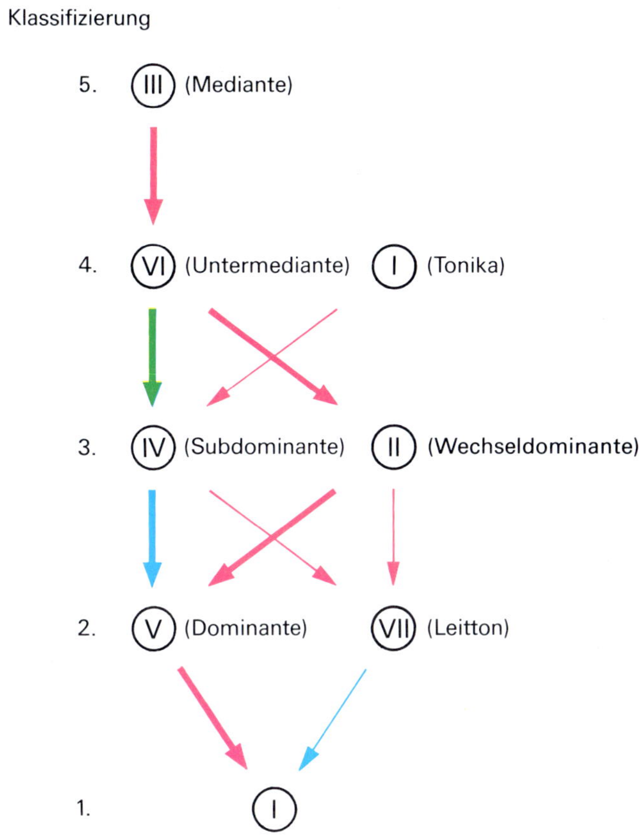

Abb. 66 **Die Abfolge der Basistöne im Generalbaß** ist nach Rameaus Harmoniegesetzen weitgehend festgelegt. Die Abbildung zeigt, wie die Progression zur Tonika hin am häufigsten erfolgt, von der aus man jede der angegebenen Stufen unmittelbar erreichen kann.
In der Tabelle auf Seite 354 wird gezeigt, mit welcher Häufigkeit die genannten Komponisten von den verschiedenen Klassifikationen Gebrauch machen. Die hier dargestellte Normalprogression wird im Mittel zu 79 % verwandt. In etwa 10 % der Fälle wird die betreffende Stufe wiederholt, bevor man in der normalen Progression voranschreitet. Retrogressionen, d. h. der Normalprogression entgegengerichtete Tonbewegungen, sind mit 7 %, Elisionen oder Auslassungen von Stufen mit 4 % vertreten. Die Dicke der Pfeile deutet die Häufigkeit der Verwendung der betreffenden Progressionen, die Farbe den Intervallsprung (Rot: Quinte ↑ bzw. Quarte, Grün: Terz ↓ ; Blau: Sekunde ↑) an (Literatur: Allen Irvine McHose[104]).

schen Untersuchungen auch auf die Verwirklichung dieser Regeln bei den genannten Komponisten des (frühen) 18. Jahrhunderts erstreckt. Eindrucksvoll ist wiederum die Übereinstimmung, die dabei zum Ausdruck kommt. Die in der Tabelle bezeichneten Klassifizierungen sind dem Schema in Abb. 66 zu entnehmen. Sie werden von den genannten Komponisten mit der in der Tabelle angegebenen (relativen) Häufigkeit benutzt:

Klassifizierung	Bach	Händel	Graun	Telemann	Mittelwert
1	38	42	40	35	39 %
2	34	34	34	38	35 %
3	19	18	18	18	18 %
4	7	5	7	6	6 %
5	2	1	1	3	2 %

Wir führen diese – vielleicht schon etwas zu sehr ins Detail gehenden – Beispiele an, um zu zeigen, daß Formalstrukturen der musikalischen »Sprache« nicht nur analysierbar sind, sondern daß die gesamte Entwicklung der tonalen Musik überhaupt erst aus einer bewußten Anwendung der Harmonieregeln hervorgeht. Doch haben wir damit nur einen kleinen Ausschnitt erfaßt, und wir können im Rahmen dieses Buches weitere Gesetzmäßigkeiten allenfalls andeuten:

Die *Harmonie*, auf die Progression der Grundtöne allein gestützt, wäre eintönig und langweilig. Die Abwandlungsmöglichkeiten sind zu gering. Deshalb macht man von *Modulationen* Gebrauch. Diese können sowohl diatonischer Natur sein, also ihren Ausgangspunkt innerhalb der Akkordsequenz der Tonart haben, oder auch durch chromatische (= Halbton-)Bewegungen Anschluß an weiter entfernte Tonarten erzwingen. Der extreme Gebrauch von Modulationen in Verbindung mit »nichtharmonischen« Tönen kann letztlich das tonale Konzept aufheben. Diese Entwicklung hat die Musik im 19. Jahrhundert in der stärkeren Herausstellung thematischer und motivischer Aspekte auch tatsächlich durchgemacht, ohne jedoch vollständig mit dem Tonalitätsprinzip zu brechen. Eine ähnliche Degeneration ist in der Musik »nach Schönberg« zu beobachten.

Die *Tonabfolge*, insbesondere in der *Melodieführung*, im cantus firmus kann durch Einfügen »nichtharmonischer« Töne homogener gestaltet werden. Diese können sehr verschiedenartige Aufgaben erfüllen, wie zum Beispiel Hinführen, Auflösen, Ableiten, Unterstützen; ja, ohne sie gäbe es keine Melodie. Ernst Bloch[105] schreibt dazu:

»Denn wenn wir nicht mitgehen, geht überhaupt kein Ton. Er kann zwar für sich einige kurze Schritte tun. Aber diese sind bald zu Ende, der Quintfall bringt alles sogleich wieder zur konsonanten Ruhe. Nur die Tonleiter führt weiter, und diese ist bereits ein rein menschliches Gebilde.«

Die Kontrapunktik ist es gewesen, die die Musik aus einer stets in sich zurückfallenden Harmonik herausgeführt hat. Die Regeln des Kontrapunkts wurden 1725 – also nur drei Jahre nach dem Erscheinen von Rameaus Traité – von Johann Joseph Fux in seinem Lehrbuch: »Gradus ad Parnassum« zusammengestellt. Noch Paul Hindemith beruft sich in seinen Kompositionen auf dieses großartige Werk, das von Lorenz Mizler 1742 aus dem Lateinischen ins Deutsche übertragen wurde und in seiner Bedeutung für die Komposition Rameaus Harmonielehre keineswegs nachsteht.

Es mag den Anschein erwecken, als habe sich das Repertoire der Klassischen Musik in den durch die Harmonie- und Kontrapunktlehre gesetzten Grenzen schließlich erschöpfen müssen. Betrachten wir aber den Reichtum und die Komplexität der Strukturen in der Musik des 19. Jahrhunderts, so sehen wir, daß ihre Mitteilungsmöglichkeiten als »Sprache« praktisch unerschöpflich sind. *Insofern sollten wir Neue Musik nicht als Konsequenz, sondern eher als Alternative tonaler Musik ansehen.* Das gilt um so mehr, als die Neue Musik bewußt auf das Element der Harmonie verzichtet, das physikalisch definiert ist und als solches unmittelbar sensorisch perzipiert wird. Nahezu alle abstrakten Elemente der Neuen Musik dagegen können erst über den Verstand aufgenommen werden.

Arnold Schönberg hat zwar mit dem von Rameau kodifizierten Harmonieschema endgültig und vollständig gebrochen, jedoch um gleichzeitig neue, nicht weniger bindende Regeln aufzustellen.

Die Zwölftontechnik macht ebenfalls von der temperierten Stimmung Gebrauch, die für die Oktave zwölf Halbtöne in chromatischer Reihenfolge vorsieht. Aufgrund der postulierten absoluten

Gleichberechtigung aller Intervalle (vgl. die Verletzung dieser Regeln bei Webern, Abb. 65) entfallen Tongeschlechter und -arten. Grundlage der Neuen Musik ist die sogenannte »Reihe« oder »Serie«. Alle zwölf Töne sollen in einer Reihe möglichst ein- und nur einmal vorkommen, was allein ca. eine halbe Milliarde verschiedener Sequenzen zuläßt*.

In dieser Zahl sind sämtliche Kombinationsmöglichkeiten eingeschlossen, wie sie sich durch Spiegelungen, Intervallumkehrungen und dergleichen mehr ergeben. Die thematische Gestaltung wird außerdem durch die Einbeziehung mehrerer Oktaven erheblich erweitert. So können *innerhalb* der Serie – die selber ja ein abstraktes Gebilde ist – musikalische Ideen und Einfälle auf vielerlei Art und Weise verwirklicht werden. Darüber hinaus sind (bei Schönberg jedenfalls noch) Tondauer, Rhythmik und Klangfarbe in das Belieben des Komponisten gestellt. Sinn und Ziel der Harmonieauflösung ist vor allem die Verabsolutierung der thematischen und motivischen Gestaltung, wie sie auch in der Entwicklung der Klassischen Musik – etwa bei Beethoven und Brahms – immer stärker hervortritt. Die Perzeption der »neuen« im Vergleich zur »alten« Musik wird damit zweifellos auf andere Zentren unseres Gehirns verlagert. Das betont nur einmal mehr den *Alternativcharakter* beider Musikformen.

Natürlich bedarf die thematische und motivische Verarbeitung der Reihen weiterer Leitlinien; nur so konnte die Zwölftontechnik – wie Rudolf Stephan hervorhebt – »größere Formen hervorbringen«. Die Reihe (oder auch Teile derselben) kann in 48 verschiedenen Modifikationen wiederkehren, ohne daß ein Zwang zur Berücksichtigung aller Möglichkeiten besteht. Sie kann auf jede der zwölf Halbtonstufen transponiert werden und dabei in einer von vier Grundformen erscheinen:

- in der Normalform,
- in der Umkehrung,
- in der rückläufigen Form (Krebs genannt) und
- im Krebs der Umkehrung (bzw. in der Umkehrung des Krebses).

Bei diesen Abwandlungen der Normalform handelt es sich um einfache Spiegelungen (s. Abb. 67). Die *Umkehrung* erhält man,

---

* Es ist die Zahl der Permutationen von zwölf Elementen: $12! = 1 \cdot 2 \cdot 3 \ldots 11 \cdot 12$.

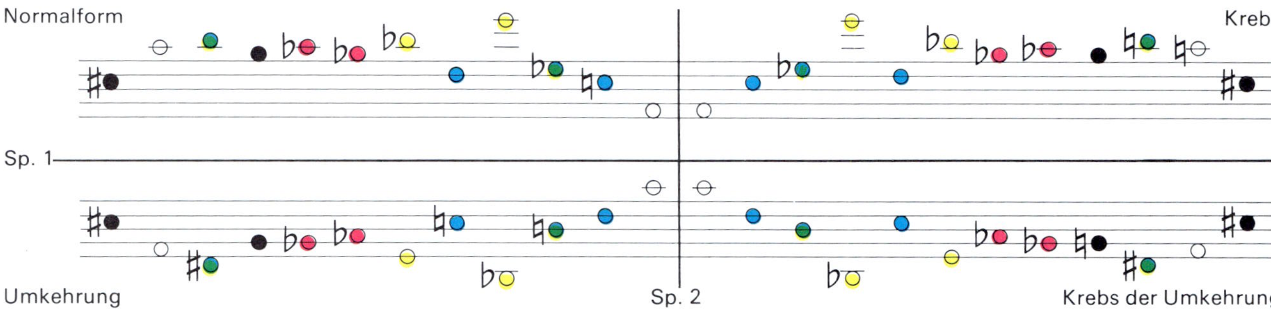

Serie aus Arnold Schönbergs Walzer (No. 5) aus „Fünf Klavierstücke", op. 23

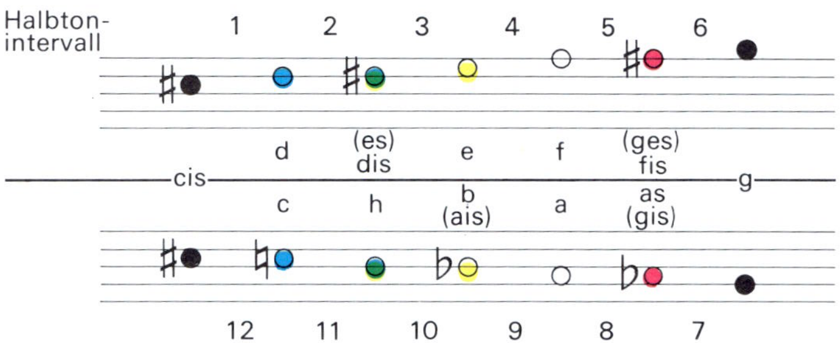

Abb. 67 **Die vier Prototypen der Schönbergschen Serie** gehen aus Spiegelungsoperationen hervor. Im Notenbild sind die Symmetrien wegen der uneinheitlichen Schreibweise der Halbtonintervalle nicht exakt repräsentiert. Daher wurden den verschiedenen Halbtonintervallen (bezogen auf den Anfangston der Serie) Farben zugeordnet, und zwar für die gleichen Intervalle (unabhängig von ihrer Richtung) die gleiche Farbe. Damit lassen sich die zwölf Intervalle der Oktave durch sechs verschiedene Farben darstellen. In dieser Repräsentation – die sich auch in Form eines »Glasperlenspiels« realisieren läßt – sind die vier Grundarten der Serie jeweils wie Bild und Spiegelbild einander eindeutig zugeordnet. Bei Schönberg ist die Transposition des Anfangstons der Serie auf jeden der zwölf Halbtöne (sowie die Oktavlage) frei wählbar. Schränkt man diese Bedingungen ein, indem man die Anwendung gewisser Spiegelungsoperationen vorschreibt, so ergeben sich aus der Korrelation zwischen Anfangs- und Endton der Serie neue Symmetriebeziehungen, die im allgemeinen der Atonalität entgegenwirken. Das liegt daran, daß der Krebs der Umkehrung nicht mit der Umkehrung des Krebses identisch ist, da Anfangs- und Endton sich voneinander unterscheiden. (Analysen der Anwendungen von Symmetrieoperationen in der klassischen Musik sind bei Joseph Schillinger[106] zu finden.)

indem man die Tonhöhen an der durch den Anfangston der Serie gehenden bzw. im Abstand einer halben Oktave von dieser entfernten Notenlinie spiegelt.

Dadurch kehren sich alle *Intervalle* in bezug auf den Anfangston in ihrem Vorzeichen um, während sie ihre absolute Größe beibehalten. Jeder Ton der Serie ist in der Umkehrung intervallmäßig genausoweit vom Anfangston entfernt wie in der Normalform, nur sind eben die Richtungen (aufwärts und abwärts) miteinander vertauscht.

Die *Krebsform* entsteht durch Spiegelung an der Zeitachse, also an einer Geraden, die durch den letzten Ton der Serie gelegt wird und senkrecht zur Notenlinie verläuft. Dieses Spiegelbild besteht somit einfach in der von hinten nach vorn gelesenen Folge der Töne.

Der *Krebs der Umkehrung* bzw. die *Umkehrung der Krebsform* schließlich stellt die Zusammenfassung beider Spiegelungsoperationen dar, wobei jedoch die Reihenfolge nicht vertauschbar ist – jedenfalls solange Anfangs- und Endton der Serie nicht übereinstimmen (was nach Schönbergs Serienregeln auch ausgeschlossen ist). Im Notenbild kann man sich beide Spiegelachsen in der Tat als horizontale (durch den Anfangston gelegte) und vertikale (durch End- oder Anfangston gelegte) Geraden vorstellen (s. Abb. 67).

Diese Normen sind nun in der Neuen Musik (nach Schönberg) sowohl verschärft als auch relaxiert worden. Zunächst einmal wurde die Idee der Serie auf andere Bereiche ausgedehnt, also verabsolutiert. Metrik, Rhythmik, Tondauer, Klangfarbe und Lautstärke, sie alle wurden zum Gegenstand serieller Verknüpfungen. Durch Kombination verschiedener solcher Verknüpfungen lassen sich Effekte erzielen, die das Klangbild entscheidend beeinflussen. So kombiniert beispielsweise Karlheinz Stockhausen Tonhöhe und Tondauer, indem er letztere ebenfalls zwölffach unterteilt.

Eine andere Art der Verknüpfung ist Ligetis »Feldgröße«, eine Kombination aus Tonstärke und Intervallwert, die eine gewisse Unschärfe im Klangbild hervorruft.

Überhaupt ist die Musik der beiden letzten Jahrzehnte wesentlich durch das Einfließen von Vorstellungen aus dem Bereich der Naturwissenschaften und Mathematik geprägt. So findet sich bei

György Ligeti der »Vektor« als charakteristisches Intervall einer Serie oder in Pierre Boulez' dritter Klaviersonate der »Formant« als wahlweise vertauschbarer Abschnitt. Es gibt:

- *stochastische*, nach den Verteilungsgesetzen der Wahrscheinlichkeitsrechnung, vor allem von Yannis Xenakis konzipierte,
- *strategische*, an die Spieltheorie anknüpfende, oder
- *symbolische*, aus der Mengenlehre und mathematischen Logik hervorgehende,

Formen, ganz zu schweigen von der allein aus Zufallsmomenten schöpfenden statistischen Musik eines John Cage, in der es zur vollständigen Auflösung jeder (melodischen) Serie kommt.

Keine Kunst ohne Spiel! Kein Spiel ohne Regeln!

Pierre Boulez – obwohl der »aleatorischen« Musik gegenüber durchaus aufgeschlossen – hat sich eindeutig von der absoluten Regellosigkeit distanziert:

> »Komposition ist es sich schuldig, in jedem Augenblick eine Überraschung in Bereitschaft zu halten, trotz aller Rationalität, die man im übrigen sich auferlegen muß, um etwas Gediegenes zustande zu bringen.«

18.3 Tonspiele

Die Musiker mögen uns die Lückenhaftigkeit der Darstellung im vorangehenden Abschnitt nachsehen. Unser Exkurs diente lediglich dazu, die Bedeutung von Prinzip und Regel in der Kunst herauszustellen und dazu sind konkrete Beispiele von Nutzen.

Doch die Regeln selbst sind nicht etwa die Essenz des Kunstwerks. Statik ist noch lange nicht Architektur. Und das Fluidum des Spiels besteht nicht in der bloßen Befolgung des Spielreglements.

Es mangelt nicht an Versuchen, das Wechselspiel von Zufall und Gesetz, wie es der Schöpfung eines Kunstwerks zugrunde liegt, auch vom Computer simulieren zu lassen.

Ein bemerkenswertes Experiment wurde im Jahre 1956 von Lejaren A. Hiller und Leonard M. Isaacson an der Universität von Illinois ausgeführt. Es hat in einer viersätzigen Suite für Streichquartett, der Illiac-Suite – benannt nach dem Computer der Universität von Illinois – seinen Niederschlag gefunden und ist in einer Monographie unter dem Titel »Experimental Music«[107] ausführlicher beschrieben worden. Vier Aufgaben – sie finden sich in den vier Sätzen der Suite fixiert – hatte sich das aus einem Musikologen und einem Mathematiker bestehende Team in diesem Experiment gestellt.

1. Mit Hilfe des Computers sollten aus einer zufälligen Tonsequenz nach vereinfachten Kriterien der Kontrapunktik Elementarthemen ausgewählt werden.
2. Nachdem das Codierungsproblem gelöst war, sollten durch sukzessive Anwendungen der Kontrapunktregeln die Elementarthemen zu korrekten cantus-firmus-Sätzen vereinigt werden.
3. Es sollte gezeigt werden, daß der Computer als Hilfsmittel der modernen Kompositionstechnik geeignet ist, indem er systematisch rhythmische Strukturen und dynamische Effekte durchprobiert.
4. Mit Hilfe spezieller Computer-Programme sollten vollkommen neuartige Stilelemente aufgefunden und getestet werden.

Als besonders eindrucksvoll erwies sich das im zweiten Satz festgehaltene Experiment. Aus einer zufälligen Sequenz von zwölf Tönen entstand Schritt für Schritt durch Selektion auf der Grundlage von sechzehn verschiedenen Regeln der Kontrapunktik (etwa wie sie von Johann Joseph Fux angegeben worden waren) ein vollkommen organisierter Musiksatz.

Eine Reihe von ganz ähnlichen Kompositionsspielen, jedoch mit etwas verschiedener Zielsetzung wurde von Hubert Kupper[108] mit dem Programm: GEASCOP konzipiert. Der Name bedeutet: »GEneral ASymptotic COmposition Programm«. In diesem musikalischen »Schöpfungsexperiment« werden ebenfalls Noten zunächst von einem Zufallsgenerator produziert und dann nach bestimmten, vom Computer »erlernten« Kriterien selektiert und zu einer Komposition verarbeitet. Zum Unterschied von Hillers Projekt werden hier die Kompositionsregeln nicht von vornherein vorgegeben. Der Computer muß diese zunächst »erlernen«, und zwar indem er gemäß seinem Programm Ton- und Intervallbeziehungen ausgesuchter Kompositionen analysiert. Die einprogrammierten Musikstücke werden in (überschneidende) Ton- oder Intervallfolgen definierter Länge zerlegt, und es wird die Wahrscheinlichkeitsverteilung für den auf die betreffende Sequenz jeweils nächstfolgenden Ton festgelegt und gespeichert.

Unter Zugrundelegung von zwölf Halbtönen und Vernachlässigung von Oktavenbeziehungen gibt es 1728 Dreitonfolgen, nahezu drei Millionen Sechstonfolgen und fast zehn Billionen Zwölftonfolgen. In diesen Zahlen sind auch die – von Schönberg innerhalb einer Serie nicht zugelassenen – Tonwiederholungen enthalten. Diese werden nämlich in der Klassischen Musik durchaus häufig thematisch verarbeitet. In Franz Schuberts Lied »Der Tod und das Mädchen« zum Beispiel beginnt das Hauptthema der Singstimme mit einer sechzehnmaligen Wiederholung der Tonika (d).

Das Problem besteht nun darin, eine sinnvolle Sequenzlänge (der Mathematiker nennt sie die »Ordnung einer Markov-Kette«) auszuwählen. Ist diese zu kurz, so »lernt« der Computer zu wenig über die charakteristischen Eigenarten der Komposition. Wird die Ordnung zu groß vorgegeben, so entsteht daraus einerseits eine zu große Fülle verschiedenartiger Sequenzen, zum anderen wird der Computer bei der Synthese nur noch ein Plagiat schaffen.

Hat der Computer – wie der Schüler vom Meister – genug gelernt, so darf er selber Tonfolgen zusammenstellen. Dazu geht er von der der Analyse zugrundegelegten Sequenzlänge aus, das heißt, zu jeder Sequenz von Tönen wählt er nach Maßgabe seiner »erlernten« Wahrscheinlichkeitstabelle eine an die Folge anschließende Note aus. Auf diese Weise erscheinen – bei hinreichender Länge der synthetischen Komposition – im Mittel die gleichen Tonsequenzen (der ausgesuchten Ordnung) wie in der Musterkomposition, allerdings in einer ganz anderen Abfolge.

Doch nun kommt noch ein wesentlicher Schritt, der mit der Bedeutung des Wortes »asymptotisch« im Namen des Programms zusammenhängt: Die Anwendung der vom Computer »erlernten« Wahrscheinlichkeitstabelle für die Tonselektion wird von einer vorgegebenen mathematischen Funktion gesteuert. Dadurch können gewisse Töne (oder Tonsequenzen), die zu Beginn zufällig ausgewählt wurden, periodisch in Abhängigkeit von ihrer Häufigkeit weiter begünstigt werden. Dieser Verstärkungseffekt entspricht in etwa einer (abstrakten) Themenverarbeitung. Die zunächst vom Computer mehr oder weniger zufällig ausgewählten Sequenzen werden so »asymptotisch« fixiert und kehren dann in einer durch die eingegebene Funktion festgelegten Weise laufend wieder.

Zu diesen Versuchen läßt sich vom Standpunkt des Künstlers und des Wissenschaftlers zweierlei sagen:

1. Der Computer kann in der Tat dem Künstler große Dienste leisten, indem er ihm erlaubt, zu *experimentieren* und dadurch *neue Dimensionen zu erschließen.* Ein Leonardo da Vinci hätte sicherlich keinen Augenblick gezögert, sich dieses hervorragenden Instrumentes zu bedienen.
2. Der Computer kann *nur* das verwirklichen, was ihm vom Menschen vermittels des Programms eingegeben wird. Er ist in der Lage, dieses schneller und systematischer durchzuspielen und zu ordnen, doch wird er damit nicht die schöpferische Kraft, das Genie des Künstlers ersetzen.

Kompositionsspiele, wie sie heute etwa von Rechenautomaten ausgeführt werden, sind keineswegs eine Erfindung unserer Zeit.

»Bastian Perrot, ein Freund handwerklicher Betätigung, der sich mit eigener Hand mehrere Klaviere und Klavichorde nach Art der alten gebaut hat, der höchstwahrscheinlich zu den Morgenlandfahrern gehörte und von dem die Sage geht, er habe die Violine auf die alte, seit 1800 vergessene Art mit hochgewölbtem Bogen und handregulierter Haarspannung zu spielen vermocht – Perrot konstruierte sich, nach dem Vorbild naiver Kugelzählapparate für Kinder, einen Rahmen mit einigen Dutzend Drähten darin, auf welchen er Glasperlen von verschiedener Größe, Form und Farbe aneinanderreihen konnte. Die Drähte entsprachen den Notenlinien, die Perlen den Notenwerten und so weiter, und so baute er aus Glasperlen musikalische Zitate oder erfundene Themata, veränderte, transponierte, entwickelte sie, wandelte sie ab und stellte ihnen andre gegenüber. Dies war, was das Technische betrifft, zwar eine Spielerei, gefiel aber den Schülern, wurde nachgeahmt und Mode, auch in England, und eine Zeitlang wurde das Musikübungsspiel auf diese primitiv-anmutige Art betrieben. Und wie so oft, hat auch hier eine langdauernde und bedeutungsvolle Einrichtung ihren Namen von einer vergänglichen Nebensache empfangen. Das, was aus jenem Seminaristenspiel und aus Perrots perlenbehängten Drähten später geworden ist, trägt noch heute den volkstümlich gewordenen Namen Glasperlenspiel.

Kaum zwei, drei Jahrzehnte später scheint das Spiel unter den Musikstudenten an Beliebtheit eingebüßt zu haben, dafür aber von den Mathematikern übernommen worden zu sein, und lange Zeit blieb das ein kennzeichnender Zug in der Geschichte des Spieles, daß es stets von derjenigen Wissenschaft bevorzugt und benutzt und weitergebildet wurde, welche jeweils eine besondere Blüte oder Renaissance erlebt.«

Was Hermann Hesse[3] hier als Legende berichtet, ist geschichtliche Wirklichkeit. 1793 bringt J. J. Hummel in Berlin und Amsterdam »in vier Sprachen je eine Anleitung, mit zwei Würfeln sowohl Walzer und Schleifer wie Contretänze zu komponieren«, heraus, und 1806 erscheint das gleiche Spiel als »Mozarts Musical Game, fitted in an elegant box, showing by an easy system to compose an unlimited number of waltzes, rondos, hornpipes and reels« by C. Wheatstone in London. Ob Wolfgang Amadeus Mozart der Urheber dieses Spiels ist, steht dahin – aufgefundene Skizzenblätter deuten zumindest darauf hin, daß er sich intensiv mit einem solchen Spiel* befaßt hat. Die Musikgelehrten bringen dieses Kompositionsspiel jedoch ebenso mit Joseph Haydn und mit Carl Philipp Emanuel Bach in Verbindung. Tatsache jedenfalls ist, daß schon 1783 in Berlin Johann Philipp Kirnberger eine »Methode Sonaten aus'm Ermel zu schiddeln« veröffentlichte.

Worum geht es bei diesem Spiel? Nach Kirnbergers Methode begann man zunächst damit, den Generalbaß eines schon bekannten Stückes zu verwenden und dazu eine neue Melodie zu finden, was wegen der Mehrdeutigkeit der Harmonie keinerlei Schwierigkeiten bereitet. Sodann nimmt man diese Melodie und schreibt dazu wiederum einen neuen Generalbaß. Gleichzeitig ändert man noch die Tonart, möglicherweise auch die Metrik ab, und fertig ist die neue Komposition, der man keinerlei Ähnlichkeit mit der ursprünglichen anmerkt.

Das ist natürlich noch kein richtiges »Spiel«. Doch schon bald ging man auch daran, sich Themen und Passagen aus verschiedenen

* Vgl. auch Köchel-Verzeichnis Anhang Nr. 294 d.

ANLEITUNG.

Contre-Tänze, oder Anglaiſes, mit 2 Würfeln zu componiren, ohne Muſicaliſch zu ſeyn, noch etwas von der Compoſition zu verſtehen.

1) Die groſsen Buchſtaben A, bis H, welche über den 8. Colonnen der Zahlentafeln ſtehen; zeigen die 8. Tackte eines jeden Theils des Tanzes an. z. E. A, den erſten; B, den zweiten; C, den dritten; u.ſ.w. und die Zahlen in der Colonne darunter, zeigen die Nummer des Tackts in den Noten.

2. Die Zahlen von 2, bis 12. geben die Summe der Zahl an, welche man mit zwei Würfeln werfen kann.

3 Man wirft alſo z. E. für den erſten Tackt des erſten Theils des Tanzes mit 2. Würfeln 6. und ſucht neben der Zahl 6. in der Colonne A, die Nummer des Tackts 105. in der Muſiktafel. Dieſen Tackt ſchreibt man aus und hat alſo den Anfang des Tanzes. Nun wirft man für den zweiten Tackt z. E. 8. ſucht neben 8 unter B, und findet 81. in der Muſiktafel. Dieſen Tackt ſchreibt man nun zum erſten; und ſo fährt man fort, bis man nach 8 Würfen den erſten Theil des Tanzes fertig hat. Dann ſetzt man das Repetitionszeichen und geht zum zweiten Theile über.

Abb. 68 Die in dieser Abbildung wiedergegebenen Regeln eines Wolfgang Amadeus Mozart zugeschriebenen musikalischen Würfelspiels sind sehr einfacher Natur. Sie berücksichtigen zum Beispiel nicht, daß bei der Benutzung von zwei Würfeln die Zahlen zwischen zwei und zwölf mit unterschiedlicher Häufigkeit auftreten. Man könnte also die »Musiktafel« von vornherein so einrichten, daß die oft zu verwendenden Elemente in der Mitte der Zahlenreihe (zwischen 2 und 12) angeordnet werden, da diese ja am häufigsten erwürfelt werden. Anstelle fertiger, einer bestimmten Komposition entnommener Tonfolgen könnte man auch Intervalle erwürfeln, die nach den von Rameau oder Fux angegebenen Regeln aneinanderzureihen sind. So gelangt man allmählich zu den im Text beschriebenen Computerkompositionen. Auch hierin kann man es gewiß zur Meisterschaft bringen, doch müßte man dazu wieder »Musicalisch seyn«.

Musikstücken zusammenzuwürfeln (s. Abb. 68). Dazu mußte man sich natürlich Spielregeln ausklügeln, die es ermöglichten, die einzelnen Bruchstücke in geschickter Weise wieder aneinanderzustükkeln. (Kirnberger empfiehlt hierzu Francesco Geminianis »Dictionaire harmonique«, Amsterdam 1756). Die Ähnlichkeit dieses Verfahrens mit den oben beschriebenen Kompositionsprogrammen ist unverkennbar.

In der Tat handelt es sich auch bei diesen um dieselbe Art von »Glasperlenspielen«, wie wir sie wiederholt beschrieben haben. Die Glasperlen mögen je nach Farbe verschiedene Intervalle repräsentieren und nach den Regeln Rameaus – oder auch Schönbergs – zu Perlschnüren aufgereiht werden.

Wir haben damit nur wieder eine Variante des RNS- bzw. eines der Sprachspiele vor uns, die die »Entstehung von Information« simulieren. Welcher Art die Information ist, hängt allein von der Beschaffenheit der Regeln ab, die man dem Spiel zugrunde legt. Genetische, sprachliche oder ästhetische Information – wie unterschiedlich sie im einzelnen auch sein mögen –, sie alle entstehen nach einem universellen Prinzip selektiver Bewertung. Wer wollte sagen, welche der Regeln die diffizileren sind? Physikalische Kraftgesetze und chemische Reaktionsschemata bilden die Grundlage der Molekülsprache, aus der der genetische Code hervorging. Doch ist es ein weiter Weg vom RNS-Molekül zu den wahren »Kunstwerken der Evolution«, den Insekten, Fischen, Vögeln, den Säugetieren und schließlich dem Menschen. Nicht minder weit ist auch der Weg von Mozarts musikalischem Würfelspiel bis hin zu seinem Requiem.

18.4 Kunst und Wahrheit

(Synthese eines Dialogs, der nie stattfand)

Theodor W. Adorno:

»In oberster Instanz sind die Kunstwerke rätselhaft nicht ihrer Komposition, sondern ihrem Wahrheitsgehalt nach. Der Wahrheitsgehalt der Kunstwerke ist die objektive Auflösung des Rätsels eines jeden einzelnen. Indem es die Lösung verlangt, verweist es auf den Wahrheitsgehalt. Der ist allein durch philosophische Reflexion zu gewinnen. Das, nichts anderes rechtfertigt Ästhetik.«

Samuel Beckett:

»Wenn sich der Gegenstand meiner Romane in philosophischen Begriffen ausdrücken ließe, hätte ich keinen Grund gehabt, sie zu schreiben.«

Theodor W. Adorno:

»Daß große Künstler, der Goethe des Märchens und Beckett gleichermaßen, mit Deutungen nichts zu schaffen haben wollen, hebt einzig die Differenz des Wahrheitsgehalts von Bewußtsein und Willen des Autors, und zwar mit der Kraft seines eigenen Selbstbewußtseins, hervor. Die Werke, vollends die oberste Dignität, warten auf ihre Interpretation.«

Thomas Mann:

»Neue ›Wahrheits‹-Erlebnisse bedeuten dem Künstler neue Spielreize und Ausdrucksmöglichkeiten, weiter nichts. Er glaubt genausoweit an sie – er nimmt sie genauso ernst –, als es erforderlich ist, um sie zum höchsten Ausdruck zu bringen und den tiefsten Eindruck damit zu machen. Es ist ihm folglich sehr ernst damit, zu Tränen ernst, – aber nicht ganz, und also gar nicht. Sein künstlerischer Ernst ist ›Ernst im Spiel‹ und absoluter Natur. Sein geistiger ist nicht absolut, denn er ist Ernst zum Zwecke des Spiels.«

Theodor W. Adorno:

»Spiel in der Kunst ist von Anbeginn disziplinär, vollstreckt das Tabu über den Ausdruck im Ritual der Nachahmung; wo Kunst ganz und gar spielt, ist vom Ausdruck nichts übrig. Insgeheim ist Spiel in Komplizität mit dem Schicksal, Repräsentant des mythisch Lastenden, das Kunst abschütteln möchte; in Formeln wie der vom Rhythmus des Bluts, die man so gern für den Tanz als Spielform verwendete, ist der repressive Aspekt offenbar.«

Johan Huizinga:

»Im Wesen der Dichtung fanden wir das Spielelement so fest verankert, und jede Form des Poetischen zeigte sich so sehr mit der Struktur des Spiels verbunden, daß dieser innige Zusammenhang geradezu unauflösbar genannt werden mußte und daß in diesem Zusammenhang die Wörter Spiel und Dichtung ihre selbständige Bedeutung beinahe zu verlieren drohten. Dasselbe gilt in noch höherem Grade vom Zusammenhang zwischen Spiel und Musik.«

Theodor W. Adorno:

»Huizingas These unterliegt prinzipiell der Kritik an der Bestimmung von Kunst durch ihren Ursprung. Gleichwohl hat sein Theorem ein Wahres und ein Unwahres. Faßt man den Begriff des Spiels so abstrakt wie er, so nennt er wenig Spezifischeres als Verhaltensweisen, die von selbsterhaltender Praxis wie immer auch sich entfernen. Ihm entgeht, wie sehr gerade das Spielmoment der Kunst Nachbild von Praxis ist, zu viel höherem Grad als das des Scheins.«

Johan Huizinga:

»Das Spiel liegt außerhalb der Vernünftigkeit des praktischen Lebens, außerhalb der Sphäre von Notdurft und Nutzen. Dies tun auch der musikale Ausdruck und die musikalischen Formen. Das Spiel hat seine Gültigkeit außerhalb der Normen der Vernunft, der Pflicht und der Wahrheit.«

Chronist:

»Man kann die Mittel der Kunst analysieren und deduzieren, nicht jedoch das Kunstwerk selber. Man kann die Mittel im Kunstwerk aufspüren. Die Wahrheit des Kunstwerks ist allein in der Wahrhaftigkeit des Künstlers zu suchen. Schöpfung ist nicht falsifizierbar, und das Kunstwerk ist Spiegelbild des ewigen Schöpfungsspiels der Natur. Es verlangt vom Künstler die restlose, das heißt die spielerische Beherrschung der Mittel.«

Literatur: Th. W. Adorno[109], S. Beckett[110], Th. Mann[111], J. Huizinga[2].

Danksagung

Bei der textlichen Gestaltung dieses Buches haben uns viele Freunde und Kollegen geholfen. Wir möchten dafür an dieser Stelle aufs herzlichste danken.

Bildvorlagen wurden uns freundlicherweise von den Professoren Max Perutz, Konrad Lorenz (der uns in einer Diskussion spontan einige Handskizzen anfertigte) sowie Benno Hess (der eigens Experimente für uns ausführte) zur Verfügung gestellt. Die Quellennachweise für übernommene Abbildungen finden sich sämtlich in den Bildunterschriften. Dr. Peter Richter hat gemeinsam mit Nancy Williams und Bernd Morgeneyer eine Reihe von Kugelspielen am Computer simuliert. Aus der großen Zahl von Ergebnissen konnten wir so typische Spielverläufe erkennen.

Fachlichen Rat für die uns weniger nahestehenden Arbeitsgebiete erhielten wir von den Professoren Mogens Schou (Lithium-Therapie), Theodor Wolpers (Joyce-Übersetzung), Walther Zimmerli (Altes Testament), Dr. Adel Sidarus (Arabistik) und Dr. Karl Vötterle (Musikliteratur). Wertvolle Ratschläge kamen auch von Kollegen aus den uns nahestehenden Fachbereichen der Physik, Chemie und Biologie, vor allem von den Professoren Otto Creutzfeldt, Hans Frauenfelder, Ernst Ruch, Reinhard Schlögl, Peter Schuster und Klaus Weber. Wir erinnern uns mit Schmunzeln der vielen tiefsinnigen Anekdoten, die uns von unseren Freunden, den Professoren Shneior Lifson, David Nachmannsohn und Charles Weissmann erzählt wurden und von denen einige im Text wiedergegeben sind. Viele Anregungen zum Thema »Informationsverarbeitung im Zentralnervensystem« erhielten wir in den von Prof. Francis Otto Schmitt über viele Jahre regelmäßig veranstalteten »workshops« des Neurosciences Research Program am Massachusetts Institute of Technology in Boston.

Last not least möchten wir unseren Freunden danken, die das Manuskript vor Drucklegung durchgelesen und uns auf Unklarheiten im Text aufmerksam gemacht haben. Es waren dies die Professoren Hans Frauenfelder, Hans Herloff Inhoffen, Klaus Oswatitsch, Peter Schuster sowie Frau Renate Böhme und die Doktoren Frieder Eggers, Wilhelm Foerst, Peter Markl, Peter Richter und Hans Rössner.

Fräulein Edith E. Neumann hatte die mühevolle Arbeit, den gesamten Text und alle Korrekturen in eine lesbare Form zu übertragen. Herr Hans Polanetz hat sich um die Gestaltung des Buches sehr verdient gemacht.

Literaturverzeichnis

1 SCHILLER, F. v.: »Über die ästhetische Erziehung des Menschen« in einer Reihe von Briefen 1793/94. Philosophische und kritische Schriften.

2 HUIZINGA, J.: »Homo Ludens«. Vom Ursprung der Kultur im Spiel. Rowohlt Taschenbuch Verlag, Hamburg 1956.

3 HESSE, H.: »Das Glasperlenspiel«. Fretz u. Wachsmuth Verlag, Zürich 1943.

4 FUCHS, W. R.: »Knaurs Buch der Denkmaschinen«. Informationstheorie und Kybernetik, Droemer-Knaur, Droemersche Verlagsanstalt Th. Knaur Nachfolger, München/Zürich 1968.

5 NEUMANN, J. v. und O. MORGENSTERN: »Theory of Games und Economic Behaviour«. University Press, Princeton 1963.

6 HASSENSTEIN, B.: »Bedingungen für Lernprozesse – teleonomisch gesehen« (S. 289); in: »Informatik«, Herausgeber Joachim Hermann Scharf. Johann Ambrosius Barth, Leipzig 1972.

7 FEYNMAN, R., R. B. LEIGHTON und M. SANDS: »The Feynman Lectures on Physics«. Addison-Wesley Publishing Comp., New York 1963.

8 POPPER, K. R.: »Logik der Forschung«, 5. Auflage. J. C. B. Mohr (Paul Siebeck), Tübingen 1973.

9 WITTGENSTEIN, L.: »Tractatus Logico-Philosophicus«. Routledge and Kegan Paul Ltd., London 1922.

10 BORN, M.: »Albert Einstein – Max Born. Briefwechsel 1916–1955.« Nymphenburger Verlag, München 1969.

11 MACAN, T. T.: »Self-Controls on Population Size«. New Scientist, Vol. 28, No. 474 (S. 801–803), 1965.

12 DARWIN, C.: »The Origin of Species«. Neuauflage: Crowell-Collier Publishing Comp., Toronto/Ontario 1962.

13 SPIEGELMANN, S.: »The Neurosciences«, 2nd Study Program (Editor F. O. Schmitt). The Rockefeller University Press, New York 1970.

14 EIGEN, M. und R. WINKLER: »Ludus Vitalis«. Mannheimer Forum 73/74. Studienreihe Boehringer, Mannheim 1973.

15 SAMBURSKY, S.: »Das Physikalische Weltbild der Antike«. Artemis Verlag, Zürich/Stuttgart 1965.

16 LANDAU, L. D. und E. M. LIFSCHITZ: »Statistical Physics«. [Bd. 5 des »Course of Theoretical Physics«]. Pergamon Press, London/Paris 1959.

17 PERUTZ, M.: »Röntgenanalyse des Hämoglobins«. Les Prix Nobel en 1962. Imprimerie Royale P. A. Norstedt & Söner, Stockholm 1963.
18 KLUG, A.: »Assembly of Tobacco Mosaic Virus«. Fed. Proc. Vol. 31, 30, 1972.
19 GOETHE, J. W. v.: »Schriften zur vergleichenden Anatomie, zur Zoologie und Physiognomik«. dtv Gesamtausgabe 37. Deutscher Taschenbuch Verlag, München 1962.
20 EDELMANN, G.: »Antibody Structure and Molecular Immunology« (S. 144). Les Prix Nobel en 1972. Imprimerie Royale P. A. Norstedt & Söner, Stockholm 1973.
21 GIERER, A.: »Hydra as a Model for the Development of Biological Form« (S. 44–54). Scientific American, Dez. 1974.
22 GOETHE, J. W. v.: »Die Wahlverwandtschaften«.
23 CARTER, H.: »Tut-ench-Amun«. Ein ägyptisches Königsgrab, Bd. III, F. A. Brockhaus, Leipzig 1934.
24 ADAM, G. und M. DELBRÜCK: »Reduction of Dimensionality in Biological Diffusion Processes« (S. 198); in: »Structural Chemistry and Molecular Biology«; Editors: N. Davidson and A. Rich. W. H. Freeman, San Francisco 1968.
25 SCHNEIDER, D.: »Kommunikation mit chemischen Signalen«, im Jahrbuch der Max-Planck-Gesellschaft 1975.
26 GLANSDORFF, P. und I. PRIGOGINE: »Structure, Stability and Fluctuations«. Wiley Interscience, London/New York/Sydney/Toronto 1971.
27 THOM, R.: »Stabilité Structurelle et Morphogénèse«. Essai d'une théorie générale des modèles. W. A. Benjamin, Inc., Reading/Mass. 1972.
28 HESS, B.: »Ernährung – Ein Organisationsproblem der biologischen Energieumwandlung«, im Jahrbuch der Max-Planck-Gesellschaft 1974.
29 GERISCH, G.: »Periodische Signale steuern Musterbildung in Zellverbänden«. Naturwissenschaften 58 (S. 430–438), 1971.
30a WILSON, H. R. und J. D. COWAN: »A Mathematical Theory of the Functional Dynamics of Cortical and Thalamic Nervous Tissue«. Kybernetik 13 (S. 55–80), 1973.
30b MALSBURG, CH. V. D.: »Self-Organization of Orientation Sensitive Cells in the Striate Cortex«. Kybernetik 14 (S. 85–100), 1973.
31 KÖHLER, W.: »Die Aufgabe der Gestaltspsychologie«. Walter de Gruyter, Berlin/New York 1971.
32 HEISENBERG, W.: »Die Plancksche Entdeckung und die philosophischen Grundfragen der Atomlehre«; in: »Schritte über Grenzen«. R. Piper & Co. Verlag, München 1971.
HEISENBERG, W.: »Der Begriff der kleinsten Teilchen in der Entwicklung der Naturwissenschaft«. Sonderbeitrag in Meyers Enzyklopädischem Lexikon, Bibliographisches Institut Wien/Zürich/Mannheim 1974.
33 MANN, TH.: »Der Zauberberg«. S. Fischer Verlag, Berlin 1924.
34 WEYL, H.: »Symmetry«. Princeton University Press, 1952.
35 PLATON: »Timaios« (20). Übersetzung von Hieronymus Müller, Bezifferung nach Henricus Stephanus (Paris 1578); s. Sämtliche Werke, Rowohlt Taschenbuch Verlag, Hamburg 1959.

36 Frauenfelder, H. und E. M. Henley: »Subatomic Physics«. Prentice Hall, Inc., Englewood Cliff/N. J. 1974.
37 Dickerson, R. E. and I. Geis: »The Structure and Action of Proteins«. Harper & Row Publishers, New York/Evanston/London 1969.
38 Menninger, K.: »Ali Baba und die neununddreißig Kamele«, 9. Auflage. Vandenhoeck & Ruprecht, Göttingen 1964.
39 Spender, S.: »Das Jahr der jungen Rebellen«. New York – Paris – Prag – Berlin. R. Piper & Co. Verlag, München 1969.
40 Ruch, E.: »Algebraic Aspects of the Chirality Phenomenon in Chemistry«. Accounts of the chemical research, Vol. 5, 1972.
41 Shannon, C. E. und W. Weaver: »The Mathematical Theory of Communication«. University of Illinois Press, Urbana/Chicago/London 1971.
42 Brillouin, L.: »Science and Information Theory«. Academic Press, New York 1962.
43 Moles, A. A.: »Informationstheorie der ästhetischen Wahrnehmung«. Verlag M. DuMont Schauberg, Köln 1971.
44 Schopenhauer, A.: »Parerga und Paralipomena« (5. Band). Schopenhauers sämtliche Werke in 5 Bänden (1788–1860). Kleine philosophische Schriften, 2 Teile. Insel-Verlag, Leipzig o. J.
45 Onsager, L.: »The Motions of Ions: Principles and Concepts« (S. 169). Les Prix Nobel en 1968. Imprimerie Royale P. A. Norstedt & Söner, Stockholm 1969.
46 Meixner, J.: »Die thermodynamische Theorie der Relaxationserscheinungen und ihr Zusammenhang mit der Nachwirkungstheorie« (S. 3). Kolloid Zeitschrift, *134*, 1953.
47 Hund, F.: »Grundbegriffe der Physik«. Bibliographisches Institut, Wien/Zürich/Mannheim 1969.
48 Prigogine, I.: »Time, Irreversibility and Structure« (S. 561); in: »The Physicists Conception of Nature«. Vorträge zum 70. Geburtstag von Paul Dirac, Editor: J. Mehra. D. Reidel Publishing, Dordrecht, Holland/Boston, USA 1973.
49 Rhim, W. K., A. Pines und J. S. Waugh: Phys. Rev. B 3 (S. 864), 1971.
50 Weizsäcker, C. F. v.: »Information und Evolution« (S. 531); in: »Informatik«, Herausgeber Joachim-Hermann Scharf. Johann Ambrosius Barth, Leipzig 1972.
51 Schrödinger, E.: »Was ist Leben?« Leo Lehnen Verlag, München 1951.
52 Monod, J.: »Zufall und Notwendigkeit«. R. Piper & Co. Verlag, München 1971.
53 Jacob, F.: »Die Logik des Lebenden«. S. Fischer Verlag, Frankfurt am Main 1972.
54 Crick, F.: »Of Molecules and Men«. University of Washington Press, Seattle/London 1966.
55 Campbell, H. J.: »Der Irrtum mit der Seele«. (Original: »The Pleasure Areas«). Scherz Verlag, München/Wien 1973.
56 Sartre, J.-P.: »Drei Essays«, (Buch Nr. 304), Verlag Ullstein, Frankfurt am Main/Berlin/Wien 1973.

57 Monod, J.: »L'évolution microscopique«. Vortragsbericht »Neue Zürcher Zeitung«, 19. 2. 1975.
58 Bollnow, O. F.: »Existenzphilosophie und Pädagogik«. W. Kohlhammer Verlag, Stuttgart 1959.
59 Eigen, M.: »Selforganization of Matter and the Evolution of Biological Macromolecules«. Naturwissenschaften 58 (S. 465–522), 1971.
60 Raphael, M.: »Theorie des geistigen Schaffens auf marxistischer Grundlage«. S. Fischer Verlag, Frankfurt am Main 1974.
61 Dürrenmatt, F.: »Die Physiker«. Peter Schifferli Verlags AG, Die Arche, Zürich 1962.
62 Gurdon, J. B. und J. Bertrand: »Transplanted Nuclei and Cell Differentiation«. Scientific American (S. 24–35), Juni 1968.
63 Stent, G.: »The Dilemma of Science and Morals«. Genetics 78 (S. 41–51), 1974.
64 Cohen, S. N.: »The Manipulation of Genes«. Scientific American, Juli 1975.
65 Berg, P., D. Baltimore, H. W. Boyer, S. N. Cohen, R. W. Davis, D. S. Hogness, D. Nathans, R. Roblin, J. D. Watson, S. Weissmann und N. D. Zinder: »Potential Biohazards of Recombinant DNA Molecules«. Science 185 (S. 332), 1974.
66 The Ashby report on »Experimental Manipulation of the Genetic Composition of Microorganisms«. Bericht einer Unterhauskommission unter Leitung von Lord Ashby (HMSO Cmnd 5880), 1975.
67 Gardner, M.: »Mathematical Games«. Scientific American, Okt. 1970 und Febr. 1971.
68 Hirsch, E. C.: »Das Ende aller Gottesbeweise«. Stundenbücher, Furche Verlag, Hamburg 1975.
69 Picht, G.: »Wahrheit, Vernunft, Verantwortung«. Philosophische Studien. Klett Verlag, Stuttgart 1969.
70 Rechenberg, I.: »Evolutionsstrategie«. problemata frommann-holzboog. Friedrich Frommann Verlag (Günther Holzboog KG), Stuttgart–Bad Cannstatt 1973.
71 Demeny, P.: »The Populations of the Underdeveloped Countries«. Scientific American (S. 149), Sept. 1974.
72 Westoff, C. F.: »The Population of Developed Countries«. Scientific American (S. 109), Sept. 1974.
73 Meadows, D. L. und D. H. Meadows: »Das globale Gleichgewicht. Modellstudien zur Wachstumskrise«. dva »Öffentliche Wissenschaft«. Deutsche Verlagsanstalt, Stuttgart 1974.
74 Samuelson, P. A.: »Maximum Principles in Analytical Economics« (S. 273). Les Prix Nobel en 1970. Imprimerie Royale P. A. Norstedt & Söner, Stockholm 1971.
75 Mesarović, M. und E. Pestel: »Menschheit am Wendepunkt«. 2. Bericht an den Club of Rome zur Weltlage. Deutsche Verlagsanstalt, Stuttgart 1974.
76 Hartmann, N.: »Der Aufbau der realen Welt«. Walter de Gruyter, Berlin/New York 1964.

77 LORENZ, K.: »Die Rückseite des Spiegels«. R. Piper & Co. Verlag, München 1973.
78 POPPER, K.: »Objektive Erkenntnis«. Ein evolutionärer Entwurf. Verlag Hoffmann und Campe, Hamburg 1971.
79 ECCLES, J. C.: »Das Gehirn des Menschen«, R. Piper & Co. Verlag, München 1975.
80 CHARDIN, T. DE: »Der Mensch im Kosmos«. Verlag C. H. Beck, München 1959.
81 HABERMAS, J.: »Erkenntnis und Interesse«. Suhrkamp Verlag, Frankfurt am Main 1968.
82 KREUTZER, E.: »Sprache und Spiel im Ulysses von James Joyce«. H. Bouvier u. Co. Verlag, Bonn 1969.
83 JOYCE, J.: »Finnegan's Wake«. Faber, London.
84 MOULTON, W. G.: »The Nature of Language«; in: »Language as a Human Problem«. Daedalus, Journal of the American Academy of Arts and Sciences, Summer 1973.
85 FUCKS, W.: »Nach allen Regeln der Kunst«. Deutsche Verlagsanstalt, Stuttgart 1968.
86 CHOMSKY, N.: »Aspekte der Syntax-Theorie«. suhrkamp taschenbuch wissenschaft 42. Suhrkamp Verlag, Frankfurt am Main / Akademie Verlag, Berlin 1969.
87 LENNEBERG, E.: »Biological Foundations of Language«. John Wiley & Sons, New York 1967.
88 TARSKI, A.: »Einführung in die mathematische Logik«. Vandenhoeck & Ruprecht, Göttingen 1966. 4. Auflage 1971.
89 WEIZSÄCKER, C. F. v.: »Die Einheit der Natur«. Carl Hanser Verlag, München 1971.
90 BOGEN, H. J.: »Knaurs Buch der modernen Biologie«. Droemersche Verlagsanstalt Th. Knaur Nachfolger, München/Zürich 1967.
91 BRESCH, C. und R. HAUSMANN: »Klassische und molekulare Genetik«. Zweite, erweiterte Auflage, Springer Verlag, Berlin/Heidelberg/New York 1970.
92 EIGEN, M.: »Leben«. Sonderbeitrag in Meyers Enzyklopädischem Lexikon. Bibliographisches Institut, Wien/Zürich/Mannheim 1975.
93 JERNE, N. K.: »The Immune System. A Web of V-domains«. The Harvey Lectures, Serie 70. Academic Press, New York 1975.
94 BODIAN, D.: The Neurosciences, A Study Program, Editors: G. C. Quarton, Th. Melnechuck, F. O. Schmitt. The Rockefeller University Press, New York 1967.
95 HARTLINE, H. K.: »Visual Receptors and Retinal Interaction« (S. 242). Les Prix Nobel en 1967. Imprimerie Royale P. A. Norstedt & Söner, Stockholm 1969.
96 REICHARDT, W.: »Nervous Processing of Sensory Information«; in: »Theoretical and Mathematical Biology« (S. 344–370), Editors: Th. Waterman and H. J. Morowitz. Blaisdell Publishing Comp., New York 1965.
97 PLUTARCH: Theseus und Romulus; in: »Große Griechen und Römer«. Band I, Die Bibliothek der alten Welt. Artemis Verlag, Zürich/Stuttgart 1954.

98 LIETZMANN, W.: »Lustiges und Merkwürdiges von Zahlen und Formen«. Vandenhoeck & Ruprecht, Göttingen 1950.

99 DRAKE, S.: »Galileo's Discovery of the Law of Free Fall«. Scientific American (S. 84–94), May 1973.

100 »The Neurobiology of Lithium«. Bericht über eine Arbeitssitzung des Neuro sciences Research Program. N. R. P. Bulletin, 1975.

101 BIRKHOFF, G.: »A Mathematical Approach to Aesthetics«. Scientia (S. 133–146), Sept. 1931.

102 RAMEAU, J. P.: »Traité de l'harmonie«. Jean-Baptiste-Christophe Ballard, Paris 1722. Übersetzt ins Englische von Philip Gossett. Dover Publications, Inc., New York 1971.

103 STEPHAN, R.: »Neue Musik«. Vandenhoeck & Ruprecht, Göttingen 1958.

104 MCHOSE, A. I.: »Basic Principles of the Technique of 18th and 19th Century Composition«. Appleton-Century-Crofts, Inc., New York 1951.

105 BLOCH, E.: »Geist der Utopie« (Fassung: 1923). Suhrkamp Verlag, Frankfurt am Main 1964.

106 SCHILLINGER, J.: »The Mathematical Basis of the Arts«. Philosophical Library, New York 1948.

107 HILLER jr., L. A. und L. M. ISAACSON: »Experimental Music« (composition with an electronic computer). McGraw Hill Book Comp., Inc., New York/Toronto/London 1959.

108 KUPPER, H.: »GEASCOP – ein Kompositionsprogramm«; in: »Informatik« (S. 629), Herausgeber: Joachim Hermann Scharf. Johann Ambrosius Barth, Leipzig 1972.

109 ADORNO, TH. W.: »Ästhetische Theorie«. suhrkamp taschenbuch wissenschaft 2. Suhrkamp Verlag, Frankfurt am Main 1970.

110 D'AUBARÈDE, G.: »En attendant Beckett« (S. 7); in: Nouvelles littéraires, 16. 2. 1961.

111 HEFTRICH, E.: »Zauberbergmusik« (über Thomas Mann); in: Das Abendland, Folge 7. Vittorio Klostermann, Frankfurt am Main 1975.

Glossar

adiabatisch: Charakterisiert eine Zustandsänderung, bei der Wärme weder zu- noch abgeführt wird.

Affinität:

Allgemein: Tendenz eines Moleküls, mit einem anderen Molekül (oder einer Molekülgruppe) in Wechselwirkung zu treten bzw. eine chemische Bindung einzugehen.

Speziell: Exakt definierte Größe, die die chemische Reaktionskraft repräsentiert und zu null wird, wenn das Reaktionssystem im Gleichgewicht ist.

Aktivator: Substanz, die durch Bindung an ein Protein dessen Aktivität heraufsetzt.

aktives Zentrum (Wirkungszentrum, Bindungsplatz): Region des Enzymmoleküls, in der das Substrat gebunden und umgewandelt wird.

Aktivierungsschwelle: Charakterisiert den zur Einleitung einer (nicht spontan ablaufenden) chemischen Reaktion aufzuwendenden Energiebetrag (Aktivierungsenergie).

Algorithmus: Grundlegendes mathematisches Verfahren.

allosterisches Protein (Allosterie): Ein Protein, dessen biologische Eigenschaften sich dadurch verändert, daß ein kleines Molekül (= Effektor) an einen »anderen« Bindungsplatz als dem aktiven Zentrum angelagert wird.

Aminosäuren: Bausteine der Proteine. Es gibt ca. zwanzig verschiedene »natürliche Aminosäuren«, die als L-Stereoisomere (»Linksschrauben«) vorliegen. Sie haben alle die gleiche Grundstruktur, unterscheiden sich aber in der eine bestimmte Wirkgruppe tragenden Seitenkette.

Ångström: Maßeinheit, die zur Beschreibung atomarer Dimensionen verwandt wird. 1 Å ist gleich einem zehnmilliardstel Meter (10^{-10} m).

Antigen: Körperfremde makro-molekulare Substanz, die beim Eindringen in den Wirbeltierorganismus die Produktion von Antikörpern bewirkt.

Antikörper: Protein, das in Wirbeltieren als Abwehrstoff gegen körperfremde Substanzen (Antigene) gebildet wird und diese durch Komplexbildung (und Auslösung einer Abbaureaktion) unschädlich macht. Es besitzt zwei hochspezifische (identische) Bindungszentren für eine bestimmte antigene Wirkgruppe.

Antiteilchen (s. a. Antimaterie): »Spiegelbild« eines Elementarteilchens (s. Abschn. 7.1), das in der Masse mit diesem übereinstimmt, sich aber im Vorzeichen der Ladung (sowie bestimmter Quantenzahlen) von diesem unterscheidet.

Asymptote: Gerade, der sich eine Kurve nähert, ohne sie im Endlichen zu erreichen.

Auszahlungsmatrix (Gewinntafel, Bewertungsmatrix): Begriff der Spieltheorie. Die Strategien der beiden Kontrahenten werden in einem rechtwinkligen Koordinatenschema gegeneinander aufgetragen. Jede Position der Matrix zeigt den Gewinn an, der zu erwarten ist, wenn die beiden Kontrahenten die betreffenden Strategien benutzen.

Autokatalyse: Das Produkt der chemischen Reaktion ist selbst Katalysator der Reaktion.

autotelisch: Auf sich selbst gerichtet.

Basenpaarung: Spezifische Wechselwirkung zwischen Basen, den für die Kodierungsfunktion wesentlichen Bestandteilen der Nukleinsäurebausteine. Es treten jeweils zwei der vier Basen bevorzugt miteinander in Wechselwirkung, und zwar Adenin (A) mit Thymin (T) [bzw. Uracil (U)] und Guanin (G) mit Cytosin (C). Man bezeichnet die beiden Basen eines Paars als zueinander komplementär.

bit (binary digit): a) Binäre Symbole, z. B. $+-$ oder OI. b) Informationseinheit entsprechend einer »ja-nein«-Entscheidung.

Chiralität: Händigkeit oder Schraubendrehsinn (rechts- bzw. linksdrehend).

chromatisch: Im Abstand von Halbtonintervallen einander folgend.

Chromosomen: Einheiten des Erbgutes, die in jeder Zelle in artspezifischer Anzahl vorhanden sind. Die Chromosomen liegen in Form von aufgeknäuelten Fäden im Zellkern vor. Sie bestehen aus Proteinen und Nukleinsäuren, insbesondere aus DNS als Träger der Erbinformation.

Code, genetischer: Schema für die eindeutige Repräsentation der Proteinbausteine (Aminosäuren) durch Tripletts von Nukleinsäurebausteinen.

Corpus callosum: Aus Nervenfasern bestehende Brücke zwischen den beiden Hemisphären des Gehirns.

Cortex: Hirnrinde.

CPT: Charge-Parity-Time = Ladung-Parität-Zeit. Kennzeichnung einer Spiegelungsoperation in der Elementarteilchenphysik (s. Abschn. 7.1).

Deduktion: Begriff der Logik; Ableitung des Besonderen vom Allgemeinen. Erklärung eines speziellen Falles durch ein allgemeines Prinzip.

Dialektik: Philosophische Methode, die eine Behauptung (These) durch eine Gegenbehauptung (Antithese) in Frage stellt und aus der Synthese beider zu neuer Erkenntnis zu gelangen sucht.

diatonisch: Kennzeichnend für das Dur/Moll-Tonleitersystem mit sieben Stufen aus Ganz- und Halbtönen (zu unterscheiden von chromatisch).

Dichotomie: Zweiteilung (eines Begriffes). Die beiden entstehenden Begriffe sind dem ursprünglichen logisch untergeordnet.

Differentialtopologie: Anwendung der Methoden der Differential- und Integralrechnung auf topologische Probleme (s. Topologie).

Diffusion: Transport aufgrund von Wärmebewegung.

Dilatation: Ausdehnung, Entspannung.

diploid: Charakterisiert einen Zelltypus, der mit einem doppelten Chromosomensatz versehen ist. (Die Geschlechtschromosomen sind jedoch nur einfach vertreten.)

Dipol: Eine atomare oder molekulare Partikel mit räumlich getrennter positiver und negativer Ladung (elektrischer Dipol), bzw. Elementarmagnet, der aus einer Rotation elektrischer Ladungen resultiert und bei dem aufgrund des Drehsinns ein »Nord-« und »Südpol« festgelegt ist.

Dissipation: Zerstreuung (z. B. von Energie).

DNS (Desoxyribonukleinsäure): Makromolekularer Träger der Erbinformation. Der kettenförmige Molekülstrang enthält vier Typen von Bausteinen (s. Basenpaarung), die als Codesymbole Verwendung finden (s. Doppelhelix).

Dominante: Fünfte Stufe (Quinte) der diatonischen Tonleiter. Der Dreiklang auf dieser Stufe wird als dominierend empfunden, weil er eine Auflösung zur Tonika hin erzwingt. (Die Terz dieses Dreiklangs ist der Leitton zur Tonika.)

Doppelhelix: Zwei miteinander (im Sinne einer Rechtsschraube) verdrillte DNS-Stränge.

Drehmoment: Produkt aus Kraft und Kraftarm. Dieser ist definiert als das Lot vom Drehpunkt auf die Kraftrichtung.

Drehung, optische: s. Abb. 30, Abschn. 7.3.

Driften: Regellose Bewegung oder (allgemeiner) Veränderung (z. B. einer Verteilung).

Driften, genetisches: Veränderung eines Gens aufgrund von »neutralen» Mutationen, die weder einen wirksamen selektiven Vor- noch Nachteil einschließen.

Elektroencephalogramm (EEG): Aufzeichnung der Aktionsströme des Gehirns.

Elementarteilchen: Kleinste, nachweisbare Einheiten, aus denen die Materie aufgebaut ist.

Engramm: Bleibende Spur geistiger Eindrücke in der Form eines materiellen Korrelats im Gehirn.

Entmagnetisierung, adiabatische: Bei der Magnetisierung eines Körpers wird Wärme frei. Diese wird bei der Entmagnetisierung wieder verbraucht und muß bei adiabatischer Isolierung dem Wärmeeinhalt des Körpers entnommen werden. Der Körper kühlt sich ab.

Entropie: Physikalische Zustandsgröße (im Abschn. 8.3 ausführlich beschrieben).

Enzym: (= Biokatalysator), Proteinmolekül oder Proteinmolekülkomplex mit bevorzugter Affinität für das umzuwandelnde Substrat.

Ergodisches Verhalten: Jeder mögliche und unterscheidbare individuelle Verteilungszustand (s. Mikrozustand) einer statistischen Gesamtheit reproduziert sich innerhalb einer für diesen charakteristischen Zeit (s. Wiederkehrzeit). Die historische Abfolge der Mikrozustände findet in der statistischen Repräsentanz ihre Entsprechung.

Ethologie: Lehre vom Verhalten der Tiere, die weitgehend auf den Untersuchungen der Lebensgewohnheiten basiert.

Evolutionsreaktor: Eine Apparatur, in der ein gegebenes biologisches System unter exakt definierten physikalischen Bedingungen (konstante Fluß- bzw. Mengenregelungen) evolvieren kann.

Existentialismus: s. S. 192, Abschn. 8.4.

Exponentialgesetz: Es besagt, daß in gleichen Zeitabschnitten (z. B. jeweils innerhalb von zehn Jahren) eine Menge um den gleichen Faktor zunimmt (z. B. sich verdoppelt). Dieses Verhalten wird durch die Exponentialfunktion repräsentiert.

extensive Größe: Thermodynamischer Parameter, der vom stofflichen »Ausmaß« (extent) einer Menge abhängt.

Falsifikation: Begriff der Logik. Eine Annahme wird durch Erzeugung eines Widerspruchs mit der Erfahrung ad absurdum geführt.

»fittest«: Am besten angepaßt.

Fluktuationskatastrophe: Makroskopischer Prozeß, der sich aus einer Schwankung heraus entwickelt und dann nicht mehr rückgängig zu machen ist.

Formant: Ein aus der Akustik entlehnter Begriff. Der aus der Resonanz in der Mundhöhle entstehende stärkste Teilton eines Vokals.

Ganglion: »Knotenpunkt« im Nervensystem, zentrale Schaltstelle, die mit mehreren Nervenzellen in Verbindung steht.

Gen: Einheit im DNS-Doppelstrang des Chromosoms, die die Information (Bauanleitung) für ein Proteinmolekül enthält.

Genetik: Lehre von der Vererbung bestimmter Merkmale.

Genkarte: Relative Anordnung (Position) der einzelnen Gene im gesamten Genom.

Genom: Gesamtheit aller Gene einer Zelle.

genotypisch: Die Erbanlagen oder das genetische Programm identischer Spezies betreffend (zu unterscheiden von phänotypisch).

Genpool: Die Gesamtheit aller Erbfaktoren einer Art (z. B. des Menschen).

Gentransplantation: s. Abb. 38, Abschn. 10.2.

gequantelt: In Quanten portioniert. Im engeren Sinne: diskontinuierliche Aufteilung der Energie.

Glykolyse: Der Abbau von Glucose und anderen Zuckern in Abwesenheit von Sauerstoff unter Ausnutzung der dabei frei werdenden Energie.

Gradient: Maß der Steigung einer Funktion auch allgemein: Gefälle (z. B. einer Konzentration).

Halbordnung: Definition s. Abschn. 8.2.

Halbwertszeit: Zeit nach der eine exponentiell abklingende Eigenschaft jeweils auf ihren halben Wert abgesunken ist.

Hämoglobin: Proteinkomplex, der für die rote Farbe des Blutes verantwortlich ist und dessen Aufgabe der Sauerstofftransport ist.

haploid: Zelltyp, der mit einem einfachen Chromosomensatz ausgerüstet ist (zu unterscheiden von diploid).

Helix: Spiralstruktur, die sich durch Überlagerung der Rotation und Translation eines Grundmusters ergibt.

Hybrid: Neue, vollständige (z. B. molekulare) Spezies, die aus einer Verschmelzung der Bruchstücke zweier verschiedener Spezies resultiert.

Hyperbel: s. Abb. 43, Abschn. 11.1.

Hyperzyklus: Zyklische Verknüpfung von Reaktionszyklen, s. S. 260.

Immunität: s. Abschn. 16.2.

Impuls, elektrischer: Kurzzeitige Veränderung eines elektrischen Potentials.

Induktion: a) Begriff der Logik: Schlußfolgerung vom Besonderen auf das Allgemeine (s. Deduktion). b) Begriff aus der Biologie: Regelung (Aktivierung) der Genablesung bei der Enzymsynthese.

Informationstheorie: s. Abschn. 8.3 und 15.1.

Inhibitor: Hemmstoff (z. B. für die Enzymkatalyse).

Instabilität: Zusammenbruch eines Zustandes aufgrund einer Veränderung der äußeren Bedingungen oder der (inneren) Zusammensetzung des Systems, s. Abschn. 3.2.

intensive Größe: Thermodynamischer Parameter, der nicht von der Stoffmenge abhängt, sondern einen charakteristischen Durchschnittswert (eine »Intensität«) darstellt.

Invarianz: Unveränderlichkeit (z. B. eines Zustandes).

Irreversibilität: Nichtumkehrbarkeit (z. B. eines Prozesses).

Irrflug: »random walk«, s. Abschn. 4.1.

Isotop: Die verschiedenen Isotope eines chemischen Elements unterscheiden sich in der Massenzahl, nicht aber in der Kernladungszahl. Da die Kernladung allein die Anzahl (und Anordnung) der Elektronen in der Atomhülle bestimmt, sind die chemischen Eigenschaften der Isotope eines Elementes (nahezu) identisch.

kalorisch: Den Wärmeinhalt betreffend.

Katalyse: Reaktionsvermittlung bzw. -beschleunigung durch eine Substanz (Katalysator), die durch die Reaktion nicht irreversibel verändert wird.

Katastrophentheorie: Differentialtopologische Theorie, mit deren Hilfe sich Probleme der strukturellen Stabilität eines dynamischen Systems analysieren lassen. Der Begriff »Katastrophe« hat in dieser Theorie eine exakt definierte mathematische Bedeutung. Es gibt z. B. sieben »Elementarkatastrophen«, die von R. Thom, dem Begründer der Theorie, systematisch klassifiziert wurden und die nur bedingt Situationen repräsentieren, die man landläufig als Katastrophen bezeichnet.

Keimzelle: Geschlechtszelle, zu unterscheiden von somatischer Zelle (= Körperzelle), die zwar die gesamte genetische Information enthält, jedoch nicht für Fortpflanzungsfunktionen programmiert ist.

Kernkräfte, schwache: s. Abschn. 7.1.

Kinetik, chemische: Lehre von den Gesetzmäßigkeiten der zeitlichen Veränderungen eines chemischen Reaktionssystems.

kohäsive Haftenden: s. Abb. 37, Abschn. 10.2.

Kohlenstoffatome, asymmetrische: s. Abb. 30, Abschn. 7.3.

kompetitiv: Inhärente Eigenschaft einer (z. B. molekularen) Spezies, mit anderen Spezies in Konkurrenz zu treten (von englisch: compete = konkurrieren).

Komplementarität: a) Ein System läßt sich durch mehrere Aspekte charakterisieren, die sich im Gesamtbild gegenseitig ergänzen. b) Bei den Nukleinsäurebausteinen die Eigenschaft, spezifische Paarwechselwirkungen (A=T, A=U und G≡C) einzugehen.

Kompressibilität: Zusammendrückbarkeit.

Konformation: Strukturzustand (z. B. eines Proteins), in dem jeder Baustein eine bestimmte Lage im Raum innehat.

konservative Kraft: Definition s. Abschn. 6.1.

Kontaminierung: (radioaktive) Verseuchung.

Kontrapunkt: Von lat.: punctus contra punctum (= Note gegen Note). Zum

Unterschied von der Harmonie die selbständige Führung mehrerer Stimmen im Tonsatz.

kooperative Umwandlung: Umwandlung (z. B. Phasenumwandlung, chemische Reaktion) eines Materiesystems, bei der die Umwandlungswahrscheinlichkeit der einzelnen Partikel vom Umwandlungsgrad (zumeist benachbarter) Partikel abhängt.

Kryostat: Vorrichtung zum Abkühlen bzw. Thermostatieren bei sehr niedrigen Temperaturen.

Kybernetik: Lehre von der Steuerung und Regelung biologischer und technischer Systeme.

Le-Chatelier-Prinzip: s. Abschn. 13.1.

Ligand: An ein Bindungszentrum anzulagernder (niedermolekularer) Komplexpartner.

Ligase: Enzym, das Nukleinsäurestränge vektoriell miteinander verknüpft (s. Abb. 37).

Lymphsystem: System von Körperzellen, das vor allem für die Produktion von Antikörpern zuständig ist.

magnetisches Moment: (s. auch Dipol), Produkt aus Polstärke und Polabstand eines Magneten. Das magnetische Moment eines Atomkerns oder Elementarteilchens resultiert aus der Rotation der Ladungsverteilung. Das Produkt aus magnetischem Moment und magnetischer Feldstärke ergibt einen Energieterm, der sich spektroskopisch bestimmen läßt.

Makromoleküle: Große Moleküle, die durch kettenförmige Verknüpfung kleinerer molekularer Untereinheiten entstehen.

Masse, kritische: In der Kerntechnik bezeichnet man eine Menge spaltbaren Materials dann als kritisch, wenn sie ausreicht, die Kettenreaktion in Gang zu halten. (In der »unterkritischen Masse« verlassen die bei der Kernreaktion freigesetzten Neutronen das spaltbare Material, bevor sie eine neue Reaktion auslösen konnten.)

Massenwirkungsgesetz: Thermodynamische Beziehung, die die Mengenverhältnisse der Reaktionspartner im chemischen Gleichgewicht in Abhängigkeit von äußeren Parametern (wie Temperatur oder Druck) festlegt.

Matrix: Mathematik: Der Ausdruck bedeutet sowohl eine einfache Tafel oder Tabelle (s. Auszahlungsmatrix) als auch ein Schema, für das bestimmte Rechenoperationen definiert sind.

Matrize: Molekularbiologie: Der Ausdruck wird hier im Sinne der Druckereitechnik, nämlich in der Bedeutung von »Gußform« verwandt. Man bezeichnet damit den Nukleinsäurestrang, der bei der Reproduktion als Vorlage dient und komplementär zur reproduzierten Kopie ist.

Membran: In der Biologie eine aus Lipiden (fettähnlichen Stoffen) und Proteinen bestehende flächenhaft ausgebreitete, zusammenhängende Struktur, mit deren Hilfe verschiedene Raumbereiche voneinander abgetrennt werden können (z. B. Zellen, Zellkerne, Organellen). Die Membranen sind für bestimmte Stoffe durchlässig bzw. besitzen für diese spezielle Transportsysteme. Der Durchmesser biologischer Membranen variiert. Die sogenannte »Einheitsmembran«, die Grundstruktur, hat eine Dicke von ca. 100 Å.

mental: Geistig, zum Verstande gehörig.

Metabolismus: Stoffwechsel = Umsatz energiereicher Stoffe. Die Energie muß in einer Form zur Verfügung stehen, die zur Arbeitsleistung befähigt ist.

Metamorphose: Gestaltwandel.

Metasprache: Übergeordnete Sprachebene, auf der sich eine »Objektsprache« begründen läßt, in welcher nur eindeutig wahre Sätze vorkommen und selbstverneinende Sätze ausgeschlossen sind.

Metrik: a) Musik: Gewichtsverhältnisse im Takt. b) Geometrie: Struktureigenschaft des Raumes, durch die die Festlegung von Abständen definiert ist.

Mikrozustand: Zustand eines Systems, in dem die individuellen Eigenschaften (z. B. Orts- und Geschwindigkeitskoordinaten) jeder einzelnen Partikel festliegen. Zu unterscheiden vom Makrozustand, in dem lediglich die Besetzungszahlen makroskopisch unterscheidbarer Zustände festgelegt sind (s. Kap. 4).

Mitose: Zellteilung, bei der jede Tochterzelle mit einem vollständigen Chromosomensatz ausgerüstet wird.

Minimax-Theorem: s. Abschn. 2.2.

Molekülbausteine, energiereiche: Niedermolekulare Einheiten, die sich *spontan* zu makromolekularen Ketten zusammenschließen können. Der Aufbau der Nukleinsäuren zum Beispiel erfolgt aus den Triphosphaten der Nukleoside. Ausgenutzt wird hierbei die energiereiche Bindung zwischen zwei Phosphatgruppen, die allgemein als Energieträger in der belebten Natur Verwendung findet. Beim Zusammenschluß der Bausteine wird jeweils das (zwei Phosphatgruppen einschließende) Pyrophosphat abgespalten.

Molekulargewicht: Zahl, die angibt, um wievielmal schwerer das betreffende Molekül ist als ein Wasserstoffatom (genauer als ein Zwölftel des Kohlenstoffisotops ^{12}C).

Monomer: (molekulare) Untereinheit eines Polymeren (z. B. Aminosäuren im Protein).

Morphem: Kleinste, eine Bedeutung tragende Gestaltseinheit in der Sprache.

Morphogene: Hypothetische Substanzen, die die räumliche Anordnung der differenzierten somatischen Zellen steuern.

Morphogenese: Die Ausformung eines Lebewesens bzw. seiner Organe während der Ontogenese.

Musik, aleatorische: Musikrichtung, in der das Zufallselement stark hervortritt.

Mutation: (vererbbare) Veränderung eines Chromosoms.

Mutation, somatische: Nicht-vererbbare Veränderung des Genoms einer somatischen Zelle (z. B. durch Fehlkopierung oder Mutation von Genmaterial).

Neuron: Nervenzelle, die Kontakte (Synapsen) zu anderen Nervenzellen herstellt.

Neutron: Elementarteilchen mit der Ladung null und der Masse des Wasserstoffkerns.

nichtabgeschlossenes System: System, das mit seiner Umgebung Materie und/oder Energie austauscht.

Normierung (einer Wahrscheinlichkeitsverteilung): Die Einzelwahrscheinlichkeiten werden mit einem gemeinsamen Faktor multipliziert, so daß die Summe aller Wahrscheinlichkeiten gleich eins wird.

Nukleobase: s. Basenpaarung sowie Nukleinsäurebausteine.

Nukleinsäure: s. DNS bzw. RNS.

Nukleinsäurebaustein (= Nukleotid oder Nukleosidmonophosphat): Jeder Nukleinsäurebaustein setzt sich aus drei Untereinheiten zusammen, der Phosphatgruppe, dem Zucker (Desoxyribose in DNS, Ribose in RNS) und einer der vier Nukleobasen (A, T, G, C in DNS bzw. A, U, G, C in RNS).

Nukleosid: So nennt man die Verbindung des Zuckers (Ribose bzw. Desoxyribose) mit der Base.

Nukleosidtriphosphat: ATP, UTP (TTP), CTP, GTP (s. auch Molekülbausteine, energiereiche).

Nullsummenspiel: s. Abschn. 2.1.

Oberflächendiffusion: Diffusion von Partikeln, die an einer Grenzfläche adsorbiert sind und diese während des Transportvorganges nicht verlassen.

Objektsprache: s. Metasprache.

Ontogenese: Entwicklung eines Lebewesens von der Eizelle bis zum geschlechtsreifen Individuum.

Ontologie: Lehre vom Seienden bzw. vom Sein.

Operator: In der molekularen Genetik der DNS-Abschnitt, der durch Wechselwirkung mit einem Repressor die Genablesung kontrolliert.

Operon: Einheit des Genoms, die einen Operator sowie mehrere von diesem kontrollierte Strukturgene einschließt.

Optimierung: s. Spieltheorie, Abschn. 2.2.

optische Aktivität: Eigenschaft bestimmter durch ein »chirales Zentrum« charakterisierter Moleküle, die Ebene des polarisierten Lichtes zu drehen.

Palindrom: Buchstaben- oder Wortfolge, die vor- und rückwärts gelesen den gleichen Sinn gibt.

Parität: Gleichberücksichtigung oder Gleichstellung. In der Elementarteilchenphysik bezeichnet Parität das gleichartige Verhalten von Systemen, die sich wie eine Rechts- und Linksschraube voneinander unterscheiden (s. Abschn. 7.1).

Partitionsdiagramme: Schema für die Aufteilung einer Zahl (s. Abschn. 8.2).

Pathogene: Krankheitserreger, insbesondere virusartige Einheiten von RNS oder DNS.

Peptidbindung: Die chemische Verknüpfungsart der Aminosäuren in der Polypeptidkette des Proteins. Die Verknüpfung erfolgt zwischen der Aminogruppe des einen und der Carboxylgruppe des anderen Moleküls, wobei ein Wassermolekül abgespalten wird.

Performanz: In der Sprachtheorie ein Begriff, der die innere Beziehung zwischen einer Aussage und der ihr entsprechenden Handlung herstellt.

Phage: auch Bakteriophage; Virus, das ein Bakterium als Wirtszelle benutzt.

Phänotyp: Gesamtheit der strukturellen Merkmale und funktionellen Eigenschaften einer Zelle, wie sie aufgrund der genetischen Information (Genotyp) innerhalb bestimmter Umweltbedingungen zum Ausdruck gebracht werden.

Phase: Einheitliche Zustandsform einer chemischen Substanz (z. B. gasförmig, flüssig, kristallin).

Pheromon: »Lockstoff«; ein – im Gegensatz zu den Hormonen nach außen abgegebener – Wirkstoff.

Phonem: Laut.

Phrase: Satzbestandteil; z. B. Nominalphrase = Artikel + Nomen, Verbalphrase = Verbum + Objekt (Nominalphrase).

Phylogenie: Stammesgeschichtliche Entwicklung der Lebewesen, wie sie im Verlaufe der Evolution durch Erbänderung und Selektion erfolgt.

Plasmid: Selbständige Einheit von Erbmaterial, die in »Symbiose« mit einer Zelle existiert und mit dem Zellkern zusammen vervielfältigt werden kann (s. Abschn. 10.2).

Plasmodium: Zytoplasmakörper mit mehreren Zellkernen (z. B. bei Schleimpilzen).

Polarisation: Eigenschaft elektromagnetischer Wellen (z. B. Licht). Auszeichnung einer Richtung in der senkrecht zur Fortpflanzungsrichtung liegenden Schwingungsebene des elektrischen und magnetischen Feldes.

Polypeptid: Makromolekulare Kette, die durch die peptidartige Verknüpfung von Aminosäuren entsteht (s. Peptidbindung).

Positron: Elementarteilchen mit positiver Ladung und der Masse des Elektrons (Antiteilchen des Elektrons).

Proteine: Die wichtigsten »funktionellen« Makromoleküle der lebenden Zelle. Ihre Grundstruktur ist die Polypeptidkette, die im allgemeinen zwischen hundert und einigen hundert Aminosäurebausteine enthält. Diese Kette faltet sich in charakteristischer Weise, wodurch verschiedene Wirkgruppen auf engem Raum zusammengeführt werden und ein Bindungs- bzw. katalytisches Zentrum ausbilden können.

Qβ*(-Kopierungsenzym):* Enzym, dessen sich die Ribonukleinsäure des Qβ-Phagen zu ihrer Replikation bedient (s. Abschn. 15.3).

quadratische Form: Summe quadratischer Terme.

Quantenmechanik: Von W. Heisenberg, M. Born, P. Jordan, P. A. M. Dirac u. a. entwickelte mechanische Theorie kleinster Teilchen, die den Erfordernissen der Quantentheorie in widerspruchsfreier Weise gerecht wird. Der komplementäre Aspekt dieser Theorie, der L. de Broglies Wellenbild materieller Partikel zur Grundlage hat, wurde von E. Schrödinger ausgearbeitet (Wellenmechanik).

radioaktives Isotop: Ein Atom mit instabilem Kern, das durch Strahlung in einen stabilen Zustand übergeht.

random walk bzw. random flight: Regellose Veränderung einer Verteilung (z. B. aufgrund der Wärmebewegung).

Raron: Gemeinde im Kanton Wallis, Schweiz. (An der Kirchmauer befindet sich das Grab Rainer Maria Rilkes.)

Ratenansatz: s. Abb. 44, Abschn. 11.1.

Rauschspektrum: Frequenzverteilung des »Rauschens«, d. h. eines auf die Wärmebewegung zurückzuführenden regellosen Störeffektes mit kontinuierlicher Frequenzverteilung.

Redundanz: Begriff der Informationstheorie. Bezeichnet das Wiederkehren schon übermittelter Information, s. Abschn. 8.3 und 15.1.

Regulator Gen: Chromosomabschnitt, der die Information für die Bildung eines Regulators (z. B. Repressors) enthält.

Rekombination: a) Allgemein: Vereinigung zweier Reaktionspartner. b) Genetische

Rekombination: Vereinigung von Genmaterial beider Elternteile unter Ausbildung eines vollständigen neuen Genoms.

Relativitätstheorie: Eine vor allem von A. Einstein ausgearbeitete Theorie, die das Relativitätsprinzip für Inertialsysteme auf die gesamte Physik ausdehnt (spezielle Relativitätstheorie) und eine Gleichberechtigung aller raumzeitlichen Koordinatensysteme postuliert (allgemeine Relativitätstheorie). Wichtige Vorarbeiten zur speziellen R. betreffen die Konstanz der Lichtgeschwindigkeit in allen relativ zueinander bewegten Systemen (A. A. Michelson) sowie die daraus abzuleitenden Konsequenzen (H. A. Lorentz, H. Poincaré). Wesentliche Grundlagen der allgemeinen R. sind die Riemannsche Geometrie sowie die Minkowskische Raum-Zeit-Welt.

Anmerkung: Ein Inertialsystem ist ein Koordinatensystem, in dem der Trägheitssatz gültig ist. Dieser besagt, daß jeder Körper im Zustand der Ruhe oder der geradlinigen Bewegung verharrt, sofern nicht äußere Kräfte auf ihn einwirken und eine Änderung dieses Zustandes herbeiführen.

Replikation = Reduplikation: Identische Reproduktion eines Nukleinsäuremoleküls (mit Hilfe eines Enzyms).

Repressor: Proteinmolekül, das durch Anlagerung an den entsprechenden Operator die Genablesung blockiert.

Reproduktion, komplementäre: Reproduktion, die über die Zwischenstufe einer Negativkopie (z. B. eines komplementären Nukleinsäurestranges) erfolgt.

Reproduktion, zyklische: Reproduktion, die über *mehrere* Zwischenstufen erfolgt.

Restriktionsenzym: Enzym, das DNS-Stränge aufschneidet (s. Abb. 37).

Reversibilität: Umkehrbarkeit.

Revertase: Enzym, das RNS als Matrize verwendet und diese in DNS umkopiert.

Rezeptor: »Empfänger«, der auf molekulare »Reize« reagiert. Üblicherweise in der Zelloberfläche lokalisierte makromolekulare Struktur, die mit Substratmolekülen in spezifische Wechselwirkung tritt.

RNS = Ribonukleinsäure: Nukleinsäure, die sich im Zucker sowie in der Verwendung der Base U anstelle von T von der DNS unterscheidet und zumeist einsträngig – in sich gefaltet – auftritt. Sie fungiert in der Natur als Informationsüberträger und hat funktionelle und strukturelle Aufgaben in der Biosynthese.

Rückkopplung: Beeinflussung eines Prozesses durch Rückwirkung der Folgen auf die Voraussetzungen bzw. den Ablauf des Prozesses. Autokatalyse ist ein typisches Beispiel hierfür. Allgemein ist die Rückkopplung von großer Bedeutung für Steuer- und Regelvorgänge.

Selbstreplikation: Selbstreproduktion (s. Replikation).

semantisch: Nach der Bedeutung einer Information (Wort, Satz, genetische Nachricht) fragend.

Semem: Bedeutungsgehalt eines Morphems.

Serie: Musik: Tonsequenz, in der jeder der zwölf Halbtöne ein- – und nur einmal – vertreten ist. Grundlage der seriellen Musik Schönbergs und seiner Schule. In der modernen Kompositionstechnik sind auch andere Eigenschaften als die Tonhöhe – z. B. die Tondauer, die Klangfarbe usw. – Gegenstand serieller Verknüpfungen.

Singularität: Singuläre Stelle, an der eine Funktion nicht differenzierbar ist (s. Abschn. 11.1).

»software«: Programme der Datenverarbeitung (zu unterscheiden von »hardware«, der Maschinerie der Datenverarbeitung).
somatische Zelle: Körperzelle (zu unterscheiden von Keimzelle).
Spezies: Art (hier sowohl für Lebewesen als auch für Molekülsorten verwandt).
Spieltheorie: s. Abschn. 2.2.
Spin(temperatur): Der Spin ist eine Eigenschaft der Elementarteilchen, die man sich als Eigenrotation vorstellen kann. Insofern als diese Energie aufnimmt, kann man ihr bei Einstellung einer Gleichverteilung eine »Spintemperatur« zuordnen.
stationär: Bezeichnet einen Zustand, dessen beobachtbare Eigenschaften sich mit fortschreitender Zeit nicht mehr verändern.
stereospezifisch: Spezifisch bezogen auf die räumliche Anordnung der Komponenten einer chemischen Verbindung.
stochastisch: Das zufallsabhängige, statistische Verhalten der individuellen Träger eines dynamischen (d. h. zeitabhängigen) Prozesses. Der Begriff wurde von Y. Xenakis sinngemäß für eine Kompositionstechnik übernommen (Gegensatz: »strategische« Musik).
Störparameter: Ein physikalischer Parameter, z. B. Temperatur, Druck, elektrische Feldstärke, durch dessen Veränderung man ein eingestelltes Gleichgewicht »stören« kann.
Strategie: Begriff der Spieltheorie, s. Abschn. 2.2 sowie 3.2.
Struktur, dissipative bzw. konservative: s. Kap. 6.
Strukturanalyse, röntgenographische: Bestimmung der Struktur (d. i. der exakten räumlichen Anordnung der atomaren Bausteine) eines Moleküls aus dem Muster der Beugungsreflexe, die beim Durchtritt der Röntgenstrahlen durch den Kristall aufgrund von Interferenzen zustandekommen.
superponieren: überlagern.
Synapse: Kontaktstelle zwischen Nervenfasern und Nervenzellen zur Vermittlung der interneuronalen Kommunikation.
Syntax: Lehre vom Satzbau.
System, abgeschlossenes: System, das isoliert ist und weder Energie noch Materie mit seiner Umgebung austauscht.
Schwankungskatastrophe: s. Fluktuationskatastrophe.
Schwingungsfreiheitsgrade: Moleküle stellen zusammengesetzte Oszillatoren dar, in denen die einzelnen Atome oder Atomgruppen miteinander gekoppelte Schwingungsbewegungen ausführen. Jede in einem solchen System registrierbare Schwingung ist einem Freiheitsgrad zugeordnet. Die Gesamtheit der Freiheitsgrade ist gleich der Zahl voneinander unabhängiger Koordinaten, durch die das System von Massenpunkten dargestellt werden kann.
teleonomisch: Ein von Monod auf die Biologie übertragener Ausdruck: Strukturen, Leistungen und Tätigkeiten, die zum Erfolg eines (biologischen) Projekts beitragen, werden »teleonomisch« genannt.
Term: Glied einer Formel, Reihe oder Summe.
Tiefenstruktur: Der einem zusammengesetzten oder verschachtelten Satz zugrundeliegende semantische Gehalt, der sich durch einfache Basissätze darstellen läßt.
Tonika: Grundton der Tonleiter.

Topologie: Lehre von denjenigen Eigenschaften ebener, räumlicher oder höherdimensionaler Punktmengen, die bei Abbildungen erhalten bleiben.

Transfernukleinsäure: Relativ niedermolekulare Ribonukleinsäure (ca. 70 bis 80 Nukleotide), die eine bestimmte Aminosäure bindet und diese vermittels ihrer Anticodon-Region in die ihr durch die genetische Nachricht zugewiesene Position bringt (s. Translation).

Transformation: Genetische Modifikation, die dadurch entsteht, daß der betreffenden Zelle DNS einer anderen Zelle bzw. eines Virus einverleibt wird.

Transformationsmarker: Regeln, die – in einer bestimmten Abfolge angewendet – eine komplizierte Satzstruktur auf einfachste formale Kernsätze zurückführen.

Transkription: Umschreibung der genetischen Nachricht aus der DNS in die RNS (Boten- oder messenger RNS).

Translation: Übersetzung der genetischen Nachricht aus der (Boten-)RNS in die Aminosäuresequenz der Proteine.

Translationsbewegung: Die Schwerpunktbewegung eines Massensystems in den drei Raumkoordinaten.

transzendente Zahl e = 2.718: Eine Zahl nennt man transzendent, wenn sie nicht als Wurzel einer algebraischen Gleichung zu erhalten ist.

Unschärferelation: Fundamentale Beziehung der Quantenmechanik (s. Abschn. 3.1).

Vektor: Physikalische (oder abstrakt mathematische) Kenngröße, die außer dem Betrag, Angriffspunkt und Richtung festlegt.

Virus: Infektiöse Partikel, die zu ihrer Vermehrung die Enzymmaschinerie einer Wirtszelle benötigt, die jedoch ein eigenes genetisches Programm in Form eines DNS- oder RNS-Moleküls mitbringt und in der Lage ist, vermittels eines zellwandauflösenden Enzyms in die Wirtszelle einzudringen.

Wärmebewegung: Bewegung der Partikeln aufgrund der in ihren Freiheitsgraden gespeicherten Energie. Wärme ist das Äquivalent dieser Energie.

Wärmetod: Zustand der Welt, in dem die Energie gleichförmig auf alle Materie verteilt ist und sich ein vollständiges thermodynamisches Gleichgewicht eingestellt hat (s. Abschn. 8.3).

Wasserstoffbrücke: Relativ schwache chemische Wechselwirkung zwischen einem elektronegativen Atom (wie Sauerstoff oder Stickstoff) und einem elektropositiven Wasserstoffatom, das mit einem zweiten elektronegativen Atom chemisch verknüpft ist.

Wechselwirkung, kooperative: s. Kooperativität.

Wechselwirkung, schwache: Spezielle Kernkraft kurzer Reichweite, die für den β-Zerfall verantwortlich ist (s. Abschn. 7.2). Zu unterscheiden von den starken Wechselwirkungen, die für den Zusammenhalt der Nukleonen im Atomkern verantwortlich sind und ebenfalls nur eine sehr kurze Reichweite haben.

Wiederkehrzeit: Zeit, innerhalb der sich ein Zustand einer statistischen Verteilung im Mittel reproduziert. Für einen durch eine Besetzungszahl charakterisierten Makrozustand ist die Wiederkehrzeit um so kürzer, je größer die Zahl der diesem zuzuordnenden individuellen Mikrozustände ist. Hiervon zu unterscheiden ist die *Poincarésche Wiederkehrzeit*, die angibt, nach welcher Zeit sich ein einzelner individueller Mikrozustand (s. Glossar) reproduziert.

Wildtyp: Genotyp (und damit auch Phänotyp) einer unter natürlichen Umweltbedingungen lebenden und die Mehrheit ihrer Individuen kennzeichnenden Art.

Young-Diagramme: s. Abschn. 8.2.

Zellfusion: Zellverschmelzung. Das daraus entstehende Hybrid enthält Kerne und Zytoplasma beider ursprünglichen Zellen. Die Verschmelzung kann durch bestimmte Viren vermittelt werden.

Zellinie: Die Reihe von Zellen, die in *direkter* genetischer Nachfolge einer bestimmten Zelle stehen, d. h., die aus dieser durch unmittelbare Teilung hervorgegangen sind.

Zelltransformation: s. Transformation.

β-*Zerfall:* Radioaktiver Zerfall eines (instabilen) Atomkerns, bei dem ein β-Teilchen (Elektron oder Positron) ausgesandt wird.

Zwölftontechnik: Eine auf A. Schönberg zurückgehende Kompositionstechnik, in der durch Gleichberücksichtigung der zwölf Halbtonintervalle alle tonalen Beziehungen aufgehoben sind (s. Abschn. 18.2).

Personenregister

Kursiv gesetzte Ziffern verweisen auf das Literaturverzeichnis (Zitatnummer).

Sachregister

Kursiv gesetzte Ziffern verweisen auf das Glossar (Seitenzahl).

Manfred Eigen

Stufen zum Leben

Die frühe Evolution im Visier der Molekularbiologie.
311 Seiten mit 50 Abbildungen.
SP 765

Thema dieses Buches ist die Entstehung des Lebens. Manfred Eigen, Chemie-Nobelpreisträger des Jahres 1967, kann zeigen, daß die Vorrausetzungen, unter denen Leben »gesetzmäßig« entstehen kann, heute sowohl theoretisch als auch experimentell erforschbar sind. Leben ist ein Naturprinzip, das die moderne Naturwissenschaft zu enträtseln beginnt. In »Stufen zum Leben« versucht der Autor, den Weg zum Leben nachzuzeichnen.

»Manfred Eigens Buch hat mehrere Vorteile. Der Verfasser ist nicht nur irgend ein guter Wissenschaftler, es ist der Pionier selbst, der sich hier zu Wort meldet. Das Buch hat zudem wunderschöne farbige Tafeln, auf denen die molekularen und statistischen Zusammenhänge verblüffend deutlich und ästhetisch zugleich dargestellt werden.«
Norddeutscher Rundfunk

»Eigens überragende Fähigkeit: die Zusammenschau des physikalischen, chemischen und biochemischen Wissens von heute.«
Stuttgarter Zeitung

Jenseits von Ideologien und Wunschdenken

Perspektiven der Wissenschaft.
288 Seiten mit 44 Abbildungen.
SP 921

Die notwendige öffentliche Diskussion um die Naturwissenschaft und deren gesellschaftliche Folgen wird oft gefährlich kurzsichtig geführt – mit Rechthaberei und Wunschdenken. Eigens Buch zeichnet sich nicht nur durch überlegene Sachkenntnis und Erfahrung aus, sondern auch durch entschiedene Stellungnahmen und Begründungen. Eigen argumentiert eindringlich und macht Fragen und Antworten des Buches durch Beispiele aus der eigenen Forschung nachvollziehbar.

»Wer eine Menge naturwissenschaftlicher Fakten lernen möchte und willens ist, mit diesem Wissen die Probleme unserer Gesellschaft neu zu überdenken, wird viel Anregung erhalten, auch dann, wenn er nicht mit allem einverstanden ist.«
Die Zeit

Richard P. Feynman

»Sie belieben wohl zu scherzen, Mr. Feynman!«

Abenteuer eines neugierigen Physikers. Gesammelt von Ralph Leighton. Herausgegeben von Edward Hutchings. Vorwort zur deutschen Ausgabe von Harald Fritzsch. Aus dem Amerikanischen von Hans-Joachim Metzger. 463 Seiten. SP 1347

»Interessieren Sie sich für Physik? Nein? Dann sollten Sie unbedingt das Feynman-Buch lesen. Interessieren Sie sich für Physik? Ja? Dann sollten Sie unbedingt das Feynman-Buch lesen. Ein Feuerwerk von Pointen und Überraschungsgags, von spitzen Formulierungen und vielen Streichen.«
Frank Elstner, Die Welt

QED – Die seltsame Theorie des Lichts und der Materie

Aus dem Amerikanischen von Siglinde Summerer und Gerda Kurz. 175 Seiten mit 93 Abbildungen. SP 1562

»Feymans Talent, komplexe Vorgänge einfach und packend darzustellen, zeigt sich auch in diesem Buch auf anschauliche und äußerst vergnügliche Weise.«
Österreichischer Rundfunk

Vom Wesen physikalischer Gesetze

Vorwort zur deutschen Ausgabe von Rudolf Mößbauer. Aus dem Amerikanischen von Siglinde Summerer und Gerda Kurz. 212 Seiten mit 33 Abbildungen. SP 1748

Auch in diesem Buch erweist sich der geniale Physiker Richard P. Feynman als großer Lehrer, der naturwissenschaftliche Zusammenhänge verständlich und unterhaltsam darzustellen vermag.
Hier erfahren die Leser in sieben Kapiteln, was physikalische Gesetze sind und welche allgemeinen Wesensmerkmale diesen zugrundeliegen. »Unsere Epoche ist das Zeitalter der Entdeckung der fundamentalen Naturgesetze – eine aufregende, eine wunderbare Zeit, die aber nicht wiederkehren wird.« In diesem Buch können die Leser teilhaben an Feynmans Entdeckerfreude.
In seinem Vorwort schreibt Rudolf Mößbauer über Feynman: »Seine Vorträge boten ein sprühendes Feuerwerk von Gedanken und Ideen, das seine Zuhörer intellektuell anregen und zu Begeisterungsstürmen hinreißen konnte.«

»Ein Klassiker der populärwissenschaftlichen Literatur.«
Spektrum der Wissenschaft

Harald Fritzsch

Eine Formel verändert die Welt

Newton, Einstein und die Relativitätstheorie. 346 Seiten mit 82 Abbildungen. SP 1325

Einsteins Relativitätstheorie und ihre Folgen sind das Thema dieses Buches. Harald Fritzsch beschreibt die Grundideen der Theorie so, daß ein fachlich nicht vorgebildeter Leser sie nachvollziehen kann. Nach einer Diskussion der klassischen, von Newton geprägten Ideen über Raum und Zeit und der Rolle des Lichts in der Physik führt Fritzsch die Leser behutsam an die neuen Vorstellungen Einsteins über Raum und Zeit heran. Der Hauptteil des Buches befaßt sich mit den vielfältigen Beziehungen zwischen Energie und Masse. Diese werden wichtig bei allen Naturprozessen, bei denen die Geschwindigkeiten der beteiligten Teilchen der Lichtgeschwindigkeit vergleichbar sind – zum Beispiel bei Kernreaktionen und bei den Prozessen der Elementarteilchenphysik.
Der größte Teil des Buches ist in Form fiktiver Dialoge zwischen Newton, Einstein und dem – frei erfundenen – Berner Physikprofessor Haller abgefaßt.

QUARKS

Urstoff unserer Welt. Vorwort von Herwig Schopper. 320 Seiten mit 91 Abbildungen. SP 1655

In der Physik hat sich seit 1970 eine Revolution vollzogen: Kleinste Teilchen – die Quarks – erwiesen sich als die eigentlichen Akteure im Geschehen der Elementarteilchenphysik. In großen Beschleunigerlabors werden sie erforscht. Harald Fritzsch ist an der theoretischen Interpretation dieser Forschungsergebnisse aktiv beteiligt. In seinem grundlegenden Buch bietet er Wissenschaft aus erster Hand.
Quarks kann man allerdings nicht isoliert als wirkliche Teilchen beobachten. Der Physiker erhält indirekt Aufschluß über sie durch das Studium von Elementarteilchenprozessen bei höchsten Energien. Man weiß heute, daß auf die Quarks innerhalb der Kernteilchen starke Kräfte wirken. Es gelang den Physikern, diese geheimnisvollen Kräfte zu entschleiern, und sie sind auf dem Weg, eine einheitliche Theorie der Materie zu entwickeln.

»Dem mit physikalischen Grundprinzipien vertrauten Leser wird dieses Buch eine Fülle neuer Einsichten vermitteln.«
Süddeutsche Zeitung